Kooperationen und Konvergenz

CONTROLLING UND MANAGEMENT

Herausgegeben von
Prof. Dr. Thomas Reichmann
und Prof. Dr. Martin K. Welge

Band 26

PETER LANG
Frankfurt am Main · Berlin · Bern · Bruxelles · New York · Oxford · Wien

MATHIAS BAER

KOOPERATIONEN UND KONVERGENZ

EINE VERGLEICHENDE
EMPIRISCHE UNTERSUCHUNG
VON UNTERNEHMENSSPEZIFISCHEN
KOOPERATIONSPORTFOLIOS
UND BRANCHENSPEZIFISCHEN
KONVERGENZENTWICKLUNGEN
AM BEISPIEL DER INFORMATIONS-
UND KOMMUNIKATIONSINDUSTRIE

PETER LANG
Europäischer Verlag der Wissenschaften

Bibliografische Information Der Deutschen Bibliothek
Die Deutsche Bibliothek verzeichnet diese Publikation in der Deutschen Nationalbibliografie; detaillierte bibliografische Daten sind im Internet über <http://dnb.ddb.de> abrufbar.

Zugl.: Dortmund, Univ., Diss., 2003

D 290
ISSN 1610-160X
ISBN 3-631-52327-0

www.peterlang.de

Meinen Eltern

Geleitwort des Herausgebers

Gegenstand der vorliegenden Untersuchung ist die Struktur und Konfiguration von unternehmensspezifischen Kooperationsportfolios vor dem Hintergrund konvergenter Entwicklungen in der IuK-Industrie einschließlich der Teilbranchen Medien, Telekommunikation und Informationstechnologie. Der Autor legt den Schwerpunkt der Analyse auf die strategische Positionierung der Unternehmungen innerhalb der IuK-Industrie und die Gestaltung kohärenter Kooperationsporftfolios mit adäquaten Kooperationspartnern. Insbesondere die strategische Entscheidung, die Konfiguration der Kooperationen und die Partnerwahl werden detailliert untersucht. Die spezifische Zielsetzung der Arbeit besteht in der integrierten Betrachtung von unternehmensspezifischen Kooperationsstrategien und konvergenten Industrieentwicklungen am Beispiel der IuK-Industrie.

In der Literatur sind Kooperationen bisher in erster Linie bilateral und in einzelnen multilateralen Netzwerken untersucht worden. Systematische Untersuchungen aus der Perspektive eines einzelnen Unternehmens, d.h. die Betrachtung von Kooperationen als Portfolio von Aktivitäten und Handlungsoptionen einer Unternehmung stehen aber noch weitgehend aus. Hier setzt der Verfasser an, indem er alle Kooperationen ausgewählter Unternehmungen für einen Zeitraum von zehn Jahren systematisch untersucht und zu einem vollständigen Kooperationsportfolio zusammenfasst. Die relevanten Kriterien zur Klassifikation von Kooperationen und damit auch die Analyse von Kooperationsstrategien und Kooperationsportfolios werden anhand von elf Parametern konzeptualisiert, in konvergenzrelevante und gestaltungsspezifische Kriterien unterteilt und anschließend operationalisiert.

Die Darstellung der empirischen Befunde erfolgt in Form von Kurzfallstudien, die Daten werden dabei sehr gut aufbereitet, visualisiert und interpretiert. Der Verfasser arbeitet überzeugend unternehmungsspezifische Ergebnisse unterschiedlicher Kooperationsportfolios und Konvergenzstrategien einerseits und unternehmungsübergreifende Ergebnisse andererseits heraus, wobei sich als Einflussfaktoren insbesondere Branchenaffinität, Herkunftsregion und Konvergenzintensität herausstellen. Auch durch die Verknüpfung von Kooperationsstrategien und Konvergenzentwicklungen und ihrer Wechselwirkung ergeben sich interessante theoretische und praktische Erkenntnisse.

Diese Arbeit stellt in der vorliegenden Form nur die "Spitze des Eisbergs" dar. Die Totalerhebung und Klassifikation aller Kooperationen der betrachteten Unternehmen ist trotz der Nutzung vorhandener Datenbanken außerordentlich schwierig und aufwendig. Der Autor vermag im Rahmen der vorliegenden Arbeit eine sehr hohe Zahl von Kooperationen zu analysieren, angesichts der Anzahl und Aktivitäten der betrachteten Unternehmen und des relativ langen Zeitraums eine bemerkenswerte Leistung. Die Darstellung und Interpretation der empirischen Befunde vermag voll zu überzeugen. Dieser positive Gesamteindruck wird verstärkt durch die hohe Innovativität der Arbeit, die profunden Branchenkenntnisse des Verfassers und die vorbildliche formale Gestaltung.

Prof. Dr. Martin K. Welge
Universität Dortmund

Vorwort

Die Informations- und Kommunikationsindustrie ist ein dynamisches Umfeld mit bedeutenden Einflüssen auf zahlreiche andere Industrien und gesellschaftliche Bereiche bis hin zum täglichen Leben der meisten Menschen. Produkte und Dienstleistungen von Medienfirmen, Telekommunikations- und IT-Unternehmen werden von der gesamten Bevölkerung sowohl im beruflichen als auch im privaten Bereich genutzt: ob in Form innovativer Endgeräte beim Medienkonsum, multimedialer Formate für Bildung und Entertainment oder zwischenmenschlicher Kommunikation. Kooperative Unternehmensstrategien und konvergente Industrieentwicklungen stehen dabei immer auch im Zusammenhang mit Kundenbedürfnissen wie einer einfachen Bedienbarkeit, attraktives Design und günstige Preise. Auch das Zusammenwachsen von Industrien, ein oft beobachtetes und häufig kommentiertes Phänomen, kann am Beispiel der Informations- und Kommunikationsindustrie anschaulich dargestellt werden. Hier entstand der Wunsch, dieses Phänomen einmal jenseits euphemistischer Bereichterstattung oder pessimistischer Kommentare tiefergehend zu bearbeiten. Das Promotionsvorhaben eröffnete mir neben der interessanten inhaltlichen Aufgabe aber auch die Möglichkeit, berufliche Schwerpunkte und persönliche Interessen mit akademischen Methoden zu verbinden. Auch die Verknüpfung der Wirtschaftsräume Europa, Nordamerika und Japan war aufgrund der Auswahl der Unternehmen und der Durchführung der Fallstudien möglich.

Mein besonderer Dank gilt meinem Doktorvater, Herrn Professor Welge, der mich von Anfang an kompetent und freundlich unterstützte. Die Denkanstöße und Diskussionen in Einzelgesprächen wie auch im Rahmen des Doktoranden-Kolloquiums des Lehrstuhls für Unternehmensführung der Universität Dortmund waren für mein Vorhaben hilfreich und interessant.

Ich danke außerdem meinem Arbeitgeber, McKinsey & Company, der in diesen Jahren nicht nur für mein leibliches Wohl sorgte, sondern mir auch die zahlreichen wichtigen Forschungsreisen ermöglichte. Insbesondere der akademische Zirkel im Hamburger Büro war immer motivierend und inspirierend: ob in fachlichen Diskussionen, wissenschaftlichen Handgriffen oder intensiver, nahezu leidenschaftlicher Gruppenarbeit.

Meinen guten Freunden Imke Eichenauer und Benedikt Faber danke ich für die mutige Auseinandersetzung mit den Details meiner Arbeit und ihrer Kombination aus gelehriger Linguistik und fingerfertigem Nachschlagen. Heiko Schäfer danke ich für die richtungweisenden Diskussionen und die eingebrachte Expertise und meiner Mutter für die zahlreichen und zeitnahmen Anregungen, die bis zu den Feinheiten der akademischen Abkürzungen reichten. Meinen Eltern habe ich diese Arbeit gewidmet. Ihnen danke ich für die langjährige Unterstützung all meiner Vorstellungen und Vorhaben. Ihre klugen und bedächtigen Ratschläge haben mir neue Wege eröffnet und Orientierung gegeben.

Ein großer Dank gilt auch meiner lieben Freundin Jenni. Wir hatten in den Jahren der Promotion die Möglichkeit, viel Zeit miteinander zu verbringen. Du bist ständige Quelle von Energie und Lebensfreude - diese Phase hätte ohne Dich nicht annähernd so viel Spass gemacht. Auch für Deine Geduld angesichts Lektüre bei Fjordblick und häufigen Exkursionen mit Laptop bin ich sehr dankbar.

Inhaltsverzeichnis

Abbildungsverzeichnis

Abkürzungsverzeichnis

3G	–	3rd Generation
ABC	–	American Broadcasting Corporation
AG	–	Aktiengesellschaft
AOL	–	America Online
AT&T	–	American Telephone & Telegraph Company
B2B	–	Business-to-business
BMG	–	Bertelsmann Music Group
BT	–	British Telecom
CD	–	Compact Disc
CD-ROM	–	Compact Disc Read-Only Memory
CEO	–	Chief Executive Officer
CLT	–	Compagnie Luxembourgeoise de Télédiffusion, Luxemburger Fernseh-Gesellschaft; Vorgängerin der RTL
CNN	–	Cable News Network
CRM	–	Customer Relationship Management
DSF	–	Deutsches Sport-Fernsehen
DSL	–	Digital Subscriber Line
DVD	–	Digital Versatile Disc
EBITDA	–	Earnings before Interest, Taxes, Depreciation and Amortization
ECC	–	European Communication Council
EITO	–	European Information Technology Institute
EPG	–	Electronic Program Guide
ESPN	–	Entertainment and Sports Programming Network
EU	–	Europäische Union
EUR	–	Euro
FM	–	Frequenz Modulation
FuE	–	Forschung und Entwicklung
GPRS	–	General Packet Radio Service
GTE	–	General Telephone and Electric
HBO	–	Home Box Office
HP	–	Hewlett Packard
HW	–	Hardware
IBM	–	International Business Machines
ICL	–	International Computers Limited
Inc.	–	Incorporated
IP	–	Internet Protocol

IPO	–	Initial Public Offering
ISDN	–	ISD-Network
ISP	–	Internet Service Provider
IT	–	Informationstechnologie
iTV	–	interaktives Fernsehgerät
IuK	–	Information und Kommunikation
KDD	–	Kokusai Denshin Denwa (japanisches Telekommunikationsunternehmen)
KPN	–	Koninklijke PTT Nederland (niederländisches Telekommunikationsunternehmen)
LAN	–	Local Area Network
M&A	–	Mergers and Acquisitions
MBV	–	Market-Based View
MCI	–	Microwave Communications Incorporated (später fusioniert mit dem Unternehmen WorldCom)
MSN	–	Microsoft Network
MSNBC	–	Kombination aus MSN (Microsoft Network) und NBC (National Broadcasting Company)
MTV	–	Music Television
NBC	–	National Broadcasting Company
NEC	–	Nippon Electronics Corporation
NT	–	New Technology (Produktname der Firma Microsoft)
NTT	–	Nippon Telegraph and Telephone Corporation
OECD	–	Organization for Economic Co-operation and Development
OTC	–	Over the Counter
PC	–	Personal Computer
PDA	–	Personal Digital Assistants
RBV	–	Resource-based View
RCA	–	Radio Corporation of America
RIM	–	Research in Motion
RTL	–	Radio Television Luxembourg
SCP	–	Structure-Conduct-Performance
SMS	–	Short Messaging Service
SW	–	Software
TBS	–	Tokyo Broadcasting System
TV	–	Television bzw. Fernsehgerät
UFA	–	Universum Film-AG
UMTS	–	Universal Mobile Telephone Service
USA	–	United States of America

USB	–	Universal Service Bus
USD	–	US-Dollar
VoD	–	Video-on-Demand
WAP	–	Wireless Application Protocol

A. Einleitung

1. Einführung in die Themenstellung

Die Auflösung von Branchengrenzen und das Zusammenwachsen von Industrien sind häufig zu beobachtende Phänomene in modernen Volkswirtschaften.[1] Branchen in einem fortgeschrittenen Entwicklungsstadium und mit einem relativ hohen Reifegrad entwickeln neue Dynamik aufgrund technischer Innovationen, Liberalisierung und Globalisierung. Unternehmen verbessern etablierte Produkte und Leistungen oder entwickeln grundlegend neue Angebote auf Basis innovativer Technologien. Bestehende Märkte erfahren Wachstumsschübe, und neue Märkte entstehen an der Peripherie existierender Industrien.

Die Branchen **Telekommunikation, Medien und Informationstechnologie nehmen eine zentrale Stellung in modernen Volkswirtschaften ein** und sind Beispiele für derartige **Innovations- und Konvergenzprozesse**. Alle drei Branchen zeichnen sich durch hohe Wettbewerbsdynamik, Wachstum und technischen Fortschritt aus und sind von hoher gesamtwirtschaftlicher und -gesellschaftlicher Relevanz.[2] Sie bilden außerdem das Kernstück einer so genannten neuen Ökonomie in Folge von Fortschritten moderner Technologien und damit einhergehenden Produktivitätssprüngen in verschiedenen volkswirtschaftlichen Sektoren. Sie wirken somit in zweifacher Hinsicht wachstums- und wohlstandsfördernd, einerseits unmittelbar aufgrund des Wachstums der Informations- und Kommunikationsindustrie (IuK-Industrie) und andererseits mittelbar durch die Dynamisierung und Produktivitätssteigerung in anderen Branchen.[3] Das Internet und moderne IuK-Technologien beeinflussen die Geschäftsaktivitäten und Unternehmensprozesse in allen Branchen und fördern die Entstehung neuartiger Geschäftsmodelle.[4] Innerhalb des Kontexts der IuK-Industrie und der involvierten Industrien Medien, Telekommunikation und Informationstechnologie führen die hohe Bedeutung und schnelle Verbreitung von neuen Technologien zu signifikanten wirtschaftlichen und gesellschaftlichen Veränderungen. So hat sich beispielsweise die mobile Telekommunikation innerhalb eines Jahrzehnts als wichtige In-

---

1 An der Schnittstelle von Automobilindustrie und Finanzdienstleistungen entwickelte sich beispielsweise das Autoleasing, aus der Mechanik und der Elektronik entstand die Mechatronik. Neben der in der vorliegenden Arbeit behandelten Informations- und Kommunikationsindustrie existieren zahlreiche ähnliche Beispiele und Industrien, die aus der Überschneidung und dem Zusammenwachsen verschiedener Industrien entstanden und mittlerweile eigenständige Branchen darstellen, es handelt es sich also nicht um ein Einzelbeispiel.

2 Vgl. OECD (2002a), S. 3.

3 Vgl. Lewis/Palmada/Regout/Webb (2002), S. 33ff.

4 Zur Konvergenz der Geschäftsmodelle von Internet- und traditionellem Einzelhandel vgl. z.B. Enders/Jelassi (2000), S. 543ff.

dustrie etabliert.[5] Trotz der realistischeren Wachstumseinschätzungen nach den Korrekturen an den globalen Kapitalmärkten und der konjunkturellen Schwächephase zu Beginn des neuen Jahrzehnts wird ein weiteres Wachstum der Mobilfunkteilnehmer erwartet. Ähnliches gilt für das Internet, das sich als bedeutendes Medium weltweit etabliert hat. Ähnliche Entwicklungen wie bei der mobilen Telekommunikation und dem Internet lassen sich auch in anderen Teilbereichen der IuK-Industrie beobachten: von zahlreichen neuartigen Endgeräten und leistungsfähigen Übertragungsleistungen bis hin zu innovativen und interaktiven Inhalten.

Auch wenn Phasen positiver oder gar euphorischer Zukunftsprognosen mit Perioden pessimistischer Einschätzungen alternieren,[6] sind die langfristigen Wachstumstrends der Nutzerzahlen und der Umsätze von Unternehmen der IuK-Industrie weiter positiv. Die **IuK-Technologie** nimmt insbesondere in den entwickelten Ländern einen hohen und weiter steigenden Anteil an der Wirtschaftskraft ein, mittlerweile erreicht sie im Durchschnitt der OECD-Staaten einen Anteil von mehr als 8 % des Bruttoinlandsprodukts, in einigen Ländern bereits über 11 %.[7] Das Handelsvolumen von Produkten und Technologien der IuK-Industrie steigt weiter stark an, auch hinsichtlich Wohlstand und Beschäftigung wird der IuK-Industrie als einer der Zukunftsbranchen moderner Volkswirtschaften besondere Bedeutung beigemessen. Die Wachstumsprognosen sind sowohl kurzfristig als auch langfristig überwiegend positiv.[8] Die OECD quantifiziert die Wirtschaftsleistung der IuK-Industrie im Jahr 2001 auf ein Volumen von 2,1 Bio. US-Dollar alleine in den OECD-Ländern, davon entfallen 39 % auf den Bereich Telekommunikation, 17 % auf Hardware, 9 % auf Software und 35 % auf andere IuK-Dienste.[9] Neben der wirtschaftlichen Entwicklung führt die Verbreitung von IuK-Technologien auch zu grundlegenden gesellschaftlichen Veränderungen und beeinflusst die Verhaltensweisen hinsichtlich der Nutzung von Information, Kommunikation, Entertainment und Konsum.[10]

---

5 Zu Marktvolumina der Mobilfunkindustrie in zahlreichen Ländern vgl. z.B. EITO (2002), S. 399ff.

6 So proklamierte beispielsweise der Economist im August 2000 den "Misserfolg der neuen Medien", vgl. o.V. (2000a), S. 1. Vgl. auch Bughin/Hasker/Segel/Zeisser (2001), S. 58ff. Zu einer Bestandsaufnahme vgl. Manyika/Nevens (2002), 17ff.; für die Kabelindustrie beispielhaft Becker/Enriquez/Snyder (2002), 69ff. Die Verluste an den Kapitalmärkten wurden seitdem teilweise wieder ausgeglichen, einzelne Unternehmen haben ihre damalige Marktkapitalisierung bereits wieder übertroffen.

7 Stand 2001, vgl. OECD (2002a), S. 3.

8 Eine Reihe von ökonomischen Studien beschäftigen sich mit Prognosen der IuK-Technologie. Für Zukunftsstudien, Prognosen, Technologievorausschau u.ä. vgl. stellvertretend Sjöborg/ Backlund (2000), S. 47ff .

9 Vgl. OECD (2002a), S. 5f.

10 Vgl. z.B. ARD/ZDF Arbeitsgruppe Multimedia (1999), S. 404f.; Eimeren/Gerhard/Freese (2001), S. 382ff.; Ridder/Engel (2001), S. 102ff.; sowie Oehmichen (2002), S. 23ff.

Technischer Fortschritt, Deregulierung und Liberalisierung, Globalisierung und die Bedeutungszunahme der Kapitalmärkte führen zu einem innovations- und wettbewerbsintensiven Umfeld in der IuK-Industrie und der relevanten Teilbranchen Medien, Telekommunikation und Informationstechnologie. Intensiver Wettbewerb existiert in allen Teilmärkten und entlang der einzelnen Stufen der gesamten Wertschöpfungskette. Beispielsweise entstehen für digitalisierte Inhalte neben den herkömmlichen Übertragungsformen alternative Distributionsformen auf Basis der Telefonnetze, terrestrischen Netze sowie Kabelnetze, Satellitennetze und Mobilfunknetze. In ähnlicher Form vermehren sich die Endgeräte: neben Fernsehen und Personal Computer (PC) etablieren sich z.B. Mobiltelefone, Kleinstcomputer, Laptops und Tablet-PCs, interaktive Fernseher und ähnliche Geräte. Die Möglichkeiten der Übersendung von Inhalten vervielfachen sich, Nutzer haben ein breites Spektrum von Auswahlmöglichkeiten, und die Branchenabgrenzung wird zunehmend komplizierter. Aufgrund der Überschneidungen zwischen den verschiedenen Teilindustrien Medien, Telekommunikation und Informationstechnologie ist es bisher äußerst kompliziert, eine entstehende Konvergenzbranche zu charakterisieren oder gar zu quantifizieren.[11]

Entwickelte Märkte, moderne Volkswirtschaften und insbesondere konvergierende Industrien zeichnen sich oft durch **hybride Wettbewerbsverhältnisse** aus. Statt klarer Konkurrenzverhältnisse sind Unternehmen häufig sowohl Wettbewerber als auch Partner: bei unterschiedlichen Produkten, auf unterschiedlichen Märkten oder innerhalb komplexer Zulieferer-Kunden-Beziehungen entlang der Wertschöpfungskette. Kooperationen wird ein höherer Stellenwert für die Strategie eines Unternehmens beigemessen,[12] oft wird gar von einer "**Ära der Kooperationen**"[13] gesprochen. Ursachen sind die hohe Dynamik und Komplexität der Wettbewerbskonstellationen angesichts von Deregulierung und Globalisierung. Auch der Zugang zu notwendigen Ressourcen und der Erwerb zusätzlicher Fähigkeiten sind Gründe für die zunehmende Zahl von Kooperationen. Häufig wird mit der so genannten neuen Ökonomie und der Durchsetzung des Internet ein

---

11 Die OECD und das EITO widmen sich der Beschreibung der IuK-Industrie, ebenso existieren zahlreiche Statistiken zu den einzelnen und unterschiedlich definierten Teilbereichen der jeweiligen Industrie- und Interessenverbände.

12 Vgl. Doz/Hamel (1998), S. 6ff.

13 Vgl. Dussauge/Garette (1999), S. 17ff.

weiterer Bedeutungszuwachs kooperativer Arrangements begründet.[14] Große Unternehmen haben aufgrund der Vielzahl eingegangener Kooperationen und Netzwerke umfangreiche Portfolios einzelner Kooperationsaktivitäten und damit verbunden eine hohe Anzahl dazugehöriger Kooperationspartner. Die **Triebkräfte für Kooperationen** zwischen Unternehmen sind vielfältig: fortschreitende Globalisierung, ein zunehmender Innovationsdruck mit kürzer werdenden Produktlebenszyklen sowie steigende Entwicklungskosten und ein allgemeiner Kostendruck.[15]

Konvergenzentwicklungen von Industrien und Kooperationsstrategien von Unternehmen stehen dabei in einem **interdependenten Verhältnis**. Einerseits fördern die Auflösung von Branchengrenzen und das Zusammenwachsen von Industrien kooperative Verbindungen zwischen Unternehmen der involvierten Branchen. Somit führen Kooperationen zwischen Unternehmen wiederum zu Überschneidungen zwischen diesen Industrien. Gleichzeitig existiert ein Spannungsverhältnis zwischen nachhaltigen Wettbewerbsvorteilen und Alleinstellungsmerkmalen eines Unternehmens und der Zusammenarbeit mit anderen Unternehmen im Rahmen von Kooperationen und der gemeinschaftlichen Zielverfolgung. Da gemeinsame Aktivitäten und Anstrengungen im Verbund mit anderen Unternehmen auch Herausforderungen für die wettbewerbliche Differenzierung der jeweils beteiligten Unternehmen darstellten, existieren **gleichzeitig Elemente von Kooperation und Konkurrenz** bei derartigen interorganisationalen Beziehungen. Konvergenz und Kooperationen stehen somit in einem wechselseitigen Zusammenhang, die Entwicklung industrieller Strukturen und unternehmensspezifischer Strategien beeinflussen sich gegenseitig. Insbesondere große und bedeutende Unternehmen haben die Möglichkeit, industrieweite Veränderungsprozesse zu beeinflussen und zu fördern.

Die IuK-Industrie ist gekennzeichnet durch zahlreiche bedeutende, leistungsstarke und global agierende Unternehmen, die zu einer hohen Wettbewerbsintensität und Entwicklungsdynamik führen. Firmen der Medien-, Telekommunikations- und IT-Industrien wie Microsoft, NTT, Deutsche Telekom, Bertelsmann, Intel oder Sony sehen sich neben dem Wettbewerb in den eigenen Teilindustrien vermehrt Unternehmen benachbarter Branchen des gesamten Spektrums der IuK-

---

[14] Ob der Bedeutungszuwachs von Kooperationen tatsächlich mit der Durchsetzung des Internet in modernen Volkswirtschaften zusammenhängt, ist umstritten. Im weiteren Verlauf der Arbeit sollen Kooperationen im Kontext der IuK-Industrie über einen längeren Zeitraum betrachtet werden. Dabei wird davon ausgegangen, dass Kooperationen im Internetbereich den gleichen Anforderungen an Erfolg und Zeilerreichung wie anderen Industrien ausgesetzt sind. Demzufolge wird unterstellt, dass zwischen Kooperationen in 'alter' und 'neuer' Ökonomie die Gemeinsamkeiten überwiegen und sie sich mittels desselben Analyseinstrumentariums untersuchen lassen. Vgl. zu dieser Diskussion auch Dang-Nguyen/Penard (2001), S. 58ff. Bell (2001), S. 26 sowie Ernst/Halevy/Monier/Sarrazin (2001), S. 94.

[15] Vgl. stellvertretend Krubasik/Lautenschläger (1993), S. 56 sowie Welge/Al-Laham (2002), S. 629ff.

Industrie ausgesetzt. Sie vereinigen innerhalb ihrer Unternehmensstrukturen ehemals getrennte Funktionen der Erzeugung, Übertragung und Rezeption von Informationen und Kommunikationsleistungen und partizipieren immer häufiger an benachbarten Teilmärkten der IuK-Industrie. Medienunternehmen offerieren zunehmend Kommunikationsdienste, Telekommunikationsfirmen erzeugen Inhalte, und IT-Firmen expandieren in neue Bereiche jenseits von Software und Hardware. Die Unternehmen sehen sich Herausforderungen im Zusammenhang mit konvergenten Entwicklungen, Fragmentierung und Dynamisierung im relevanten Umweltkontext ausgesetzt und müssen tragfähige Strategien entwickeln (s. Abbildung 1).

Abbildung 1: Herausforderungen für Unternehmen der IuK-Industrie

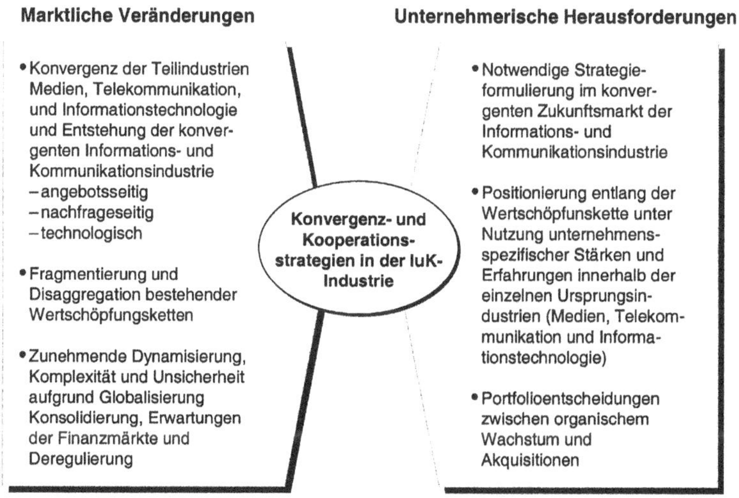

Quelle: eigene Darstellung

Die global agierenden Unternehmen der IuK-Industrie initiieren zahlreiche kooperative Arrangements und besitzen umfangreiche Portfolios verschiedener Kooperationen.[16] Häufig sind Kooperationen ausschlaggebend für den Unternehmenserfolg in einzelnen Teilbereichen der IuK-Industrie, z.B. bei den mobilen Portalen[17]

---

[16] Zu der veränderten Rolle von Strategie angesichts des Paradigmenwechsels von "Unabhängigkeit" zu "Interdependenz" und vom Portfoliogedanken im Kontext von Produkten zu Kooperationen vgl. Vasudevan/Duysters/van den Oord/Bakkes (2001), S. 20 sowie Beerkens/Lemmens (2001), S. 93ff. Zu Allianzportfolios vgl. Bamford/Ernst (2002), S. 29ff.

[17] Vgl. Bughin/Lind/Stenius/Wilshire (2001), S. 120ff.

oder den Internet-Zugangsdiensten.[18] Die Selektion einzelner Kooperationen und dazugehöriger Kooperationspartner und die Struktur des gesamten Kooperationsportfolios stehen in einem engen Zusammenhang zur unternehmensspezifischen Positionierung innerhalb der IuK-Industrie. Strategische Prioritäten und Wettbewerbsstrategien beeinflussen das Kooperationsportfolio, gleichzeitig erhöhen sich durch Anzahl und Intensität der Kooperationen auch die Interdependenzen einer Firma mit anderen Unternehmen, sowohl innerhalb der eigenen Branche als auch mit anderen Branchen.

2. Problemstellung und Zielsetzung der Arbeit

Der Untersuchungsgegenstand der vorliegenden Arbeit ist die **Struktur und Konfiguration von unternehmensspezifischen Kooperationsportfolios angesichts konvergenter Entwicklungen in der IuK-Industrie** einschließlich der Teilbranchen Medien, Telekommunikation und Informationstechnologie. Der Schwerpunkt liegt auf der strategischen Positionierung der Unternehmen innerhalb der IuK-Industrie und der Gestaltung eines wirkungsvollen und kohärenten Kooperationsportfolios mit adäquaten Kooperationspartnern. Insbesondere der strategische Entscheid, die Konfiguration der Kooperationen und die Partnerwahl werden detailliert untersucht.[19] Außerdem sollen die Zusammenhänge zwischen industriellen Konvergenzentwicklungen und unternehmensspezifischen Kooperationsaktivitäten untersucht werden.

Grundsätzlich lassen sich Kooperationen einzeln und in aggregierter Form betrachten. Eine **Einzelbetrachtung** unterstellt, dass jede einzelne Kooperation unabhängig voneinander vom jeweils zuständigen Geschäftsbereich eingegangen und geführt wird. Eine **Portfoliobetrachtung** impliziert entweder den Einfluss strategischer Grundsätze, zentraler Strategieeinheiten oder zumindest Interdependenzen zwischen den einzelnen eingegangenen Kooperationen im Rahmen eines Informationsaustauschs oder in Form gesamtstrategischer Führung eines kohärenten Portfolios sich gegenseitig ergänzender Kooperationen und Partnerschaften

---

18 Vgl. z.B. Niewjik/Songhurst/Todd (2003), S. 99ff.

19 Vgl. zur Wichtigkeit der Partnerwahl bei Kooperationen auch Brouthers/Brouthers/Wilkinson (1997), S. 267ff. Bronder/Pritzl (1992) unterscheiden im Rahmen eines Managementkonzepts für strategische Allianzen vier Ebenen: Der strategische Entscheid, die Konfiguration der strategischen Allianz, die Partnerwahl und das Management der strategischen Allianz; vgl. Bronder/Pritzl (1992), S. 18ff. In der vorliegenden Arbeit werden die ersten drei Ebenen untersucht, lediglich das kontinuierliche Management im Zeitablauf der Kooperationen wird nicht gesondert berücksichtigt, sondern stattdessen auf die Evolution von aggregierten Kooperationsportfolios eingegangen.

eines Unternehmens.[20] In der vorliegenden Arbeit werden **einzelne Kooperationen analysiert** und **anschließend zu einem Kooperationsportfolio aggregiert**. Nur eine holistische Portfoliobetrachtung aller Kooperationsaktivitäten eines Unternehmens über einen vergleichsweise langen Betrachtungszeitraum ermöglicht die Analyse und Bewertung unternehmerischer Kooperationsstrategien im Kontext industrieller Evolutionsprozesse.

Abbildung 2: Forschungsfragen der Untersuchung

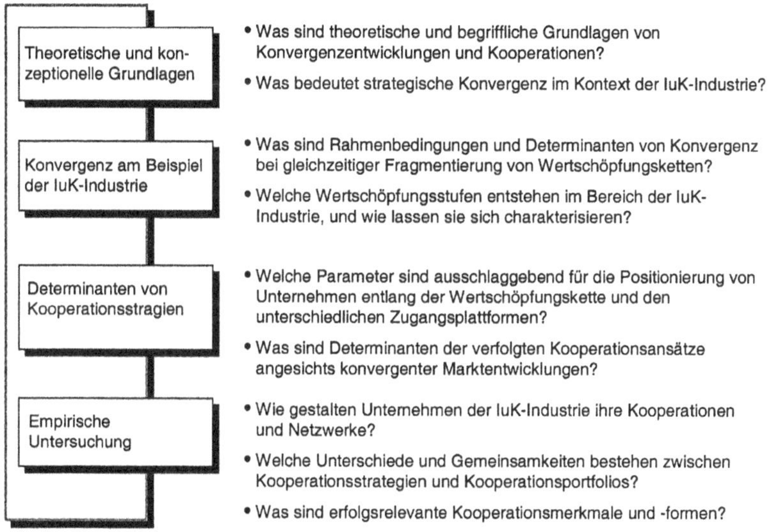

Quelle: eigene Darstellung

In diesem Zusammenhang wirkt ein wechselseitiger Einfluss: einerseits beeinflussen die konvergenten Branchenentwicklungen in den Bereichen Medien, Telekommunikation und Informationstechnologie die Bildung von Kooperationen und Unternehmensnetzwerken, andererseits tragen diese kooperativen Arrangements

---

[20] Vgl. auch Bidault/Salgado (2001), S. 627. Insbesondere im Falle von Kapitalbeteiligungen und Joint Ventures ist eine zentrale Einflussnahme bzw. Entscheidungsbefugnis in der Regel vorhanden. Insbesondere bei großen Unternehmen existieren entweder gesonderte Stabstellen zur Unterstützung und Koordination von Kooperationen oder zumindest ein Prozess zur Kontrolle eingegangener Kooperationsaktivitäten.

zwischen Unternehmen der IuK-Industrien zu einer Auflösung von Branchengrenzen und einer verstärkten Konvergenzentwicklung bei.[21]

Die Zielsetzung der Arbeit liegt in der **integrierten Betrachtung von unternehmensspezifischen Kooperationsstrategien und konvergenten Industrieentwicklungen am Beispiel der IuK-Industrie**. Neben der Darstellung und Analyse der einzelnen Untersuchungsgegenstände 'Konvergenz' und 'Kooperationen' sollen nachfolgend die Zusammenhänge und Wechselwirkungen zwischen diesen Phänomenen untersucht und schließlich Implikationen für optimale Kooperationsstrategien von Unternehmen angesichts konvergenter Industrieentwicklungen erarbeitet werden. Im Einzelnen ergeben sich die folgenden Forschungsfragen und Zielsetzungen (s. Abbildung 2):

1. Das **erste Forschungsziel** ist die Erarbeitung theoretischer und konzeptioneller Grundlagen von Konvergenz und Kooperationen. Wie können die Untersuchungsgegenstände Konvergenz, Kooperationen und der Kontext der Informations- und Kommunikationsindustrie auf Basis bestehender Arbeiten definiert werden? Welche theoretischen Ansätze setzen sich mit dem Untersuchungsgegenstand auseinander und liefern Erkenntnisse hinsichtlich der Analyse und Interpretation?
2. Das **zweite Forschungsziel** behandelt den Themenbereich der Konvergenz im Kontext der IuK-Industrie. Konvergenz soll hinsichtlich ihrer verschiedenen Entwicklungsphasen unter Zuhilfenahme der einzelnen Teilindustrien Medien, Telekommunikation und Informationstechnologie dargestellt und erklärt werden. Was sind Rahmenbedingungen und Determinanten von Konvergenz bei gleichzeitiger Fragmentierung von Märkten und Wertschöpfungsketten? Wie gestaltet sich die konvergente Wertschöpfungskette der IuK-Industrie, und wie lassen sich die einzelnen Wertschöpfungsstufen charakterisieren?
3. Das **dritte Forschungsziel** betrifft die unternehmensspezifischen Kooperationsstrategien und Kooperationsportfolios. Was sind relevante strategische Einflussfaktoren von Unternehmen in dynamischen und turbulenten Märkten? Was sind ausschlaggebende Entscheidungsparameter und relevante Klassifikationskriterien für Kooperationen angesichts konvergenter Marktentwicklungen? Welche Erkenntnisse ergibt die empirische Überprüfung hinsichtlich der Kooperationsportfolios von Unternehmen der IuK-Industrie über einen Untersuchungszeitraum von zehn Jahren? Welche

[21] Nach Miles/Snow (1986) sind Kooperationen und Netzwerke gleichzeitig Grund und Folge des wettbewerblichen Umfelds, in dem sie sich ereignen. Vgl. Miles/Snow (1986), S. 62, sowie Krystek/Redel/Reppegather (1997), S. 245. Im Kontext der IuK-Industrie kommen neben der Auflösung von Branchengrenzen noch weitere Effekte der Auflösung von Unternehmensgrenzen in Folge von Fortschritten bei IuK-Technologien hinzu. Dies ist jedoch kein gesonderter Schwerpunkt der vorliegenden Untersuchung, auch wenn Kooperationen und Netzwerke in gewisser Hinsicht ebenfalls zur Auflösung von Unternehmensgrenzen führen können.

Wechselwirkungen existieren zwischen Konvergenzentwicklungen und Kooperationsstrategien?

Die vorliegende Arbeit untersucht folglich unternehmensspezifische Kooperationsportfolios angesichts konvergenter Branchenentwicklungen in der IuK-Industrie. Dafür wird auf verschiedene Theorien und Forschungsrichtungen rekurriert, um die begrifflichen und konzeptionellen Grundlagen der Untersuchungsgegenstände Konvergenz, Kooperationen und der IuK-Industrie zu erarbeiten.[22]

In der Literatur existieren zahlreiche Studien zu bilateralen Kooperationsvereinbarungen und multilateralen Netzwerken.[23] Dabei werden jedoch zumeist einzelne kooperative Arrangements von Unternehmen mit einem oder mehreren Partnerfirmen betrachtet und bewertet. Systematische Untersuchungen aus der Perspektive eines einzelnen Unternehmens, d.h. die Betrachtung von Kooperationen als Portfolio von Aktivitäten und Handlungsoptionen eines Unternehmens existieren dagegen kaum. Kooperative Arrangements mit anderen Unternehmen sind ein wichtiges wettbewerbsstrategisches Instrument in dynamischen Industrien und somit Kernstück unternehmerischer Strategien. In der vorliegenden Untersuchung werden **alle eingegangenen Kooperationen ausgewählter Unternehmen über einen Zeitraum von elf Jahren analysiert und evaluiert**.

Ein weiterer Erkenntnisgewinn der vorliegenden Arbeit liegt in der **Verknüpfung der Themenschwerpunkte Konvergenz und Kooperationen**. Da es sich bei Industrieveränderungen um dynamische und multikausale Phänomene handelt, sollen die Interdependenzen zwischen den konvergenten Industrieentwicklungen und den unternehmensspezifischen Kooperationsstrategien herausgearbeitet werden. Das Modellkonzept zur empirischen Untersuchung von Kooperationen angesichts konvergenter Entwicklungen verknüpft Erkenntnisse der theoretischen Grundlagen von Konvergenz und Kooperationen, der Konvergenzentwicklungen der relevanten Einzelindustrien und der maßgeblichen strategischen Entscheidungsparameter. So erfolgt eine Verknüpfung von Konvergenzentwicklungen und Kooperationsstrategien, die die Wechselwirkungen zwischen industriellen Veränderungsprozessen und strategischen Unternehmensentscheidungen

---

22 Die theoretische Bearbeitung und methodische Vorgehensweise ist dabei primär ökonomisch ausgerichtet, alternative soziologische und publizistische Ansätze sollen nur hinsichtlich ihrer Einflussnahme auf den ökonomischen Kontext der IuK-Industrie berücksichtigt werden. Vgl. zur integrierenden Aufgabe der Kommunikations- und Medienwissenschaft und dem Forschungsfeld der Medienökonomie im Einflussfeld der Subsysteme Politik, Recht, Ökonomie u.ä. stellvertretend Altmeppen (1996), S. 13f. sowie Owers/Carveth/Alexander (1998), S. 1ff.

23 Empirische Studien zu Kooperationen und Allianzen sind häufig branchenspezifisch. Zu einem Überblick der Kooperationsaktivitäten in der Automobilindustrie und der Papier- und Druckindustrie vgl. Hammes (1994), S. 325ff. und S. 359ff., für die Telekommunikationsbranche vgl. Hungenberg (1998), S. 479ff.; zu einem branchenspezifischen Vergleich von Kooperationen vgl. Müller-Stewens/Hillig (1992), S. 73ff., auch Doz (1992), S. 50ff. Vgl. auch Welge/Al-Laham (2002), S. 628ff. sowie die Übersicht bestehender Studien in Kapitel B.2.3.

berücksichtigt. Letztlich sollen im Rahmen dieser Arbeit Handlungsempfehlungen für Unternehmen der IuK-Industrie erarbeitet werden. Trotz bereits bestehender wissenschaftlicher Studien zur Evolution von Industrien[24] leistet die vorliegende Arbeit aufgrund der Dauer des Untersuchungszeitraums und der umfangreichen Einzelanalyse aller Kooperationsaktivitäten ausgesuchter Unternehmen der IuK-Industrie einen wichtigen empirischen Beitrag.

3. Gang der Untersuchung

Die Arbeit ist in sieben Kapitel gegliedert (s. Abbildung 3). Nach der Einleitung widmet sich Teil B den theoretischen und begrifflichen Grundlagen der Untersuchung. Auf Basis der Transaktionskostentheorie, der marktorientierten und ressourcenorientierten Perspektiven des strategischen Managements und weiterer relevanter theoretischer und konzeptioneller Ansätze werden die notwendigen Grundlagen zum Verständnis der Phänomene Konvergenz und Kooperationen erarbeitet. Anschließend werden die zentralen Termini der vorliegenden Arbeit, Konvergenz, Kooperationen und die Informations- und Kommunikationsindustrie, definiert.

Teil C befasst sich mit den Konvergenzentwicklungen in der IuK-Industrie. Dazu werden zuerst die Veränderungsprozesse in den Teilindustrien Medien, Telekommunikation und Informationstechnologie herausgearbeitet und der Prozess des Zusammenwachsens dieser Branchen analysiert. Anschließend wird die konvergierende IuK-Industrie hinsichtlich ihrer Entwicklungsphasen und Charakteristika behandelt. In diesem Zusammenhang werden auch die einzelnen Wertschöpfungsstufen beschrieben und relevante Wettbewerber vorgestellt.

In Teil D werden Strategieansätze und -typologien angesichts Dynamik und Komplexität des Umweltkontexts vorgestellt und vergleichend beurteilt, um ein adäquates Instrumentarium für die strategische Positionierung in der IuK-Industrie zu erarbeiten. Dabei werden Determinanten strategischer Schwerpunktsetzung hinsichtlich der Branchenaffinität und des Unternehmenstyps, die strategischen Positionierungsoptionen Integration und Spezialisierung sowie Führer- und Folgerstrategien untersucht.

Auf Basis der theoretischen Grundlagen (Teil B), der konvergenten Industrieentwicklungen (Teil C) und des strategischen Handlungsrahmens (Teil D) wird in Teil E ein Modell zur Klassifizierung und Systematisierung von Kooperationen entwickelt. Entlang von elf Parametern werden konvergenzrelevante und gestaltungsspezifische Kriterien herausgearbeitet.

---

24 Zu einer Analyse der Softwareindustrie vgl. z.B. stellvertretend McNaughton (2001), S. 444ff., weiterführend vgl. Abschnitt C.1.2.6. Insgesamt behandeln die vorliegenden empirischen Studien weder den hier abgegrenzten Industriekontext der IuK-Industrie noch wird der Betrachtungszeitraum ähnlich umfangreich definiert oder der Interdependenz von Umweltbedingungen und Unternehmensstrategien ausdrücklich Bedeutung beigemessen.

Abbildung 3: Gang der Untersuchung

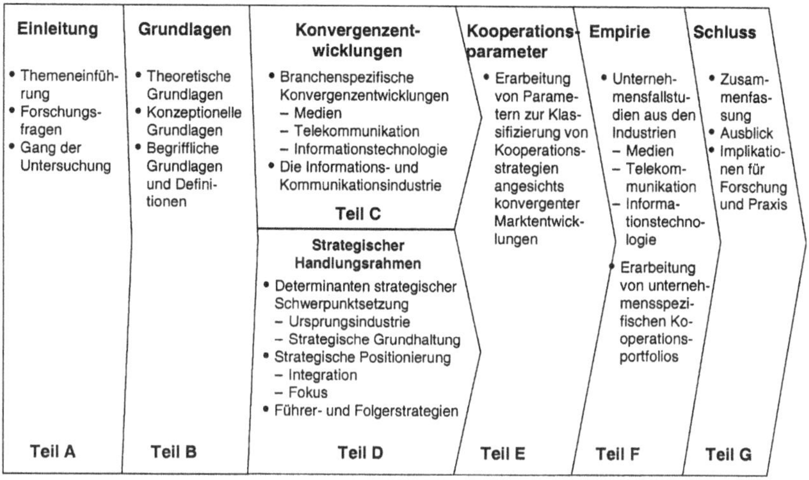

Quelle: eigene Darstellung

Teil F untersucht empirisch die Kooperationsaktivitäten von Unternehmen der IuK-Industrie mit Hilfe der Modellparameter, strukturiert und bewertet sie. Die ausgesuchten Unternehmen sind global tätige Firmen und gehören zu den führenden Unternehmen in ihren jeweiligen Branchen. Mit AOL Time Warner,[25] Bertelsmann und Disney handelt es sich um Firmen der Medienindustrie; NTT, Deutsche Telekom und Telefonica sind Vertreter der Telekommunikationsindustrie und Microsoft, Intel, Nokia und Sony sollen letztlich als Unternehmen der IT-Branche untersucht werden. Für den Untersuchungszeitraum von 1990 - 2000 werden mit Hilfe von zwei Datenbanken alle Kooperationen der ausgewählten Unternehmen analysiert und entlang der einzelnen Parameter systematisiert und bewertet.

Teil G bildet den Schlussteil der Arbeit. Nach einer Zusammenfassung werden die Ergebnisse der empirischen Untersuchung in den Kontext der zentralen Forschungsfragen hinsichtlich Konvergenz und Kooperationen gestellt sowie Implikationen für Forschung und Praxis abgeleitet.

---

[25] In der vorliegenden Arbeit werden die Kooperationsaktivitäten von AOL untersucht, da das Unternehmen AOL Time Warner in den 90er Jahren in der heutigen Form nicht existierte. Insofern lässt sich AOL als Online-Zugangsdienst und Internetportal sowohl den so genannten neuen Medien zuordnen als auch der Softwarebranche und damit der Informationstechnologie. Ähnliche definitorische Probleme wirft auch das Unternehmen Sony auf, das spätestens nach der Akquisition der Filmstudios Columbia und TriStar Pictures nicht mehr ausschließlich als Hardware- bzw. IT-Unternehmen zu bezeichnen ist.

B. Theoretische und begriffliche Grundlagen

Das Zusammenwachsen ehemals getrennter Märkte und Branchen und die hohe Bedeutung von Kooperationen für Unternehmen lassen sich in vielen modernen Volkswirtschaften beobachten. Konvergenz wird mal auf Basis ähnlicher Angebote oder Konsumentenbedürfnisse, mal bzgl. verwandter Technologien und Infrastrukturen diskutiert. Insgesamt wird Konvergenz stellvertretend für eine große Bandbreite von Begrifflichkeiten genutzt: die Auflösung von Marktgrenzen, das Überschneiden und Verschmelzen von Branchen, die Annäherung von Angeboten oder das Zusammenwachsen von Funktionalitäten. Als Basis für die weitere Untersuchung sollen im Folgenden theoretische und konzeptionelle Grundlagen erarbeitet und die zentralen Termini der Konvergenz und der Kooperation definiert werden. Dabei werden die Transaktionskostentheorie, die Ansätze des strategischen Managements, die Ressourcenabhängigkeitshypothese und weitere ausgewählte theoretische Ansätze hinsichtlich ihrer inhaltlichen Beiträge untersucht.

1. Theoretische Grundlagen für Konvergenz und Kooperationen

1.1. Die Transaktionskostentheorie

Die Transaktionskostentheorie wurde durch die Arbeiten von Coase[1] und Williamson[2] begründet und bildet heute zusammen mit der Property Rights-Theorie und der Agency-Theorie den Kern der so genannten Neuen Institutionenökonomik.[3] Die Transaktionskostentheorie behandelt den Grund für die Existenz von Unternehmen und die Ursache von Transaktionen jenseits von rein marktlich koordinierten Interaktionen einzelner Akteure. Sie analysiert Unternehmen, Märkte, Rechtssysteme und weitere Institutionen, im Rahmen derer ökonomischer Austausch erfolgt, um ihre Existenz und Veränderungen zu erklären sowie alternative Institutionsformen zu vergleichen und zu bewerten.[4]

Der Transaktionskostenansatz definiert unterschiedliche Transaktionskosten, empfiehlt adäquate Formen institutionalisierter Austauschbeziehungen und erklärt damit einhergehende Verhaltensweisen und Umwelteigenschaften sowie notwendige Gestaltungserfordernisse. In der Realität organisieren Unternehmen

---

1 Vgl. Coase (1937), S. 390ff.

2 Vgl. Williamson (1975), S. 1ff., auch (1985) und (1989). Vgl. außerdem Richardson (1972), Picot (1982) sowie Welge/Al-Laham (2002), S. 633ff

3 Zu einem Überblick und Vergleich der drei Theorieansätze vgl. z.B. Picot (1991b), S. 145ff. Teilweise wird auch die Informationsökonomik dazugezählt.

4 Vgl. Müller-Stewens/Lechner (2001), S. 106f.

die Herstellung ihrer Produkte und Dienstleistungen in einem zunehmend komplexen Umfeld mit einer Vielzahl autonomer Entscheidungsträger, die in einem wechselseitigen Abhängigkeitsverhältnis zueinander stehen und in vielfältiger Weise interagieren, Informationen austauschen und dabei mit entsprechenden Transaktionskosten konfrontiert werden. Für wirtschaftliche Aktivitäten und Austauschbeziehungen ergeben sich dabei unterschiedliche Koordinationsformen.

1.1.1. Grundlegende Koordinationsformen ökonomischen Handelns

Die Transaktionskostentheorie versucht, durch einen Vergleich der mit unterschiedlichen Regelungsformen einhergehenden Transaktionskosten die optimale Koordinationsform ökonomischer Aktivitäten zu bestimmen. Das Spektrum möglicher ökonomischer Koordinationsmechanismen lässt sich anhand eines Kontinuums mit den Extremformen Hierarchie und Markt veranschaulichen (s. Abbildung 4).[5]

Abbildung 4: Koordinationsformen von Transaktionen entlang des Hierarchie-Markt-Kontinuums

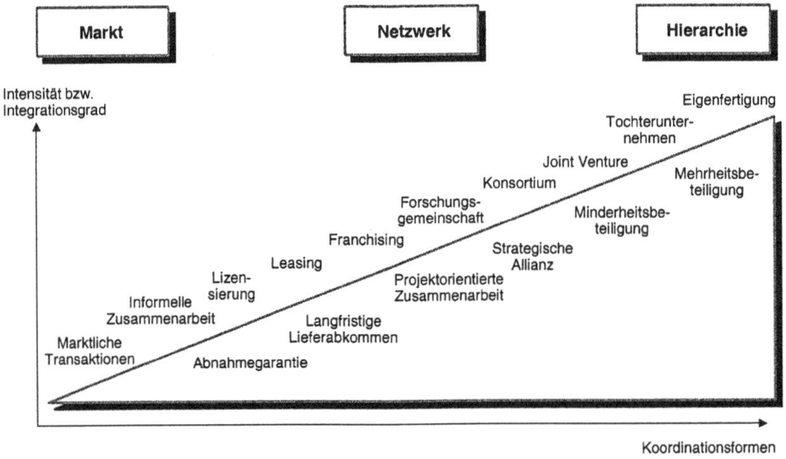

Quelle: eigene Darstellung, vgl. z.B. Giger (2000), S. 193 u. Siebert (1999), S. 9 u. Picot (1982), S. 274; grundlegend vgl. Williamson (1975)

Mögliche Mechanismen ökonomischer Koordination reichen von rein marktbasierten Transaktionen über informelle Zusammenarbeit, langfristige Lieferverträ-

---

5 Vgl. Williamson (1975) sowie Picot (1982), S. 274; Welge/Al-Laham (2002), S. 633f.; Siebert (1999), S. 9 und Giger (2000), S. 193.

ge, Forschungsgemeinschaften sowie Kapitalbeteiligungen und Joint Ventures bis hin zu hierarchischer Organisation in Form von Eigenherstellung und Tochterunternehmen. Zwischen den Reinformen existiert demnach eine Vielzahl von Mischformen mit sowohl marktlichen als auch hierarchischen Elementen, die eher kooperative bzw. netzwerkartige Koordinationsmechanismen darstellen.

1.1.1.1 Reinformen ökonomischer Koordination: Hierarchien und Märkte

Hierarchische Koordinationsmechanismen bedeuten eine hohe Vorgabe von Handlungsparametern und Regelungen. Im Falle betrieblicher Hierarchien gelten Strukturen innerhalb einer Organisation wie hierarchische Leitungs-, Entscheidungs- und Weisungsbefugnisse sowie positive und negative Sanktionsmechanismen. Zwischenbetriebliche Hierarchien bestehen meist aufgrund extrem fortgeschrittener Integration von Wertschöpfungsketten, häufig in Form von Kapitalbeteiligungen an kleineren Unternehmen, die in einer Zulieferbeziehung stehen.[6] Teilweise werden auch nicht eindeutig fixierte oder kapitalinduzierte Abhängigkeitsverhältnisse als Hierarchien bezeichnet, wenn es sich um ungleichgewichtige Kunden-Lieferanten-Beziehungen handelt. Beispiele dafür sind die Beziehungen von Großunternehmen mit kleineren Zulieferern, die einen hohen Teil ihrer Kapazitäten nach diktierten Spezifikationen fertigen oder so genannte "Single-Source-Beziehungen", im Rahmen derer Unternehmen vertraglich an einzelne Lieferanten gebunden sind.[7]

Märkte bzw. marktlich organisierte Transaktionen stellen die andere Extremform ökonomischer Koordination im Markt-Hierarchie-Kontinuum dar. Sie bezeichnen ökonomische Orte des Zusammenfindens von Angebot und Nachfrage und lassen sich in vollkommene und unvollkommene Märkte unterteilen. Auf vollkommenen Märkten existieren vollständige Markttransparenz, Homogenität der Güter und das Nichtvorhandensein zeitlicher, persönlicher oder räumlicher Präferenzen bei den Marktteilnehmern.[8] Die neoklassische Markttheorie postuliert bei Erfüllung dieser Kriterien ein Marktgleichgewicht von Angebot und Nachfrage aufgrund des Preismechanismus, der die dezentralen Transaktionsaktivitäten der verschiedenen Marktteilnehmer koordiniert und alle verfügbaren Informationen abbildet.

6 Vgl. Williamson (1989), S. 150f.; Picot (1991a), S. 350 sowie Klein (1996), S. 99.

7 Vgl. Zbornik (1996), S. 46.

8 Vgl. z.B. Ernst (1990), S. 21 sowie allgemein die Prämissen der Neoklassik.

1.1.1.2 Mischformen ökonomischer Koordination: Kooperationen und Netzwerke

Zwischen den beiden Extremformen des Markt-Hierarchie-Kontinuums existieren zahlreiche **hybride Formen ökonomischer Koordination**, die eher kooperativen und netzwerkartigen Charakter haben (vgl. Abbildung 4). Zwei oder mehrere Unternehmen versuchen mittels kooperativer Arrangements Wettbewerbsvorteile zu realisieren, die mit rein marktbasierten Transaktionen bzw. einer rein hierarchischen Organisationsform nicht erzielbar wären.[9] Merkmale dieser kooperativen bzw. netzwerkartigen Organisationsformen sind die primär kooperativen statt kompetitiven Beziehungen zwischen den beteiligten Unternehmen sowie die rechtliche Selbständigkeit der Unternehmen trotz eher langfristiger Zusammenarbeit und gegenseitiger ökonomischer Abhängigkeit aufgrund eingebrachter Ressourcen und Fähigkeiten. Weitere Charakteristika sind die zahlreichen dezentralen Entscheidungszentren und Handlungspole und das gegenseitige Vertrauen trotz weiterhin existierender und möglicherweise divergierender strategischer Ziele der einzelnen Unternehmen.[10]

In der Realität lassen sich vielfältige Mischformen ökonomischer Koordination zwischen den Extremformen Markt und Hierarchie beobachten. Im Allgemeinen gilt dabei der Integrationsgrad bzw. die Intensität der interorganisationalen Beziehungen als maßgebliches Kriterium zur Klassifizierung derartiger ökonomischer Koordinationsformen. Dabei sind langfristige Lieferabkommen und Lizenzverträge eher marktnah, während Joint Ventures und Mehrheitsbeteiligungen an anderen Firmen hierarchischen Koordinationsformen näher stehen.

1.1.2. Transaktionskosten als Parameter strategischer Entscheidungen

In der ökonomischen Realität sind viele Märkte vom Idealzustand neoklassischer Theorie weit entfernt.[11] Marktunvollkommenheiten widersprechen dem Postulat absoluter Transparenz, und die geltenden Marktpreise befinden sich nicht in einem Gleichgewicht, das alle Preisinformationen berücksichtigt. Vielmehr ergeben sich für die Marktteilnehmer im Rahmen des Transaktionsprozesses Aktivitäten, die

---

9 Vgl. Jarillo (1993), S. 131f. und Bogaschewsky (1995), S. 161f.

10 Vgl. z.B. Sydow (1992), S. 79ff.; Jarillo (1993), S. 131 sowie Zbornik (1996), S. 48ff. Zum Aspekt des Vertrauens innerhalb von Kooperationen und Netzwerken vgl. grundlegend Pieper (2000), S. 27ff.; auch Nooteboom (2002), S. 12ff. sowie Klein Woolthuis/Hillebrand/Nooteboom (2002), S. 6ff.

11 Die Existenz alternativer Organisationsformen neben rein marktlichen Transaktionen und die damit verbundene Aufgabe der Annahme effizienter Märkte der Neoklassik wird von Vertretern der Transaktionskostentheorie als so genanntes "Markt-Hierarchie-Versagen" bezeichnet. Vgl. z.B. Williamson (1975), S. 40.

über die reine Transaktion auf Basis des Marktpreises hinausgehen.[12] Diese Aktivitäten lassen sich idealtypisch in **verschiedene Transaktionsphasen** der Information, der Vereinbarung und der Abwicklung bzw. Kontrolle unterteilen:[13]

- In der **Informationsphase** ermitteln Nachfrager von Gütern und Dienstleistungen relevante Informationen, z.B. Bezugsquellen und Lieferkonditionen. Anbieter erheben ihrerseits Informationen über Bedarfsstrukturen und Präferenzen der Nachfrageseite.
- Während der **Vereinbarungsphase** fixieren Anbieter und Nachfrager von Gütern und Dienstleistungen die rechtlichen Rahmenbedingungen der Transaktion. Die relevanten Konditionen (z.B. Preis, Qualität und Lieferbedingungen) werden diskutiert und abgestimmt.
- In der **Abwicklungs- bzw. Kontrollphase,** die nach dem Vertragsabschluss beginnt, wird das Produkt oder die Leistung gegen die vereinbarte Bezahlung vom Anbieter zum Nachfrager überführt. Teilweise wird in diesem Zusammenhang auf zusätzliche Leistungsanbieter wie z.B. Finanzinstitutionen, Transport- oder Versicherungsunternehmen zurückgegriffen.

Diese idealtypischen Transaktionsphasen lassen sich in allen Koordinationsformen innerhalb des Markt-Hierarchie-Kontinuums ausmachen.[14] Jedoch kann der Prozess abhängig von der gewählten Koordinationsform auch weniger komplex gestaltet werden, und insbesondere die Informations- und die Vereinbarungsphase lassen sich innerhalb eines hierarchischen Kontexts stark vereinfachen. **Transaktionskosten entstehen in Folge von Unsicherheit und Intransparenz** bei Interaktionen verschiedener Marktteilnehmer während der einzelnen Phasen. Dies erfordert Informations- und Kommunikationsaufwand für den einzelnen Marktteilnehmer vor dem eigentlichen Austausch der Verfügungsrechte und der damit einhergehenden Güter und Dienstleistungen. Den Transaktionspartnern entstehen in diesem Prozess (a) **Anbahnungskosten** für Informations-, Kommunikations- und Beratungsleistungen im Vorfeld einer potenziellen Partnerschaft, (b) **Vereinbarungskosten** im Zusammenhang mit Verhandlungen potenzieller Partner und unternehmensinterner Kommunikations- und Abstimmungsaufwand, (c) **Abwicklungskosten** für die konkrete Umsetzung einer institutionalisierten Verbindung und das Aufsetzen einer Prozessteuerung, (d) **Kontrollkosten** für das Nachhalten und Überwachen von getroffenen Vereinbarungen und das Einhalten definierter Leistungsparameter wie Qualität und Terminen und (e) **Anpassungskosten** durch

12 So wird eine Transaktion beispielsweise als Prozess der Anbahnung, Vereinbarung, Kontrolle und Anpassung einer Übertragung von Verfügungsrechten und Leistungen beschrieben, vgl. Picot (1982), S. 269.

13 Vgl. z.B. Langenohl (1994), S. 19f.; Schmid (1995), S. 221 sowie Klein (1996), S. 54f.

14 Vgl. Smith Ring (1999), S. 241ff.

nachträgliche Anpassung bereits erfolgter Spezifikationen oder organisatorischer Änderungen.[15]

Die **Höhe der Transaktionskosten** wird sowohl durch die Eigenschaften der Transaktion als auch durch Umwelt- und Humanfaktoren beeinflusst. Die optimale Form der Austauschkoordination und die komparative Vorteilhaftigkeit der Alternativen 'Markt', 'Netzwerk' und 'Hierarchie' hängt von (a) der **Anzahl der Transaktionspartner**, (b) der **Häufigkeit**, mit der Transaktionen vorgenommen werden, (c) der **Unsicherheit bzw. Komplexität** hinsichtlich gegenwärtiger bzw. künftiger Transaktionsinhalte und -bedingungen und (d) dem **Ausmaß austauschspezifischer Investitionsnotwendigkeiten** ab.[16] Insbesondere die Häufigkeit der Transaktionen und die Spezifität der Leistungen ermöglichen Empfehlungen hinsichtlich der optimalen Koordinationsform ökonomischer Transaktionen. Bei relativ seltenen Transaktionen mit geringer Spezifität, d.h. mit vergleichsweise standardisierten Gütern oder Leistungen, empfiehlt sich ceteris paribus die marktbasierte Koordinationsform; mit zunehmender Transaktionshäufigkeit und Spezifitätsgrad werden Kooperationen relevanter und führen letztlich zu vertikaler Integration der entsprechenden Prozesse.[17] Kooperationen sind demnach insbesondere bei mittlerer Faktorspezifität des Transaktionsgegenstandes sowie bei unterschiedlichen Geschäftsaktivitäten und komplementären Fähigkeiten der beteiligten Unternehmen die bevorzugte ökonomische Koordinationsform.[18]

Kritikpunkte an der Transaktionskostentheorie sind sowohl konzeptioneller als auch empirischer Natur. Der Ansatz berücksichtigt alternative Motive nicht in ausreichendem Maße und vermag die reale Bedeutung von Transaktionskosten in sozialen Austauschprozessen nicht adäquat zu reflektieren.[19] Neben der mangelnden Messbarkeit und Operationalisierbarkeit der Transaktionskosten wird auch die unzureichende Charakterisierung der Vertragstypen und damit verbundene Defizite bei der Bestimmung einzelner Kooperationsformen kritisiert.[20] Nichtsdestotrotz ergeben sich aus dem Transaktionskostenansatz Implikationen für die Untersuchung von Kooperationen in ihren verschiedenen Ausprägungen und dem Grad der Institutionalisierung. Der Zusammenhang zwischen der Wahl der adäquaten Kooperationsform und der durch Partnerzahl, Transaktionshäufigkeit und -spezifität bestimmten Transaktionskosten ermöglicht die weitergehende Bestimmung von Kooperationsmotiven und Evaluationsparametern unterneh-

---

15 Vgl. Picot (1982), S. 270ff. und (1991a), S. 344ff.; Sydow (1992), S. 256ff; Picot/Reichwald (1994), S. 550 sowie Wildemann (1995), S. 785ff.

16 Vgl. Williamson (1985), S. 44ff.

17 Vgl. z.B. Ordelheide (1993, Sp. 1843) sowie Müller-Stewens/Lechner (2001), S. 108f.

18 Vgl. Richardson (1972), S. 892 und Williamson (1991), S. 23. Zum Aspekt der Ressourcen und Fähigkeiten vgl. insbesondere die ressourcenorientierte Sichtweise in Abschnitt B.1.2.2.

19 Vgl. Welge/Al-Laham (2002), S. 635.

20 Zu einer ausführlicheren Kritik der Transaktionskostentheorie vgl. Bolten (2000), S. 44ff. sowie Padberg (2000), S. 52ff.

mensspezifischen Kooperationsverhaltens. Darüber hinaus lassen sich Erkenntnisse für das Verständnis von Konvergenzentwicklungen aufgrund strategischer Unternehmensentscheidungen bzgl. des optimalen Koordinationsgrads ökonomischer Aktivitäten in Form von Kooperationen, Netzwerken und schließlich vertikaler Integration und Internalisierung ableiten.[21]

1.2. Die Perspektive des strategischen Managements

Die strategische Managementforschung beinhaltet einige relevante Ansätze zum Verständnis und zur Interpretation von Konvergenz und Kooperationen. Die begrifflichen Ursprünge des Strategischen Managements reichen bis ins 19. Jahrhundert zurück, die theoretische Entwicklung der Disziplin erfolgte dann weitgehend in den 60er Jahren.[22] Allgemein lassen sich aus heutiger Perspektive eine **marktorientierte Sichtweise**, der so genannte **"Market-based view" (MBV)**, und eine **ressourcenorientierte Sichtweise**, der so genannte **"Resource-based view" (RBV)**, unterscheiden.[23] Der MBV widmet sich schwerpunktmäßig dem Branchen- bzw. Wettbewerbskontext eines Unternehmens und entwickelt, darauf basierend, strategische Empfehlungen. Den Referenzrahmen bilden die Industrieökonomik und ihre Weiterentwicklungen. Neben dem MBV werden außerdem neuere Ansätze wie die Konzepte des Hyperwettbewerbs und kooperativer Wettbewerbsbeziehungen vorgestellt, um den dynamischen und komplexen Wettbewerbsbedingungen der IuK-Industrie besser gerecht zu werden. Der RBV konzentriert sich dagegen mehr auf die Innensicht der Unternehmen, betrachtet die Ressourcen, Fähigkeiten und Kompetenzen, die ihrerseits Ableitungen hinsichtlich

---

21 Vgl. Teil E der vorliegenden Arbeit und die einzelnen Parameter zur Klassifizierung von Kooperationen sowie die anschließende empirische Untersuchung.

22 Vgl. Müller-Stewens/Lechner (2001), S. 9f. Insbesondere die Arbeiten von Penrose (1959), S. 75f.; Bain (1956), Chandler (1962), Andrews (1971), Ansoff (1965), Mintzberg (1978) und Porter (1980) gelten als theoretisches Fundament des Strategischen Managements.

23 Zu einem Überblick zur empirischen Strategieforschung vgl. allgemein Welge/Al-Laham/ Kajüter (2000a), S. 5ff. sowie zu theoretischen Perspektiven des strategischen Managements vgl. zu Knyphausen-Aufseß (2000), S. 40ff. und Welge/Al-Laham (2001), S. 20ff.; zu ökonomischen Perspektiven und zentralen Ansätzen des strategischen Managements vgl. Welge/Al-Laham (2001), S. 35ff., zur Entwicklung des strategischen Managements vgl. Hungenberg (2000), S. 44ff. und 51ff. Zu einem Überblick verschiedener analytischer Modelle und strategischer Frameworks vgl. z.B. Furrer/Thomas (2000), S. 619ff.

unternehmensspezifische Strategien ermöglichen. In der Literatur gelten die beiden Ansätze mittlerweile weitgehend als komplementär.[24]

1.2.1. Grundlagen der marktorientierten Sichtweise

1.2.1.1 Die Industrieökonomik

Die Ursprünge des MBV liegen in der Industrieökonomik und den Arbeiten von Alfred Marshall, der Zusammenhänge und Strukturen von Industrien zu erklären versuchte.[25] In der Folge entwickelte Bain das so genannte **"Structure-Conduct-Performance-Paradigma" (SCP)**, das einen deterministischen Zusammenhang zwischen der Marktstruktur einer Industrie, dem Marktverhalten einzelner Marktteilnehmer und dem daraus resultierenden Marktergebnis proklamiert.[26] Die 'Struktur' bezeichnet Angebots- und Nachfragekomponenten sowie ökonomische Einflussfaktoren entlang der Wertschöpfungskette und bedingt in ihrer industriespezifischen Ausprägung das 'Marktverhalten' bzw. die Strategien der Marktteilnehmer. Dazu gehören Entscheidungen hinsichtlich von Marketingparametern, der Kapazitäten, des vertikalen Integrationsgrads und der Effizienz von Unternehmen. Das 'Marktergebnis' ist wiederum abhängig vom Verhalten der Marktteilnehmer. Neben finanziellen Parametern beinhaltet es auch Kennziffern technischen Fortschritts und die Entwicklung von Mitarbeiterzahlen. Das SCP-Paradigma berücksichtigt externe Schocks wie Veränderungen von Technologien, Regulierung und Konsumentenpräferenzen sowie gewisse Rückkopplungseffekte zwischen Struktur, Verhalten und Ergebnis und erlaubt somit eine dynamische Perspektive der industriellen Zusammenhänge. Struktur- und Verhaltenselemente beeinflussen dabei das Marktergebnis. Tendenziell negativ auf das Marktergebnis einwirkende Strukturvariablen sind beispielsweise eine hohe Anzahl von Wettbewerbern, unterschiedliche Kostenstrukturen innerhalb der Industrie, hohe Fixkostenanteile an den unternehmerischen Gesamtkosten, geringe und schwankende Nachfrage, Überkapazitäten und niedrige Eintrittsbarrieren. Verhaltensweisen der Marktteilnehmer, die zu einem schlechten Marktergebnis führen, sind unter anderem gerin-

---

24 Vgl. z.B. Wernerfelt (1984), S. 171ff.; Barney (1991), S. 100; Amit/Shoemaker (1993), S. 39; Rasche (1994), S. 413; Hinterhuber/Friedrich (1997), S. 1001 sowie Nolte/Bergmann (1998), S. 6f. Diese Sichtweise wird insbesondere von Vertretern des RBV akzeptiert. Auch die zuerst von Barney entwickelte SWOT-Analyse stellt bereits einen Versuch der Integration der beiden Ansätze dar. Stärken und Schwächen rekurrieren in diesem Zusammenhang auf die Ressourcenperspektive eines Unternehmens, Chancen und Risiken hingegen ergeben sich aus dem Marktkontext bzw. der externen Analyse von Wettbewerbsvorteilen, vgl. Barney (1991), S. 100.

25 Vgl. Marshall (1962), S. 781f.

26 Im Folgenden vgl. Bain (1968), S. 430ff.; auch Mason (1953).

ge Loyalität der Konsumenten bzw. niedrige Wechselkosten, eine geringe Produktdifferenzierung oder eine hohe Preistransparenz.

In den 80er Jahren wurde der einseitige Determinismus im Sinne von 'Struktur-Verhalten-Ergebnis' der früheren Arbeiten um mögliche retrograde bzw. rückwärtsgerichtete Auswirkungen erweitert, im Rahmen derer beispielsweise durch Innovationen Markteintrittsbarrieren verändert werden und so nachhaltige Veränderungen der Industriestruktur auftreten können.[27] Der industrieökonomische Ansatz bietet daher eher einen grundlegenden Rahmen zum Verständnis von Wirkungszusammenhängen als ein detailliertes Analyseinstrumentarium in unsicheren und neu entstehenden Industrien wie der IuK-Industrie mit dynamischen Veränderungen und konvergenten Industrieentwicklungen. Außerdem bedeutet der deterministische Ansatz eine gewisse Beschränkung hinsichtlich der Einschätzung neuer Tendenzen und zukünftiger Trends. Insbesondere wichtige Einflussfaktoren wie immaterielle Vermögenswerte und kooperative Wettbewerbsbeziehungen werden nicht ausreichend berücksichtigt.

1.2.1.2 Porters Ansatz der Branchenstrukturanalyse

Der MBV wurde durch die Arbeiten von Michael Porter weiterentwickelt, der die Industrieökonomik mit der Strategieforschung kombinierte und darauf basierend Wettbewerbsstrategien definierte.[28] Auch wenn Porter die retrograde bzw. rückwärtsgerichtete Interpretation des SCP-Paradigmas bevorzugt, bildet die Industriestruktur den entscheidenden Ausgangspunkt für die Ableitung von Unternehmensstrategien.[29] Der Schwerpunkt der Branchenstrukturanalyse liegt auf strategiedeterminierenden Umwelteinflüssen; unternehmensinterne Kontingenzfaktoren und die Ressourcenausstattung werden dagegen vereinfacht und als relativ statisch und homogen angesehen.[30] Porter identifiziert die folgenden **fünf Wettbewerbskräfte**:[31]

1. Der **Rivalitätsgrad bzw. die Wettbewerbsintensität** wird durch verschiedene Einflussfaktoren wie die Anzahl und Größe der Unternehmen, das Branchenwachstum, das Verhältnis von fixen zu variablen Unternehmenskosten und die Existenz von Marktaustrittsbarrieren bestimmt. Zusammen determinieren diese Faktoren die durchschnittliche Unternehmensrentabilität einer Branche. Eine geringe Branchenkonzentration und

27 Vgl. Porter (1980), S. 615ff.

28 Vgl. Porter (1980), S. 1ff. und (1981), S. 609ff. Des Weiteren existieren eine Vielzahl von marketingstrategischen Konzepten. Vgl. stellvertretend Becker (2000), S. 9ff.

29 Vgl. Porter (1980), S. 5ff.

30 Vgl. Zahn/Foschiani/Tilebein (2000), S. 49.

31 Vgl. Porter (1992b), S. 23.

ein geringes Marktwachstum führen beispielsweise zu einer vergleichsweise hohen Wettbewerbsintensität.[32]

2. Die **Bedrohung durch Markteintritte bzw. durch neue Anbieter** beeinflusst ebenfalls die durchschnittliche Branchenrendite.[33] Hohe Markteintrittsbarrieren bedingen hohe und unwiederbringliche Anfangskosten, die potenzielle Wettbewerber abschrecken und etablierten Unternehmen nutzen. Beispiele für derartige Barrieren sind Skaleneffekte innerhalb einer Industrie, hohe Kapitalanforderungen, starke Markenidentitäten und physische Vorteile etablierter Wettbewerber wie Patente oder die Dominanz von Absatzkanälen und Distributionssystemen.
3. Die **Bedrohung durch Substitutionsprodukte** bezeichnet Ersatzprodukte mit ähnlicher Funktionalität für Konsumenten. Eine hohe relative Preisleistung der Substitute, geringe Wechsel- und Umstellungskosten sowie eine hohe Substitutionsneigung der Konsumenten bedeuten daher eine hohe Bedrohung durch Substitutionsprodukte und folglich eine tendenziell geringere Rentabilität der Branche.
4. Die **Verhandlungsstärke der Abnehmer bzw. Käufer** hängt insbesondere vom Konzentrationsgrad der Käufer, dem Informationsstand hinsichtlich der branchenspezifischen Kostenstrukturen, der Fähigkeit zur Rückwärtsintegration und der Preisempfindlichkeit der Käufer ab. Dabei lässt sich zwischen potenzieller und real ausgeübter Einkaufsmacht unterscheiden.[34]
5. Die **Verhandlungsstärke der Lieferanten** lässt sich analog zur Einkaufsmacht der Käufer bestimmen.[35] Auch hier sind ein hoher Konzentrationsgrad der Zulieferer sowie die Bedeutung der Produkte für die Käufer förderlich für die Verhandlungsposition der Lieferanten. Eine starke Machtposition führt häufig zu Produktpreisen, die sich am Wert für die Abnehmer orientieren. Bei schwacher Verhandlungsmacht der Lieferanten reflektieren die Preise dagegen eher die vorherrschenden Kostenstrukturen.

---

32 Vgl. Porter (1997), S. 42ff.

33 Vgl. Porter (1997), S. 29ff.

34 Vgl. Collis/Montgomery (1998), S. 53 und Ghemawat (1999), S. 30, die den Staat als Beispiel für einen mächtigen Einkäufer nennen, der seine Einkaufsmacht jedoch meist nur unzureichend nutzt.

35 Vgl. weiterführend Porter (1997), S. 54ff.

Die Wettbewerbskräfte wirken im industriellen Umfeld, auf das auch externe Einflussfaktoren einwirken.[36] Dazu gehören das makroökonomische Umfeld, technologische Veränderungen, Regulierung bzw. staatliche Einflussnahme und letztlich die Nachfrage. Die Branchenstrukturanalyse gilt als Grundmodell zum Verständnis von Industriestrukturen und Wettbewerbskonstellationen, insbesondere in Fällen relativ einfach prognostizierbarer industrieller Entwicklungen und Wettbewerbsvorteilen auf Basis struktureller Faktoren.

Gemäß Porter ergeben sich **drei generische Wettbewerbsstrategien** für Unternehmen:[37] (a) die Strategie der **Kostenführerschaft,** d.h. die Koordinierung unternehmensweiter Handlungen und funktionaler Aktivitäten mit dem Ziel der Kostenminimierung und Erreichung der Kostenführerschaft innerhalb der Industrie, (b) die **Differenzierungsstrategie** durch Verbesserung der firmeneigenen Produkte und Dienstleistungen zu einem einzigartigen und differenzierten Angebot innerhalb der Industrie und (c) die **Fokussierung**, d.h. die Konzentration der Unternehmensressourcen auf eine klar definierte Marktnische innerhalb des industriellen Kontexts. Die Umsetzung dieser generischen Strategien wird durch das **Konzept der Wertkette** unterstützt, das die Geschäftsaktivitäten eines Unternehmens prozessual darstellt.[38] Zu unterscheiden sind primäre Aktivitäten wie Eingangslogistik, Fertigung, Marketing und Vertrieb, Ausgangslogistik und Kundendienst sowie sekundäre Aktivitäten bzw. Unterstützungsfunktionen wie die Unternehmensinfrastruktur, Personalaktivitäten, Technologieentwicklung und die Beschaffung. Jedes dieser Glieder der Wertkette sowie deren Koordination untereinander können entsprechend der gewählten Strategie auf Kosteneinsparungen bzw. Differenzierungsmöglichkeiten untersucht und optimiert werden.[39] Im Rahmen der vorliegenden Arbeit bildet das Konzept der Wertschöpfungskette sowohl auf industrieller Ebene als auch unternehmensspezifisch ein **wichtiges Instrument zur Darstellung und Untersuchung von konvergenten Industrieentwicklungen und kooperativen Unternehmensstrategien.**

Verflechtungen zwischen funktionalen Einheiten bzw. Wertschöpfungsaktivitäten unterschiedlicher Unternehmen können materieller und immaterieller Na-

---

36 Die fünf Wettbewerbskräfte lassen sich teilweise bereits in ähnlicher Form als Strukturelemente innerhalb des oben beschriebenen SCP-Paradigmas der Industrieökonomik ausmachen. Beispielsweise ist die 'Bedrohung durch neue Wettbewerber' bereits als Industriestrukturelement diskutiert worden. Vgl. Bain (1968), S. 251 ff. In ähnlicher Form lassen sich auch die Verhandlungspositionen von Lieferanten und Abnehmern auf die Industrieökonomik zurückführen; vgl. Bain (1968), S. 112.

37 Zu generischen Wettbewerbsstrategien vgl. Porter (1980), S. 34ff. und (1992a), S. 67 sowie Welge/Al-Laham (2001), S. 375ff. Zu hybriden Strategien vgl. Welge/Al-Laham (2001), S. 390ff. sowie (2000), S. 347ff. Zur marktorientierten Unternehmensführung vgl. allgemein z.B. Becker (1999), S. 47ff.

38 Vgl. Porter (1992b), S. 57ff. sowie Welge/Al-Laham (2000), S. 346ff.

39 Vgl. auch Henselek (2000), S. 471.

tur sein.[40] **Materielle Verflechtungen** entstehen, wenn bestimmte Wertschöpfungsaktivitäten zweier Unternehmen gemeinsam ausgeführt werden, beispielsweise in Form gemeinsamer Beschaffungs- oder Vertriebsanstrengungen. **Immaterielle Verflechtungen** bedeuten hingegen einen Transfer von spezifischem Wissen oder Fähigkeiten zwischen zwei Unternehmen, z.B. in Form von Know-how im Produktionsbereich. Möglich sind in diesem Zusammenhang auch Konkurrentenverflechtungen, die im Falle eines Mehrpunktwettbewerbs zwischen zwei Unternehmen dazu führen, dass Wettbewerbsaktivitäten auf einem Teilmarkt Reaktionen auf einem anderen Teilmarkt provozieren.[41]

Einblicke hinsichtlich des Zusammenhangs von marktstrukturellen Faktoren und unternehmensspezifischen Variablen bietet das **Konzept der strategischen Gruppen**, das eine Verbindung zwischen der Branchenstruktur und dem strategischen Management herstellt.[42] Strategische Gruppen bezeichnen Gruppen von Unternehmen einer Branche, die dieselbe oder eine ähnliche Strategie verfolgen.[43] Verschiedene Strategien können zu Strukturunterschieden innerhalb einer Branche führen und schaffen so genannte Mobilitätsbarrieren, die sowohl Marktzugangsbeschränkungen für Marktneulinge als auch Hindernisse zum Wechsel zwischen einzelnen strategischen Gruppen darstellen. Mobilitätsbarrieren zwischen strategischen Gruppen vermindern den Wettbewerb, zwischen Unternehmen einer Gruppe herrscht hingegen starker Wettbewerb. Medienunternehmen versuchen entweder mit vergleichbaren Programmen Marktanteile zu gewinnen (Spielfilme, Quizsendungen) oder mittels einer Differenzierungsstrategie Nischenmärkte zu adressieren (DSF, Vox).[44] Hohe Mobilitätsbarrieren verhindern die Imitation von erfolgreichen Strategien und sichern den beteiligten Unternehmen nachhaltige Wettbewerbsvorteile und hohe Gewinnpotentiale. Ursache für Kooperationen zwischen Unternehmen wären in diesem Zusammenhang die Formierung strategischer Gruppen und der damit einhergehende Aufbau von Mobilitätsbarrieren bzw. im Falle von Kooperationen zwischen Wettbewerbern die Durchbrechung bestehender strategischer Gruppen und Mobilitätsbarrieren und die Zusammenführung unterschiedlicher Fähigkeiten.

Die Existenz unterschiedlicher strategischer Gruppen innerhalb einer Branche erhöht tendenziell die Asymmetrie zwischen Organisationsstrukturen und Unternehmensprozessen von Wettbewerbern, fördert divergierende Strategien im Sinne von Differenzierung und Kostenführerschaft und erhöht den Grad der Rivalität. Im Zusammenhang mit Kooperationen zwischen Unternehmen wird eine

---

40 Vgl. Porter (1992b), S. 413ff.

41 Vgl. Steidl (1999), S. 35f.

42 Zu strategischen Gruppen vgl. Bauer (1991), Bartölke (2000), S. 5ff, sowie theoretisch S. 39ff. und empirisch S. 94ff.

43 Vgl. Altmeppen (1996), S. 261f. Zu einer Diskussion von strategischen Gruppen und die ressourcenorientierte Sichtweise vgl. Rese (2002), S. 258ff.

44 Vgl. Altmeppen (1996), S. 261.

notwendige strategische Kongruenz der kooperierenden Unternehmen postuliert und als so genannter strategischer Fit bezeichnet.[45] Dementsprechend gelten Kooperationen zwischen Unternehmen mit stark divergierenden Strategien und Zielen als besonders kompliziert.[46]

Die Ansätze der Branchenstrukturanalyse sind auch heute noch ein häufig angewandtes Analyseinstrumentarium. Insbesondere der präskriptive Erkenntnisgehalt bietet häufig den Anfangspunkt zur Bestimmung unternehmerischer Strategieentwicklung. Jedoch lassen sich dynamische und turbulente Industrien und Wettbewerbskonstellationen nur schwer untersuchen.[47] In Fällen hybrider interorganisationaler Beziehungen mit gleichzeitig kooperativen und kompetitiven Elementen sowie Wettbewerbsvorteilen jenseits von rein strukturellen Aspekten, z.B. in Form von Ressourcen-, Fähigkeits- und Wissensvorteilen einzelner Unternehmen erfordert das Portersche Modell gewisse konzeptionelle Erweiterungen. Angesichts zunehmender Unsicherheit und technischer Diskontinuitäten ist eine stringente Extrapolation gegenwärtiger Verhältnisse nicht mehr ohne weiteres möglich. Auch die von Porter propagierte Ausschließlichkeit der generischen Strategien und die mit einer unterbliebenen klaren Entscheidung für eine Option verbundene strategische Unterlegenheit und geringere Profitabilität[48] wird angesichts der Realität heute zunehmend infrage gestellt. Insbesondere in der IuK-Industrie ermöglichen technische Fortschritte Ansätze hybrider Strategien mit der Kombina-

---

45 Vgl. stellvertretend Douma/Bilderbeek/Idenburg/Loosie (2000), S. 581ff.

46 Vgl. stellvertretend Bleicher (1989), S. 5f. In diesem Zusammenhang scheint die Hypothese naheliegend, dass Kooperationen zwischen Unternehmen unterschiedlicher strategischer Gruppen weniger häufig auftreten bzw. weniger erfolgversprechend sind als zwischen Unternehmen derselben strategischen Gruppe, da divergierende strategische Ausrichtungen tendenziell destabilisierend und koordinationshemmend wirken. Insbesondere im Kontext konvergenter Industrieveränderungen scheinen hingegen in Anlehnung an den Resource-Dependence-Ansatz Kooperationen zwischen unterschiedlichen strategischen Gruppen aufgrund komplementärer Ressourcenausstattung förderlich zu sein. Diese unterschiedlichen Implikationen erfordern zunächst eine detaillierte Analyse der Konvergenzentwicklungen einschließlich der Ausprägungsformen und Varianten von Konvergenz und den damit verbundenen Auswirkungen auf Kooperationsstrategien.

47 Zu einer Übertragung der generischen Strategien auf globale Medien-, Telekom- und IT-Firmen vgl. Sjurts (2000a), S. 32ff

48 Vgl. Porter (1980), S. 41.

tion von Elementen der Differenzierung und Kostenführerschaft.[49] Daher sollen einige zusätzliche Konzepte vorgestellt werden.

1.2.1.3 Konzepte kooperativer Wettbewerbsbeziehungen

Der Realität zunehmender Dualität von Wettbewerb und Kooperation zwischen Unternehmen widmen sich insbesondere Konzepte kooperativer Wettbewerbsbeziehungen. Nalebuff und Brandenburger entwickeln basierend auf spieltheoretischen Ansätzen das so genannte **Coopetition-Modell** mit Elementen komplementärer und kompetitiver Beziehungen zwischen Unternehmen. Demnach können Unternehmen wählen, an welchen so genannten Spielen sie teilnehmen wollen und aufgrund der Kenntnisse über die Rahmenbedingungen und Zusammenhänge das Spielergebnis in ihrem Sinne beeinflussen. Die zentralen Elemente und Handlungsspielräume werden entlang der Kategorien Mehrwert, Wettbewerbsregeln, Taktiken und Spielraum definiert. Unternehmerische Strategien dienen dem Aufbau so genannter Wertenetze, die Interaktionen und Interdependenzen mit anderen relevanten Akteuren abbilden. Dazu gehören Kunden und Lieferanten sowie Konkurrenten und Komplementoren.[50] Gemäß des Coopetition-Modells stehen Kunden und Lieferanten in einer symmetrischen Beziehung zueinander; Konkurrenten und Komplementoren hingegen nehmen gegenläufige Rollen innerhalb des Wertenetzes ein.[51] Verhältnisse zu anderen Unternehmen gestalten sich dabei häufig in hybrider Form anstelle von klaren Unterscheidungen in 'Freund-Feind'-Kategorien. So können Unternehmen Komplementoren bei der Schaffung von Märkten sein, bei der Aufteilung selbiger jedoch in einer Konkurrenzbeziehung zueinander stehen.[52] Analog können sich im Fall vertikal integrierter Unterneh-

---

49 Zu Realisierungsformen hybrider Strategien vgl. Picot/Scheuble (2000), S. 245ff. Vgl. zur Übertragung des Porterschen Analyseschemas auf den Internetkontext Porter (2001a), S. 63-78, in dem Porter für eine Applikation der bestehenden Modellstrukturen plädiert und das Internet lediglich als neuen Vertriebskanal analysiert. Für gegenteilige Argumentation vgl. Tapscott (2001), S. 1ff., im Zusammenhang mit der Übertragbarkeit von Strategien auf die sog. neue Ökonomie bzw. neue Strategieparadigmen vgl. Haertsch (2000), S. 9ff. und 109ff.; Rangan/Adner (2001), S. 44ff.; Eisenhardt/Sull (2001), S. 107ff.; Christensen (2001), S. 105ff.; Senge/Carstedt (2001), S. 24ff. sowie Hax/Wilde (2001), S. 379ff. und Evans/Wurster (1999), S. 13ff.

50 Nalebuff/Brandenburger (1996), S. 28ff.

51 Komplementoren bezeichnen Unternehmen, deren Produkte bzw. Dienstleistungen zu den Produkten eines anderen Unternehmens in einem komplementären Verhältnis stehen. Kunden bewerten das Produkt von Unternehmen A höher, wenn sie gleichzeitig das Produkt von Unternehmen B besitzen. Beispiele dafür sind nach Nalebuff/Brandenburger (1996) Hersteller von Würstchen und Senf oder Universitäten mit den Komplementoren Verkehrsmittel, Bafög, Kopierläden etc.; vgl. Nalebuff/ Brandenburger (1996), S. 29ff. Hier lassen sich auch gedankliche Ansätze von Netzeffekten erkennen, die in Abschnitt B.2.2.2 näher untersucht werden.

52 Nalebuff/Brandenburger (1996), S. 33ff. und S. 46. Zu Beispielen für Coopetition vgl. Dathe (1999), S. 24ff.

men Wettbewerbsverhältnisse auf verschiedenen Wertschöpfungsstufen unterschiedlich gestalten, beispielsweise in differenzierter Ausprägung auf den Beschaffungsmärkten und den Absatzmärkten.[53]

Insgesamt sind derartige **hybride Wettbewerbsbeziehungen mit einem Nebeneinander von kooperativen und kompetitiven Elementen** kennzeichnend für interorganisationale Beziehungen in der wettbewerblichen Realität, insbesondere in dynamischen Märkten wie der IuK-Industrie.[54] Im Rahmen der vorliegenden Arbeit sollen unternehmensspezifische Kooperations- und Konvergenzstrategien in einem dynamischen Wettbewerbsumfeld mit hoher Innovations- und Wettbewerbsintensität entwickelt werden. Das Coopetition-Konzept liefert einen passenden gedanklichen Rahmen zum Verständnis von hybriden Wettbewerbsverhältnissen und dem unternehmensspezifischen Aufbau von leistungsfähigen Netzen bestehend aus verschiedenen Kooperationen. Zur detaillierten Analyse einzelner Kooperationen einschließlich der strategischen Motive, der Partnerselektion in konvergenten Märkten und der Konfiguration von Kooperationen sowie zur Untersuchung aggregierter Kooperationsportfolios einzelner Unternehmen sind jedoch zusätzliche Ansätze notwendig.

1.2.1.4 Der Ansatz des Hyperwettbewerbs

D'Aveni (1994) entwickelte für dynamische Märkte im Stadium kontinuierlichen Ungleichgewichts das Konzept des Hyperwettbewerbs. Es charakterisiert **vier Stadien eines Kontinuums typischer Wettbewerbsformen**, die von totaler Wettbewerbsinsuffizienz über kollusive Wettbewerbsvermeidung und hyperkompetitive Interaktion bis hin zu vollständigem Wettbewerb führen und eine sich beschleunigende Eskalation bedeuten.[55] In Industrien, die von Deregulierung, Globalisierung, einem hohen Innovationsgrad und damit insgesamt hoher Wettbewerbsintensität geprägt sind,[56] wird es demnach nahezu unmöglich, nachhaltige Wettbewerbsvorteile zu entwickeln. Firmen erreichen lediglich temporäre Wettbewerbsvorteile, die von anderen Unternehmen in einem Umfeld starker Reaktionsverbundenheit relativ schnell kompensiert werden.[57] Kennzeichnend für Situationen von Hyperwettbewerb sind eine höhere Kosten- statt Leistungsorientierung, die wachsende Bedeutung von Wissen und Schnelligkeit und niedrige Markteintrittsbarrieren. Bei einer hohen Innovationsintensität und rapidem techni-

---

53 Vgl. Hamel/Prahalad (1994), S. 44ff sowie Bettis (1999), S. 357ff. Zu einer weitergehenden Erläuterung des Coopetition-Konzepts vgl. Bolten (2000), S. 67ff.

54 Vgl. auch die empirische Untersuchung in Teil F der vorliegenden Arbeit.

55 Vgl. D'Aveni (1994), S. 28ff. sowie (1999), S. 130ff. Zu einer Gegenüberstellung von herkömmlichen Wettbewerb mit Hyperwettbewerb vgl. D'Aveni (1995), S. 256.

56 Hinsichtlich der Charakterisierung eines zunehmend dynamischen und turbulenteren Wettbewerbsumfelds vgl. Zahn (1997), S. 384.

57 Vgl. D'Aveni (1995), S. 50.

schen Fortschritt führt dies zu heterogenen Wettbewerbern. Insbesondere bei fortschreitender Konvergenz von Branchen entstehen Konkurrenzsituationen ehemals getrennt agierender Unternehmen, die in neu entstehenden Märkten aufeinander treffen.

D'Aveni entwickelt das so genannte "**Neue Systemkonzept**", mit Hilfe dessen Unternehmen bestehende Marktkonstellationen erschüttern und temporäre Wettbewerbsvorteile aufbauen können.[58] Im Zusammenhang mit den **kritischen Faktoren Vision, Fähigkeiten und Taktiken** werden Schlüsselelemente definiert, die zu strategischen Initiativen führen und den bestehenden Status quo erschüttern. Den kritischen Faktoren werden die zentralen Elemente des Neuen Systemkonzepts zugeordnet: zur Vision zählen die Erkennung und überlegene Befriedigung der Bedürfnisse von Interessengruppen und der Einsatz strategischer Wahrsagen zur Identifizierung und Initiierung von Markterschütterungen. Zu den allgemeinen Fähigkeiten zur Markterschütterung gehören der Aufbau von Fähigkeiten zur Etablierung als schneller Wettbewerber und zu Überraschungseffekten. Zu den Markt- und Produkttaktiken werden schließlich Änderungen der Wettbewerbsregeln, der Einsatz von Signalen zur Beeinflussung zukünftiger strategischer Interaktionen und simultane und sequentielle strategische Vorstöße gezählt.[59] Die zielgerichtete Einsetzung dieser zentralen strategischen Elemente ermöglicht Verbesserungen der Wettbewerbspositionen auf den einzelnen Schauplätzen (a) Kosten bzw. Qualität, (b) Zeitwahl bzw. Know-how, (c) Aufbau bzw. Invasion von Hochburgen und (d) finanzielle Stärke.[60]

Das Umfeld des Hyperwettbewerbs stellt für Unternehmen neue Herausforderungen bezüglich ihrer Strategien und Strukturen dar[61] und erfordert ein höheres Maß an Flexibilität. Dazu gehören dezentrale, netzwerkartige Strukturen, weitgehende Ressourcenflexibilität und eine starke Marktorientierung.[62] Ein von Unternehmen häufig angewandtes Mittel angesichts hyperkompetitiver Eskalationen sind Kooperationen und Joint Ventures.[63] Kooperationen führen jedoch gemäß D'Aveni nicht zu einer Verminderung, sondern vielmehr zu einer weiteren Intensivierung des Wettbewerbs. Erstens fördern derartige Zusammenschlüsse häufig die Bildung weiterer und konkurrierender Unternehmensgruppen und zweitens sind Kooperationen zeitlich begrenzt und die kooperierenden Unternehmen können zukünftig wiederum zu Konkurrenten werden.[64] Kooperationen vermögen

58 Vgl. D'Aveni (1995), S. 287f.

59 Vgl. D'Aveni (1995), S. 288ff. und S. 364ff. Ein Beispiel für die erfolgreiche Anwendung des Neuen Systemkonzepts ist das Unternehmen Intel; vgl. in diesem Zusammenhang D'Aveni (1995), S. 337ff.

60 Vgl. D'Aveni (1995), S. 371ff.

61 Vgl. Zahn/Froschiani (2000), S. 93ff.

62 Vgl. Volberda (1996), S. 367f. und Zahn/Tilebein (1998), S. 50f.

63 Vgl. D'Aveni (1995), S. 395.

64 Vgl. D'Aveni (1995), S. 395f.

die Verbesserung von Produkten und Dienstleistungen und die strategischen Aktivitäten auf den vier Schauplätzen nicht zu ersetzen, können jedoch Bestandteil einer effektiven Strategie sein und ermöglichen (a) den gemeinsamen Wettbewerb gegen andere Gruppierungen, (b) die Begrenzung des Wettbewerbsfelds, (c) den Aufbau von Ressourcen, (d) Zeitgewinn, (e) den Zugang zu Märkten und, letztlich, (f) Lernen.

Das Konzept des Hyperwettbewerbs ermöglicht eine dynamische Betrachtung von industriellen Entwicklungen und komplementiert so bestehende Instrumente zu Analyse der Umweltbedingungen. Insbesondere in wettbewerbsintensiven Branchen wie der IuK-Industrie ermöglicht das Modell des Hyperwettbewerbs mit der Heuristik der Wettbewerbsschauplätze, Eskalationsstufen und kritischen Faktoren einerseits Anhaltspunkte für Unternehmensstrategien in dynamischen Märkten und erklärt andererseits das Nebeneinander von Kooperation und Wettbewerb. Zusammenfassend liefern die Modelle und theoretischen Ansätze der Industrieökonomik, die Branchenstrukturanalyse, das Coopetition-Modell und das Konzept des Hyperwettbewerbs zahlreiche Ansatzpunkte zur Analyse konvergenter Branchenentwicklungen und unternehmensspezifischer Wettbewerbsstrategien in der IuK-Industrie.[65] Insgesamt untergewichten diese Ansätze jedoch die unternehmensinternen Zusammenhänge und Ausgangspunkte der Strategieformulierung in dynamischen Märkten.

1.2.2. Die ressourcenorientierte Sichtweise

Der ressourcenorientierte Ansatz entwickelte sich aus der Auseinandersetzung mit dem marktorientierten Ansatz und dessen starker Außenorientierung, der divergierende Unternehmenserfolge und -ergebnisse von Unternehmen derselben Branche nicht erklären konnte.[66] Der RBV stellt einen alternativen Ansatz zur Erklärung langfristiger Wettbewerbsvorteile dar und analysiert schwerpunktmäßig unternehmensinterne Faktoren und Ressourcen als Ausgangspunkt für wettbewerbsstrategische Entscheidungen.[67] Die Qualität der Ressourcen und die damit verbundene Einzigartigkeit eines Unternehmens bestimmen so die Wettbewerbsvorteile eines Unternehmens im Umweltkontext.[68]

---

65 Vgl. die Analyse der IuK-Industrie sowie der einzelnen Teilindustrien in Teil C sowie die Determinanten zur Untersuchung von Kooperations- und Konvergenzstrategien in Teil D der vorliegenden Arbeit.

66 Zum Verhältnis zwischen ressourcenorientierter und marktorientierter Sichtweise z.B. Conner (1991); Rasche (1994), Bamberger/Wrona (1996) sowie Welge/Al-Laham (2001), S. 253ff.

67 Vgl. Penrose (1959), S. 25; Wernerfelt (1984), S. 171 und (1995); Barney (1991); Rumelt (1991), S. 182 und Amit/Shoemaker (1993); ebenso auch Baden-Fuller/Stopford (2001), S. 405ff.. Zur ressourcenorientierten Sicht allgemein vgl. Steven/Behrens (2000), S. 441ff.; Collis/Montgomery (1995, 1998); Rühli (1994, 1996) sowie Barney (1997). Zu Entwicklungsstadien des ressourcenorientierten Ansatzes vgl. Freiling (2000), S. 20ff. sowie Wernerfelt (1995).

68 Vgl. Knyphausen-Aufsess (1995), S. 82.

1.2.2.1 Grundlagen der ressourcenorientierten Sicht

Der ressourcenorientierte Ansatz basiert auf den Grundannahmen der Unternehmensspezifität, der Unvollkommenheit oder Nichtexistenz von Faktormärkten, der Ressourcenimmobilität und der Ressourcenheterogenität.[69] Entscheidend ist der Zusammenhang der Substanz der Ressourcenbasis eines Unternehmens und der Fähigkeit, diese Ressourcen in Wettbewerbsvorteile zu transformieren. Vertreter der ressourcenorientierten Sichtweise definieren **vier Merkmale von Ressourcen, die in ihrer Kombination eine Kernressource konstituieren**:[70]

1. Die **begrenzte Verfügbarkeit** bezeichnet die grundsätzliche Knappheit von Ressourcen, die für wettbewerbsstrategische Vorteile von Unternehmen relevant sind. Allgemein verfügbare Ressourcen können keinen dauerhaften Wettbewerbsvorteil und folglich keine überdurchschnittliche Rentabilität begründen.[71] Neben der begrenzten Verfügbarkeit ist auch die Aktivierbarkeit von Ressourcen für ein spezifisches Unternehmen sowie der Grad der Spezifität entscheidend, mit deren Zunahme auch die Kosten eines potenziellen Ressourcentransfers ansteigen.[72]
2. Die **Nicht-Imitierbarkeit** von Ressourcen bedeutet die mangelnde Fähigkeit von Konkurrenten, Ressourcen aufgrund immanenter Imitationsbarrieren zu replizieren.[73] Dies können überproportional hohe Entwicklungskosten bei Anstrengungen eines beschleunigten Ressourcenaufbaus,[74] unklare Kausalitätsbeziehungen zwischen Wettbewerbsvorteilen und einzusetzenden Ressourcen, die Existenz von Multiplikatoreffekten im Verlauf der Ressourcenentwicklung aufgrund interner Skalen-, Synergie- und Erfahrungskurveneffekte und die Ressourcenverbundenheit sein, im Rahmen derer Ressourcen oft nur kombiniert das volle Nutzenpotential entfalten. Auch die unternehmensspezifische Vergangenheit und bestehende rechtliche Schutzmechanismen erschweren bzw. verhindern die Imitation von Wettbewerbsvorteilen.
3. Im Gegensatz zur Nicht-Imitierbarkeit bezeichnet die **Nicht-Substituierbarkeit** von Kernressourcen die mangelnde Fähigkeit der Wettbewerber, ähnliche Nutzenpotentiale mittels alternativer Ressourcen

---

69 Vgl. Rumelt (1991), S. 180, zu einer Gegenüberstellung der Annahmen mit den Prämissen der neoklassischen Wirtschaftstheorie vgl. Conner (1991), S. 123ff.

70 Vgl. nachfolgend Barney (1991), S. 105ff.; Rasche (1994), S. 69ff.; Montgomery (1995), S. 257. Zur Konstituierung von nachhaltigen Wettbewerbsvorteilen ist außerdem die Dauerhaftigkeit der Ressourcen notwendig.

71 Vgl. Barney (1997), S. 17 sowie Amit/Shoemaker (1993), S. 36.

72 Vgl. Rasche/Wolfrum (1994), S. 505; Peteraf (1993), S. 184.

73 Vgl. allgemein Lippmann/Rumelt (1982); Barney (1991).

74 Dieses Problem, Erfahrungsrückstände und Know-how-Defizite schnellstmöglich aufzuholen, wird oft auch als Ineffizienz der Zeitkompression bezeichnet, vgl. z.B. Rasche (1994), S. 70f.

bzw. Ressourcenkombinationen zu generieren.[75] In sehr dynamischen Märkten mit Diskontinuitäten und schneller Diffusion neuer Technologien können für Wettbewerbsvorteile notwendige Ressourcen gelegentlich obsolet werden bzw. die Möglichkeit zur Substitution von Kernressourcen entstehen. Auch eine Neukonfiguration von Ressourcen aufgrund von Know-how-Vorteilen oder eines systematischen Planungsprozesses kann zur Substitution bestehender Ressourcen führen.[76]

4. Die **Fähigkeit zur Nutzenstiftung** bezeichnet die Verbesserung der Effektivität und Effizienz eines Unternehmens und die Generierung von ökonomischen Renten aufgrund von wettbewerblicher Stärke und Überlegenheit.[77] Derartige Renten sind die dauerhafte **Ricardo-Rente** infolge von Produktivitätsvorteilen auf Basis von knappen und nicht-reproduzierbaren Ressourcen, die zeitlich begrenzte **Schumpetersche Rente**, die erfolgreichen Innovatoren für die Dauer ihres Innovationsvorsprungs zufließt und die primär auf Markteintrittsbarrieren basierende **Monopolrente.**

Ressourcen sind demgemäss permanent an ein Unternehmen gebundene Fähigkeiten und Vermögenswerte.[78] Grundsätzlich lassen sich einerseits **unternehmensspezifische bzw. betriebliche Ressourcen** und andererseits **branchentypische Ressourcen** klassifizieren.[79] Zu den betrieblichen Ressourcen gehören finanzielle, physische, technologische, humane, organisatorische und immaterielle Ressourcen.[80] Branchentypische Ressourcenportfolios bezeichnen für eine bestimmte Branche und die darin aktiven Unternehmen typische Fähigkeiten und Ressourcen.[81] Sie bedeuten gleichzeitig eine gewisse Restriktion und Bindungen von Un-

75 Vgl. Barney (1991), S. 111 sowie Rasche (1994), S. 82ff.

76 Für Unternehmen in dynamischen Märkten wie der IuK-Industrie ergibt sich somit die Notwendigkeit, Ressourcen kontinuierlich abzusichern und eine Substituierbarkeit zu verhindern.

77 Vgl. Hall (1997), S. 13; Collis/Montgomery (1995), S. 123ff. sowie Barney (1991), S. 106f.

78 Vermögenswerte lassen sich wiederum in materielle und immaterielle Vermögenswerte, Fähigkeiten in personenabhängige und personenunabhängige Fähigkeiten unterteilen. Personenunabhängige Fähigkeiten stellen die spezifische Nutzung der Vermögenswerte durch ein Unternehmen dar und werden auch als organisatorische Routinen bezeichnet. Vgl. Welge/Al-Laham (2001), S. 254.

79 Vgl. Verdin/Williamson (1994), S. 84. Zu unterschiedlichen Ansätzen der Klassifizierung von Ressourcen vgl. weiterhin Hofer/Schendel (1978), die Finanzressourcen, physische Ressourcen, Humanressourcen, organisatorische Ressourcen und technologische Ressourcen unterscheiden. Barney (1991) unterteilt Unternehmensressourcen in physische, humane und organisatorische Ressourcen, vgl. Barney (1991), S. 102ff., Grant (1991) fügt finanzielle und technologische Ressourcen hinzu, vgl. Grant (1991), S. 117ff.

80 Vgl. Steven/Behrens (2000), S. 448f. sowie Mahoney/Pandian (1992), S. 364.

81 Im Rahmen der vorliegenden Arbeit sollen an späterer Stelle branchentypische Ressourcen und Fähigkeiten für Unternehmensgruppen unterschiedlicher Branchenaffinität erarbeitet und als Grundlage für die nachhaltigen Wettbewerbsvorteile und Strategien im konvergenter Kontext verwandt werden; vgl. Abschnitt D.1.1.

ternehmen aufgrund ihrer Branchenzugehörigkeit. Allerdings können Unternehmen durch eine Rekonfiguration ihrer Ressourcen und strategischen Entscheidungen ihre gegenwärtige Branche auch verlassen bzw. austreten, die bestehenden Branchenstrukturen mittels Akquisitionen oder Innovationen nachhaltig verändern oder den Eintritt in eine neue Branche avisieren.[82] Im Rahmen der vorliegenden Arbeit werden insbesondere Kooperationen zur Verbesserung der unternehmensspezifischen Positionierung im Kontext der IuK-Industrie bearbeitet.

1.2.2.2 Resource-Dependence-Ansatz

Der Resource-Dependence-Ansatz gehört zu den Interorganisationstheorien und ist neben dem Transaktionskostenansatz ein häufig verwandtes Theoriegerüst für die Erklärung kooperativer Verhaltensweisen.[83] Er basiert auf der Annahme knapper Ressourcen, die Unternehmen durch Austauschbeziehungen mit anderen Organisationen überwinden können. Um diese Ressourcendefizite zu kompensieren und ihren strategischen Handlungsspielraum zu erweitern, versuchen sich Unternehmen mittels Kooperationen Zugang zu den notwendigen Ressourcen zu verschaffen.[84] Eine optimale Gestaltung der Austauschbeziehungen soll Abhängigkeiten von Kooperationspartnern vermeiden bzw. minimieren. Im Rahmen von bilateralen Kooperationen und multilateralen Netzwerken ergibt sich für Unternehmen dennoch immer die Notwendigkeit, einen Teil ihrer Autonomie abzugeben, um Zugang zu den Ressourcen der Kooperationspartner zu erhalten.[85] Organisationen versuchen im Rahmen von Kooperationen durch strategisches Verhalten und wechselseitige Abhängigkeiten andere Organisationen zu beeinflussen und zu kontrollieren.[86] Die dabei entstehenden Abhängigkeiten lassen sich in (a) **vertikale, d.h. symbiotische oder transaktionale Abhängigkeiten** und (b) **horizontale, d.h. kompetitive Abhängigkeiten** unterteilen. Bei dem Versuch, möglichst weitreichende Kontrolle über Ressourcen zu erlangen, können Unternehmen mit der Integrations- und der Kooperationsstrategie auf **zwei idealtypische Strategien**

---

82 Vgl. zur Rolle der ressourcenorientierten Sichtweise angesichts hybrider und hyperkompetitiver Umweltkonstellationen Rasche (2000a), S. 72ff.; parallel dazu auch Rose (2000), S. 128ff. sowie Zohar/Morgan (1998), S. 519ff.

83 Die Wurzeln des Resource-Dependence-Ansatzes liegen in der sozialen Austauschtheorie, die die Entstehung von Austausch- und Koordinationsbeziehungen auf individuelle Nutzenmaximierung zurückführt. Vgl. stellvertretend Sydow (1992), S. 193ff.

84 Vgl. Pfeffer/Salancik (1978), S. 45 sowie Staber (2000), S. 62ff.

85 Vgl. Corsten/Gössinger (1999), S. 9 sowie Staber (2000), S. 61ff. Vgl. in diesem Zusammenhang auch das so genannte Paradoxon der Kooperation, welches besagt, dass Kooperationen immer mit dem Ziel verbunden sind, den Handlungsspielraum von Unternehmen zu erweitern, gleichzeitig jedoch mit Abhängigkeiten und Einschränkungen der wirtschaftlichen Selbständigkeit einhergehen, die den Handlungsspielraum eines Unternehmens wiederum einengen; vgl. auch Sydow (1992), S. 90 sowie Stölzle (1999), S. 72.

86 Vgl. Sydow (1992), S. 196ff. sowie Zacharias/Blieck (2000), S. 42ff.

zurückgreifen.[87] Die **Integrationsstrategie** dient der Internalisierung potenzieller Quellen von Unsicherheiten, die **Kooperationsstrategie** hingegen soll die Umweltunsicherheit mittels der Schaffung von Interdependenzen reduzieren.

Pfeffer/Salancik empfehlen Kooperationen als bevorzugte Strategie zur Reduktion von Unsicherheit, wenn (a) ein gemeinsames Interesse der Kooperationspartner vorliegt, (b) eine einseitige Abhängigkeit zwischen den Unternehmen besteht, (c) mittlere Unsicherheit des Umweltkontexts und der Interaktionshäufigkeit der Kooperationspartner existiert, (d) einer vertikalen Integration gesetzliche, ökonomische oder politische Gründe im Wege stehen und (e) die Anzahl der Kooperationspartner, abhängig von der gewählten Organisationsform, ein bestimmtes Maß nicht übersteigt.[88]

Der Resource-Dependence-Ansatz ermöglicht in diesem Zusammenhang Ansätze zur Gestaltung von Kooperationen und Netzwerken hinsichtlich der Motivation, Selektion und der Leistungserstellung, um ressourcenbasierte Wettbewerbsvorteile zu erzielen.[89] Insbesondere die Komplementarität von Kooperationspartnern fördert die Zusammenarbeit von Unternehmen benachbarter Branchen und unterstützt so indirekt auch die Konvergenz von Medien-, Telekommunikations- und Informationstechnologieindustrie.

1.2.2.3 Weiterentwicklungen der ressourcenorientierten Sichtweise

Der RBV hat verschiedene theoretische und konzeptionelle Weiterentwicklungen erfahren. Das **Konzept der Kernkompetenzen** von Prahalad und Hamel identifiziert und definiert Kernkompetenzen als Grundlage für signifikante und nachhaltige strategische Wettbewerbsvorteile eines Unternehmens.[90] Kernkompetenzen sind das Ergebnis der kollektiven Lernprozesse unterschiedlicher Geschäftsfelder innerhalb eines Unternehmens und stellen die Fähigkeit dar, verschiedene Elemente von Produktionsabläufen und Technologien sowie der zugehörigen Managementfähigkeiten zu integrieren. Sie führen dabei zu einer deutlichen Verbesserung des Kundennutzens, der von Wettbewerbern nur schwer zu imitieren ist und ermöglichen darüber hinaus den Zugang zu verschiedenen Märkten. Kernkompetenzen eines Unternehmens führen entweder direkt zu Endprodukten oder bedingen die Entwicklung so genannter Kernprodukte, die ihrerseits in Form erhöhter

[87] Vgl. Pfeffer/Salancik (1978), S. 113ff. und 143ff.

[88] Vgl. Pfeffer/Salancik (1978).

[89] Zu Herausforderungen an und Veränderungen des Resource-Dependence-Ansatzes vgl. Mizruchi/Yoo (2002), S. 606f. Zu einer kritischen Würdigung des Ansatzes vgl. Sydow (1992), S. 198f.

[90] Prahalad/Hamel (1990), 79ff.

Flexibilität und Fähigkeiten in Endprodukte einfließen.[91] Trotz der aus dem Ansatz hervorgehenden Ideen für die Unternehmensführung und die Verbesserung der Wettbewerbsfähigkeit von Unternehmen ist das Konzept der Kernkompetenzen etwas einseitig technikorientiert und vergleichsweise eng gefasst. Weitergehende Ansätze eines dynamischen Kernressourcenmanagements postulieren die unternehmerische Notwendigkeit, bestehende Ressourcenportfolios kontinuierlich mit den jeweiligen Markterfordernissen in Einklang zu bringen.[92]

Die **Strategieentwicklung auf Basis spezifischer Kernressourcen** ermöglicht Empfehlungen zum Fokus der Unternehmensaktivitäten auf einzelne Kundensegmente und Produkte sowie zur Positionierung entlang einer industriellen Wertschöpfungskette.[93] Gleichzeitig ergeben sich aufgrund der Ressourcenausstattung gewisse Beschränkungen und Restriktionen für unternehmerische Tätigkeiten[94] sowie Ansatzpunkte einer Ausweitung und Diversifizierung unternehmerischer Aktivitäten auf andere Kundengruppen und Produktmärkte.[95] Neben der bestmöglichen Nutzung von bestehenden Ressourcen müssen strategische Ressourcenportfolios in einem dynamischen Umweltkontext auch erhalten, erneuert und erweitert werden.[96] Konzeptionelle Weiterentwicklungen der ressourcenorientierten Perspektive sind beispielsweise dynamische Strategieansätze, die sich organisationalen Lernprozessen und dem strategischen Kompetenzmanagement widmen. Insbesondere der so genannte **'Knowledge-based View' (wissensorientierte Sichtweise)** und der so genannte **'Competence-based view' (kompetenz-**

91 Vgl. Hamel/Prahalad (1995), S. 343, die Canon als Beispiel aufführen. Das Unternehmen ist danach in der Lage, seine Kernkompetenzen in den Bereichen Mikroelektronik, Präzisionsmechanik, Feinoptik und elektrischer Bildverarbeitung in seine Produktlinien Kameras, Drucker, Kopierer und Lasersysteme zu integrieren.

92 Vgl. in diesem Zusammenhang dynamische Ansätze der ressourcenorientierten Sichtweise und der ökonomischen Evolutionstheorie Burmann (2001), S. 177ff.; auch Nelson/Winter (1982) und Barnett/Burgelmann (1996) zu evolutionstheoretischen Strategieansätzen.

93 Zur Identifikation und Einordnung von Kernkompetenzen entlang der Porterschen Wertkette vgl. Welge/Al-Laham (2000), S. 343ff.

94 Vgl. Grant (1991), S. 130.

95 Zu einer Auseinandersetzung mit der ressourcenorientierten Sichtweise und dem Thema der Diversifikation vgl. Hamel/Prahalad (1995); Peteraf (1993).

96 Vgl. zum strategischen Kompetenzmanagement z.B. Hammann/Freiling (2000), S. 3ff.; Spickers/Le-cher (2000), S. 360ff. sowie zum strategischen Ressourcenaufbau Homp (2000), S. 181ff. Zu individuellen und organisationalen Kompetenzen vgl. Stahl (2000), S. 414ff. Zu den Strategieoptionen des Kernkompetenzaufbaus vgl. Welge/Al-Laham (2001), S. 359. Vgl. zu einer Netzwerk-basierten Herangehensweise zur Entwicklung von Fähigkeiten und Kompetenzen Eneroth/Malm (2001), S. 175ff. Zu einer Übersicht erfolgspotentialgenerierender Ressourcen und Anforderungen an so genannte veredelte Ressourcen vgl. Proff (2000), S. 144.

orientierte Sichtweise) haben in den letzten Jahren zunehmend an Popularität gewonnen.[97]

In der vorliegenden Arbeit ist die **divergierende Ressourcenausstattung** heterogener Unternehmen ein Ausgangspunkt zur Analyse von Strategien und Kooperationen in konvergierenden Märkten. Neben dem internen Aufbau und dem Einkauf von Ressourcen am Markt stellen insbesondere Kooperationen mit anderen Unternehmen, die aufgrund einer komplementären Ressourcenausstattung derartige Fähigkeiten bereits besitzen, ein wirksames strategisches Instrument dar.[98] Das Spannungsverhältnis zwischen einer unternehmensspezifischen Ressourcenbasis und konvergenten Industrieveränderungen beeinflussen sowohl die Positionierung und Wettbewerbsstrategie eines Unternehmens innerhalb einer Industrie als auch die Präferenzen bezüglich Kooperationen mit anderen Unternehmen.[99] Gleichzeitig bedingt die Konvergenz von Branchen auch eine Angleichung der Ressourcenportfolios von Unternehmen, bzw. der für erfolgreiche unternehmerische Aktivitäten erforderlichen Ressourcen.

1.3. Beiträge weiterer theoretischer Ansätze

Zusätzlich zu den bereits vorgestellten Ansätzen der Transaktionskostentheorie und der strategischen Managementforschung sollen mit der **Wettbewerbstheorie** und dem **Netzwerkansatz** weitere relevante theoretische Ansätze hinsichtlich ihres Beitrags für den Untersuchungsgegenstand industrieller Konvergenzentwicklungen und unternehmensspezifischer Kooperationsportfolios diskutiert werden.[100] Gleichzeitig sollen so bereits erwähnte Ansätze detaillierter charakterisiert

---

97 Vgl. Zahn/Foschiani/Tilebein (2000), S. 52ff. Zu berücksichtigen ist auch der so genannte 'Dynamic Capabilities-Ansatz', der ressourcenbasierte Erklärungen für erfolgreiche Veränderungen von Ressourcenportfolios und Anpassungen an dynamische Umweltbedingungen entwickelt. Vgl. Teece/ Pisano/Shuen (1997), S. 518ff. Zum Zusammenhang zwischen Kooperationsmanagement und Wissensmanagement vgl. stellvertretend Amelingmeyer/Specht (2000), S. 315ff. Vgl. auch Pausenberger/ Nöcker (2000), S. 395 zu einer Kurzübersicht dahingehender relevanter theoretischer Ansätze.

98 Vgl. zu diesen grundsätzlichen Möglichkeiten des Ressourcenaufbaus z.B. Collis/Montgomery (1998), S. 96.

99 Zu einer ressourcenorientierten Perspektive strategischer Allianzen vgl. Dussauge/Garette (1999), S. 41.

100 Gelegentlich wird zum Verständnis von Kooperationen auch auf Elemente der Spieltheorie und der Organisationstheorie rekurriert. Im Folgenden sollen diese Ansätze jedoch nicht weiter untersucht werden. Zum einen könne sie insgesamt hinsichtlich der Forschungsziele als nicht sonderlich hilfreich angesehen werden. So geben sowohl die Spiel- als auch die Organisationstheorie Erkenntnisse für die Ausgestaltung bzw. das Management kooperativer Arrangements, weniger hingegen in Bezug auf den strategischen Entscheid von Kooperationen und die Selektion von Kooperationspartnern. Außerdem wurden einzelne relevante Elemente dieser theoretischen Ansätze bereits vorgestellt, so beispielsweise das Coopetition-Modell als Instrumentalisierung spieltheoretischer Grundlagen und Zusammenhänge.

und eingeordnet werden.[101] Auf theoretische Ansätze auf Basis der Organisationstheorie und der Spieltheorie soll im Rahmen der vorliegenden Arbeit nicht näher eingegangen werden. Auch wenn im Zusammenhang mit akademischen Studien zu Kooperationen gelegentlich auf diese Ansätze zurückgegriffen wird, so sind sie angesichts der hier verfolgten Untersuchungsschwerpunkte auf den strategischen Entscheid der Kooperation, die Selektion der Kooperationspartner und die Bildung von Kooperationsportfolios eher von nachrangiger Bedeutung.

1.3.1. Wettbewerbstheorie

Die Wettbewerbstheorie untersucht Ursachen und Wirkungen wettbewerblicher Prozesse. Sie steht in unmittelbarem Zusammenhang zur Wettbewerbspolitik, in deren Mittelpunkt als angewandte Wissenschaft die Ziel-Mittelbeziehungen von Wettbewerbsprozessen steht. In den 50er Jahren entstand der Begriff der Kooperation als leistungssteigernde und wettbewerbsfördernde Zusammenarbeit im Unterschied zu den wettbewerbsbeschränkenden Kooperationsformen wie im Falle von Kartellabsprachen.[102] Aufgrund der Heterogenität der wettbewerbstheoretischen Ansätze divergieren auch die Positionen bezüglich der wettbewerblichen Implikationen von Kooperationen und Allianzen. Während die Neoliberale Schule mit ihrem Marktideal des vollkommenen Wettbewerbs Kooperationen generell ablehnend gegenübersteht, wurden unter dem Einfluss der **Theorie des funktionsfähigen Wettbewerbs** auch positive Wettbewerbswirkungen kooperativen Verhaltens anerkannt.[103] Hinsichtlich der so genannten '**dynamischen Funktionen des Wettbewerbs**' wie technischer Fortschritt und Anpassungsflexibilität erreichen weite Oligopole einen höheren gesamtwirtschaftlichen Erfüllungsgrad als Polypole, ohne jedoch bereits zu wettbewerbsbeschränkendem Verhalten und Absprachen zu führen. Zur Erreichung derartiger Wettbewerbskonstellationen erscheinen Kooperationen zwischen Unternehmen akzeptabel oder sogar förderungswürdig.[104]

Vor diesem wettbewerbstheoretischen Hintergrund positiver Wettbewerbsimplikationen von Kooperationen ergeben sich für einzelne Unternehmen als Ursache bzw. Motiv einer Kooperation die Sicherstellung weiterer Partizipation am Wettbewerb bzw. die Verbesserung der eigenen Wettbewerbsposition. Die Zusammenarbeit sichert oder ermöglicht den beteiligten Unternehmen den Marktzugang über Kostenvorteile durch Skaleneffekte sowie verbesserten Ressourceneinsatz bei Koordinierung von Forschungs- und Entwicklungsaktivitäten.[105] Die Glo-

---

101 So wurde im Zusammenhang mit der Transaktionskostentheorie bereits auf den Netzwerkansatz verwiesen.

102 Vgl. Benisch (1981), S. 402 und Borchert/Großkettler (1985), S. 302.

103 Vgl. Benisch (1981), S. 406ff.

104 Vgl. z.B. Kantzenbach (1967), S. 43ff.

105 Vgl. Benisch (1981), S. 408f.

balisierung der Märkte bedeutet selbst für Großunternehmen oft eine Überforderung ihrer begrenzten Ressourcen; eine Reaktion auf derart veränderte Wettbewerbsstrukturen besteht im Eingehen von Kooperationen und strategischen Allianzen, z.B. im Bereich Forschung und Entwicklung.[106] Demnach verbessern sich einerseits die Wettbewerbsvoraussetzungen für kooperierende Unternehmen, andererseits stellen derartige Kooperationen auch aus der wirtschaftlichen Gesamtperspektive innovations- und wettbewerbsfördernde Instrumente dar.[107]

Die Wettbewerbstheorie bietet einige Erkenntnisse für die vorliegende Untersuchung, insbesondere hinsichtlich des Verständnisses von Konvergenzentwicklungen und horizontalen Kooperationen. Im Vordergrund der Theorie stehen im Allgemeinen jedoch eher volkswirtschaftliche Auswirkungen als die Ursachen für kooperative Strategien von Unternehmen. Dennoch bieten sie im Zusammenhang mit Konzepten der strategischen Gruppen und des strategischen Fits zumindest einen gedanklichen Rahmen zur tiefergehenden Untersuchung des Zusammenhangs zwischen Unternehmen und ihren Kooperationsaktivitäten. In einem konvergierenden Kontext wie der IuK-Industrie mit der hohen Dynamik technischen Fortschritts und den divergierenden Fähigkeiten von Unternehmen unterschiedlicher Branchenaffinität scheinen asymmetrische strategische Gruppen wahrscheinlich und vergleichsweise heterogen.

1.3.2. Der Netzwerkansatz

Der Netzwerkansatz stellt einen integrativen Ansatz dar und rekurriert auf verschiedene Forschungsrichtungen wie den bereits vorgestellten Transaktionskostenansatz,[108] Erkenntnisse aus dem Bereich der Systemtheorie, der Organisationstheorie und der Spieltheorie hinsichtlich der Interaktionen der Netzwerkteilnehmer.[109] Die Ursprünge des Netzwerkansatzes sind soziologischer Natur, er diente anfänglich der Beschreibung und Analyse sozialer Netzwerke.[110] Später entwickelte sich daraus die eher deskriptive und sozialwissenschaftlich orientierte Netz-

---

[106] Vgl. Backhaus/Plinke (1990), S. 23f. sowie Ohmae (1990), S. 12. Vgl. in diesem Zusammenhang auch die Beeinflussung von externen Wachstumsstrategien durch Wettbewerber und Abnehmer; vgl. Pfaffmann/Stephan (2000), S. 271ff.

[107] Vgl. z.B. Kartte (1992), S. 403.

[108] Aus Sicht der Transaktionskostentheorie stellen Netzwerke ein Spektrum von Organisationsformen zwischen den beiden Extrempolen Markt und Hierarchie dar; vgl. Abschnitt B.1.1.1. Zu einer Abgrenzung des Netzwerkansatzes von der Transaktionskostentheorie vgl. Johanson/Mattsson (1987), S. 34ff.

[109] Vgl. Tichy/Fombrun (1979), S. 953ff.

[110] Vgl. allgemein z.B. Leinhardt (1977) und Mitchell (1976), S. 293ff. Zur Theorie sozialer Systeme vgl. allgemein Parsons (1951) und Luhmann (1985). Zu einer Literaturübersicht von Studien zu interorganisationalen Institutionen und Veränderungen vgl. Strang/Sine (2002), S. 500f., zu Studien im Zusammenhang interorganisationaler Netzwerke vgl. Baker/Faulkner (2002), S. 524.

werkanalyse, die Beziehungssysteme zwischen unterschiedlichen Aktoren bzw. Unternehmen untersucht und auch mittels quantitativer Verfahren messbar macht. Der Netzwerkansatz betrachtet einzelne Unternehmen innerhalb eines komplexen Beziehungssystems und ermöglicht die Interpretation von Interdependenzen zum relevanten Umweltkontext, beispielsweise zwischen Konkurrenten, Kunden und Zulieferern, in Form von Arbeitsteilung und gegenseitigen Abhängigkeiten.[111]

Innerhalb der Netzwerkforschung lassen sich (a) die strukturelle, (b) die soziale und (c) die interorganisatorische Netzwerkanalyse unterscheiden.[112] Die **strukturelle Netzwerkforschung** unterscheidet verschiedene Ebenen konzeptualisiert Netzwerkbeziehungen sowie dazu gehörige Beziehungsmerkmale. Die **soziale Netzwerkforschung** widmet sich dem Handeln organisatorischer Akteure und unterscheidet formale und emergente Netzwerkdimensionen. Die **interorganisatorische Netzwerkanalyse** versteht Austauschverhältnisse als Koordinationsmechanismus zwischen den Extremformen der marktlichen Transaktion und der hierarchischen Kontrolle.

Im Rahmen der Netzwerktheorie werden auch neue Organisationsformen wie z.B. virtuelle Unternehmen oder temporäre Unternehmensnetzwerke mit den konstituierenden Merkmalen der zeitlichen und örtlichen Ungebundenheit behandelt.[113] Wesentliches Merkmal ihrer Entstehung sind Fortschritte der Informationstechnologie, die ein hohes Maß an Flexibilität und Fluidität ermöglichen. Eine organisationstheoretische Forschungsrichtung, die seit den 80er Jahren auf den Erkenntnissen des Netzwerkansatzes aufbaut, entwickelt Empfehlungen für Netzwerke und beurteilt sie als logische Weiterentwicklung traditionell existierender Organisationsformen.[114] Das Netzwerk stellt demnach aufgrund seiner Anpassungsflexibilität eine effiziente Organisationsform dar, die Vorraussetzung zur Erlangung von Wettbewerbsvorteilen angesichts sich verändernder Umweltbedingungen ist.

Der Netzwerkansatz ermöglicht neben deskriptivem Erkenntnisgewinn auch die Ableitung normativer Aussagen zur Gestaltung von Unternehmensstrategien: Einerseits hinsichtlich der strategischen Positionierung eines Unternehmens innerhalb eines oder mehrerer Netzwerke im relevanten Umweltkontext und andererseits bezüglich der Gestaltung von Kooperations- und Koordinationsparametern

---

111 Vgl. Thorelli (1986), S. 37f. und Delfmann (1989), S. 97ff.

112 Vgl. Böttcher (1996), S. 95ff.

113 Vgl. Wojda/Waldner (2000), S. 38 sowie Wirth (2000), S. 170. Zu virtuellen Unternehmungen vgl. auch Corsten/Gössinger (1999), der Flexibiltätsvorteile durch informativ-kommunikative Vernetzung und Lerneffekte, Spezialisierungsvorteile durch Fokussierung auf ein begrenztes Leistungsspektrum (d.h. eine Reduzierung der Wertschöpfungstiefe) und damit verbundene Risikominderung und Skaleneffekte sowie Bündelungsvorteile durch Verbindung von Komplementärkompetenzen und -potentialen ausmacht. Vgl. Corsten/Gössinger (1999), S. 43ff.

114 Zur Evolution von Organisationsformen vgl. Powell (1987), S. 68ff.; Jarillo (1988), S. 32ff.; Ochsenbauer (1989), S. 231ff. und S. 278; auch Miles/Snow (1986), S. 62ff.

mit anderen Netzwerkteilnehmern.[115] Grenzziehungen zwischen Unternehmen und Umwelt unterliegen dem Druck kontinuierlicher externer Veränderungen und erfordern demnach auch fortwährend das Überdenken von Zugehörigkeit und Gestaltung der Netzwerkbeziehungen.[116]

Die Stärke des Netzwerkansatzes liegt insgesamt eher in der Integration verschiedener Ansätze (z.B. der Transaktionskostentheorie oder der Organisationstheorie) als in der Generierung neuartiger Erkenntnisse. Er bietet eine unternehmensübergreifende Perspektive und ermöglicht auch die Analyse von Kooperationen und Netzwerken angesichts dynamischer Umweltveränderungen. Im Mittelpunkt steht jedoch die Analyse einzelner Netzwerke mit verschiedenen Teilnehmern, während die vorliegende Arbeit eine umfassende Betrachtung aller Kooperationen eines Unternehmens anstrebt. Dennoch ergeben sich Ansätze hinsichtlich Interaktion von Unternehmen aus unterschiedlichen Teilbranchen und insbesondere für die Untersuchung von Gestaltungsmerkmalen von Kooperationen.[117]

1.4. Konzeptionelle Erweiterung der Analysemodelle

Sowohl der marktorientierte als auch der ressourcenorientierte Ansatz können gegenwärtige Entwicklungen nicht angemessen erklären[118] und haben eine Reihe von Weiterentwicklungen erfahren.[119] Aufbauend auf den Erkenntnissen der vorgestellten theoretischen Ansätze und insbesondere des MBV und des RBV soll in der vorliegenden Arbeit eine konzeptionelle Erweiterung vorgenommen werden, um hybride Wettbewerbsstrategien und Wettbewerbsvorteile von Unternehmen im dynamischen und konvergenten Umweltkontext der IuK-Industrie zu erklären. Dabei sollen insbesondere hinsichtlich der Industriestruktur bzw. den möglichen Transaktions- und Koordinationsmechanismen ökonomischer Aktivitäten einerseits sowie alternativer Grundlagen von Wettbewerbsvorteilen jenseits rein struktureller Stärken andererseits folgende Erweiterungen vorgenommen werden (s. Abbildung 5):

1. **Industriestruktur/Koordinationsformen:** Neben marktbasierten Transaktionen lassen sich auch Formen zunehmender Kooperationsintensität unterscheiden. Dazu gehören einerseits privilegierte Beziehungen zwischen zwei Unternehmen in Form von Kooperationen und andererseits Netzwer-

[115] Vgl. grundlegend Sydow (1992). Zu einer Übersicht empirischer Studien zu Netzwerken vgl. auch Schwerk (2000), S. 154f.

[116] Vgl. Delfmann (1989), S. 97f.

[117] Vgl. auch die Ausführungen im Zusammenhang mit den begrifflichen Grundlagen, B.2.3, sowie die Parameter zur Untersuchung kooperativer Strategien in Teil D der vorliegenden Arbeit.

[118] Zu den Realitätsdefiziten des MBV und des RBV vgl. noch einmal Rühli (2001), S. 77ff.

[119] Zu Versuchen einer Synthese beider Ansätze vgl. auch den Konfigurationsansatz von Henselek (2000), S. 478ff.

ke als interdependente Systeme mehrerer Unternehmen. Damit wird sowohl das Spektrum inter-organisationaler Transaktions- und Koordinationsmechanismen berücksichtigt und gleichzeitig den hybriden Wettbewerbsverhältnissen in dynamischen Märkten Rechnung getragen.

Abbildung 5: Konzeptionelle Erweiterung des Analyserahmens

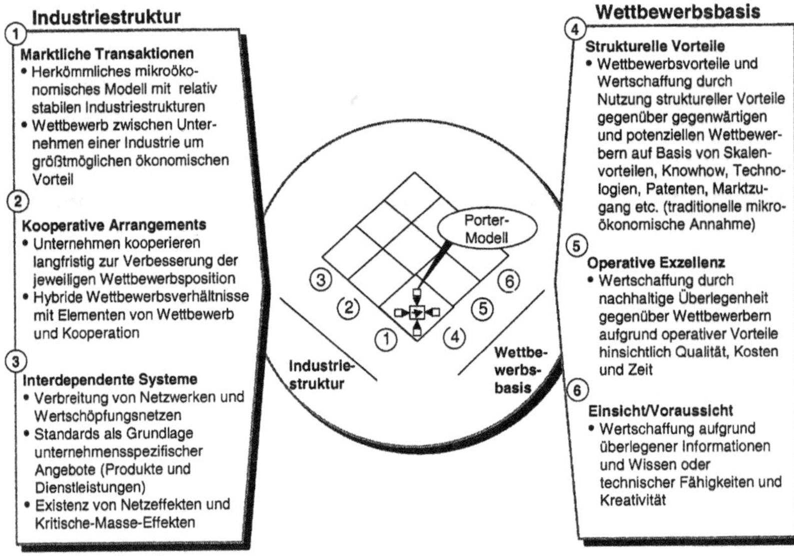

Quelle: eigene Darstellung

2. **Wettbewerbsbasis:** Wettbewerbsvorteile können neben den bekannten Strukturvorteilen alternativ auch auf Fähigkeiten operativer Exzellenz und Kreativität beruhen. Während strukturelle Wettbewerbsvorteile meist auf Basis von Skaleneffekten, Technologie und Marktzugang existieren, bezeichnet die 'operative Exzellenz' vor allem operative Vorteile im Zusammenhang mit Qualität, Kosten und Zeit. Vorteile bzgl. 'Einsicht und Voraussicht' bedeuten überlegene Informationen, technische Fähigkeiten und ein hohes Maß an Kreativität im Vergleich zum Wettbewerb. Neben relativ statischen und strukturellen Vorteilen sollen mit dieser Erweiterung dynamische und immaterielle Aspekte stärker berücksichtigt werden.

Neben der Schwerpunktsetzung des Porterschen Instrumentariums, das vor allem marktliche Transaktionen und Strukturvorteile zu erklären vermag, besitzen Unternehmen meist zusätzliche Möglichkeiten ökonomischer Koordinationsformen und wettbewerblicher Differenzierung. Die Matrix ergibt folglich zusätzliche

Kombinationsmöglichkeiten für Unternehmen. Außerdem sollen die zusätzlichen Kategorien das Instrumentarium zur Analyse industrieller Veränderungen und insbesondere von unternehmensspezifischen Strategien in konvergenten Industrien erweitern. Sowohl hinsichtlich der strategischen Optionen zur Erreichung von Wettbewerbsvorteilen als auch bei der Formulierung von Kooperationsstrategien und dem Aufbau von Kooperationsportfolios lassen sich mit Hilfe der konzeptionellen Erweiterung unternehmensspezifische Schwerpunktsetzungen identifizieren und analysieren.

In der IuK-Industrie existieren zahlreiche Beispiele für interdependente Systeme und Differenzierungsmerkmale jenseits reiner Strukturvorteile. Beispiele für interdependente Systeme bzw. Netzwerke sind etwa die um IBM und Apple zentrierten Konstellationen unter Einbeziehung unterschiedlicher Industrien: Computer, Konsumelektronik und IuK-Technologie.[120] Auch im Rahmen der Betrachtung und Analyse der branchenspezifischen Konvergenzentwicklungen sollen Charakteristika hybrider Industriestrukturen mit Elementen von Konvergenz und Fragmentierung sowie die Verbreitung kooperativer Arrangements besonders berücksichtigt und alternative, eher immaterielle Wettbewerbsvorteile identifiziert werden.

2. Begriffliche Grundlagen

Die vorgestellten theoretischen Ansätze stellen das Fundament für die vorliegende Arbeit dar. Die Forschungsziele im Zusammenhang mit Konvergenz und Kooperationen werden am Beispiel der Informations- und Kommunikationsindustrie untersucht. Diese Begriffe sollen als Basis der nachfolgenden Untersuchung hergeleitet und definiert werden.

2.1. Konvergenz

Der Begriff der Konvergenz (spätlateinisch 'convergere' >sich hinneigen<; bildungssprachlich für Annäherung und Übereinstimmung) wird in zahlreichen wissenschaftlichen Disziplinen verwandt.[121] Im folgenden Abschnitt sollen zum einen Formen von Konvergenz im Sinne **komplementärer und substitutiver Ausprägung** und weiterhin **verschiedene Konvergenzebenen** unterschieden werden. Dabei lässt sich eine **technologische und eine ökonomische Ebene** betrachten:[122] Erstere umfasst die technische Basis bzw. die Geräte, Letztere die Konvergenz der

---

[120] Vgl. Moore (1999), S. 122, der diese Wertschöpfungsnetze als "Ecosystems" bezeichnet.

[121] Vgl. Brockhaus, Suche unter: www.xipolis.net.

[122] Vgl. auch Konert (1999a), S. 5ff. sowie Stipp (1999), S. 10f.

Angebotsseite (d.h. der Inhalte, Applikationen und Dienste) und der Nachfrageseite.[123]

2.1.1. Formen von Konvergenz

Die Auflösung von Branchengrenzen und die Konvergenz von Märkten kann unterschiedliche Ausprägungen haben, die die Wettbewerbsintensität und damit verbunden auch die Vorteilhaftigkeit von Kooperationen beeinflussen. Allgemein lassen sich zwei Konvergenzformen unterscheiden: **Konvergenz durch Substitution bzw. Wettbewerb und Konvergenz durch Komplementarität.**[124]

2.1.1.1 Konvergenz durch Substitution

Substitutive Konvergenz beschreibt das **Zusammenwachsen ehemals unabhängiger Märkte und die Entstehung eines gemeinsamen Marktes**. Aufgrund des hohen Grades der Wettbewerbsintensität und der Austauschbarkeit angebotener Produkte dominiert ein so genanntes **'kompetitives Paradigma'**,[125] aus zwei getrennten Branchen entsteht eine gemeinsame, wenn auch heterogene und fragmentierte Branche **(1+1=1)**. Produktkonvergenz in substitutiver Form (d.h. ein hohes Maß der Austauschbarkeit der Produkte) entsteht, wenn Konsumenten angebotene Produkte für eine zunehmende Zahl von Aufgaben substitutiv verwenden oder für eine zunehmende Zahl von Aufgaben die Produkte als austauschbare und funktional-äquivalente Angebote wahrnehmen. Beispiele für derartige Konvergenzausprägungen sind die sich aufeinander zu entwickelnden Bereiche der Mobil- und Festnetztelefonie oder der Bereich interaktiver Videospiele über Spielekonsolen und internetfähige PCs. Leistungen aus ehemals unterschiedlichen Märkten und Marktsegmenten werden zu Paketen gebündelt, Konsumentenpräferenzen durch die aus dieser Neukombination entstehenden Leistungsbündel befriedigt. Häufig entstehen derartige Konvergenzentwicklungen in einem kontinuierlichen Veränderungsprozess, wenn auch induziert durch technische Innovationen. So waren die Märkte von Großrechnern bzw. Mainframe-Computern und kleinen, kompakten Rechnern bis Ende der 70er Jahre sehr unterschiedlich in Bezug auf Kundensegmente und Anwendungsbereiche. Aufgrund technischen Fortschritts und eines breiteren Anwendungsspektrums für kleinere Computer erodierten die Branchengrenzen, und Anfang der 80er Jahre hatte sich bereits ein weitgehend einheitlicher Markt in Folge meist substitutiver Konvergenzentwicklungen etabliert.[126]

---

123 Vgl. z.B. Oehmichen/Schröter (2000), S. 359f..

124 Vgl. Greenstein/Khanna (1997), S. 203ff.

125 Vgl. Thielmann (2000), S. 14f. und Thielmann/Dowling (1999), S. 4.

126 Vgl. Greenstein/Khanna (1997), S. 203f.

Für Unternehmen in substitutiv konvergierenden Märkten empfehlen sich integrative Strategien mit einem Fokus auf Akquisitionen von Unternehmen in benachbarten Märkten.[127] Trotz mitunter hohen Marktwachstums handelt es sich hier letztlich um einen Verdrängungswettbewerb zwischen den etablierten Unternehmen aus den zusammenwachsenden Branchen und den neu entstandenen Wettbewerbern. Entlang der Wertschöpfungskette bilden sich Wettbewerbsbeziehungen zwischen Unternehmen auf der selben Wertschöpfungsstufe und zwischen Unternehmen benachbarter Stufen. Bei Existenz geschlossener und vertikal integrierter Systeme entsteht häufig ein Systemwettbewerb, einerseits zwischen einzelnen integrierten Wettbewerbern, die zusammenhängende Systeme und Leistungsbündel entwickeln und anbieten und andererseits zwischen spezialisierten Anbietern, die nur einzelne Teile eines umfassenden Angebots zahlreicher Unternehmen offerieren und den Kunden zur Kombination der Einzelleistungen motivieren.[128]

Der Prozess substitutiver Konvergenz ist zu unterscheiden von Innovationsentwicklungen und Substitutionsprozessen innerhalb einer einzelnen Branche. Die Verdrängung von Schreibmaschinen oder Schallplatten durch höherwertige Technologien beschreibt lediglich die einseitige Austauschbarkeit von relativ minderwertigen Produkten, die funktionale Bedürfnisse angesichts des technischen Fortschritts nicht mehr angemessen befriedigen. Substitutive bzw. kompetitive Konvergenz hingegen bezeichnet die gegenseitige Austauschbarkeit gleichwertiger Technologien und funktional vergleichbarer Leistungsbündel unterschiedlicher Branchen.

2.1.1.2 Konvergenz durch Komplementarität

Produkte konvergieren in komplementärer Form, wenn der kombinierte Nutzen zweier Produkte größer ist als bei separater Nutzung bzw. der herkömmlichen Nutzungsform. Dabei entwickeln Firmen Bündel von Produkten und Leistungen auf Basis eines gemeinsamen Standards, die zusammen ein größeres System kreieren bzw. darstellen.[129] Bei komplementären Konvergenzentwicklungen entsteht im Gegensatz zur substitutiven Form **ein neuer Markt zusätzlich zu den weiterhin existierenden Märkten** (so genanntes **'komplementäres Paradigma'**:[130] **1+1=3**). Dabei wird Nutzern durch den Gebrauch zweier Produkte ein größerer

---

[127] Vgl. Thielmann (2000), S. 14f.

[128] So können Kunden z.B. in den Bereichen des Breitband-Internet und des interaktiven Fernsehens zwischen integrierten Angeboten wählen, etwa in Form eines Angebots eines integrierten Online-Dienstes wie AOL Time Warner oder durch ein integriertes Kabelunternehmen, die im Bereich des Netzzugangs einschließlich notwendiger Hardware in Form von Set-Top-Boxen o.ä., der Übertragung und der Inhalte abdecken. Alternativ ergibt sich der Möglichkeit der Kombination von Einzelangeboten, z.B. eines ISPs und einer Auswahl von Portalen und Inhalteanbietern.

[129] Vgl. Greenstein/Khanna (1997), S. 204.

[130] Vgl. Thielmann (2000), S. 15.

Anwendungs- und Nutzungsbereich erschlossen bzw. alternativ ein bestimmter Anwendungs- und Nutzungsbereich einer größeren Anzahl von Nutzern zugänglich gemacht. Ressourcen und Fähigkeiten aus unterschiedlichen Bereichen werden zur Bildung neuer Leistungsbündel integriert, um neue Bedürfnisse zu befriedigen. Ein Beispiel für komplementäre Konvergenzentwicklungen sind die Online-Datenbanken. Sie integrieren Computertechnologien, Softwarefunktionalitäten und Methoden der Datenkomprimierung aus den Bereichen Informationstechnologie und Telekommunikation und schaffen so eine automatisierte Leistung, die vor einigen Jahrzehnten noch nicht existierte.[131] Im Falle der Online-Branche fließen Leistungsbündel aus den Bereichen Telekommunikation (Netzzugang), Medien (Inhalte), Software (Applikationen) und IT-Hardware bzw. Unterhaltungselektronik (Endgeräte) mit ein, ohne das die originären Branchen dadurch obsolet werden.[132] Derartige neue Konvergenzmärkte sind durch unklare Marktgrenzen, ein hohes Maß an Unsicherheit hinsichtlich des Marktwachstums und eine tendenziell langsamere Marktentwicklung charakterisiert.[133]

Ähnlich wie im Falle der Substitution bedeutet eine Komplementarität einzelner Güter nicht zwangsläufig eine Konvergenzentwicklung von Märkten wie in oben beschriebener Form. Im Normalfall stimulieren komplementäre Produkte lediglich die Nachfrage bzw. werden bestimmte Nutzungsroutinen komplementärer Produkte etabliert, z.B. im Falle von Druckern und Papier, Automobil und Benzin, Walkman und Audiokassetten, ohne dadurch zur Bildung neuer Märkte zu führen. Komplementäre Konvergenz ist gekennzeichnet durch die Existenz einer gleichwertigen oder gleichartigen Technologiebasis und zusätzlicher Integrationstendenzen von getrennten Branchen.

2.1.1.3 Implikationen der Konvergenzform für Unternehmensstrategien

Im Rahmen von Konvergenzentwicklungen verändern sich neben dem Marktgefüge und den Branchengrenzen auch die Einflusssphären der Unternehmen. Etablierte Unternehmen konkurrieren nicht nur mit jungen Unternehmen, sondern auch mit etablierten Unternehmen ehemals benachbarter Märkte. Dies führt zu neuen Wettbewerbsverhältnissen zwischen den Unternehmen in einem konvergierenden Markt. Aufgrund der **Notwendigkeit neuartiger Ressourcenkombinationen** zur Befriedigung von Kundenbedürfnissen und zur Entwicklung von wettbewerbsfä-

---

[131] Vgl. Greenstein/Khanna (1997), S. 205.

[132] Allerdings können derartige Entwicklungen in der Folgezeit auftreten, z.B. durch die Entstehung von Teilbereichen, die mit den ursprünglichen Märkten zumindest teilweise in Konkurrenz treten können. Beispiele dafür sind die Internet-Telefonie als Gegenspieler der Festnetztelefonie oder die Angebote online verfügbarer Informationen, die traditionelle Informationsmedien wie Zeitungen und Zeitschriften verdrängen können.

[133] Vgl. Greenstein/Khanna (1997), S. 212. Zur Abgrenzung von Märkten vgl. grundlegend Bauer (1989) sowie Bauer/Hermann (1992), S. 1341ff.

higen Angeboten entwickeln sich aber auch neue Kooperationen und Wettbewerbskonstellationen. Neben Ressourcengründen sind die Setzung von Standards und die Risikoteilung weitere Motive für die Zusammenarbeit von Unternehmen.

Die Umstrukturierung von Märkten in Form von komplementärer oder substitutiver Konvergenz erfolgt nicht zuletzt durch die strategischen Entscheidungen einzelner Unternehmen. So entsteht ein Interdependenzverhältnis aus industrieller Entwicklung als Stimulus für die Partizipation eines Unternehmens und der proaktiven Unternehmensentscheidung zum innovativen Angebot eines Produkts oder einer Dienstleistung, die ihrerseits konvergente Entwicklungen eines Marktes maßgeblich beeinflussen kann. Wenn signifikante Konvergenzentwicklungen in einem Markt entstehen, sind neben unternehmensspezifischen Synergieerwartungen allerdings auch branchenübergreifende Veränderungen notwendig.

Bezüglich der Quantifizierung von Kennziffern und Indikatoren des Konvergenzphänomens existieren bisher keine relevanten Erhebungen, allenfalls erste Ansätze.[134] Demzufolge ist ein entstehender Markt durch komplementäre Konvergenz gekennzeichnet, wenn das Wachstum des neuen Marktes größer ist als in den ursprünglichen Märkten. Ein Kriterium für das Vorliegen einer kompetitiven Konvergenz wäre ein signifikanter Marktanteil der gebündelten Leistungen bzw. integrierenden Funktionen des neuen Marktes am gesamten konglomeraten Markt. Häufig lassen sich in der Realität in einem konvergenten Markt gleichzeitig Entwicklungen von substitutiver und komplementärer Konvergenz beobachten. Aufgrund der Unschärfe der Marktgrenzen und der damit verbundenen Unsicherheit, der hohen Dynamik der Wettbewerbsbeziehungen in innovationsintensiven Märkten und der Komplexität von Hochtechnologie und heterogenen Konsumentenbedürfnissen verlaufen Konvergenzentwicklungen mehrdimensional und sind schwer prognostizierbar. Auch inkrementelle Veränderungsprozesse und gegenläufige Trends bei der Etablierung neuer Märke erschweren den Nachweis der einzelnen Konvergenztypen in Reinform und die Ableitung adäquater Unternehmensstrategien. Im folgenden Teil der Untersuchung soll diese Entwicklung am Beispiel der IuK-Industrie aufgezeigt und erklärt, sowie hinsichtlich der Analyse von Kooperationsstrategien berücksichtigt werden.

2.1.2. Ebenen der Konvergenz

2.1.2.1 Technologische Konvergenz

Die Konvergenz der Technologien beschreibt die **Diffusion einer Basistechnologie in verschiedenen Branchen** und eine damit einhergehende Verschmelzung

---

[134] Vgl. z.B. Dowling/Lechner/Thielmann (1998), S. 7f.

verschiedener Branchen.[135] Im Falle der IuK-Industrie und der relevanten Teilbranchen Medien, Telekommunikation und Informationstechnologie ist der technische Fortschritt ein wichtiger Treiber der Konvergenzentwicklung.[136] Insbesondere Fortschritte in den Bereichen Digitalisierung, Komprimierung, Prozessor- und Speicherleistung und Übertragungstechnologie sind ausschlaggebend:

- **Digitalisierung**: Ehemals analoge Inhalte in Form von Text, Bild und Ton[137] werden zunehmend in digitale Datensätze umgewandelt. Das führt zu nachhaltigen Veränderungen und zu einem Zusammenwachsen inhalteorientierter und elektronischer Teilbranchen der IuK-Industrie.[138] Sogar in der Fotografie, einem der letzten Bereiche mit einem hohen Marktanteil analoger Technologien, führen neue digitale Formate zu einer Veränderung der Wertschöpfungskette. Per Digitalkamera aufgenommene Bilder können digital gespeichert und elektronisch weiterverarbeitet werden, ohne zwangsläufig den konventionellen Weg der Bildentwicklung auf Fotopapier zu nehmen.
- **Komprimierung:** Die Komprimierung von Daten ermöglicht die Verarbeitung und Versendung von Inhalten. Mittels komplexer mathematischer Algorithmen und der Eliminierung repetitiver Muster wird die zu übertragende Datenmenge reduziert und somit die Datenübertragungskapazität erhöht. Beispielsweise lassen sich auf diese Weise digitalisierte Fotos über eine normale Internetverbindung übertragen.[139] Die Digitalisierung und Datenkompression ermöglichen eine relativ einfache und schnelle Übertragung von medialen Inhalten in der IuK-Industrie.
- **Prozessor- und Speicherleistung:** Die technische Entwicklung im Bereich der Mikroprozessoren und Speichermedien trägt entscheidend zur Branchenkonvergenz bei. Nach der als 'Moore's Law' bekannten Faustregel

---

135 Vgl. Greenstein/Khanna (1997), S. 202. Beispiele für dieses technologieinduzierte Zusammenwachsen von Industrien sind der Bereich der Telematik, der Telemedien oder des Edutainment. Auch im Bereich der IuK-Industrie induzieren derartige technologische Veränderungen die Konvergenz verschiedener Industrien.

136 Weitere Triebkräfte der Konvergenz in der IuK-Industrie sind z.B. staatliche Deregulierung und unternehmerische Kreativität, vgl. Yoffie (1997a), S. 5ff. sowie die branchenspezifischen Analysen und die Charakterisierung der IuK-Industrie in Teil C.

137 Medieninhalte lassen sich in statische Medientypen, d.h. Text, Graphiken und Bilder, und dynamische Medientypen, d.h. Video und Audio, unterteilen. Vgl. z.B. Grauer/Merten (1996), S. 9.

138 Vgl. Palmer/Eriksen (1999), S. 31f. Ein oft zitiertes Beispiel in diesem Zusammenhang betrifft die Encyclopedia Britannica, die in digitalisierter Form auf einer einzigen CD-Rom zu einem Bruchteil der Kosten der traditionellen Version hergestellt werden kann. Insbesondere die Kosten der Vervielfältigung sind äußerst gering. Das Phänomen der Digitalisierung übt damit einen beträchtlichen Einfluss auf zahlreiche Branchen aus. Vgl. z.B. Shapiro/Varian (1999), S. 20f.

139 Vgl. Markus (1999), S. 46 ff.

verdoppelt sich die Leistung von Mikroprozessoren alle 18 Monate.[140] Seit mehreren Jahrzehnten schon wird diese Steigerungsrate bei gleichbleibenden Preisen für Chips aufrecht erhalten und führt so zu einem starken Rückgang der durchschnittlichen Preise für Prozessor- und Speicherleistung. Obwohl fraglich ist, inwieweit vergangene Entwicklungen als Zukunftstrends extrapoliert werden können, lassen doch Verfahrensverbesserungen und die Nutzung optischer Speichermedien zukünftig weitere signifikante Fortschritte erwarten.[141]

- **Übertragungstechnologie**: Die Übertragungskapazitäten haben einen großen Entwicklungsschritt vollführt. Statt den traditionellen Verbindungen aus doppeladrigen Telefon- und Fernsehkabeln aus Kupfer existieren mittlerweile leistungsfähige Glasfaser-, Kabel- und Mobilfunknetze mit deutlich höheren Bandbreiten und Übertragungsleistungen. Auch neue Softwaretechnologien haben die Nutzung bestehender Kapazitäten verbessert. Neben Fortschritten beim Aufbau von Verbindungen verändert sich auch die Weiterleitung von Datenströmen. Das zuverlässige aber ineffiziente 'Switching'-Prinzip wird durch das so genannte 'Routing'-Prinzip ersetzt. Mittels der paketweisen Übertragung digitaler Datenmengen können vorhandene Bandbreiten effektiver genutzt werden.

Neben diesen technischen Charakteristika ermöglicht auch die Betrachtung der industriellen Wertschöpfungskette die Identifikation technologischer Konvergenzentwicklungen auf einzelnen Stufen.[142] Auch wenn angesichts der Vielfalt an Standards und Protokollen eine vollständige Konvergenz in der IuK-Industrie noch weit entfernt scheint, lassen sich Anzeichen eines Konvergenzprozesses aufgrund von Technologien z.B. auf der Stufe Endgeräte ausmachen. Einzelne Softwareapplikationen und Datendienste lassen sich bereits über eine Vielzahl von Engeräten nutzen: Computer, interaktive Fernsehgeräte und mobile Endgeräte wie GPRS-Telefone und so genannte Personal Digital Assistants (PDA). Dies bedeutet vor allem Konvergenz im Sinne von Konnektivität und Vernetzung von Endgeräten, die aufgrund kompatibler Standards miteinander interagieren. Darüber hinaus integrieren einzelne Endgeräte bisher getrennte Hardwarefunktionalitäten, beispielsweise konvergente Geräte für TV und PC oder intelligente Bürogeräte mit Druck-, Scan- und Faxfunktionalität.

Diese technologische bzw. digitale Konvergenz ist die Vereinigung von Funktionen ehemals unterschiedlicher Produktkategorien mithilfe digitaler Tech-

---

140 Vgl. zu verschiedenen Gesetzmäßigkeiten der Informationstechnologie die Ausführungen zu branchenspezifischen Konvergenzprozessen in Kapitel C.1.2.5.

141 Vgl. Markus (1999), S. 48.

142 Vgl. dazu die Darstellung branchenspezifischer Konvergenzentwicklungen in Kapitel C.1 sowie die Analyse von Konvergenzentwicklungen entlang der Wertschöpfungskette der IuK-Industrie in Kapitel C.2.

nologien.[143] Diesbezügliche Prognosen hinsichtlich des Zusammenwachsens von Telefon, Computer und Fernsehen existieren jedoch bereits seit Jahrzehnten. Das japanische Elektronikunternehmen NEC beispielsweise entwickelte bereits im Jahr 1977 den heute noch gültigen Unternehmensslogan "C&C": Computers and Communications.[144]

2.1.2.2 Ökonomische Konvergenz

Neben der technologischen Perspektive lassen sich Konvergenzentwicklungen auch aus ökonomischer Perspektive, d.h. hinsichtlich der angebots- und nachfrageseitigen Entwicklungen, betrachten. Entscheidend sind dabei Produktinnovationen von Unternehmen und ihre Diffusion aufgrund der Akzeptanz neuer Technologien und innovativer Produkte seitens der Konsumenten. Das **Konzept des Lebenszyklus** von Produkten, Technologien bzw. Märkten verweist auf unterschiedliche Phasen hinsichtlich der Verbreitung von Produkten und der Durchsetzung und Etablierung von Märkten.

Das Phänomen des Lebenszyklus wird in der Literatur vergleichsweise breit diskutiert.[145] Der **idealtypische Produkt- oder Marktlebenszyklus** verläuft glockenförmig und lässt sich entsprechend des Grads der Durchsetzung von Produkten bzw. des Reifegrads von Märkten in **fünf Phasen** unterteilen:[146] **a) Einführung, (b) Wachstum, (c) Reife, (d) Sättigung und (e) Rückgang** (s. Abbildung 6). Analog dazu werden im Rahmen der Diffusionsforschung verschiedene Kategorien der Nachfrage und Produktakzeptanz entwickelt. Dabei ergeben sich parallel zu den einzelnen Marktphasen **fünf Gruppen von Konsumenten**, die spezifische Technologien und Produkte zu bestimmten Zeitpunkten nachfragen bzw. übernehmen: **(a) Innovatoren, (b) frühe Übernehmer, (c) die frühe Mehrheit, (d) die späte Mehrheit und (e) die Nachzügler.**[147] Porter charakterisiert verschiedene Entwicklungsstufen von Industrien und unterscheidet fragmentierte Industrien, entstehende Industrien, reifende Industrien, rückgängige Industrien und globale Industrien.[148] Diese Systematik dynamischer Industrieverände-

---

143 Z.B. von Telefon und Computer, die sukzessive Funktionalitäten des jeweils anderen Geräts übernehmen; vgl. Yoffie (1996), S. 33 sowie Yoffie (1997a), S. 2ff.

144 Vgl. auch Yoffie (1997a), S. 3ff.

145 Vgl. zu Literaturhinweisen Becker (1998), S. 725.

146 Vgl. Becker (1998), S. 725ff. Der idealtypische Produktzyklus bzw. Marktzyklus wird dabei unterschiedlich in vier oder fünf Phasen unterteilt. Zur Evolution von Industrien und zum Produktlebenszyklus vgl. auch Porter (2001), S. 374ff. Porter weist auch auf unterschiedliche Arten des Wettbewerbs je nach Entwicklungsstufe hin.

147 Zur Diffusion verschiedener Dienste und Endgeräte der IuK-Industrie, Radio, Farbfernsehen, Kassetten, Videorecorder und CDs vgl. McGahan/Vadasz/Yoffie (1997), S. 240ff. Für eine Übertragung der Marktphasen auf Handel im Internet vgl. Schneider (2000), S. 112f.

148 Vgl. Porter (1980), S. 191ff.

rungen ist ein Ansatz zur Analyse der IuK-Industrie einschließlich ihrer Entwicklungsstufen.[149]

Abbildung 6: Der Marktlebenszyklus und die Verbreitung neuer Technologien

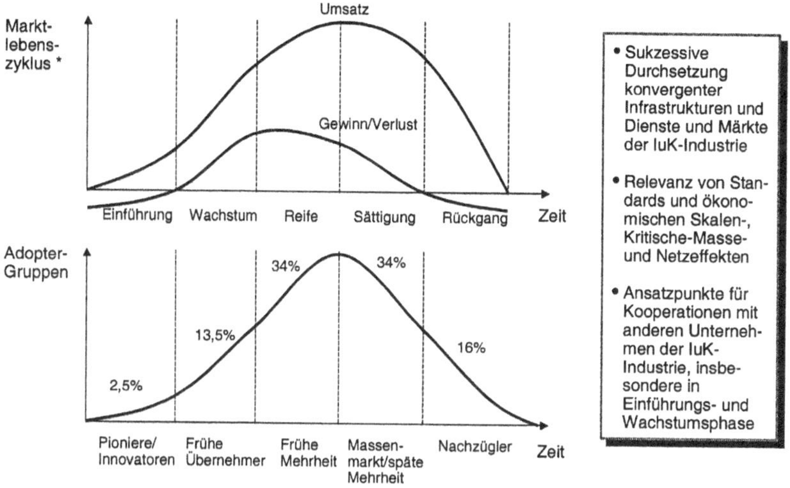

* Häufig wird auch die Bezeichnng des Produktlebenszyklus oder des technologischen Lebenszyklus verwandt
Quelle: eigene Darstellung, in Anlehnung an Becker (1998), S. 725ff.

Hinsichtlich **angebotsseitiger und nachfrageseitiger Konvergenz** ergeben sich die folgenden Charakteristika:

- **Konvergenz auf Angebotsseite:** Die angebotsseitige Konvergenz hängt von der Entwicklung, dem Innovationsgrad und der Diffusion von Produkt- und Leistungspaketen ab (sog. 'technology push'). Ein Indikator sind die verschiedenen Zugangsplattformen, über die Inhalte bereitgestellt werden. Diese Übertragung geschieht entweder innerhalb eines einzelnen vertikal integrierten Unternehmens, oder mit Hilfe von Kooperationen von Inhalteanbietern entlang der Wertschöpfungskette mit Unternehmen der Stufen Übertragung oder Endgeräte.
- **Konvergenz auf Nachfrageseite:** Technische Entwicklungen und neuartige Angebote führen nicht zwangsläufig zu Nachfrage. Produkte und Dienstleistungen offerieren ein Spektrum von Funktionalitäten, um Bedürfnisse der Nachfrage zu befriedigen (sog. 'market pull'). Gleichzeitig können neuartige Produkte und Funktionalitäten latente Bedürfnisse an-

[149] Zu Allianzen im Verlauf der Produktentwicklung und des Innovationsprozesses vgl. Gomes-Casseres/ Leonard-Barton (1997), S. 337ff.

sprechen und zu einer Verhaltensänderung führen. Technisch hochwertige Produkte mit einem überlegenen Kundennutzen und einem attraktiven Preis erreichen häufig eine schnelle Diffusion wie z.B. im Fall von Mobiltelefonen oder DVDs.

2.2. Die Informations- und Kommunikationsindustrie

In der Literatur existieren zahlreiche Begriffe zur Charakterisierung des Untersuchungsgegenstands der Informations- und Kommunikationsindustrie.[150] Gebräuchliche Begrifflichkeiten reichen von Internet-Ökonomie[151] über digitale Medien bis hin zu Konvergenzindustrien und den so genannten "Times-Märkten".[152] In der vorliegenden Arbeit sollen die **Branchen Medien, Telekommunikation und Informationstechnologie als Teilbereiche der IuK-Industrie** verstanden werden. Die beschriebenen technologischen, angebotsseitigen und nachfrageseitigen Konvergenzentwicklungen führen dabei zu einer Neuordnung der bisherigen Industriestruktur. Konventionelle Angebote werden mit innovativen und neuartigen Dienstleistungen verknüpft. Grundlegend neue Produkte und Leistungen entstehen. Es handelt sich bei diesen Entwicklungen nicht um eine vollständige Substitution der bestehenden Branchen Telekommunikation, Medien, Informationstechnologie und Elektronik durch eine allumfassende IuK-Industrie, vielmehr sind komplementäre und substitutive Konvergenzformen[153] im Einzelnen zu untersuchen und hinsichtlich der Implikationen für Unternehmen zu bewerten.

Konvergenz bedeutet auch die Verzahnung bisher nach Übertragungsformaten und Technologien getrennter Industrien und die Entstehung einer nach funktionalen Kriterien abgestuften konvergenten Wertschöpfungskette. Statt den unterschiedlichen Bereichen sprachbasierter Telekommunikation, text- und bildbasierter Medienindustrie und datenbasierter Informationstechnologie ist eine zunehmende Integration multimedialer Applikationen festzustellen.[154] Gleichzeitig lassen sich einzelne Dienste nicht mehr so wie bisher einzelnen Zugangsplattfor-

---

150 In der Literatur existieren unterschiedliche Begrifflichkeiten für das industrielle Umfeld der Informations- und Kommunikationsindustrie, teilweise mit inhaltlich unterschiedlichen Nuancen, teilweise lediglich in der Begrifflichkeit, vgl. stellvertretend Gerpott (1996), S. 15ff.; Booz, Allen & Hamilton (1997), S. 29 sowie Pörtner (1996), S. 346ff. Gleichzeitig existiert jedoch weitestgehend Übereinstimmung hinsichtlich der Involvierung der jeweiligen Teilbranchen Medien, Telekommunikation und Computerindustrie/Unterhaltungselektronik, vgl. stellvertretend Hensmann/Meffert/Backhaus (1996), S. 18ff.

151 Vgl. Zerdick/Picot/Schrape (2000)

152 "TIMES" steht für die Anfangbuchstaben der Schlagworte Telekommunikation, Informationstechnologie, Medien, Entertainment und Software. Die Deutsche Telekom nutzt diesen Kunstbegriff zur Bestimmung ihres Marktumfelds und zur Kommunikation von Wachstumspotentialen in einem konvergenten Zukunftsmarkt.

153 Vgl. B.2.1.1.

154 Vgl. z.B. Markus (1999), S. 50.

men relativ überschneidungsfrei zuordnen, beispielsweise Sprachtelefonie über Telefonapparate, Daten über PCs und Bewegtbilder und Videos über Fernsehgeräte. Vielmehr ereignen sich immer häufiger Überschneidungen und Kombinationen. Telefonie lässt sich auch über entsprechend ausgerüstete PCs abwickeln, Videosequenzen können neben dem Fernsehen auch über PCs, Mobiltelefone und PDAs empfangen werden. Insgesamt erhöht sich die Komplexität.

Die IuK-Industrie lässt sich als turbulentes Marktumfeld charakterisieren. Dies zeigen auch die hohen Fluktuationen der Marktkapitalisierung einzelner Unternehmen, die zahlreichen Marktzutritte und die hohe Zahl der Insolvenzen von jungen sowie von etablierten Unternehmen.[155] Die relevanten Einflussfaktoren für die konvergenten Entwicklungen sollen im folgenden Teil der Arbeit besondere Aufmerksamkeit erfahren. Die Wertschöpfungskette der IuK-Industrie wird ausgehend von den Entwicklungen der Ursprungsindustrien Medien, Telekommunikation und Informationstechnologie hergeleitet. Konstituierende Merkmale und relevante Charakteristika der IuK-Industrie sind neben den involvierten Teilindustrien Skalen-, Netz- und Kritische Masse-Effekte, die im Folgenden kurz beschrieben werden sollen.

2.2.1. Skaleneffekte aufgrund von Digitalisierung

Skaleneffekte (sog. 'economies of scale') bezeichnen einen überproportionalen Output-Anstieg bei proportionalem Faktoreinsatz.[156] **Verbundeffekte** (sog. 'economies of scope') existieren, wenn eine Bündelung von Produktionsaktivitäten mit geringeren Kosten oder höheren Erlösen einhergeht als die getrennte Produktion der Einzelaktivitäten. Die IuK-Industrie ist gekennzeichnet durch **hohe Kosten für die Erstellung von digitalisierten Inhalten** und **sehr geringe Reproduktionskosten**. Diese hohen Anfangskosten manifestieren sich in unterschiedlicher Form in den jeweiligen Teilbranchen, sind aber überall signifikant ausgeprägt: Produktionskosten von Filmen und Musikstücken bei geringen Vervielfältigungskosten in der Medienindustrie, der Aufbau kostenintensiver Infrastruktur bei relativ geringen variablen Kosten in der Telekommunikationsindustrie und die zeitaufwendige und kostenintensive Entwicklung von Softwareprogrammen bei nahe-

---

[155] Vgl. McCarthy (2001), S. 1ff. In den Jahren 2001 und 2002 lassen sich auch zahlreiche Beispiele für das Scheitern von großen Unternehmen finden. So ereigneten sich neben Insolvenzen bei Unternehmen der Medien- und Telekommunikationsindustrie auch schwerwiegende wirtschaftliche Probleme wie im Falle des französischen Mischkonzerns Vivendi Universal. Einen Wechsel der Unternehmensführung infolge negativer Unternehmensmeldungen erfolgten u.a. bei Bertelsmann, Deutsche Telekom, AOL Time Warner und Telefonica.

[156] Zu Skaleneffekten in der Internet-Ökonomie vgl. Meffert (2000), S. 129. Garette/Dussauge (2000) unterscheiden Allianzen und Kooperationen grundlegend nach so genannten "scale alliances" (Kooperationen mit Motiven zur Erreichung von Skaleneffekten) und "complementary alliances" (Kooperationen mit Motiven der Komplementarität von Ressourcen). Vgl. Garette/Dussauge (2000), S. 64ff.

zu kostenlosen Vervielfältigungs- und Bereitstellungskosten. Die IuK-Industrie ist insgesamt eine relativ fixkostenintensive Industrie, innovative Produkte und insbesondere attraktive Inhalte und Dienste sind eine knappe Ressource.

2.2.2. Netzeffekte

In der Theorie beschreiben Netzeffekte[157] das Phänomen **überproportional zunehmenden Nutzens eines Gutes für jeden einzelnen Nutzer mit steigender Zahl anderer Nutzer** desselben Produkts.[158] Dabei existieren direkte Netzeffekte und indirekte Netzeffekte.[159] **Direkte Netzeffekte** bedeuten eine überproportionale Wertsteigerung eines Netzwerks mit steigender Nutzerzahl, z.B. bei der Einführung der Telefonnetze und der Verbreitung von elektronischen Kommunikationsdiensten wie E-Mail: je mehr Teilnehmer das jeweilige Netzwerk umfasst, desto größer die Interaktionsmöglichkeiten und der damit verbundene Wert für jeden einzelnen Teilnehmer. **Indirekte Netzeffekte** beinhalten zusätzlich Komplementärleistungen und sind insbesondere bei Systemprodukten relevant. Dabei steigt die Nachfrage nach komplementären Produkten in Folge von nachgefragten Basisprodukten. Beispiele sind Videokonsolen eines Herstellers sowie die dafür entwickelten Spiele oder CD-Player und die dazugehörigen CDs. Diese Zusammenhänge können zu positiven Rückkopplungseffekten und bei Erreichen einer kritischen Masse zu überproportionalen Entwicklungssprüngen führen.[160]

Die Theorie der Netzeffekte lässt sich auf unterschiedliche Netzprodukte anwenden. Zu unterscheiden sind in diesem Zusammenhang sowohl die Art der Netze (z.B. Produktnetze, Informationsnetze und gemischte Netze) sowie die Richtung bzw. die Komplexität der Netze (z.B. horizontale, vertikale und kom-

---

157 In der Literatur werden die Begriffe "Netzeffekte", "Netzwerkeffekte", "Netzwerkexternalitäten" sowie "increasing returns of adoption" (exponentiell steigende Adoptionsraten), "demand side economies of scale" (Skaleneffekte der Nachfrage) "positive feedback effects" (positive Rückkopplungseffekte) verwandt, vgl. z.B. Shapiro/Varian (1999), S. 13f. sowie Ehrhardt (2001), S. 25.

158 (Horizontale) Netzeffekte wurden 1985 erstmalig von Katz/Shapiro erwähnt und definiert. Vgl. zu Netzeffekten allgemein Katz/Shapiro (1985), (1986), (1992) und (1994), Farell/Saloner (1985), Choi (1994) sowie Thum (1994). Zu neuen Konzepten zur Erfassung von Netzeffekten vgl. Clement (2000), S. 115ff.

159 Vgl. Economides (1996), S. 679; Matutes/Regibeau (1996), S. 186; Meffert (2000), S. 127 sowie Schumann/Hess (2000), S. 27ff.

160 Vgl. in diesem Zusammenhang die Spillover-Effekte bei Netzwerken, McGrath/McGrath (2000), S. 267ff.

plexe Netze).[161] Beispiele für **horizontale Netze** sind die ähnliche Bedienungsweise unterschiedlicher Applikationen und Computerprogramme wie Tabellenkalkulation, Textverarbeitung und Datenbank. Aufgrund ähnlicher Strukturen vermindert sich der durchschnittliche Lernaufwand je Applikation und erleichtert den Wechsel zwischen zwei Applikationen.[162] Beispiele für **vertikale Netze** sind Systeme aus komplementären Komponenten wie Hardware, Betriebssystem und Applikationen, die einzeln weniger wertvoll sind als im Verbund.[163] Dabei kann es je Stufe mehrere Anbieter geben, die Nachfrage nach Gütern ist ihrerseits mit der Nachfrage auf den anderen Stufen verknüpft, je nach Kompatibilität und Verknüpfbarkeit einzelner Produkte innerhalb des Netzwerks.[164]

In den Teilbranchen der IuK-Industrie lassen sich zahlreiche Beispiele für die **Relevanz von Netzeffekten** für die Durchsetzung verschiedener Produkte und Dienste identifizieren.[165] Im Falle der Unterhaltungselektronik stellten sich Netzeffekte und damit einhergehend der Erfolg bei Radio und Fernsehen erst ein, als die zunehmende Diffusion und ein wachsendes Programmangebot sich gegenseitig stimulierten. Auch im Falle der Videokassetten entwickelte sich ein Massenmarkt erst nach der Durchsetzung des VHS-Standards.[166] Im Kontext der vorliegenden Arbeit betonen Netzeffekte die Wichtigkeit von System- und Komplementärprodukten, bei denen unterschiedliche Komponenten der Wertschöpfungskette in einem einander ergänzenden Verhältnis zueinander stehen und die Attraktivität von Inhalten mit der Popularität von Zugangsplattformen steigt (und umgekehrt).[167]

---

161 Zu einer Systematik der Netzprodukte vgl. Köster (1999), S. 26. Köster (1999) definiert außerdem Netzprodukte als "Güter oder Leistungen, deren Nachfrage vom historischen Absatz (installierte Basis) und vom erwarteten Absatz (Erwartungsbasis) anderer, komplementärer Gebrauchsgüter überwiegend abhängt. Die komplementären Gebrauchsgüter können sowohl substitutive Produkte sein (horizontale Netze) als auch nicht substitutive Produkte (vertikale Netze)." Vgl. Köster (1999), S. 22.

162 Vgl. Köster (1999), S. 26ff. Zu Themen der Kompatibilität und deren Bedeutung für Standards und Netzeffekte vgl. Ehrhardt (2001), S. 24ff.

163 Zu unidirektionalen und bidirektionalen Netzen vgl. Gröhn (1999), S. 26ff. Vgl. in diesem Zusammenhang auch die Analyse der IT-Industrie in Abschnitt 0.

164 Die Analyse von vertikalen Netzwerken zeigt Ähnlichkeiten zur Analyse vertikal integrierter Industrien. Horizontale Netzwerkeffekte sind Skaleneffekten auf der Nachfragseite vergleichbar, vertikale Netzwerkeffekte sind ähnlich wie Verbundvorteile auf der Nachfragseite, vgl. Gröhn (1999), S. 27f.

165 Zu Netzeffekten und positiven Feedback-Effekten vgl. auch Dietl/Royer (2000), S. 325f.

166 Vgl. McGahan/Vadasz/Yoffie (1997), S. 256.

167 Vgl. zu Netzeffekten aus gesamtwirtschaftlicher Sicht auch Kuhner (2000), S. 336ff., zu negativen Netzeffekten im Zusammenhang mit der hohen Auslastung von IuK-Netzen vgl. Niedereichholz (2001), S. 140.

2.2.3. Kritische-Masse-Effekte

Kritische-Masse-Effekte beschreiben den Zusammenhang zwischen Erfolg und Misserfolg einer neuen Technologie und dem Erreichen einer so genannten kritischen Masse verkaufter Produkte bzw. einer installierten Basis, um einen positiven Rückkopplungseffekt bzw. Netzeffekte zu erzeugen. Ähnlich wie bei den Netzeffekten sind auch hier insbesondere die **Existenz von Standards** und die damit verbundenen **'Lock-in'- und 'Lock-out'-Effekte** von besonderer Bedeutung.[168]

- Der **Lock-in Effekt** bezeichnet die Transferkosten für Unternehmen und Konsumenten nach einer einmal erfolgten Festlegung auf einen Standard. Bei Kauf eines Produkts investieren Konsumenten in zum relevanten Standard komplementäre Produkte und nehmen mitunter einen hohen Zeitaufwand für Training zur Nutzung der Technologie in Kauf, so dass ein späterer Wechsel zu einem möglicherweise überlegenen Standard mit hohen Kosten verbunden ist. Ähnliche Effekte bestehen für professionelle Nutzer von Informationstechnologie, beispielsweise Geschäftskunden von Microsoft und Intel, und für Unternehmen, die sich in ihrer Strategie und Produktionstechnologie auf einen bestimmten Standard festlegen.[169]
- Der **Lock-out Effekt** bezeichnet die Gefahr für Unternehmen, in emergenten und konvergenten Industrien vom vorherrschenden Standard ausgeschlossen zu sein und so nicht an Wachstum und Profiten innerhalb eines Marktes zu partizipieren. Zum einen sind die frühen Gewinne und temporären Monopolrenten häufig den Innovatoren vorbehalten, die relevante Standards bestimmen und gestalten. Zum anderen bedeutet die Nichtbeteiligung an einem Standard auch die Gefahr nicht mehr aufzuholender technischer Defizite und den Ausschluss von Standards zukünftiger Technologiegenerationen, da einmal erlittene Rückstände oft nur durch massive Investitionen wieder ausgeglichen werden können. Lock-out Effekte erklären auch die häufig zu beobachtende 'Herdenmentalität' in neu entstehenden Märkten, da aufgrund der hohen Unsicherheit zahlreiche Unternehmen

---

168 Vgl. Yoffie (1997a), S. 22f.; zu Lock-in Effekten vgl. auch Dietl/Royer (2000), S. 326f.

169 Allerdings ist auch zu berücksichtigen, dass trotz der Relevanz von Lock-in Effekten und damit verbundenen 'First-Mover'-Vorteilen diese Faktoren keineswegs notwendig oder hinreichend für den Markterfolg sind. So konnten sich Microsoft im Bereich der Software für PC-Betriebssysteme, Matsushita beim VCR-Standard gegen Sony und Cirrus bei ATM-Protokollen gegen Citibank durchsetzen, obwohl diese Unternehmen eher spät in den jeweiligen Markt eintraten, vgl. Rangan/Adner (2001), S. 45f. Zu weiteren Beispielen im Zusammenhang mit Lock-in Effekten vgl. Ehrhardt (2001), S. 98ff. Zu einer Illustration des QWERTY-Standards bei Schreibmaschinen und Tastaturen vgl. Ehrhardt (2001), S. 97ff.

ihre Möglichkeiten im Zusammenhang mit der neuen Technologie wahren wollen.[170]

2.3. Kooperationen und Netzwerke

2.3.1. Definitionen und Merkmale

Ziel der vorliegenden Arbeit ist die Untersuchung von Kooperationsstrategien und Kooperationsaktivitäten einzelner Unternehmen angesichts konvergenter Industrieentwicklungen. Kooperationen sollen sowohl auf einer Portfolioebene aller eingegangenen Kooperationen eines spezifischen Unternehmens als auch auf der Ebene jeder einzelnen Kooperation betrachtet werden. Entscheidend sind in beiden Fällen der **strategische Entscheid, die Partnerselektion und die Konfiguration der Kooperation**, jeweils im Einflussfeld konvergenter Industrieentwicklungen und dem relevanten Umweltkontext. Dahingehend sollen bestehende Strukturierungsvorschläge für Kooperationen und Netzwerke hinsichtlich ihres Nutzens untersucht und gegebenenfalls einbezogen werden. [171] In der Literatur existieren eine Vielzahl von Untersuchungen zu Kooperationen und Unternehmensnetzwerken aus unterschiedlichen Perspektiven: einige Ansätze unterscheiden hinsichtlich der Phasen einzelner Kooperationen,[172] andere anhand von Strukturmerkmalen wie

[170] Ein Beispiel für hohe anfängliche Euphorie bei späterem Misserfolg einer neuen Technologie ist der Markt der PDAs (Personal Digital Assistants), der anfänglich durch Apple's Newton im Jahr 1992 maßgeblich geprägt wurde. Aufgrund der hohen Unsicherheit bezüglich der Entwicklung eines Standards unterstützten anfänglich zahlreiche Unternehmen der verschiedenen relevanten Teilindustrien den Standard von Apple, vgl. auch Yoffie (1997), S. 23.

[171] Vgl. zu strategischen Allianzen und Kooperationen in der Literatur und einen einführenden Überblick Sydow (1992) sowie Zacharias (1998), S. 184ff. und theoretisch vgl. Schwerk (2000), S. 70ff, zu einer umfassenden Übersicht empirischer Studien zu Allianzen und Kooperationen vgl. Hammes (1994), S. 140ff.; Ireland/Hitt/Vaidyanath (2000), S. 416ff. sowie Schwerk (2000), S. 181ff.

[172] Vgl. zu Phasenmodellen von Kooperationen z.B. Schwamborn (1994), S. 93ff.; Spekman/Isabella/ MacAvoy/Forbes III. (1997), S. 363ff.; Devlin/Bleackley (1997), S. 182ff.; Pekar/Alio (1997), S. 303f.; Lechner (2001), S. 56ff.; Schwerk (2000), S. 245ff. und Reuer/Zollo (2000), S. 164ff. und (2002), S. 136ff. Zu verschiedenen Theorieansätzen und Modellen zur Evolution von Unternehmensnetzwerken vgl. z.B. Markus (1999), S. 107ff.

der funktionalen Kooperationsfelder oder der Intensität der Zusammenarbeit.[173] Dabei werden in der Literatur eine Vielzahl von Begriffen verwandt.[174]

Ein **Netzwerk** soll im Rahmen der vorliegenden Arbeit als ein Zusammenschluss mehrerer Unternehmen verstanden werden, der über die bilaterale Zusammenarbeit hinausgeht, wenn der daraus entstehende Nutzen mittels einer rein marktlichen oder hierarchischen Organisation der zugrunde liegenden Leistungsprozesse nicht realisiert werden kann.[175] **Kennzeichnend für die Organisationsform der Netzwerke sind die folgenden Merkmale**:[176]

- Die Interaktion der am Netzwerk beteiligten Unternehmen ist **eher von Kooperation** als von Wettbewerb gekennzeichnet.
- Die beteiligten Unternehmen behalten ihre **rechtliche Unabhängigkeit** auch im Falle langfristig stabiler Beziehungen mit den anderen Netzwerkpartnern.[177]
- Aufgrund der unterschiedlichen Ressourcenausstattung einzelner Unternehmen entsteht eine **gegenseitige wirtschaftliche Abhängigkeit**.
- Es besteht tendenziell eine **Vielzahl dezentraler Entscheidungs- und Aktionsfelder**, die jedoch durch ein oder mehrere dominante Unternehmen innerhalb der Netzwerkstruktur sukzessive zentralisiert werden können.
- **Gegenseitiges Vertrauen** ist ein notwendiges Kriterium erfolgreicher Zusammenarbeit der Netzwerkmitglieder angesichts parallel weiterverfolgter, unternehmensspezifischer Strategien und Zielsetzungen.[178]

Dementsprechend bezeichnet Sydow (1992) Unternehmensnetzwerke als eine auf die Realisierung von Wettbewerbsvorteilen zielende, polyzentrische, dennoch oftmals von einer oder mehreren Unternehmungen strategisch geführte Organisationsform ökonomischer Aktivitäten, "die sich durch komplex-reziproke, eher ko-

---

173 Vgl. z.B. Wojda (1998), S. 168; Schlick (1998), S. 317ff.; Liestmann et al. (1999), S. 19f.; Luczak/Wimmer (2000), S. 153; Wirth (2000), S. 179. Zu Ansätzen einer Typisierung und Systematisierung von Kooperationen vgl. z.B. Koza/Lewin (2000), S. 147ff. sowie Schwerk (2000), S. 32 und Picot/Reichwald/Wigand (2001), S. 281ff. Zu einem Überblick dynamischer Kooperationsmodelle vgl. Schwerk (2000), S. 257ff.

174 Krystek/Redel/Reppegather (1997) rezipieren für Netzwerke die folgenden Begriffe in der Literatur: Allianznetzwerke (Backhaus/Piltz 1990), strategische Familien (Albach 1992), Konstellationen (Gomes-Casseres 1996; Jones et al. 1998), Netzwerkkooperationen (Beck 1998) und Allianzsysteme (Lechner 1999). Zu weiteren Termini vgl. Sydow (1999a), S. 3.; Zacharias/Bieck (2000), S. 18f.; Schilling/Vasco (2000), S. 26 sowie Kaluza/Blecker (2001), S. 83.

175 Vgl. Jarillo (1988), S. 32 und (1993), S. 131; Sydow (1992), S. 243; Bogaschewsky (1995), S. 161f. sowie Wojda/Waldner (2000), S. 36.

176 Vgl. Jarillo (1993), S. 131; Zbornik (1996), S. 48f. und Sydow/Windeler (2001), S. 133.

177 Zu organisatorischen Grenzen in und von Unternehmensnetzwerken vgl. Duschek/Ortmann/Sydow (2001), S. 195ff.

178 Vgl. Axelrod (1984) sowie Pieper (2000), S. 27ff.

operative denn kompetitive und relativ stabile Beziehungen zwischen rechtlich selbständigen, wirtschaftlich jedoch zumeist abhängigen Unternehmungen auszeichnet".[179] In der Literatur bestehen eine **Vielzahl von Strukturierungs- und Typisierungsvorschlägen von Unternehmensnetzwerken und Kooperationen,**[180] die im konzeptionellen Teil zur Erarbeitung von relevanten Entscheidungsparametern für Kooperationsstrategien und -portfolios detailliert aufgearbeitet und weiterentwickelt werden sollen.[181]

Abbildung 7: Typisierungsmöglichkeiten interorganisationaler Netzwerke

Netwerktypen	Untersuchungsparameter
Industrielle Netzwerke vs. Dienstleistungsnetzwerke	Sektorzugehörigkeit der Unternehmen
Konzerninterne vs. konzernübergreifende Netzwerke	Konzernzugehörigkeit der Netzwerkteilnehmer
Strategische vs. regionale Netzwerke	Art der Führung, räumliche Ausdehung
Lokale vs. globale Netzwerke	Räumliche Ausdehnung
Einfache vs. komplexe Netzwerke	Anzahl der Akteure, Dichte und Komplexität des Netzwerks
Vertikale vs. horizontale Netzwerke	Position der Unternehmen entlang der Wertschöpfungskette
Obligationale vs. promotionale Netzwerke	Form des Leistungsaustauschs und der Interessen
Stabile vs. dynamische Netzwerke	Stabilität der Mitgliedschaft und der Beziehungen
Marktnetzwerke vs. Organisationsnetzwerke	Koordinationsmodus
Hierarchische vs. heterarchische Netzwerke	Steuerungsform nach Art der Führung
Zentrierte vs. dezentrierte Netzwerke	Steuerungsform nach Ort der Führung
Austauschnetzwerke vs. Beteiligungsnetzwerke	Interaktionsform
Explorative vs. exploitative Netzwerke	Dominanter Zweck des Netzwerks
Formale vs. informale Netzwerke	Formalität
Offene vs. geschlossene Netzwerke	Möglichkeit des Ein- und Austritts
Geplante vs. emergente Netzwerke	Art der Entstehung
Innovationsnetzwerke vs. Routinenetzwerke	Innovationsgrad
Käufer- vs. produzentengesteuerte Netzwerke	Strategische Führerschaft
Beschaffungs-, Produktions-, Marketing-Netzwerke	Funktionserfüllung
Bürokratische vs. clanartige Netzwerke	Organisatorischer Integrationsgrad
Legale vs. illegale Netzwerke	Verstoß gegen bestehende Gesetze und Verordnungen

Quelle: eigene Darstellung, in Anlehnung an Sydow (1999b), S. 285 und (1992), S. 85.

Im Allgemeinen lassen sich abhängig von den gewählten Untersuchungsparametern zahlreiche Netzwerktypen ableiten: von industriellen und Dienstleistungs-

---

[179] Vgl. Sydow (1992), S. 82. Jarillo definiert strategische Netzwerke als langfristige, zielgerichtete Arrangements zwischen einzigartigen, jedoch verbundenen Unternehmen, die der Erreichung oder Erhaltung von Wettbewerbsvorteilen gegenüber den Wettbewerbern außerhalb des Netzwerks dienen. Vgl. Jarillo (1988), S. 32.

[180] Beispielsweise können strategische, regionale und Projektnetzwerke unterschieden werden, alternativ auch dynamisch-virtuelle, stabile horizontale und stabile vertikale Netze. Vgl. Corsten/Gössinger (1999), S. 19f. und Beck (1998), S. 272. Vgl. auch Welge/Al-Laham (2002), S. 641ff.

[181] Vgl. Abschnitt E dieser Arbeit zu Kooperationsstrategien und Kooperationsmustern in konvergierenden Märkten.

netzwerken über formale und informale Netzwerke bis hin zu legalen und illegalen Netzwerken (s. Abbildung 7).[182]

Das Unternehmensnetzwerk gilt außerdem als fortschrittliche Organisationsform, das mit steigender Wettbewerbsintensität in Form von Innovationswettbewerb, Zeitwettbewerb, Qualitätswettbewerb und Kosten- und Preiswettbewerb an Bedeutung gewinnt.[183] Die zunehmende Verbreitung und Bedeutung von Netzwerken ist gleichzeitig ein Indikator für einen Wechsel von hierarchischen zu flexibleren Organisationsformen.[184] Zugleich bedeuten diese Veränderungen auch die Auflösung klarer Unternehmensgrenzen. Die zunehmende Verknüpfung interorganisationaler Beziehungen führt zu neuen organisatorischen Herausforderungen hinsichtlich unternehmensspezifischer Strategien und Strukturen.[185] Dies wird durch die Entstehung neuartiger Organisationskonzepte wie durch multinationale Fusionen begründete Konglomerate, weltweite Kooperationsverbünde und virtuelle Unternehmen als temporäre Netzwerke unabhängiger Firmen mit partiell gleichartigen Interessen weiter verstärkt.

Die Betrachtung von Strukturelementen von Unternehmensnetzwerken bietet zwar zahlreiche relevante Ansatzpunkte, sie ist aber meist auf die Analyse einzelner Verbindungen zahlreicher Kooperationspartner, d.h. auf multilaterale Kooperationen auf der Ebene eines einzelnen Netzwerks, reduziert. Die vorliegende Arbeit untersucht hingegen die eingegangenen **Kooperationen und Netzwerke eines Unternehmens in ihrer Gesamtheit**, d.h. **als Portfolio kooperativer Arrangements** mit einer Vielzahl von einzelnen Kooperationen, Zielsetzungen und Partnern. Entscheidend ist dabei vor allem die **Perspektive eines einzelnen Unternehmens**. Die Begriffe der Kooperation und des unternehmensspezifischen Kooperationsportfolios[186] sollen folgendermaßen definiert werden:

Eine **Unternehmenskooperation** bezeichnet eine mittel- bis langfristig orientierte, vertraglich geregelte Zusammenarbeit von rechtlich und wirtschaftlich selbständigen Unternehmen zur gemeinschaftlichen Erfüllung von Aufgaben mit dem

---

[182] Zur Systematisierung von Kooperationen vgl. Sydow (1992), S. 85 und (1999b), 285; Welge/Al-Laham (2002), S. 643 sowie allgemein Schwerk (2000), S. 32.

[183] Vgl. Siebert (1999), S. 16ff. Insbesondere Miles und Snow haben in einigen Beiträgen eine Evolution von Organisationsformen untersucht, die nach funktionalen, divisionalen und Matrixstrukturen nun das dynamische Netzwerk als optimale Organisationsvariante ausmacht, um den gestiegenen Umweltherausforderungen gerecht zu werden. Vgl. Miles/Snow (1984), S.19 und (1986), S. 62ff.

[184] Vgl. Thorelli (1986), S. 37 und Ochsenbauer (1989), S. 231ff.

[185] Vgl. Thorelli (1986), S. 46; Miles/Snow (1986), S. 64 sowie Delfmann (1989), S. 96f.

[186] Im Gegensatz zu Doz/Hamel (1998), S. 222f. soll ein Allianzportfolio nicht nur bilaterale Kooperationen inkludieren, sondern alle Formen der Kooperationen, die erst in ihrer Gesamtheit die strategische Positionierung eines Unternehmens in seinem Umweltkontext unterstützen.

Ziel verbesserter Leistungsfähigkeit.[187] Die Konfiguration erfolgt entlang des Spektrums möglicher ökonomischer Koordinationsformen zwischen den Extremformen marktbasierter Transaktion und hierarchischer Koordination.

Ein **unternehmensspezifisches Kooperationsportfolio** bezeichnet die Summe aller Kooperationen, die ein Unternehmen zur Verbesserung seiner Leistungs- und Wettbewerbsfähigkeit innerhalb eines bestimmten Betrachtungszeitraums eingeht.[188]

2.3.2. Kooperationen im Vergleich zu Alternativen der Portfolioerweiterung

In der vorliegenden Arbeit wird einerseits ein Zusammenhang zwischen der Strategie eines Unternehmens und seinen Kooperationsaktivitäten und andererseits eine Wechselwirkung zwischen Kooperationen und Industrieentwicklungen unterstellt. Grundsätzlich existieren für Unternehmen neben Kooperationen **alternative Optionen interner und externer Portfolioerweiterung**.[189]

Die **interne Entwicklung** bezeichnet den Aufbau von Geschäftsfeldern mittels unternehmensintern verfügbarer Ressourcen, die **externe Entwicklung** bedeutet den Erwerb eines Geschäftsfelds durch Akquisition bzw. Firmenübernahme. Dabei wird ein bestehendes Unternehmen bzw. eine Unternehmenseinheit erworben, integriert und dem gegenwärtigen Geschäftsportfolio des akquirierenden Unternehmens hinzugefügt.[190]

Alle Varianten der Portfolioerweiterung haben Vor- und Nachteile hinsichtlich Geschwindigkeit, Einflussnahme oder Koordinationsmöglichkeiten (s. Abbildung 8). Während die interne Entwicklung von neuen Geschäftsfeldern zeitaufwendig ist, stellen die Akquisition und die Kooperation eine relativ schnelle Möglichkeit der Portfolioerweiterung dar. Gleichzeitig sind die Bewertung von Fähigkeiten der anderen Parteien im Falle von Kooperationen und insbesondere

---

187 Vgl. auch die Definition von Dussauge/Garette (1999), S. 4 sowie Picot/Reichwald/Wigand (2001), S. 279. Zu einer umfassenden Übersicht von Begrifflichkeiten und Definitionen vgl. Sydow (1992), S. 63ff.

188 Die einzelnen Kooperationen lassen sich gewissermaßen zu einem Portfolio zusammenfügen bzw. als solches betrachten. Zur Portfoliotheorie vgl. z.B. Welge/Al-Laham (2000), S. 339ff. sowie (2001), S. 334ff.; Finlay (2000), S. 466ff. und Hungenberg (2000), S. 333ff.

189 Vgl. Hungenberg (2000), S. 361ff.

190 Fusionen und Unternehmenszusammenschlüsse werden in der Literatur ausgiebig behandelt. Vgl. zur Gestaltung von Fusionen und Firmenübernahmen stellvertretend Picot (2000), S. 346ff.

bei Akquisitionen aufgrund von Informationsasymmetrien und Intransparenz äußerst kompliziert.[191]

Abbildung 8: Vorteile und Nachteile alternativer Wachstumsoptionen

	Internes Wachstum	Akquisitionen	Kooperationen
Vorteile +	• Kontrolle und bessere Steuerungsmöglichkeit von Portfolioerweiterungen und Unternehmensexpansion ohne Risiko des Abflusses zu anderen Unternehmen • Beitrag zur Ressourcenbasis und Innovationsfähigkeit des eigenen Unternehmens • Mögliche Kostenkontrolle durch phasenweise Investitionen	• Schnelle Verbesserung der eigenen Ressourcenposition • Schnelle Expansion in neue Märkte bzw. Steigerung von Umsatz und Marktanteilen • Wettbewerbsbeeinflussung und potentielle Schwächung von Wettbewerbern bzw. Ausschaltung eines Wettbewerbers • Mögliche Kostenreduktion durch Skalenvorteile • Mögliche finanzielle Vorteile durch Kauf unterbewerteter Vermögenswerte	• Schneller Zugang zu Ressourcen und Fähigkeiten anderer Unternehmen • Risikoteilung • Flexibilität und mögliche Beendigung eingegangener Kooperationen • Kostenvorteile gegenüber Akquisitionen und Investitionen bei internem Wachstum • Wettbewerbsbeeinflussung bzw. Neutralisierung eines Wettbewerbers
Nachteile −	• Hoher Zeitaufwand und mögliche Verspätung bei attraktiven Geschäftsmöglichkeiten • Herausforderungen und Probleme beim Aufbau bisher nicht vorhandener Ressourcen und Fähigkeiten	• Hohe finanzielle Belastung • Risiken durch Fehlentscheidungen aufgrund von Informationsasymmetrien, Intransparenz und zeitlichem Druck • Probleme bei der Unternehmensintegration (kulturelle Unterschiede, Personalprobleme im Integrationsprozess) • Schwierigkeiten bei der Verwendung relativ unwichtiger Unternehmensteile	• Probleme bei Steuerung und Kontrolle aufgrund unklarer Einflussverhältnisse der beteiligten Partner • Schwierige Realisierung von Skalenvorteilen • Commitment-Probleme der beteiligten Unternehmen • Instabilität bei hybriden Wettbewerbskonstellationen der beteiligten Unternehmen

Quelle: eigene Darstellung

Auch wenn die Kooperation häufig einen Mittelweg darstellt, so bedeuten auch hier Interessendivergenzen und Koordinationsschwierigkeiten Herausforderungen für die beteiligten Unternehmen. Gegenüber den Optionen der internen Entwicklung mittels organischen Wachstums und der externen Erschließung neuer Geschäftsfelder mittels Fusionen und Unternehmensübernahmen, bieten Kooperationen unabhängig von ihrer spezifischen Ausgestaltung im Allgemeinen **Vorteile hinsichtlich Zeit, Flexibilität, Risiko und Kompetenz**:[192]

191 Vgl. Sydow (1992), S. 143 und (1999), S. 291.; Becker (1998), S. 172; Lynch (2000), S. 584 sowie Müller-Stewens/Lechner (2001), S. 217ff. Vgl. zu Joint Ventures und anderen Strategien als Alternativen zu Unternehmenszusammenschlüssen Harrison (1997), S. 167ff. Vgl. zu strategischen Präferenzen hinsichtlich interner bzw. externer Wachstumsstrategien im Kontext von Medien-, Telekom- und IT-Firmen Sjurts (2000a), S. 32ff.; theoretisch-konzeptionell vgl. Sjurts (1996a), S. 3ff.

192 Vgl. Welge/Al-Laham (2002), S. 630ff. sowie Hungenberg (2000), S. 379; auch Schwamborn (1994), S. 93ff. Vgl. zu Kompetenzentwicklung und Lerneffekten in Netzwerken z.B. Mildenberger (2000), S. 400ff. und in Abgrenzung zu Fusionen und Firmenübernahmen Metzenthin (2000), S. 281f.

- **Zeitvorteil**: Kooperationen ermöglichen die relativ schnelle Erschließung neuer Geschäftsfelder und die Verfolgung strategischer Aktivitäten im Vergleich zur internen Entwicklung.
- **Flexibilitätsvorteil**: Kooperationen wahren die eigene unternehmerische Eigenständigkeit bei Erschließung neuer Geschäftsfelder und ermöglichen gleichzeitig die relativ einfache Auflösung einmal eingegangener Verpflichtungen, insbesondere im Vergleich zu Akquisitionen.
- **Risikovorteil**: Ein Unternehmen kann mittels Kooperationen neue Aktivitäten verfolgen bzw. neue Geschäftsfelder erschließen, ohne das volle Risiko und die gesamten Kosten der Geschäftsentscheidungen tragen zu müssen.
- **Kompetenzvorteil**: Kooperationen ermöglichen einem Unternehmen Lerneffekte und damit verbundene Kompetenzvorteile, zum einen in Form der Übertragung eigener Kompetenzen auf neue Aktivitäten und zum anderen in Form des Zugangs zu Kompetenzen eines anderen Unternehmens.

Im Allgemeinen werden die **Gefahren der nur partiellen Systembeherrschung, des Kompetenzverlustes** und **der Abhängigkeit** von einem anderen Unternehmen als die wichtigsten Risiken von kooperativen Verbindungen und Unternehmensnetzwerken eingeschätzt.[193] Die Bildung von Kooperationen und Netzwerken unterstützt einerseits hybride Strategien und ist andererseits die Folge von dynamischen Märkten mit heterogenen Wettbewerbern. Außerdem sind Kooperationen und Netzwerke aufgrund ihres geringen Grads der Formalisierung und Standardisierung sowie ihres hohen Grads an Flexibilität, Reziprozität und Offenheit einzelnen Unternehmen, insbesondere in dynamischen Märkten, mitunter überlegen.[194]

2.3.3. Wettbewerb und Zusammenarbeit bei Kooperationen

Innerhalb von Industrien bestehen nahezu immer dualistische Konstellationen kompetitiver und kooperativer Elemente.[195] Unternehmen kooperieren selektiv in einzelnen Produktmärkten, Funktionsbereichen und geographischen Märkten, und konkurrieren in anderen Bereichen. Ebenso bestehen neben den kooperativen E-

---

[193] Vgl. Sydow (1993), S. 685f. und (1999b), S. 290ff.

[194] Vgl. Sydow (1992), S. 88.

[195] Lynch (2000) stellt bei einem Nebeneinander von kompetitiven und kooperativen Elementen innerhalb einer Industrie jedoch die Dominanz jeweils einer Wettbewerbsform fest. Er nennt die europäische Telekommunikationsindustrie der späten 90er Jahre als Beispiel für primär wettbewerbliche Interaktion und die europäische Raumfahrtindustrie als Beispiel für Kooperation. Vgl. Lynch (2000), S. 690f.

lementen aufgrund der folgenden Gründe häufig auch **kompetitive Faktoren innerhalb von Kooperationen und Netzwerken:**[196]

- Eine **Heterogenität der Lerneffekte und der Kompetenzentwicklung** zwischen den einzelnen Kooperationspartnern und Netzwerkteilnehmern kann zu einer Divergenz der Zielvorstellungen führen. Dies kann eine Rekonfiguration der Kooperationen und Netzwerke und die Substitution einzelner Unternehmen zur Folge haben. Ebenso verlieren Unternehmen mit großen Entwicklungsfortschritten tendenziell das Interesse an der Kooperation in der ursprünglichen Form.
- **Mehrfache Mitgliedschaften** einzelner Unternehmen in mehreren Kooperationen und Netzwerken führen zu Interessendivergenzen und verstärken den oben geschilderten Substitutionseffekt einzelner Unternehmen bzw. Kooperationen.
- Es existiert häufig ein **Nebeneinander von kooperativen und kompetitiven Elementen innerhalb einer einzelnen Kooperation**, z.B. in Form von Zusammenarbeit bei Forschung und Entwicklung und nachfolgendem Wettbewerb bei der Vermarktung der aus diesen Erkenntnissen entstandenen Produkte.[197] So besteht eine konforme Interessenlage bei gemeinsamen Anstrengungen zur Vergrößerung eines entstehenden Marktes, z.B. mittels einer Kooperation zur Standardsetzung und Erreichung einer kritischen Masse. Anschließend entstehen jedoch Interessendivergenzen im Wettbewerb um Marktanteile und die Verteilung erzielter Wertschöpfung.

Ebenso wie zwei Unternehmen gleichzeitig miteinander kooperieren und konkurrieren können, unterliegen interorganisationale Beziehungen im Zeitablauf gewissen Veränderungen. Beispielsweise waren AOL und Microsoft Partner in zahlreichen Kooperationen sowohl bilateraler als auch multilateraler Natur. Sogar der Markterfolg von Microsofts Internet-Browser, dem Internet Explorer, basiert nicht zuletzt auf der Kooperation dieser beiden Unternehmen, als Microsoft den Vorsprung von Netscape mit Hilfe eines Exklusivabkommens mit AOL aufzuholen versuchte.[198] Dass Netscape mittlerweile ein Teil von AOL Time Warner ist und das führende Softwareunternehmen Microsoft und der integrierte Medienkonzern AOL Time Warner als die bedeutendsten Wettbewerber und zentralen Gegenspieler im Internetkontext gelten, zeigt sowohl die Dualität als auch die Fluidität interorganisationaler Beziehungen.

---

[196] Vgl. Siebert (1991), S. 295f.; Klanke (1995), S. 25ff. u. 98f.; Bellmann/Hippe (1996), S. 68f.; Lei (1997), S. 207 sowie Lechner (2001), S. 162ff. und Gretzinger/Matiaske/Weber (2002), S. 23ff.

[197] Häufig auch als sog. "upstream"-Kooperation und sog. "downstream"-Wettbewerb bezeichnet.

[198] Vgl. Schilling (1999), S. 270. Zu einer Analyse des Wettbewerbs im Markt der Internet-Browser vgl. Sebenius (2002), S. 44ff.

Kooperationen und Netzwerke stehen auch immer in einem internen Positionierungs- und einem externen Leistungswettbewerb. Dabei entsteht ein komplexes Spannungsverhältnis, das für die Wettbewerbsfähigkeit durchaus förderlich sein kann.[199] Auch im Rahmen der vorliegenden Arbeit wird das Spannungsverhältnis zwischen einzelnen Kooperationsaktivitäten und unternehmensspezifischen Kooperationsportfolios sowie zwischen der Kooperationsstrategie eines Unternehmens und konvergenten Industrieentwicklungen untersucht.

2.3.4. Erfolg und Misserfolg von Kooperationen

In der Literatur existieren zahlreiche Studien zum Erfolg bzw. Misserfolg von Unternehmenskooperationen,[200] ohne das Thema abschließend behandeln zu können. Insgesamt geht es Kooperationen mit ihrer allgemein als relativ hoch angesehenen Misserfolgsquote in gewissem Maße ähnlich wie alternativen Formen der Portfolioerweiterung, insbesondere den Fusionen und Unternehmensübernahmen, denen eine überwiegend negative Bilanz attestiert wird.[201] Die unterschiedlichen Ergebnisse hinsichtlich des Erfolgs von Kooperationen resultieren nicht zuletzt aus der **Bandbreite unterschiedlicher Erfolgskriterien**. Einerseits existieren kapitalmarktbasierte Metriken, andererseits so genannte "Balanced-Scorecard"-ähnliche Herangehensweisen.[202] Im Allgemeinen besteht der Erfolg einer Kooperation zum einen in der spezifischen Zielerreichung der Kooperationsaktivitäten hinsichtlich Qualität des Ergebnisses im Verhältnis zur eingesetzten Zeit, Aufwand und Kosten, und zum anderen in der Rückwirkung der Kooperation auf die beteiligten Un-

---

[199] Vgl. Bellmann (1996), S. 59 und Corsten/Gössinger (1999), S. 39f. Kooperationen und Netzwerke werden gelegentlich auch als "Management von Spannungsverhältnissen" bezeichnet, vgl. Sydow (1999b), S. 300, was in gewisser Hinsicht sowohl ihren dualistischen Charakter von Wettbewerb und Zusammenarbeit als auch die Schwierigkeiten im Zusammenhang mit Kooperationen innerhalb des eigenen Unternehmens unterstreicht.

[200] Vgl. Bleeke/Ernst (1991) und (1993); Littler/Leverick (1997), S. 266ff.; Arino/Doz (2000), S. 173 sowie Koza/Lewin (2000), S. 147. Zu einer Übersicht von Studien hinsichtlich des Erfolgs von Unternehmensakquisitionen und -kooperationen vgl. Welge/Al-Laham (2002), S. 644ff. sowie Jansen (2000), S. 223f. Zur Wertschaffung und Wertsteigerung durch Allianzen vgl. Bleeke/Bull-Larsen/Ernst (1992), S. 105ff.

[201] Eine relativ aktuelle Studie bewertet 61% der von 1995 bis 2001 unternommenen Fusionen und Firmenübernahmen als wertvernichtend, vgl. Henry (2002), S. 72ff. Zu einer Übersicht von Studien hinsichtlich des Erfolgs von Unternehmensakquisitionen und -kooperationen vgl. Jansen (2000), S. 223f.. Zur Wertschaffung und Wertsteigerung durch Allianzen vgl. Bleeke/Bull-Larsen/Ernst (1992), S. 105ff.

[202] Cravens/Piercy/Cravens (2000) definieren beispielsweise finanzielle, kundenorientierte, interne Geschäftsprozess-relevante Evaluationskriterien und Lerneffekte, vgl. Cravens/Piercy/Cravens (2000), S. 538. Zur Nutzung des Konzepts des Shareholder Value zur Bewertung von strategischen Allianzen vgl. Mirow (1994), S. 56. Zu quantitativen Kennziffern zur Evaluierung von Kooperationen zwischen Unternehmen sowie einer Weiterentwicklung im Kontext der strategischen Wertanalyse, der sog. 'strategic value analysis', vgl. Mills/Chen (1997), S. 340ff.

ternehmen hinsichtlich Erfahrungs- und Methodengewinn.[203] Häufig korreliert die Anzahl der eingegangenen Kooperationen eines Unternehmens mit den erzielten Lerneffekten.[204]

In der vorliegenden Untersuchung liegt der **Fokus auf der strategiekonformen Selektion von Kooperationen und der Bildung von unternehmensspezifischen Kooperationsportfolios**, nicht hingegen auf der weiteren Entwicklung oder der Beendigung dieser interorganisationalen Beziehungen. Die Analyse basiert daher größtenteils auf der Kooperationsstrategie, der Selektion der Partner und der Konfiguration der Kooperation im Rahmen jeder einzelnen Kooperation sowie der anschließenden Aggregation zu Kooperationsportfolios. In diesem Sinne lässt sich die Effektivität von Kooperationen hinsichtlich der Qualität des Kooperationsportfolios und der Verbesserung der Wettbewerbsposition eines Unternehmens bestimmen.

Gelegentlich wird auch auf kulturelle Unterschiede und deren Relevanz für die Häufigkeit bzw. den Erfolg von Kooperationen verwiesen.[205] So existiert beispielsweise in Japan eine lange Tradition von Netzwerken als unternehmerische Organisationsform, die auf die Unternehmenskonglomerate der Zaibatsu und Keiretsu zurückgeht. Im Rahmen der vorliegenden Arbeit werden kulturspezifische Faktoren insofern berücksichtigt, als dass im Rahmen der Fallstudienanalyse Unternehmen aus unterschiedlichen Wirtschafts- und Kulturräumen, d.h. der USA, Europa und Japan, bearbeitet werden. Insgesamt kann aber aufgrund der Internationalität der Unternehmen und der Globalisierung der IuK-Industrie von einer relativ weit fortgeschrittenen Annäherung ausgegangen werden.[206]

---

203 Vgl. Luczak/Wimmer (2000), S. 145ff.

204 Dyer, Kale und Singh (2001) verweisen auf die Bedeutung einer dezidierten Unternehmensfunktion zur Steuerung von Kooperationen, die mit einer höheren Erfolgswahrscheinlichkeit der Kooperationsaktivitäten einhergeht, vgl. Kale/Dyer/Singh (2001), S. 464ff. sowie Dyer/Kale/Singh (2001), S. 39ff.

205 Vgl. im Zusammenhang japanischer Netzwerke auch Lynskey/Yonekura (2001), S. 1ff., die Softbank als Internet-Keiretsu betrachten, das die japanischen Charakteristika des Unternehmensnetzwerks auf den Internet-Kontext übertragen hat sowie allgemein zu japanischen interorganisationalen Netzwerken Scher (1999), S. 312. Zu strategischen Netzwerken in Japan vgl. Sydow (1991), S. 242ff. Insbesondere in den 80er Jahren galten japanische Unternehmen als Modell für viele amerikanische und europäische Unternehmen. Zu Kooperationen zwischen japanischen und nicht-japanischen Unternehmen vgl. stellvertretend Ohmae (1993), S. 35ff.

206 Allerdings wird zur Bearbeitung der Unternehmensfallstudien in Kapitel E der vorliegenden Arbeit auf Originalquellen des Herkunftslandes der jeweiligen Unternehmen zurückgegriffen. Durch die Berücksichtigung deutscher, amerikanischer und japanischer Quellen soll eine adäquate Einordung und Bewertung der einzelnen Kooperationsstrategien der Unternehmen ermöglicht werden.

3. Zwischenfazit

Im vorangegangenen Kapitel wurden die begrifflichen Grundlagen für die vorliegende Untersuchung erarbeitet und die zentralen Termini der Konvergenz, der Kooperation und der Informations- und Kommunikationsindustrie anhand der relevanten wissenschaftlichen Literatur diskutiert und definiert. Die formulierten Forschungsfragen im Zusammenhang mit Konvergenz und Kooperationen sollen am Beispiel der IuK-Industrie untersucht werden. Die Anwendungsbereiche der definierten Kernbegriffe der Untersuchung werden in Abbildung 9 noch einmal zusammenfassend dargestellt.

Abbildung 9: Begriffliche Grundlagen und Definitionen der Arbeit

	Konvergenz	**Kooperationen**	**IuK-Industrie**
Definition	• Aufweichen von Branchengrenzen und Zusammenwachsen von Teilbereichen innerhalb von Branchen (intrasektorale Konvergenz) und zwischen verschiedenen Branchen (intersektorale Konvergenz) aufgrund technischer und ökonomischer Veränderungen • Existenz und Relevanz von Netz-, Kritische-Masse- und Skaleneffekten	• Portfolio von Aktivitäten und Initiativen eines Unternehmens auf Basis kooperativer Vereinbarungen mit einem oder mehreren Partnern zur gemeinsamen Erreichung von Zielen bei Wahrung wirtschaftlicher und rechtlicher Eigenständigkeit • Kooperative Arrangements als ökonomische Koordinationsform zwischen rein marktlichen Transaktionen und Fusionen/Übernahmen (z.B. Kooperationsverträge, Lizenzvereinbarungen, Kapitalbeteiligungen, Joint Ventures)	• Industrie auf Basis von Informations- und Kommunikationstechnologien im Einflussbereich der Teilindustrien Medien, Telekommunikation und Informationstechnologie • Entstehung durch intersektorale Konvergenz der Teilindustrien in komplementärer und substitutiver Form • Interdepenz zwischen Konvergenzbereich und Teilindustrien; zwischen Unternehmensstrategien und Industrieentwicklungen
Anwendung	• Analyse der Industrieveränderungen in Medien, Telekommunikation und Informationstechnologie • Ableitung, Darstellung und Analyse der Wertschöpfungskette der IuK-Industrie	• Erarbeitung eines Untersuchungsmodells zur Analyse von Kooperationsstrategien und unternehmensspezifischen Kooperationsportfolios angesichts konvergenter Entwicklungen • Untersuchung der Kooperationsaktivitäten ausgesuchter Unternehmen der IuK-Industrie im Zeitraum von 1990 - 2000	• Untersuchung von – Unternehmensspezifischen Kooperationsstrategien angesichts konvergenter Industrieentwicklungen – Wirkungszusammenhängen zwischen Konvergenz und Kooperationen

Quelle: eigene Darstellung

Des Weiteren wurden verschiedene theoretische Ansätze dargestellt, die die Grundlage der folgenden Arbeit im Zusammenhang mit der Erarbeitung des konzeptionellen Rahmens zur Untersuchung von Kooperationsstrategien und -portfolios, der Analyse der Konvergenzentwicklungen in der IuK-Industrie und die anschließende empirische Analyse darstellen und somit Erkenntnisse für die Untersuchung der zentralen Forschungsfragen im Zusammenhang mit Konvergenz und Kooperationen ermöglichen. Dafür wurde auf die Transaktionskostentheorie, die marktorientierte und ressourcenorientierte Sichtweise des strategischen Managements einschließlich einiger Weiterentwicklungen rekurriert sowie auf weitere ausgewählte theoretische Ansätze und konzeptionelle Ergänzungen. Insbesondere für die Analyse der branchenspezifischen Konvergenzentwicklungen in der Medien-, Telekommunikations- und IT-Industrie und zur Entwicklung des Erklärungs- und Evaluationsmodells der unternehmensspezifischen Kooperationen ergeben sich Erkenntnisse und Implikationen aus den theoretischen Grundlagen (s. Abbildung 10). Die marktorientierte Sichtweise der strategischen Managementforschung und die Wettbewerbstheorie geben dabei Ansatzpunkte zur Analyse des Untersuchungsgegenstands der Konvergenz. Insbesondere die Transaktionskostentheorie, der Netzwerkansatz und die ressourcenorientierte Sichtweise des Strategischen Managements tragen zur Bearbeitung des Untersuchungsgegenstands der Kooperationen bei.

Abbildung 10: Theoretische Grundlagen, Erkenntnisgewinn und Implikationen

Theorie	Inhalte/Erkenntnisse	Anwendung
Transaktionskosten-theorie	• Transaktionskosten als Basis für Entscheidungen zu Integrationsgrad und Kooperationen • Koordinations- und Kooperations-formen	• Unternehmenssstrategien (Kapitel D) • Kooperationsmodell (Kapitel E)
Marktorientierte Sichtweise des Strategischen Managements (MBV)	• Industrieökonomik, Porter-Modell, Hyperwettbewerb als Heuristik zur Analyse von Industrieentwicklungen • Strategieinstrumente für Unternehmen	• Branchenspezifische Konvergenz-entwicklungen (Kapitel C) • Unternehmensstrategien (Kapitel D)
Ressourcenorientierte Sichtweise des Strategischen Managements (RBV)	• Ressourcen als Determinante von unternehmensspezifischen Strategieentwicklungen und Kooperationsentscheidungen	• Unternehmensstrategien (Kapitel D) • Kooperationsmodell (Kapitel E)
Wettbewerbstheorie	• Wettbewerbsdynamik und Wettbewerbsverhalten einzelner Unternehmen (eingeschränkte Bedeutung)	• Branchenspezifische Konvergenz-entwicklungen (Kapitel C) • Unternehmensstrategien (Kapitel D)
Netzwerkansatz	• Typologie von Netzwerken • Anwendungsbereiche von Netzwerken	• Kooperationsmodell (Kapitel E)

Quelle: eigene Darstellung

C. Konvergenzentwicklungen in der Informations- und Kommunikationsindustrie

Im Rahmen der vorliegenden Arbeit werden kooperative Strategien und unternehmensspezifische Kooperationsportfolios im Kontext der IuK-Industrie untersucht. Zum besseren Verständnis der industriellen Rahmenbedingungen und der konvergenten Entwicklungen ist es daher notwendig, die branchenspezifischen Veränderungsprozesse der jeweiligen Teilindustrien Medien, Telekommunikation und Informationstechnologie zu analysieren. Daran anschließend sollen die konvergente IuK-Industrie einschließlich der Wertschöpfungskette dargestellt und die einzelnen Wertschöpfungsstufen detailliert untersucht werden.

1. Branchenbezogene Betrachtung der Konvergenzentwicklungen

1.1. Die Medienindustrie

1.1.1. Ausgangslage und Grundlagen

Die Medienindustrie umfasst neben den klassischen Printmedien, d.h. Zeitung, Zeitschrift und Buch, die Tonträgerbranche, Kino- und Videofilme und den Rundfunkbereich mit Hörfunk und Fernsehen.[1] Die größte Bedeutung innerhalb des Medienbereichs haben die elektronischen Medien und insbesondere Film und Fernsehen. Die Medienindustrie und ihre Teilbereiche weisen dabei unterschiedliche Strukturen und Wettbewerbsintensitäten auf; der Buch- und Fernsehmarkt ist in vielen Ländern ein vergleichsweise wettbewerbsintensiver Markt, im Bereich regionaler Tageszeitungen hingegen existieren teilweise monopolähnliche Strukturen.[2] Gleichzeitig ist die Medienindustrie ein politisch sensibler Bereich mit ei-

---

1 Ozanich/Wirth (1998) definieren die Kommunikationsindustrie als die Summe derjenigen Unternehmen, die direkt oder indirekt Fernsehsender oder -kanäle, Produktions- und Distributionseinrichtungen, Kabelfernsehsysteme, Zeitungen, Zeitschriften und Verlagshäuser sowie auch Telekommunikationsdienste besitzen oder betreiben. Hier ist bereits eine Überschneidung mit der Telekommunikationsindustrie vorgenommen, der an dieser Stelle nicht entsprochen werden soll. Vgl. Ozanich/Wirth (1998), S. 95.

2 Vgl. Schumann/Hess (2000), S. 25.

ner Vielzahl von gesetzlichen Regelungen, da neben dem ökonomischen Ziel auch publizistische und öffentliche Zielfunktionen existieren.[3]

Im Vergleich zu den anderen Teilbereichen der IuK-Industrie, in denen Infrastrukturen und technische Standards von hoher Bedeutung sind, stehen im Medienbereich trotz der Notwendigkeit ausreichender Distribution weiterhin die **Erstellung und Vermarktung von Inhalten** im Mittelpunkt.[4] Medienprodukte basieren auf kreativen Ideen, somit unterscheidet sich die Erstellung von Inhalten stark von herkömmlichen Produktionsprozessen. Im Allgemeinen weisen Medienmärkte **hohe Erstellungskosten**, sog. "First Copy Costs", sowie eine **starke Fixkostendegression** auf, was tendenziell zu Marktversagen führen kann.[5] Im Produktions- und Distributionsbereich fallen lediglich die originären Herstellungskosten an; Vervielfältigung und Verbreitung sind aufgrund des technischen Fortschritts (Digitalisierung, Komprimierung, etc.) relativ kostengünstig. Konsumseitig sind elektronische Mediengüter durch die Nicht-Rivalität des Konsums charakterisiert, ein Kinofilm beispielsweise erfährt keine physische Wertminderung durch häufigen Konsum.[6]

In der Medienindustrie existieren zahlreiche **Erlösquellen**: Werbung (z.B. Zeitungen, Fernsehen), Subskriptionsmodelle und Abonnements (z.B. Pay-TV), Gebühren (z.B. öffentliches Fernsehen), Transaktionserlöse (z.B. Pay-per-View) und Subventionen. Grundsätzlich lassen sich die Finanzierungsmöglichkeiten nach staatlichen Erlösquellen (direkt und indirekt) und nicht-staatlichen Erlösquellen unterscheiden (marktbezogen und nicht-marktbezogen):[7] Zu den **staatlichen, direkt rundfunkbezogenen Erlösquellen** gehören Nutzergebühren, die Besteuerung privater Anbieter und Auktionserlöse für Sendelizenzen. Zu den **indirekt rundfunkbezogenen Erlösströmen** zählen Zuschläge auf die Stromrechnung, Produktsteuern für Geräteanschaffungen und Zuweisungen aus allgemeinen Steuermitteln. Die privatwirtschaftlichen Erlöstypen sind vielfältiger und meist marktbezogen. Sie umfassen Einzelentgelte und Abonnements, zahlreiche Arten von

---

3 Vgl. zur europäischen Medienordnung und Politik z.B. Dörr (2000), S. 65ff. Folglich verfolgen Medienunternehmen neben dem ökonomischen Ziel auch ein publizistisches Ziel. Zum Dualismus publizistischer und ökonomischer Zielsetzungen von Medienunternehmen und zur Ökonomisierung und Kommerzialisierung der Medienindustrie vgl. Altmeppen (1996), S. 257ff . und (2001), S. 198ff.; Meier/Jarren (2001), S. 145ff.; Knoche (2001), S. 177ff.; Winter/Karmasin (2001), S. 207ff. sowie Siegert (2001), S. 169ff. Zu Fragestellungen der Kommunikationswissenschaft vgl. grundlegend Merten (1999), S. 54ff.

4 Vgl. ECC (2001), S. 48. Aufgrund der Bedeutung der Medienindustrie für die öffentliche Meinung und der damit verbundenen gesellschaftlichen Informationsfunktionen, die über die wirtschaftliche Relevanz der Medien hinausgehen, bestehen eine Vielzahl von gesetzlichen Regelungen und Beschränkungen. Zur Wirtschaftspolitik in der Medienindustrie vgl. Grisold (2001), S. 237ff.; zur Ökonomisierung allgemein Heinrich (2001), S. 159ff.

5 Vgl. Ludwig (1999), S. 33ff.

6 Zur Analyse der verschiedenen Medienmärkte Werbung, Informationen und intellektueller Eigentumsrechte vgl. Lacy/Sohn/Wicks (1993), S. 176ff.

7 Vgl. ECC (2001), S. 57.

Werbeerlösen und sonstige Finanzierungserlöse.[8] Häufig sind in der Realität Mischformen der einzelnen Erlösquellen zu beobachten. Öffentliche Rundfunk- und Fernsehanstalten beispielsweise sind primär gebührenfinanziert, generieren aber ebenfalls Werbeeinnahmen und werden teilweise subventioniert. Private Anbieter, die sich in einer Dreiecksbeziehung zwischen Inhalteanbietern, Werbekunden und Rezipienten befinden, finanzieren sich schwerpunktmäßig durch Werbeeinnahmen, experimentieren jedoch mit alternativen Erlösquellen wie Abonnements und Transaktionserlösen. Zahlreiche unterschiedliche Erlöstypen und Erlösmodelle bestehen nicht nur abhängig von verschiedenen Medienprodukten, beispielsweise Zeitschriften und Fernsehen, sondern auch zwischen verschiedenen Ländern und Regionen.

1.1.2. Wertschöpfungsketten der Medienindustrie

Die Medienindustrie ist gekennzeichnet von zahlreichen, relativ heterogenen Teilmärkten. Bei Berücksichtigung funktionaler Aufgaben und erbrachter Leistungen lassen sich die einzelnen Wertschöpfungsketten der Printmedien, der Musikindustrie sowie der Film- und der Fernsehindustrie folgendermaßen darstellen (s. Abbildung 11):[9]

- **Wertschöpfungskette der Printmedien**: Die ersten Stufen der Wertschöpfungskette lassen sich in redaktionelle Arbeit und Werbekundenakquise unterschieden; nachgelagert folgen Layout, Vervielfältigung, Vertrieb und Leserservice. Im Falle von Büchern entfallen die Stufen Werbekundenakquise, Werbung und Leserservice. Unterschiede in den Wertschöpfungsketten zwischen den einzelnen Printmedien bestehen insbesondere auf der Vertriebsstufe und somit auch bei den Erlöstypen, z.B. zwischen kostenfreien Anzeigenblättern, die unverlangt zugestellt werden und ausschließlich werbefinanziert werden, und Zeitungen und Zeitschriften, die entweder per Bote, per Post oder am Kiosk vertrieben werden.[10]

---

8 Vgl. ECC (2001), S. 45.

9 Vgl. Sjurts (1996a) zu den verschiedenen Medienteilmäkten in Deutschland: dem Zeitungsmarkt S. 9ff., dem Zeitschriftenmarkt S. 67ff. und dem Rundfunkmarkt S. 137ff. Vgl. auch Sjurts (1996b), S. 61ff. Zu globalen Studien im Bereich Broadcast/Cable vgl. Litman (1998), S. 131ff.; Carroll/Howard (1998), S. 151ff. sowie Albarran/Chan-Olmsted (1996), S. 59ff.; zum Bereich Film/Recording vgl. Gomery (1998), S. 175ff., sowie Albarran/Chan-Olmsted (1996), S. 121ff., zum Bereich Print vgl. Faulstich (1988), S. 43ff.; Picard (1998), S. 111ff.; Sennewald (1998), S. 95ff. sowie Albarran/Chan-Olmsted (1996), S. 149ff.; zum Teilbereich Radio vgl. Tankel/Wenmouth (1998), S. 185ff. Zu Online-Medien vgl. stellvertretend Carveth/Owers/Alexander (1998), S. 247ff.

10 Vgl. ECC (2001), S. 62f. Zur Entstehung und Entwicklung des Zeitungsmarktes als Teilbereich der Printmedien vgl. Witte (1984), S. 25ff.

- **Wertschöpfungskette der Musikindustrie**: Der Sichtung und Betreuung von Künstlern folgen die Produktion, der Vertrieb und anschließend die Erstverwertung über Handel und Clubs und die Zweitverwertung in Radio und Fernsehen.[11] Erst- und Zweitverwertung erfolgen häufig parallel, da die Zweitverwertung notwendige Marketingvoraussetzung für den Verkauf darstellt. Trotz weiterhin existierender Dominanz der großen Musik- und Medienunternehmen zeigen sich in der Wertschöpfungskette deutliche Veränderungen durch Digitalisierung, internetgestützte Vertriebsformen und neuartige Endgeräte.[12]

Abbildung 11: Teilbereiche und Wertschöpfungsketten der Medienindustrie

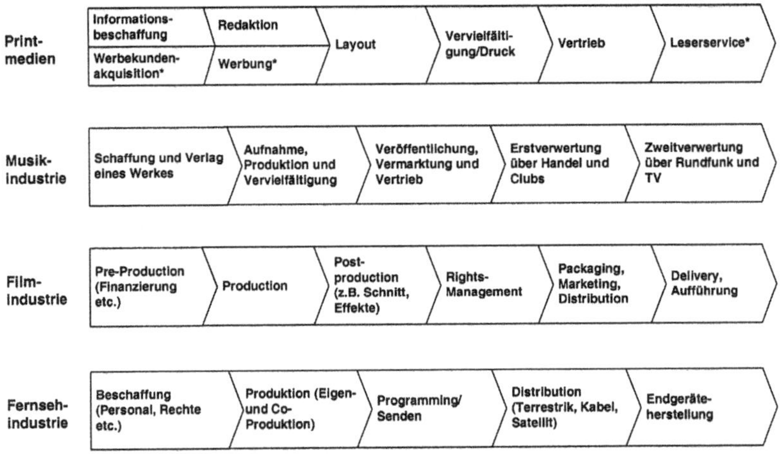

* Entfällt bei Büchern
Quelle: ECC (2001), S. 62ff.

- **Wertschöpfungskette der Filmindustrie**: Die so genannte Pre-Production umfasst typischerweise Funktionen wie Recherche und Konzeptentwicklung, Archivakquise und (Vor-)Finanzierung. Darauf folgen Produktion (Skript, Directing, Produktion, Aufnahme und Controlling) und die so genannte Post-Production, das Tätigkeiten wie Schnitt, Effekte und weitergehende Bearbeitung beinhaltet. Diese Stufen unterstehen der Verantwortung des Produzenten. Die hinteren Stufen der Wertschöpfungskette umfassen die Rechteverwertung, Marketing-, Vertriebs- und Distri-

11 Vgl. auch Fink (1996), S. 29.

12 Zu einer detaillierten Analyse der Veränderungen am Beispiel des Musikmarktes vgl. B.1.1.3.

butionsaktivitäten sowie letztlich die Aufführung in Kino, Fernsehen oder auf Video.[13]

- **Wertschöpfungskette der Fernsehindustrie**: Die einzelnen Wertschöpfungsstufen des traditionellen Fernsehmarktes beinhalten die Beschaffung von Personal und Rechten, die Eigen- und Co-Produktion (bei zunehmender Relevanz von Fremdproduktionen), das Planen und Senden der Programme, und die Distribution über terrestrische Wege oder Kabel- und Satellitennetze auf die Endgeräte der Rezipienten bzw. Konsumenten.[14] Die einzelnen Stufen stehen in komplexen Wechselwirkungen zueinander, beispielsweise sind für den Erfolg eines Fernsehprogramms nicht nur attraktive Inhalte, sondern auch ausreichende Distribution notwendig.[15] Neben der rein funktionalen Betrachtung des Fernsehmarktes anhand der Wertschöpfungskette zeigt eine Abbildung der Zahlungsströme die Interdependenz der drei entscheidenden Teilmärkte: des Rezipienten- bzw. Zuschauermarkts, des Werbemarkts und letztlich des Beschaffungs- bzw. Produktionsmarkts.[16]

1.1.3. Veränderungen durch Konvergenz und Fragmentierung

Aufgrund des technischen Fortschritts, der Verbreitung des Internet, Liberalisierung, Globalisierung und einer insgesamt hohen Wettbewerbsintensität in der Medienindustrie lassen sich **Entwicklungen von Konvergenz und Fragmentierung** beobachten. Im folgenden Abschnitt sollen die Veränderungen beispielhaft an der Musikindustrie und den Veränderungen der Verwertungskette von Spielfilmen dargestellt werden.

1.1.3.1 Veränderungen in der Musikindustrie

Relevante Einflussfaktoren auf die Medienindustrie sind die Globalisierung der Märkte[17] und Produkte, ein intensiver Verdrängungswettbewerb aufgrund der starken Kostendegressionseffekte, eine weiter steigende Innovations- und Wett-

---

[13] Vgl. ECC (2001), S. 65f. Ähnlich wie im Falle des Musikmarktes wird der Konsument in der Wertschöpfungskette nicht gesondert aufgeführt, obwohl er/sie durch sein Rezeptionsverhalten den Erfolg der Produkte maßgeblich bestimmt.

[14] Zu einer Marktübersicht des digitalen Kabelmarkts in Deutschland vgl. z.B. Woldt (2002), S. 34ff.

[15] Vgl. ECC (2001), S. 68.

[16] Der Bereich Radio wird hier der Einfachheit halber ausgelassen. Zum dualen Rundfunksystem in Deutschland vgl. z.B. Eifert/Hoffmann-Riem (1999), S. 50ff. sowie Kops (2000a), S. 8ff. und 29ff., (2000b) und (2000c), S. 10ff.

[17] Zu den ökonomischen Zusammenhängen der Globalisierung im Kontext der Medienindustrie vgl. Carveth/Owers/Alexander (1998), S. 223ff.

bewerbsdynamik aufgrund von Konvergenzentwicklungen mit Telekommunikation und Informationstechnologie sowie der Wandel der Konsumentenpräferenzen in Richtung einer Ausdifferenzierung und Fragmentierung der Nachfrage.[18] Dies führt zu Veränderungen der Industriestruktur und der Wettbewerbssituation in der Medienbranche im Allgemeinen[19] und in der Musikindustrie im Speziellen. Obwohl Konvergenzentwicklungen bereits seit langer Zeit existieren,[20] haben sie sich in den letzten Jahren noch einmal verstärkt. Etablierte Medienfirmen experimentieren mit neuen Inhalteformaten und Vertriebskanälen, Konsumentenpräferenzen verändern sich und zeigen eine Akzeptanz internetbasierter Mediennutzung, und Werbetreibende sind mit ihrem Engagement in den neuen Medien ein wichtiger Treiber dieser Konvergenzentwicklung.[21]

Abbildung 12: Fragmentierung und Disaggregation in der Musikindustrie

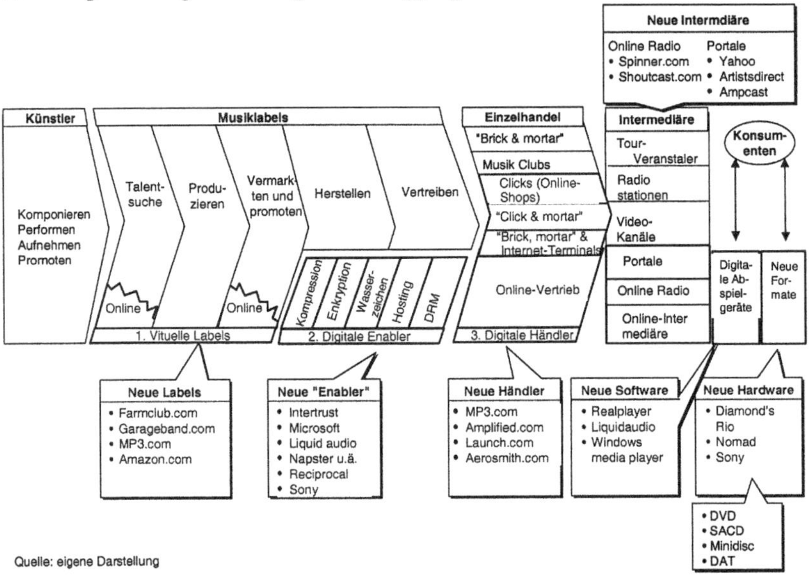

Quelle: eigene Darstellung

[18] Vgl. z.B. Hacker (1999), S. 156f.

[19] Vgl. auch Wössner (2001), S. 19ff.

[20] Der Entwicklung von Multimedia-Strategien wurde in der Literatur bereits große Aufmerksamkeit geschenkt. Vgl. z.B. Bruhn (1997a), S. 65ff. und BAH (1997), S. 71ff. sowie Aldrich (1999), S. 203ff.

[21] Die Werbeaktivitäten in traditionellen und neuen Medien bedingen indirekt auch die Konvergenz der jeweiligen Medien; vgl. Koch/Wagner (1997), S. 22ff. sowie Wickmann (2000), S. 16.

Während konvergente Entwicklungen einerseits eine stärkere Integration der einzelnen Medienteilmärkte stimulieren, führen technischer Fortschritt und erfolgreiche Innovationen zu Disaggregation und dem Zerfall der traditionellen Wertschöpfungsketten.[22] Derartige Veränderungen sollen beispielhaft am Musikmarkt aufgezeigt werden. Gegenüber der traditionellen Struktur der Musikindustrie lassen sich in den letzten Jahren die folgenden **Veränderungen und Einflussfaktoren** identifizieren (s. Abbildung 12):

- **Einflüsse von E-Commerce** auf neue Wettbewerber auf der Vertriebsstufe
- **Einflüsse durch digitale Distribution** entlang der gesamten Wertschöpfungskette und erhöhte Wettbewerbsintensität durch virtuelle Musik-Labels, internetbasierte Vertriebsaktivitäten und neue digitale Abspielgeräte
- **Einflüsse neuer Intermediäre** in Form von Portalen und Online Radio. Schwächung der traditionellen Labels durch neue Wettbewerber und erhöhte Wettbewerbsintensität um Kundenbeziehungen.[23]
- **Einflüsse neuer Formate** für Konsumenten und Rezipienten durch Diffusion von Endgeräten wie DVDs, digitalen Walkmen, MP3-Playern und Minidiscs.

Im Musikmarkt entstehen eine **Vielzahl neuartiger Geschäftsmodelle[24] und neuer Erlösströme** wie Werbung, der Verkauf von Kundeninformationen und -daten und "Cross-Selling"-Erlöse.[25] Auch die rechtlichen Rahmenbedingungen für Wettbewerber haben sich grundlegend verändert, beispielsweise in Bezug auf die Problematik von Copyright-Verletzungen.[26] Insgesamt führen die Veränderungen in der Musikindustrie zu einem intensiven Wettbewerb mit neuen Marktteilnehmern wie Softwarefirmen, Portalen und E-Commerce-Anbietern auf allen Stufen der Wertschöpfungskette.[27] Die Machtverhältnisse der einzelnen Akteure verschieben sich, es entstehen Kooperationen und neuartige Wertschöpfungsnetze zwischen den einzelnen Unternehmen.[28] Die Innovations- und Wettbewerbsinten-

---

22 Vgl. auch Rothenbuhler/Streck (1998), S. 198ff. sowie May/Singer (2001), S. 128ff.

23 Zum Bereich des digitalen Radios bzw. Internet-Radio vgl. z.B. Alderton/Krim/Schmitt/Sheehy (2000), S. 49ff. sowie Barth/Münch (2001). S. 43ff.

24 Zu Definitionen von Geschäftsmodellen vgl. Bailer (1997), S. 24 und Böning-Spor/Hess (2000), S. 2.

25 Vgl. Fox/Wrenn (2001), S. 114ff.

26 Vgl. zu Copyright-Problemen im Musikmarkt und anderen Märkten sowie Auswirkungen auf Firmenstrategien Sharrard (2001), S. 6ff.; zu damit verbundenen Kooperationen vgl. auch Farchy/Rochelandet (2001), S. 70ff.

27 Vgl. auch Haertsch (2000), S. 154ff.

28 Vgl. Schubert/Selz/Haertsch (1997), S. 101ff. Zu Marketingstrategien im Zusammenhang mit Segmentierung und Preissetzung im "digitalen Industriekontext" vgl. Maltz/Chiappetta (2002), S. 80ff.

sität nimmt zu, und der Grad der Unsicherheit hinsichtlich zukünftiger Entwicklungen steigt.

Analog zu den Veränderungen im Musikmarkt lassen sich ähnliche Entwicklungen auch in anderen Medienteilmärkten identifizieren. Insbesondere die **Filmindustrie** steht vor ähnlichen Herausforderungen wie die Musikindustrie. Filmstudios sehen sich neuen Wettbewerbern in Bereichen wie 'Video on Demand' (VOD) und Internettauschbörsen gegenüber, und die Bedeutung von Konvergenz und Fragmentierung nimmt zu.[29] Neuartige Produkte und Innovationen durchlaufen einen Entwicklungs- und Innovationsprozess, der nicht notwendigerweise vorhersehbar ist und häufig erfolglos endet. Im Buchmarkt beispielsweise wurden die so genannten **E-Books** zeitweise als moderne elektronische Alternative zu herkömmlichen Büchern propagiert und tiefgreifende industrielle Umwälzungen bis hin zur nahezu vollständigen Substitution von traditionellen Printprodukten erwartet.[30] Auch bei Filmen und anderen digitalen Inhalten wurden in Erwartung internetbasierter Distribution exzessive Infrastrukturinvestitionen vorgenommen, zahlreiche neue Firmen entstanden auf Basis neuartiger Geschäftsmodelle.

Insgesamt haben sich das Wettbewerbsumfeld und der strategische Kontext für Medienunternehmen durch die bereits beschriebenen Veränderungen nachhaltig verändert. Die Form und Geschwindigkeit der Veränderungen ist von Diskontinuitäten geprägt, gleichzeitig besteht ein hohes Maß an Unsicherheit und Wettbewerb mit neuen Unternehmen bzw. mit Unternehmen aus angrenzenden Industrien.[31] Im Gegensatz zur traditionellen Medienindustrie, die durch hohen Wettbewerb zwischen meist etablierten Unternehmen und durch reife Industriestrukturen gekennzeichnet ist, erfolgt durch die Veränderungen der Industriestruktur eine Dynamisierung des Umweltkontexts mit zunehmender Wettbewerbsintensität, allerdings auch neuen Wachstumspotentialen.

1.1.3.2 Optimierung der Inhalteverwertung

Im Bereich Film und Fernsehen ist ein starker Anstieg der Kosten für die Erstellung von Inhalten zu beobachten. Häufig gleichen einzelne enorm erfolgreiche Produktionen, so genannte 'Hits', Defizite zahlreicher anderer Produktionen aus.[32] Im Falle von Film und Fernsehen wird nach Produktion und Vermarktung ein **sequentieller Verwertungsprozess** durchlaufen, der die Stufen Kinoabspiel, Verkauf und Verleih von Videos, Senden im Pay-TV, anschließende Syndizierung im Fernsehen und abschließende Relizensierung und Archivverwertung umfasst (s. Abbildung 13). Aufgrund der Nicht-Rivalität des Konsums audiovisueller Inhalte

---

29 Vgl. Scheirer (2001a), S. 6ff. sowie Turecek/Grajczyk/Roters (2001), S. 264ff.

30 Zu Diskussionen über die Zukunft von E-Books vgl. stellvertretend für viele Wolf/Sands (1999), S. 5 sowie Rawolle/Hess (2000), S. 95ff.

31 Vgl. Küng (2001), S. 220.

32 Vgl. Ludwig (1999), S. 54ff. sowie vgl. Kramer (1996), S. 24.

betreiben Medienunternehmen das so genannte **'Windowing'**, im Rahmen dessen Inhalte und Programme über unterschiedliche Vertriebswege zu unterschiedlichen Zeitpunkten ausgestrahlt und verwertet werden. Ein einmal hergestellter Film kann so mindestens fünfmal verkauft werden, zusätzlich kommen noch die Erlöse aus Syndizierung und Archivverwertung dazu.[33] Als Erfolgsindikator eines Films gilt in der Regel der Einspielerfolg an den Kinokassen; Erfolg und Bekanntheit ermöglichen eine erfolgreiche Weitervermarktung und determinieren die zu erzielenden Preise auf den folgenden Verwertungsstufen.[34] Insbesondere eine erfolgreiche Lizensierung und Mehrfachverwertung auf anderen Medienteilmärkten, beispielsweise durch Merchandising und den Verkauf von Videospielen für Zeichentrickfiguren, lässt die Erlöse nochmalig ansteigen.[35]

Entlang der verschiedenen Verwertungsstufen und den damit zusammenhängenden Erlöspotentialen lassen sich Änderungen aufgrund von Innovationen darstellen. So führten z.B. die Einführung von 'Pay-per view' (PPV-) Angeboten in den 90er Jahren und von Videos Anfang der 80er Jahre zu einer Verdrängung einzelner Verwertungswege wie Fernsehabspiel auf nachgelagerte Stufen (s. Abbildung 13).[36] Auch in den letzten Jahren sind zahlreiche innovative Entwicklungen zu beobachten, die zu einer Veränderung der Verwertungskette und der einzelnen Profitfenster führen, z.B. in Form von Streaming-Sequenzen über leistungsfähige Internetnetze, die Verbreitung von DVDs (Digital Versatile Discs) und die technische Ausreifung von Video-on-Demand (VOD) über digitale und interaktive TV-Geräte.

Die Relevanz einer Verwertungsstufe lässt sich einerseits an der zeitlichen Nähe zur Kinoausstrahlung und außerdem an der Verfügbarkeitsdauer des Films in dem jeweiligen Zeitfenster erkennen. Diese zeitliche Diskriminierung minimiert eine Kannibalisierung vorgelagerter Stufen, und der Beginn der folgenden Stufe wird häufig innerhalb eines geographischen Marktes mit dem Schließen des Fensters auf der vorherigen Stufe koordiniert. Beispiele hierfür sind das Auslaufen der Kinofilme bei Aufnahme in den Videoverleih oder die Pause zwischen dem Ab-

---

33 In Deutschland entfällt häufig die Stufe der Syndizierung, auf den folgenden Stufen erfolgt eine sukzessive Abschöpfung der Exklusivitätsrendite mittels degressiver Preisgestaltung gegenüber dem Rezipienten; vgl. auch ECC (2001), S. 66f.

34 Dies zeigt sich auch an der notwendigen Partizipation der größtmöglichen Anzahl von Kinos am Eröffnungswochenende. In der Vergangenheit lässt sich eine deutliche Korrelation von Anzahl der Kinovorführungen am Eröffnungswochenende und dem endgültigen Erfolg des Kinofilms und der damit verbundenen Gesamteinnahmen entlang der Verwertungskette ausmachen. Vgl. Wolf (1999), S. 182f.

35 Die erfolgreiche Koordination der zahlreichen Produktvarianten und Distributionsmöglichkeiten für digitale Inhalte ermöglicht überdurchschnittliche Einnahmen. So wurde die Figur Lara Croft in Form von Computer- und Videospielen, Kinofilm von Paramount, Büchern und Merchandising (Action-Spielzeugfigur, Modeaccessoires, etc.) zum Phänomen und einer Entertainment-Marke neuer Art, ähnlichen Erfolg verzeichnete auch die Serie X-Files oder der Disney-Film Lion King. Vgl. z.B. Wolf (1999), S. 226f.

36 Vgl ECC (2001), S. 70f.

spielen auf Pay-TV und im werbefinanzierten Fernsehen.[37] Verwertungsfenster stellen für vertikal integrierte Medienunternehmen ein wichtiges Instrument zur optimalen Ausschöpfung von Erlöspotentialen ihrer medialen Inhalte dar und sind ein Beispiel für wirksame Synergieeffekte. Sie bestimmen einerseits Absatzpreise und Gewinnspannen und vermindern ihr finanzielles Risiko mittels der Kontrolle über die Absatzwege. Die diesbezüglichen Veränderungen aufgrund von digitalen Technologien und innovativen Vertriebswegen führen zu einer Überschneidung der Filmindustrie mit anderen Branchen, insbesondere mit dem Internet und der Informationstechnologie. Dies führt allgemein zu einer Dynamisierung des Umweltkontexts und zu einer Intensivierung des Wettbewerbsniveaus aufgrund von Markteintritten.

Abbildung 13: Verwertungskette und Erlösfenster in der Filmindustrie

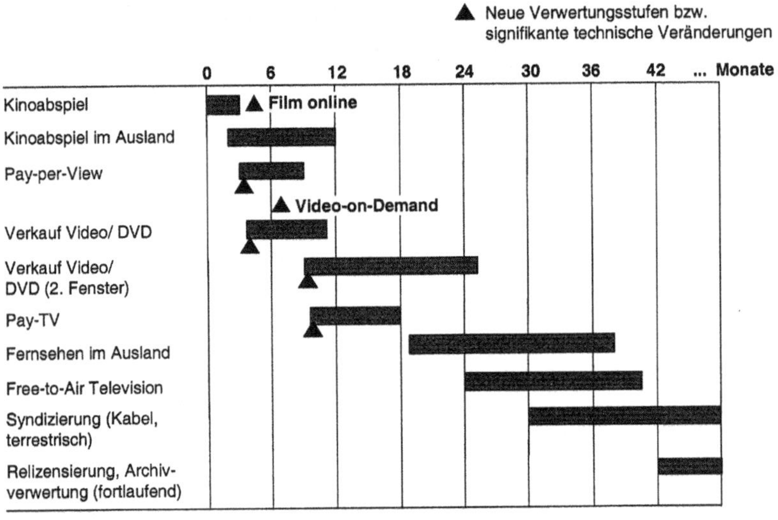

Quelle: eigene Darstellung, in Anlehnung an ECC (2001), S. 66 u. S. 71.

1.1.4. Implikationen für Kooperationen

Konvergenzentwicklungen in Form des Zusammenwachsens einzelner Teilbranchen des Medienbereichs[38] und der zunehmenden Partizipation von Unternehmen

37 Vgl. ECC (2001), S. 72.

38 Zu Phasen intermediärer Verflechtungen in der deutschen Medienindustrie vgl. z.B. Sjurts (1996a), S. 239ff. sowie Bender (1999), S. 57ff.

aus benachbarten Teilindustrien der IuK-Industrie sowie die Fragmentierung herkömmlicher Branchenstrukturen durch neue Technologien, Wettbewerber und Konsumentenpräferenzen sind Charakteristika der Medienindustrie.[39] Die Heterogenität der notwendigen Ressourcen und Fähigkeiten, die hohen Investitionen zur erfolgreichen Wettbewerbspositionierung, die gegenseitige Abhängigkeit der Wertschöpfungsstufen der Inhalte und der Distribution und letztlich die entstehenden Erlöspotentiale für erfolgreiche Medienprodukte und Charaktere jenseits der traditionellen Medienindustrie fördern kooperative Vereinbarungen von Unternehmen. Medienfirmen versuchen zunehmend im Rahmen von Kooperationen, neue Fähigkeiten und Geschäftsbereiche zu erschließen.[40] Grundsätzlich lassen sich in diesem Kontext **drei unterschiedliche Optionen auf Basis der Kooperationsrichtung** differenzieren:[41]

- **Vertikale Kooperationen** bezeichnen Kooperationen mit Partnern entlang der Wertschöpfungskette der Medien und die damit verbundene Bildung von **intramediären Netzwerken**. Unternehmen spezialisieren sich auf ihre Kernkompetenzen, bestimmen die optimale Leistungstiefe und kooperieren mit Unternehmen auf vor- und nachgelagerten Wertschöpfungsstufen.
- **Horizontale Kooperationen** stärken eigene Kompetenzen, erschließen zusätzliche Skaleneffekte und verbessern die Wettbewerbsposition eines Unternehmens durch Kooperationen mit Unternehmen anderer Medienteilbereiche, jedoch auf der gleichen Wertschöpfungsstufe. Es entstehen so genannte **intermediäre Netzwerke**.
- **Diagonale Kooperationen** bezeichnen Beziehungen zwischen Medienfirmen und Unternehmen aus angrenzenden Bereichen der IuK-Industrien. Die Kooperation mit Telekommunikations- oder IT-Firmen innerhalb von Kooperationen und Netzwerken fördert die Entwicklung neuartiger Produkte und Dienstleistungen. Dies unterstützt Prozesse **intersektoraler Überschneidung** und letztlich industrielle Konvergenzentwicklungen.

---

39 Vgl. auch Göttsch (2000), S. 133ff.

40 Vgl. in Teilen auch Gregg (2001), S. 42ff.

41 Vgl. Hacker (1999), S. 163f. Zu den Vor- und Nachteilen vertikaler Integration in der Medienbranche vgl. Kramer (1996), S. 61ff. Stuckey und White (1993) nennen vier Gründe für vertikale Integration entlang der Wertschöpfungskette. (a) Marktversagen aufgrund hohen Risikos und hoher Unsicherheit, (b) höhere Marktmacht von Unternehmen anderer Wertschöpfungsstufen, (c) Möglichkeiten zur Errichtung von Markteintrittsbarrieren und (d) Preisdifferenzierung aufgrund von vertikaler Integration und Notwendigkeiten der Vorwärtsintegration zur Stimulierung von jungen Märkten sowie Aufrechterhaltung der Leistungstiefe in schrumpfenden Märkten. Vgl. Stuckey/White (1993), S. 4ff.

1.2. Konvergenz in der Telekommunikationsindustrie

1.2.1. Ausgangslage und Grundlagen

Vorläufer der Telekommunikationsindustrie bestehen seit mehr als 100 Jahren, und die Ursprünge lassen sich auf die Entwicklung des Telefons im Jahre 1876 zurückverfolgen. Bis zur Deregulierung und Liberalisierung der letzten Jahre und Jahrzehnte prägten in den meisten Ländern vor allem nationale Monopole das industrielle Umfeld. Telekommunikation bezeichnet die Übertragung von Daten jeglicher Art (Text, Grafiken, Bilder, Audio, Video, Sprache, etc.) in analoger oder digitalisierter Form über verschiedene Netze.[42] Allgemein lassen sich **leitungsgebundene und leitungslose Netze** unterscheiden (s. Abbildung 14). Erstere umfassen in ihrer ursprünglichen Anwendung Kupferdoppelader-Netze für Telefonie, Koaxial-Kabel für Kabelfernsehen und Glasfaser-Netze für den breitbandigen Datentransfer. Zu den leitungslosen Netzen gehören die terrestrischen Netze für Mobil- und Rundfunk sowie die Satellitennetze für Satellitenfernsehen.

Abbildung 14: Systematisierung der Telekommunikationsnetze auf Basis der ursprünglichen Anwendung

Netzart	Übertragungsmedium	Anwendungsbeispiele
Leitungsgebundene Netze	Kupferdoppelader (twisted copper)	Telefon/ISDN
	(Kupfer-)Koaxial	Kabelfernsehen
	Glasfaser	Breitbandiger Datentransfer
Leitungslose Netze	Terrestrisch	Mobilfunk/Rundfunk
	Satellit	Satellitenfernsehen

Quelle: ECC (2001), S. 73

42 Vgl. ECC (2001), S. 73. Vgl. auch die Übertragungsnetze in der IuK-Industrie in Abschnitt E.2.5.3.

Eine alternative Unterteilung erfolgt gemäß dem Grundnutzen der Netze. Koaxialnetze, Satellitennetze und terrestrische Rundfunknetze gehören zu den so genannten **Broadcast-Netzen** und dienen primär der einseitigen unselektierten Übermittlung von Inhalten von einem einzelnen Sender zu einer Vielzahl von Empfängern. Dagegen bezeichnet man Kupferdoppelader-, Glasfaser- und terrestrische Mobilfunknetze als **Telekommunikationsnetze** im engeren Sinne. Die Datenübertragung geschieht selektiv zwischen den verbundenen Teilnehmern, die gegenseitige Kommunikation erfolgt zwischen wenigen Teilnehmern. Damit einhergehend kann der Begriff der Telekommunikation weiter unterteilt werden in die Bereiche Broadcasting und Telekommunikation.[43] Der folgende Abschnitt konzentriert sich auf die Telekommunikation im engeren Sinne, das Broadcasting ist inhaltlich bereits im Kontext der Medienindustrie behandelt worden.

Das European Information Technology Observatory (EITO) ordnet der Telekommunikationsindustrie die Bereiche der Netzinfrastruktur und -ausrüstung und die Telekommunikationsdienste zu.[44]

- Die **Telekommunikationsdienste** umfassen Leistungen im Zusammenhang mit der herkömmlichen Telefonie, des Mobilfunks, der Datenkommunikation und des Kabelfernsehens.[45] Klassische Telefondienste der Sprachtelefonie erfolgen über Festnetze, Mobilfunk dagegen ermöglicht mobile Kommunikation über terrestrische Netze. Datenkommunikation bezeichnet im Gegensatz zur Sprachtelefonie die Übertragung von Daten (Text, Grafik, Video, Audio) über verschiedene Datennetze wie das Internet oder das Intranet zwischen und innerhalb von Unternehmen. Kabelfernsehen[46] bezeichnet die Übertragungsleistungen der Netzbetreiber.
- Der Bereich der **Netzinfrastruktur/-ausrüstung** umfasst alle Leistungen im Zusammenhang mit der Ausstattung der Telekommunikationsinfrastruktur für öffentliche und private Netze. Der Telefon- und Datenkommunikation dienende, öffentliche Netze umschließen unter anderem Leitungen, Schaltsysteme und Komponenten für Mobilfunknetze. Zu privaten Netzen von Unternehmen und anderen Organisationen gehören Schaltsysteme, stationäre und mobile Endgeräte und Zusatzgeräte wie Anrufbeantworter, Faxgeräte und Ausrüstung für Videokonferenzen.

---

43 Vgl. ECC (2001), S. 74.

44 Vgl. EITO (2002), S. 53ff. und S. 399ff.

45 Neben dem Broadcasting-Bereich können auch die Kabelnetze alternativ der Telekommunikations- und der Medienindustrie zugeordnet werden. Dies verdeutlicht nicht zuletzt bereits bestehende Überschneidungen zwischen den beiden Teilbranchen der IuK-Industrie.

46 Kabelfernsehen umfasst hier lediglich die Übertragungsleitung. Vorgelagerte Stufen der im vorherigen Abschnitt dargestellten Wertschöpfungskette, Produktion und Paketierung von Inhalten, ist den Medien zugeordnet.

Nach Statistiken des European Information Technology Observatory (EITO) erzielte die Telekommunikationsindustrie im Jahr 2001 einen Umsatz von weltweit 970 Mrd. Euro. Davon entfallen knapp 900 Mrd. Euro auf den Bereich der Telekommunikationsdienste und ca. 69 Mrd. Euro auf die Netzinfrastruktur und -ausrüstung. Mit ca. 295 Mrd. Euro entfallen knapp 30 % des weltweiten Marktvolumens auf Westeuropa.[47] In der Telekommunikationsindustrie agieren zum einen die großen nationalen Telekommunikationsunternehmen, die aus den Deregulierungsprozessen hervorgingen und sich vom Monopolisten zum umsatzstarken und schwerpunktmäßig auf Sprachkommunikation fokussierten Unternehmen entwickelten. Die zweite Gruppe besteht aus relativ jungen Marktteilnehmern aus dem Bereich der Datenkommunikation, oft als so genannte Telekommunikationsunternehmen der nächsten Generation bezeichnet. Sie verfügen im Allgemeinen über moderne Übertragungskapazitäten und eine jüngere und dynamische Unternehmenskultur.[48]

In der Telekommunikationsindustrie existieren verschiedene **Erlösformen**. Vor der Liberalisierung war die verbreitete Form der Bepreisung eine Kombination aus monatlicher Grundgebühr und nutzungsabhängigen Zahlungen gemäß definierter Telefoneinheiten. Diese Unterteilung entsprach weitgehend den realen Kosten des Monopolunternehmens: Anschlussbereitstellung, Wartung und Abschreibungen sowie Gebühren für die Inanspruchnahme des Netzes. Zusätzlich wurden einmalige Anschlussgebühren für die Freischaltung eines Telefonanschlusses erhoben.[49] Nach der Liberalisierung entstanden veränderte und aus Nutzersicht auch komplexere Preismodelle. Im Folgenden werden die **vorherrschenden Preismodelle der jeweiligen Teilbereiche der Telekommunikationsindustrie** vorgestellt:

- **Festnetztelefonie**: Da für die meisten neuen Anbieter im Markt der Sprachtelefonie monatliche Grundgebühren gegenüber den Konsumenten nicht zu rechtfertigen waren (mit Ausnahme der Fälle vollständiger Übernahme des Kundenanschlusses vom Exmonopolisten in Form der sog. 'preselection'), ergibt sich lediglich eine nutzungsabhängige Bepreisung der bereitgestellten Telefonate. Möglich ist außerdem noch eine Kombination aus einem Fixpreis pro Gespräch und einer Gebühr, abhängig von der Gesprächsdauer. Weitere Veränderungen sind die mittlerweile häufig verbrei-

47 Vgl. EITO (2002), S. 392ff.

48 Diese meist spezialisierten Telekommunikationsanbieter haben oft verhältnismäßig neue und leistungsfähige technische Infrastrukturen und konzentrieren sich von Beginn an auf relativ attraktive Marktsegmente in der Telekommunikations- und der IuK-Industrie. Gleichzeitig bedingt diese Spezialisierung eine höhere Abhängigkeit von Fluktuationen und zyklischen Schwankungen, da diese Unternehmen nicht auf die relativ stabilen Einnahmequellen diversifizierter Unternehmen zurückgreifen können. Der weitere Teil der Untersuchung konzentriert sich schwerpunktmäßig auf die Ex-Monopolisten und entwickelt kooperative Strategieoptionen angesichts Konvergenz.

49 Vgl. ECC (2001), S. 104f.

tete Form der sekundengenauen Gesprächsabrechung, das z.B. in den USA verbreitete Modell der monatlichen Grundgebühr,[50] die alle anfallenden Ortsgespräche enthält oder die in einigen Ländern auftretende Variante der Werbefinanzierung einzelner Telefonate, bei denen während des Gesprächs Werbeunterbrechungen stattfinden.[51]

- **Mobilfunk**: Das Mobilfunksegment orientiert sich an den herkömmlichen Preismodellen der Festnetztelefonie und kombiniert monatliche Grundgebühren und leistungsdauerabhängige Preise. Häufig wird für unterschiedliche Kundensegmente die Zusammensetzung dieser beiden Preisformen variiert, z.B. durch hohe Grundgebühren und geringe Gesprächspreise für Vieltelefonierer und niedrige Grundgebühren mit hohen Minutenpreisen für Wenigtelefonierer.
- **Datenkommunikation**: Auch der Bereich der Datenkommunikation orientiert sich weitgehend an der Festnetztelefonie. Einige Internetanbieter kombinieren monatliche Grundgebühren mit leistungsdauerabhängigen Zahlungen, während andere Abonnements in Form von monatlichen Grundgebühren anbieten, die eine unlimitierte Nutzung des Angebots ermöglicht.[52] Die werbefinanzierte Bereitstellung kostenloser Datendienste ist nach einigen Jahren hoher Popularität und wirtschaftlichen Misserfolgs heute wieder weitgehend verschwunden.

1.2.2. Wertschöpfungskette der Telekommunikationsindustrie

Bei funktionaler Betrachtung des Telekommunikationsmarkts lässt sich die Wertschöpfungskette der Telekommunikationsindustrie anhand der folgenden Wertschöpfungsstufen darstellen (s. Abbildung 15):[53]

- Die **Netzbereitstellung** entspricht der Investitionsfunktion und umfasst die notwendigen Aktivitäten zur physischen Nutzbarmachung zugeteilter Frequenzspektren, z.B. den Erwerb der Frequenzen, die Planung, Installation und Wartung der Netze, die Einspeisung und die Aktualisierung der Übertragung.
- Die **Durchführung von Übertragungsdienstleistungen** korrespondiert mit der Produktionsfunktion und bezeichnet die technische Umwandlung und Übertragung der Informationen. Die erfassten Daten in Bezug auf

50 Auch als so genannte Flat Fee bezeichnet. Dieses Preismodell ist auch im Rahmen der Datenkommunikation verbreitet.

51 Hier lassen sich bereits Anzeichen von Erlösmodellen aus der Medienindustrie erkennen.

52 Die Datenkommunikation ist grundsätzlich über stationären und mobilen Zugang möglich. Zu den verschiedenen Zugangstechnologien vgl. auch Kapitel E.2.5.3.

53 Vgl. ECC (2001), S. 106ff.

Nutzer und Gesprächsaufkommen sind sowohl für die Rechnungsstellung als auch für Marketingaktivitäten von Bedeutung.

- Die **Rechnungsstellung und Kundenbetreuung** setzt die Leistungen in Rechnungspreise um und übermittelt die Forderung an den Kunden. Die Unternehmen können Forderungen durchsetzen und ausstehende Beträge anmahnen und einfordern (sog. Inkassorecht).
- Die **Akquisition und Bereitstellung am Point of Sale** entspricht der Vertriebsfunktion und bezeichnet den Prozess von der Erstkundenakquise bis zum Vertragsabschluss, entweder am physischen Point of Sale oder mittels alternativer Vertriebswege.

Abbildung 15: Wertschöpfungskette der Telekommunikationsindustrie

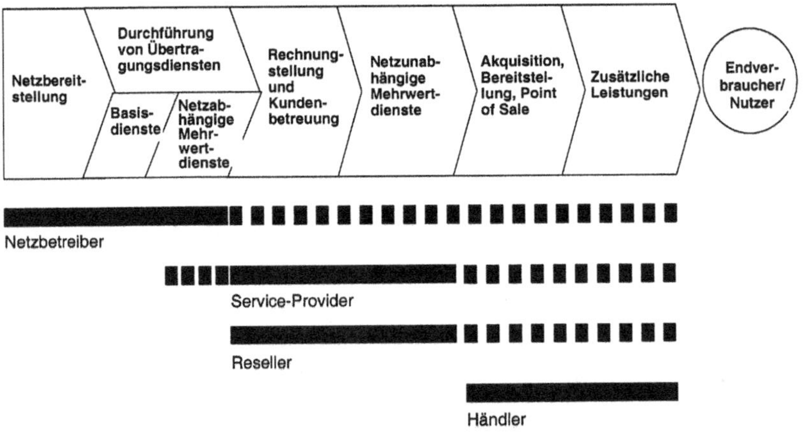

Quelle: eigene Darstellung, in Anlehnung an ECC (2001), S. 105ff. sowie Büllingen/Stamm (2001), S. 39.

Darüber hinaus können zusätzliche Leistungen in Form netzunabhängiger Mehrwertdienste durch so genannte Service-Provider und Reseller oder alternativ auf der Stufe des Handels erbracht werden. Die Endverbraucher entscheiden durch ihre Präferenzen über Erfolg und Misserfolg angebotener Telekommunikationsdienste.

1.2.3. Veränderungen durch Konvergenz und Fragmentierung

Die wesentlichen Veränderungen in der Telekommunikationsindustrie sind die Liberalisierung und das Zusammenwachsen von Sprach- und Datenkommunikation sowie die mit diesen Entwicklungen einhergehende Veränderung des Wettbewerbsumfelds.[54]

- **Liberalisierung**: Die Deregulierung in den Vereinigten Staaten der 80er Jahre und in Europa und Japan in den 90er Jahren hat die Wettbewerbskonstellationen nachhaltig verändert und die Wettbewerbsintensität stark erhöht.[55] Neben den Ex-Monopolen agieren nun eine Vielzahl von Herausforderern, neben jungen Unternehmen auch ausländische Telekommunikationsunternehmen und Firmen aus benachbarten Branchen. Im Allgemeinen lassen sich sinkende Tarife, innovative Dienste und neue Arbeitsplätze ausmachen, andererseits aber auch steigende Intransparenz hinsichtlich der Vergleichbarkeit von Diensten und Preisen, Unsicherheit (z.B. mittlerweile bankrotte Telekommunikationsunternehmen nach teilweise hohen Marktkapitalisierungen vergangener Jahre oder die hohen Preise für Mobilfunklizenzen bei Versteigerungen in Deutschland und Großbritannien) sowie Arbeitsplatzabbau bei ehemaligen Monopolunternehmen.[56]
- **Konvergenz von Sprach- und Datenkommunikation**: Die Entwicklung des Internets reichte von seinen Anfängen als klassischem Computernetz über den Datentransfer zwischen einer begrenzten Anzahl von Terminals bis zu einem global verbreiteten Universalnetz, das zunehmend multimediale Dienste wie Bilder, Audio- und Videosequenzen bis hin zu Fernseh- und Telefondiensten integriert. Es wird erwartet, dass sich die Relation von Sprach- und Datenkommunikation in den nächsten Jahren stark verändern wird. Dennoch wird auch die Sprachtelefonie weiter ansteigen.

Weiterhin sind Indikatoren für **angebots- und nachfrageseitige Konvergenzentwicklungen** zu beobachten. Die infrastrukturellen Voraussetzungen gleichen sich an, die ehemals getrennten Infrastrukturen wie Telefonnetze, Mobilfunknetze, Kabelnetze und Computernetze interagieren zunehmend und wachsen auf Basis von Konnektivitäts- und Kommunikationsstandards zusammen, und neue Technologien bieten leistungsfähige Breitbandkapazitäten.[57] Wichtige nachfrageseitige

---

[54] Zu dem veränderten Wettbewerbsumfeld vgl. ECC (2001), S. 76ff. sowie Büllingen/Stamm (2001), S. 69ff. Zur gegenwärtigen Situation der Telekommunikationsindustrie, insbesondere in Deutschland vgl. Büllingen/Stamm (2001), S. 5ff.

[55] Zur Deregulierung der Telekommunikationsbranche vgl. allgemein Laffont/Tirole (2001), S. 16ff.; zur Liberalisierung in den USA und Europa vgl. Knorr (2002), S. 28f.; zur Auswirkungen von Deregulierung und Liberalisierung auf die Unternehmensstrategien der Telekommunikationsfirmen vgl. Borrmann (2001), S. 10ff. Zu einem Vergleich verschiedener Telekommunikationsmärkte vgl. z.B. Elixmann/Kulenkampff/Schimmel/Schwab (2001), S. 34ff.

[56] Zu Regelungskonzepten das Telekommunikationsrechts vgl. Hoffmann-Riem/Eifert (2000), S. 11ff.

[57] Vgl. ECC (2001), S. 92. Zu einem Überblick des gegenwärtigen Stands der Technologie im Telekommunikationssektor vgl. Knorr (2002), S. 19ff. Zu neuen Trends in der Telekommunikationsindustrie vgl. auch Li/Whalley (2002), S. 3ff.

Veränderungen sind die zunehmende Substitution von Festnetz- durch mobile Telefonie, der allgemein steigende Bedarf nach Daten- und Internetleistungen sowie die Entstehung komplexer und multimedialer Nutzungsmuster und die integrierte Nutzung von Diensten über unterschiedliche Zugangsplattformen. Der Bedarf nach integrierten Kommunikationsdienstleistungen stellt die Unternehmen dabei vor neue strategische Herausforderungen.

Ähnlich wie im Bereich der Medien am Beispiel des Musikmarktes dargestellt lassen sich auch im Telekommunikationsmarkt **Fragmentierung und dynamische Veränderungen entlang der Wertschöpfungskette** feststellen. Die ehemals integrierte Wertschöpfungskette zerfällt in ihre einzelnen Stufen, attraktive Wachstumspotentiale und horizontale Märkte entstehen auf einzelnen Wertschöpfungsstufen und die Anzahl neuer Wettbewerber nimmt tendenziell zu. Der Anteil der Netzbetreiber am Gesamtmarkt nimmt ab, das Gesamtvolumen expandiert jedoch trotz Preisrückgängen der herkömmlichen Telefondienstleistungen.[58] Neben den Gefahren der Substitution und Verdrängung angesichts des Preiswettbewerbs bieten sich zugleich auch Möglichkeiten zur Erschließung von neuen Geschäftsfeldern. Mögliche Wachstumsbereiche entlang der Wertschöpfungskette entstehen insbesondere aufgrund konvergenter Industrieentwicklungen, beispielsweise im Angebot von Netzmanagementdiensten, Datamining-Diensten und attraktiven Informations- und Entertainmentinhalten.[59] Dies verdeutlicht das Maß der Fragmentierung und Disaggregation innerhalb der Telekommunikationsbranche.[60] So entwickeln sich reine Infrastrukturfirmen, die ihre Leistungen anderen Firmen bereitstellen ohne einen eigenen Endkundenkontakt aufrecht zu erhalten. Auf der Vertriebsstufe entstehen Unternehmen, die keine eigenen Netze unterhalten, sondern sich lediglich auf Internetzugang oder segmentspezifische Angebote spezialisieren.

1.2.4. Implikationen für Kooperationen

Ähnlich wie in der Medienindustrie stellen konvergente Veränderungen und die steigende Wettbewerbs- und Innovationsintensität[61] zahlreiche Möglichkeiten und Herausforderungen dar. Die hohe Unsicherheit, Dynamik und Komplexität des Wettbewerbsumfelds in der Telekommunikationsindustrie in Folge von Dere-

---

58 Vgl. Büllingen/Stamm (2001), S. 72.

59 Zu einer Übersicht innovativer Applikationen vgl. auch Büllingen/Stamm (2001), S. 70ff.

60 Vgl. Deprez/Isern (1999), S. 50ff. sowie Li/Whalley (2002), S. 7ff.

61 Duysters/Guidice/Sadowski/ Vasudevan (2001) entwickeln zur Untersuchung von Allianzen und Rivalitäten zwischen Allianzen auf Basis des Marktkontexts die folgenden Variablen am Beispiel der Telekommunikationsindustrie: Wettbewerbliche Unsicherheit, die Anzahl der Wettbewerber, die technologische Intensität, der Marktlebenszyklus, der Ähnlichkeitsgrad zum Wettbewerb und die Marktkonzentration. Vgl. Duysters/Guidice/Sadowski/ Vasudevan (2001), S. 155ff.

gulierung und Globalisierung fördern **kooperative Verhaltensweisen**, die aufgrund ihrer Zeit-, Flexibilität-, Risiko- und Kompetenzvorteile effektive strategische Instrumente zur Verbesserung der Wettbewerbsposition eines Unternehmens sind.[62]

Netzbetreiber können entlang der Wertschöpfungskette vertikal vorwärts integrieren, eine Überspringung einzelner Wertschöpfungsstufen ist jedoch nicht möglich. Service Provider können lediglich die Vertriebsstufe integrieren, für vorgelagerte Stufen sind sie auf Kooperationen oder marktbasierte Transaktionen mit Netzanbietern angewiesen. Insgesamt ist zu beachten, dass die Integration der Wertschöpfungsstufen abhängig von der Kundengruppe sehr unterschiedlich ausfällt.[63] Anbieter von Telekommunikationsdiensten versuchen im liberalisierten Marktumfeld die bestehenden Kunden- und Rechungsbeziehungen zu intensivieren und zusätzliche Leistungen zu verkaufen. Zu den Telefonbasisdiensten kommen netzabhängige Mehrwertdienste wie SMS oder integrierte Anrufbeantworterfunktionen, netzunabhängige Mehrwertdienste wie Informationsdienste, Sachgüter (z.B. Ticketverkauf) und weitergehende Leistungsbündel (z.B. Telebanking) hinzu.Konvergenz in der Informationstechnologie-

1.2.5. Ausgangslage und Grundlagen

Die Ursprünge der IT-Industrie reichen zurück bis in die 40er Jahre. Das Marktwachstum seit der Einführung der ersten IBM-Großrechner in den 60er Jahren war geprägt von überdurchschnittlich hohem Wachstum und einem hohen Innovationsgrad im Vergleich zur Gesamtwirtschaft. Dieses hohe Maß an Innovationsdynamik und Wachstum konnte die Industrie jahrzehntelang aufrecht erhalten. Die Informationstechnologie-Industrie[64] umfasst alle Technologien, die auf der digitalen Schalttechnik und der Mikroelektronik basieren. Sie wird üblicherweise in die folgenden **drei Teilbereiche** unterteilt:[65]

---

62 Vgl. auch Gregg (2001), S. 39ff. Zu einigen Beispielen für globale Kooperationen von großen Telekommunikationsfirmen wie Concert (BT, MCI u.a. sowie Global One mit Sprint, Deutsche Telekom und France Telecom) vgl. Chan-Olmsted/Jamison (2001), S. 325ff.; zu strategischen Allianzen in der Telekommunikationsbranche vgl. auch Hungenberg (1998), S. 479ff. und (1999), S. 19ff. Zu global ausgerichteten Kooperationen in der Telekommunikationsbranche vgl. z.B. Culpan (2002), S. 183ff. Zu dem Verhältnis zwischen Wettbewerbsstruktur und strategischen Verhaltensweisen im Zusammenhang mit Kooperationen am Beispiel der Telekommunikationsindustrie vgl. Duysters/Guidice/ Sadowski/Vasudevan (2001), S. 153ff.

63 Neben externen Determinanten sind auch unternehmensinterne Faktoren für die Integrationsentscheidung und den Integrationsgrad relevant. Vgl. zu einer wissensbasierten Erklärung vertikaler Integration Pfaffmann/Scheuble (2000), S. 204ff.

64 Die Informationstechnologie-Industrie wird häufig auch als 'Computer- oder IT-Industrie' bezeichnet. In der vorliegenden Arbeit wird der Begriff der Informationstechnologie bzw. IT stellvertretend für alle Teilbereiche einschließlich Hardware und Software benutzt.

65 Vgl. z.B. ECC (2001), S. 111ff.

- Der Bereich **Hardware** bezeichnet den Markt der Personal Computer (Desktops und Laptops), der Workstations, der Client-Server Systeme und der zusätzlichen Peripheriegeräte.[66] Dazu gehören z.B. Drucker und Tastaturen sowie Hardware aus dem Bereich der Datenkommunikation und der Bürokommunikation (z.B. Kopiergeräte, Schreibmaschinen). Endgeräte wie z.B. PDAs vereinigen zunehmend eine Vielzahl von Funktionalitäten.[67]
- Der Bereich **Software** besteht aus den etwa gleich großen Segmenten System- und Anwendungssoftware. Ersteres beinhaltet sowohl Software für System-Infrastrukturen als auch die Programmiersprachen; Anwendungssoftware bezeichnet hingegen Applikationen von einfachen Programmen wie Textverarbeitungs- und Tabellenkalkulationsprogrammen bis hin zu komplexen Warenwirtschaftssystemen für Großunternehmen.[68] Die Softwarebranche ist, abgesehen von der Dominanz Microsofts, sehr fragmentiert, während sich im Hardwarebereich eine Vielzahl größerer Unternehmen etabliert haben.
- Der Bereich **Service** umfasst alle Dienstleistungen im Umfeld der Informationstechnologie und lässt sich unterscheiden in Operations Management (Auslagerung und vollständige Abgabe von Aufgaben des IT-Managements), Systemintegration (d.h. technische Implementierung individueller IT-Lösungen von der Erstellung des Lasten- und Pflichtenhefts über Hardware-Auswahl bis hin zu Programmieren, Implementieren und Schulen an den Systemen) und die klassischen Support-Services per Internet, Telefon oder Technikerbesuch.

Gemäß den Statistiken des European Information Technology Observatory (EITO) erzielte die IT-Industrie 2001 einen Umsatz von weltweit gut 1,12 Bio. Euro.[69] Davon entfallen ca. 412 Mrd. Euro auf den Hardware-Bereich, ca. 230 Mrd. Euro auf die Softwarebranche und weitere 481 Mrd. Euro auf den Bereich der IT-Dienstleistungen. In Westeuropa, nach Nordamerika der zweitgrößte IT-Markt, werden ca. 295,7 Mrd. Euro umgesetzt: 32,5 % davon sind Hardware, 22,5 % sind Software und 45 % sind IT-Leistungen.

Die Entwicklung der Informationstechnologie ist durch rapiden technischen Fortschritt und hohes wirtschaftliches Wachstum gekennzeichnet. Die An-

---

66 Der Bereich der Unterhaltungselektronik soll im Rahmen dieser Arbeit nicht ausdrücklich behandelt werden. Allerdings sind zahlreiche Unternehmen sowohl in der IT-Branche als auch in der Unterhaltungselektronik aktiv, z.B. Sony. Zu einer Analyse der Konvergenzentwicklungen in der Unterhaltungselektronik vgl. z.B. Hazewindus/Burgelman/Bogdanowicz (2000), S. 22ff.

67 Zum Konvergenzbeispiel von PDAs (personal digital assistants) vgl. Gomes-Casseres/Leonard-Barton (1997), S. 327.

68 Vgl. auch Gröhn (1999), S. 6ff.

69 Vgl. EITO (2002), S. 396ff.

fänge der Computerindustrie gehen auf die Zeit des Zweiten Weltkriegs und die nachfolgenden Jahre zurück, während derer die Forschung, Entwicklung und Produktion von Computern primär militärischen Interessen galt.[70] In der Folgezeit lassen sich **drei Entwicklungsphasen der Informationstechnologie** unterteilen (s. Abbildung 16):

1. **System-zentrische Phase (1964-1981)**: IBM führte 1964 den ersten elektronischen Großrechner ein und konnte somit seine marktbeherrschende Stellung vom Markt für mechanische Rechenmaschinen in das elektronische Zeitalter transportieren. Die neuen Produkte stellten einen technologischen Paradigmenwechsel dar, Transistoren wurden erstmalig zu elektronischen Schaltkreisen integriert und erreichten hohe Leistungssteigerungen bei signifikanter Reduktion des notwendigen Platzbedarfs und damit der Kosten. Ein Hauptargument für die lange Dominanz von Großrechnern in den 60er und 70er Jahren war das so genannte **'Grosch's Law'**, zurückgehend auf den Computer-Pionier Herbert Grosch, nach dem sich die Rechenleistung eines Computers im Quadrat seiner Kosten verdoppelt.[71] Aufgrund der steigenden Bedeutung des 'Nicht-Hardware-Sektors', der stark wachsende Produktkategorien wie Software und Dienstleistungen umfasste, ersetzte der Terminus 'elektronische Datenverarbeitung' zunehmend den Begriff der Computerindustrie.[72]
2. **PC-zentrische Phase (1981-1994)**: Infolge der weltweiten Verbreitung der IBM-Systeme kam es zu einem starken Rückgang der Kosten von Halbleitern, Peripherie und Softwarepaketen aufgrund von Skalen-, Verbund- und Lerneffekten. Gleichzeitig bedeutete die Entwicklung und Kommerzialisierung von Mikroprozessoren und die fortschreitende Miniaturisierung von hochintegrierten Schaltkreisen einen wesentlichen technischen Fortschritt. Dies führte gegen Ende der 70er Jahre zu Innovationen einiger Unternehmen wie z.B. Apple.[73] IBM führte daraufhin 1981 den ersten Personal Computer ein. Im Gegensatz zu den geschlossenen Systemen der vorherigen Jahrzehnte wählte IBM aufgrund des Zeitdrucks für wichtige Komponenten Zulieferer: Mikroprozessoren von Intel und Betriebssysteme von Microsoft. Einhergehend mit diesen Entscheidungen waren die Entwicklungen der Folgejahre von der Wichtigkeit der Mikroprozessoren, dem Wechsel von geschlossenen zu offenen Systemen, der Dominanz von de-facto Standards und dem Wandel von einer vertikalen zu einer horizontalen Industriestruktur gekennzeichnet.[74] Eine wichtige Gesetzmäßigkeit

---

70 Vgl. Chandler (1997), S. 40ff., der allerdings eine unterschiedliche chronologische Einteilung vornimmt und eine militärische Phase bis Mitte der 60er Jahre nennt.

71 Vgl. ECC (2001), S. 113ff.

72 Vgl. Chandler (1997), S. 53.

73 Vgl. Chandler (1997), S. 80f.

74 Vgl. ECC (2001), S. 117ff.

war das 1965 proklamierte **'Moore's Law'**, zurückgehend auf den Mitbegründer von Intel Gordon Moore, nach dem sich die Rechenleistung bei gleichbleibenden Kosten alle 18 Monate verdoppelt.

Abbildung 16: Phasen der Marktentwicklung der Informationstechnologie

	System 1964-1981	PC 1981-1994	Netzwerk 1994- ca. 2010
Schlüsseltechnologie	Transistoren	Mikroprozessoren	Kommunikations-Bandbreiten
Paradigma	Grosch's Law	Moore's Law	Metcalfe's Law
Leistungs-schwerpunkte	Geschlossene Systeme	Standardisierte Produkte	Mehrwertdienste und Inhalte
Art der Netzwerke	Daten- und Rechenzentren	Interne Local Area Networks (LANs)	Internet (global und lokal/regional)
Wertschöpfungs-struktur	Vertikale Integration	Horizontal	Einheitliche IT- und TK-Wertschöpfung

Quelle: ECC (2001), S. 124.

3. **Netzwerk-zentrische Phase (seit 1994)**: Mit der Durchsetzung und zunehmenden Verbreitung des Internet wächst die Bedeutung von Innovationen im Zusammenhang mit breitbandiger Kommunikation und Netzwerktechnologien. Symbolisch für diesen Paradigmenwechsel ist das so genannte **'Metcalfe's Law'**. Diese Gesetzmäßigkeit wurde von Bob Metcalfe, dem Gründer von 3Com geprägt und besagt, dass der Wert eines Netzwerks im Quadrat der Anzahl seiner Nutzer steigt.[75] Beispiele für diese Logik sind neben dem Internet auch herkömmliche Netze wie das Telefonnetz. Neben dem PC steigt auch die Bedeutung alternativer Internet-Endgeräte wie z.B. interaktive TV-Geräte, Spielekonsolen mit Online-Verbindung, Mobiltelefonen und PDAs.

[75] Vgl. ECC (2001), S. 127ff. sowie die Ausführungen zu Netzeffekten und damit verbundene Externalitäten in Abschnitt B.2.2.2. Zu einer kritischen Auseinandersetzung mit 'Metcalfe's Law' vgl. McAfee/Oliveau (2002), S. 85ff.

1.2.6. Wertschöpfungskette der IT-Industrie

Die Wertschöpfungskette der Informationstechnologie-Industrie beinhaltet im vorderen Teil die Produktion von Hardware- und Softwareelementen einschließlich der relevanten Bauelemente und Softwarekomponenten (s. Abbildung 17). Die produzierten Hardware- und Softwareprodukte werden anschließend an Privat- oder Geschäftskunden vermarktet und vertrieben. Bei Bedarf werden individuelle Anpassungen vorgenommen und Schulungen angeboten. Während moderne und internetfähige Endgeräte wie mobile Telefone und PCs bereits relativ weit verbreitet sind, befinden sich über herkömmliche Fernsehgeräte hinausgehende interaktive TVs noch in den frühen Stadien des Produktlebenszyklus.

Abbildung 17: Wertschöpfungskette der Informationstechnologie-Industrie

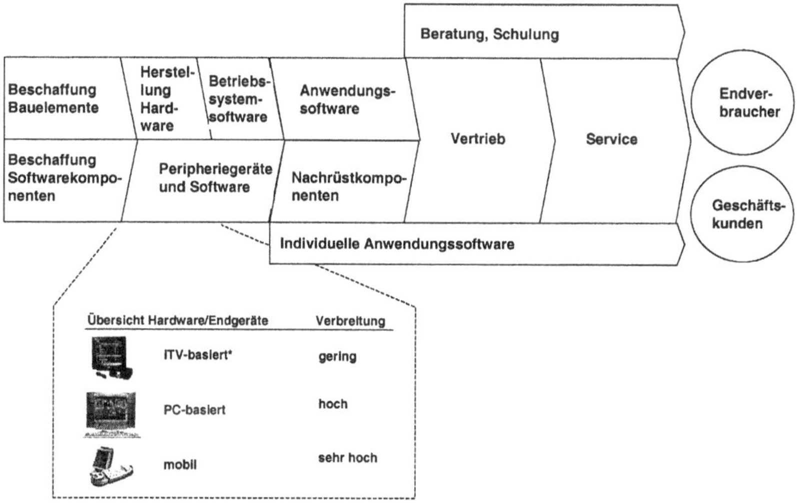

* Bei Einbeziehung herkömmlicher TV-Geräte erhöht sich der Wert hinsichtlich der Verbreitung
Quelle:eigene Darstellung, in Anlehnung an ECC (2001), S. 136.

Die **Erlösmodelle der IT-Industrie** sind abhängig vom jeweiligen Marktsegment. Hardwarehersteller erzielen ihre Verkaufserlöse meist gemäß dem direkten, nutzungsabhängigen Erlöstyp, entweder über Vertriebskanäle oder in unmittelbarem Kontakt mit dem Endkunden. Hersteller von Systemsoftware erzielen Erlösströme in Form direkter, nutzungsabhängiger Lizenzerlöse von PC-Herstellern (z.B. für eine vorinstallierte Kopie des Microsoft-Betriebssystems auf einem Compaq-Rechner) und von Endkunden im Falle von neuen Software-Versionen. Im Allgemeinen wird Systemsoftware eher indirekt über PC-Hersteller vertrieben, während Anwendungssoftware meist direkt an die Endkunden verkauft wird, entweder über den Handel und zunehmend auch per Internet.[76] Neuerdings werden Basisversionen häufig kostenlos über das Internet zur Verfügung gestellt und erst Folgeversionen oder weitergehende Funktionalitäten kostenpflichtig angeboten (z.B. Internet-Browser). Auch alternative Erlösmodelle einer jährlichen Gebühr bzw. das explizite Mieten von Programmen finden zunehmende Verbreitung.

1.2.7. Veränderungen durch Konvergenz und Fragmentierung

Kennzeichnend für die Entwicklungen der IT-Industrie sind die kontinuierlich steigende Leistungsfähigkeit der Mikroelektronik und die weitere Verkürzung von Innovations- und Produktlebenszyklen. Der Anteil der Software an der Gesamtwertschöpfung neuer Produkte nimmt zu Lasten des Hardwareanteils weiter zu. Dies bedeutet einen relativen Bedeutungsverlust der Hardware-Hersteller und die zunehmende Bedeutung von Größe und Skalenvorteilen für Wettbewerbsstärke und Rentabilität.

Abbildung 18: Fragmentierung und Disaggregation in der Computerindustrie

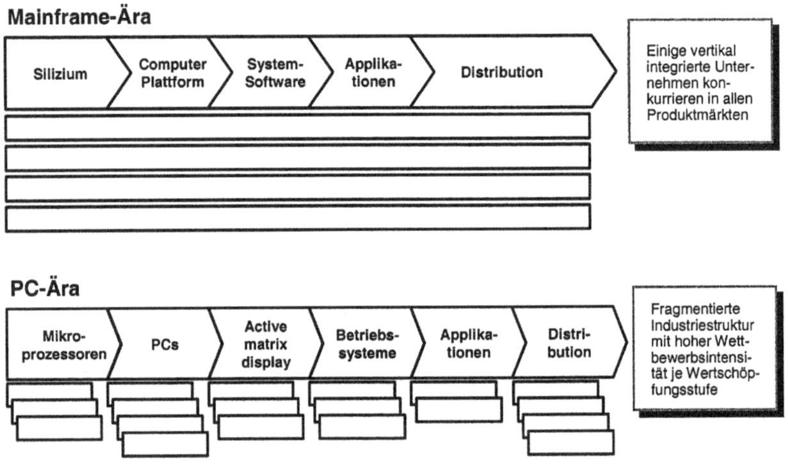

Quelle: eigene Darstellung, vgl.auch Christensen/Raynor/Verlinden (2001), S. 76 sowie Yoffie (1997), S. 19

Die Softwarebranche ist in hohem Maße durch Skalenerträge, Verbundvorteile, Netzeffekte und Nichtrivalität im Konsum gekennzeichnet. Insbesondere Skalenerträge und Netzeffekte fördern Standardisierung und damit verbunden eine hohe

76 Vgl. ECC (2001), S. 135.

Marktkonzentration mit Tendenzen natürlicher Monopole.[77] Mit zunehmender Vernetzung und dem technischem Fortschritt setzen sich auch multimediale Anwendungen weiter durch, die mediale Inhalte im Zusammenhang mit Entertainment und Information mit interaktiven Softwareapplikationen kombinieren.[78] Insgesamt werden zahlreiche Merkmale der IT-Industrie in ähnlicher Form auch zur Charakterisierung der IuK-Industrie herangezogen.[79]

Die Computerindustrie, ein Teilbereich der IT-Industrie, ist ein gutes Beispiel für die fortschreitende Disaggregation und Fragmentierung.[80] Wie im chronologischen Überblick der IT-Industrie dargestellt, veränderte sich die vertikal integrierte Wertschöpfungskette der Computerbranche in Zeiten der Mainframes mit der Durchsetzung der PCs Anfang der 80er Jahre zu einem wettbewerbsintensiven Markt mit einer Vielzahl von spezialisierten Unternehmen je Wertschöpfungsstufe (s. Abbildung 18).[81] Technische Diskontinuitäten in der Entwicklung einer Industrie und die Fragmentierung der Wertschöpfungskette verändern auch die Wettbewerbspositionen der beteiligten Unternehmen.[82] Obwohl IBM die PC-Industrie begründete und anfänglich dominierte, konnte das Unternehmen an der Wertschöpfung nicht dauerhaft überproportional partizipieren und verlor seine monopolartige Marktposition.[83] Die Verschiebung der Wertschöpfungsbeiträge entlang der Wertschöpfungskette von Hardware in Richtung Software bedeutete strukturelle Verschiebungen und die Erfolge von Microsoft als Hersteller von Betriebssystemen und Intel als Produzent von Mikroprozessoren. Folglich hat sich das Wettbewerbsumfeld in den letzten 20 Jahren nachhaltig verändert, insbesondere zahlreiche Hersteller von Hardware fielen zurück. Ein Vergleich der Marktkapitalisierung von Hardwareunternehmen zeigt, dass von den zehn größten Unternehmen im Jahr 1980 zwanzig Jahre später mit IBM und Hewlett Packard nur

77 Vgl. Gröhn (1999), S. 23f.

78 Vgl. Yoffie (1997a), S. 19 sowie ECC (2001), S. 136.

79 Vgl. Abschnitt B.2.2.

80 Vgl. Christensen/Raynor/Verlinden (2001), S. 76. Ähnliche Tendenzen der Fragmentierung sind auch in anderen Teilbereichen der Informationstechnologie erkennbar, beispielsweise in der Halbleiter und Elektronikindustrie, vgl. Quinn/Doorley/Paquette (2001), S. 335.

81 Vgl. auch Bresnahan/Saloner (1997), S. 265ff. Zu einer chronologischen Übersicht verschiedener Phasen samt Wettbewerbssituationen und Wettbewerbsverhalten innerhalb der PC-Industrie vgl. Strebel (2001), S. 393ff, zur Bedeutung so genannter Breakpoints vgl. auch Strebel (2001), S. 395ff.

82 Christensen/Raynor/Verlinden (2001), S. 75) erklären so genannte disruptive Veränderungen mit Hilfe des technischen Fortschritts und den Kundenfähigkeiten, diese Fortschritte und Funktionalitäten auszunutzen, vgl. Christensen/Raynor/Verlinden (2001), S. 75. Zu Strategien angesichts disruptiver Veränderungen und Innovationen vgl. auch Christensen/Johnson/Rigby (2002), S. 24ff.

83 Vgl. Moore (1999), S. 121ff.

zwei Unternehmen ihre Position unter den zehn größten Unternehmen behaupten konnten.[84]

1.2.8. Implikationen für Kooperationen

Die geschilderten Entwicklungen von Konvergenz und Fragmentierung, die zahlreichen alternativen Internet-Endgeräte und die hohe Wettbewerbsdynamik führen zu einer Zunahme betriebswirtschaftlicher Risiken in allen Marktsegmenten der IT-Industrie und damit einhergehend auch zu Kooperationsmöglichkeiten. Diese erfolgen entweder zwischen Unternehmen unterschiedlicher Teilbereiche zur Verbesserung der Marktposition wie z.B. im Falle des Joint Ventures zwischen Sony und Ericsson im Bereich mobiler Endgeräte oder auch zur gemeinsamen Markterschließung wie die Kooperation von Microsoft und Intel zur Entwicklung neuer Standards für die Mobiltelefonie. Insgesamt führt die fortschreitende Konvergenz der Industrien zu einer Intensivierung der Kooperationsaktivitäten mit Unternehmen aus anderen Teilbranchen der IuK-Industrie, z.B. zwischen Telekommunikations- und Medienfirmen oder innerhalb der IT-Industrie.[85] Aus der Perspektive von Unternehmen der IT-Industrie ergeben sich **Kooperationsmöglichkeiten in verschiedene Richtungen**: **vertikale Kooperationen** (mit Lieferanten auf vorgelagerten Wertschöpfungsstufen und Kunden auf nachgelagerten Wertschöpfungsstufen), **horizontale Allianzen** mit Wettbewerbern innerhalb des eigenen Industriekontexts sowie **konglomerale Kooperationen** zur Diversifizierung in neue Märkte und Industrien.[86]

2. Die konvergente Informations- und Kommunikationsindustrie

Die IuK-Industrie[87] rekurriert auf drei Branchen bzw. Teilindustrien, deren jeweilige zeitliche Ursprünge fast ein Jahrhundert auseinanderliegen: Telefonie und Telekommunikation in den 1890er Jahren, Fernsehen in den 1930er Jahren und Personal Computer in den 1980er Jahren.[88] Auch die konvergenten Entwicklungen in den einzelnen Teilindustrien und die Entstehung der IuK-Industrie sind kein plötz-

---

[84] Eigene Berechnungen auf Basis der Marktkapitalisierung von Hardwarefirmen. Vgl. auch Gröhn (1999), S. 16 zu einer Übersicht der größten IT-Unternehmen von 1996.

[85] Vgl. Duysters/Haagedorn (1997), S. 3.

[86] Vgl. Reve (1990), S. 155 sowie Zacharias/Bieck (2000), S. 17.

[87] In diesem Zusammenhang sei noch einmal auf die begriffliche und terminologische Vielfalt für die IuK-Branche erinnert. Rangan/Adner kategorisieren sechs so genannte Internet-Sektoren: Infrastruktur, Applikationen, Portale, Inhalte, Dienste und Märkte; vgl. Rangan/Adner (2001), S. 48.

[88] Vgl. Collis/Bane/Bradley (1997), S. 160f.

lich aufgetretenes und bereits abgeschlossenes Phänomen, sondern vielmehr ein fortschreitender und meist inkrementeller Prozess mit gelegentlichen Diskontinuitäten. Dennoch hat sich die Intensität der sektoralen Überschneidung der Teilbranchen Medien, Telekommunikation und Informationstechnologie in den letzten Jahren noch einmal verstärkt. Nachfolgend sollen zuerst die IuK-Industrie quantifiziert und anschließend die Einflussfaktoren und Phasen der Konvergenzentwicklung dargestellt werden, bevor die Wertschöpfungskette der IuK-Industrie detailliert analysiert wird. Danach wird mit dem Bereich interaktiven Entertainments ein Fallbeispiel für intersektorale Konvergenzentwicklungen diskutiert und zuletzt der Zusammenhang zwischen Konvergenz, Fragmentierung und Kooperationen erläutert.

2.1. Größe und Struktur der IuK-Industrie

Die IuK-Industrie erzielte im Jahr 2001 einen Umsatz von insgesamt knapp 2,3 Bio. Euro.[89] Davon entfallen gut 29 % auf Europa, 34 % auf die USA, 12,4 % auf Japan und das übrige Viertel wird von der restlichen Welt erwirtschaftet.

Abbildung 19: Marktvolumen und Struktur der IuK-Industrie

Volumen des IuK-Marktes 2001 nach Teilbereichen (in Mrd. Euro)

	Europa	USA	Japan	Sonstige	Welt
IuK-Hardware	209.189	200.486	108.116	187.119	**704.880**
Software	67.926	104.952	17.992	32.275	**223.146**
IT-Leistungen	135.589	216.525	60.379	58.786	**471.278**
Telekom-Dienste	260.587	261.526	97.302	273.112	**892.527**
Gesamt	**673.291**	**783.389**	**283.798**	**551.302**	**2.291.781**

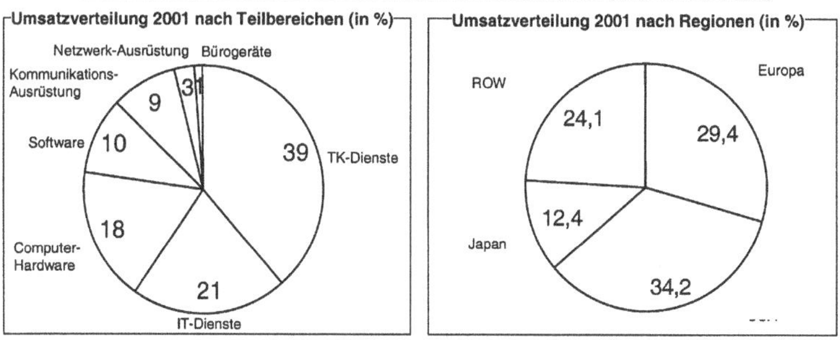

Quelle: eigene Darstellung, vgl. EITO (2002), S. 391-393

[89] Vgl. EITO (2002), S. 391ff.

Bei der Aufschlüsselung der Umsätze nach Teilbereichen entfallen 39 % auf die Telekommunikationsleistungen, 21 % auf die IT-Leistungen, 18 % auf den Bereich der Hardware, 10 % auf den Softwarebereich und 9 % auf IuK-Ausrüstung (s. Abbildung 19).

Die Wachstumsraten der IuK-Industrie sind im Vergleich zum gesamtwirtschaftlichen Wachstum überdurchschnittlich hoch und lagen in den 90er Jahren meist im zweistelligen Bereich. Selbst nach dem Ende der euphorischen Wachstumserwartungen betragen die jährlichen Steigerungen weiterhin ca. 7 % und werden auch für die folgenden Jahre in vergleichbarer Größenordnung prognostiziert.[90] Auch die Nutzerzahlen unterschiedlicher Plattformen der IuK-Industrie zeigen auffällige Wachstumsraten. Gegenwärtig gibt es weltweit ca. 611 Mio. Internetnutzer und bereits über eine Milliarde Mobilfunknutzer (s. Abbildung 20).[91] Die Anzahl mobiler Nutzer hat mittlerweile die Zahl fest-installierter Telefonanschlüsse übertroffen und auch die ISDN- und Kabel-TV-Anschlüsse, wichtige Voraussetzungen für internetfähige und interaktive Endgeräte, nehmen weiter zu.

Abbildung 20: Nutzerzahlen unterschiedlicher Plattformen der IuK-Industrie

Anzahl Nutzer in Mio.	Europa	USA	Japan	Sonstige	Weltweit gesamt
PC-basiert 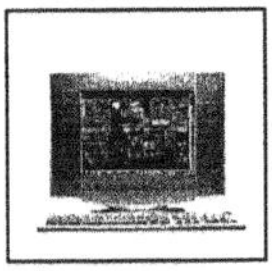					
Internet-nutzer	195,1	169,5	53,8	193,0	611,4
DSL-Anschlüsse	6,3	6,3	3,3	9,3	25,1
Breitbandige Datenanschlüsse	11,3	20,4	20,1*	1,7**	53,0
Telefonie 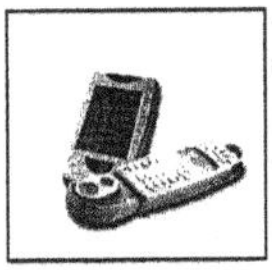					
Telefonanschlüsse	342,4	214,6	78,6	474,6	1.110,1
ISDN-Anschlüsse	68,9	23,0	32,2	12,9	137,1
Mobilfunk-nutzer	399,9	152,8	77,5	521,5	1.151,7
(I)TV-basiert 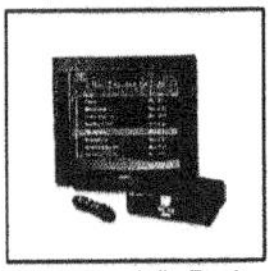					
Kabel-TV-Abonnenten	74,1	69,7	10,6	170,3	324,7

* Japan und die Region Asien-Pazifik, ** nur Lateinamerika
Quelle: eigene Darstellung, vgl. EITO (2002), S. 450-453, Emarketer 2002

90 Vgl. EITO (2002), S. 395ff.

91 Zur globalen Internetnutzung vgl. auch Zimmer (2000), S. 47ff.; Lin (1999), S. 79f.; Napoli/Ewing (1998), S. 2ff.; Stipp (2000), S. 127ff.; Wittenhagen (1996), S. 373ff.; Mulligan (2001), S. 1ff.

2.2. Einflussfaktoren der Konvergenzentwicklung

Im Rahmen der einzelnen Teilindustrien und der konvergenten Entwicklungen in Medien, Telekommunikation und Informationstechnologie wurden bereits einige Einflussfaktoren diskutiert. Für die zunehmende Komplexität und Dynamik des Umweltkontexts der IuK-Industrie sind vor allem die folgenden Triebkräfte ausschlaggebend:[92]

- **Globalisierung**: Steigende Außenhandelsvolumina, grenzüberschreitende Direktinvestitionen und internationale Niederlassungen; Globalisierung ist eine wichtige Grundvoraussetzung für die Wettbewerbsfähigkeit von Unternehmen, insbesondere in der IuK-Industrie. Der Erfolg der Informationstechnologie mit ihren globalen Standards und der Softwarebranche mit ihren informationsökonomischen Skaleneffekten sowie die Durchsetzung weltumspannender Infrastrukturen und nicht zuletzt des Internets sind deutliche Anzeichen einer zunehmenden Globalisierung. Kooperationen und Akquisitionen vereinfachen die internationale Koordination wirtschaftlicher Aktivitäten, nahezu alle bedeutenden Unternehmen der IuK-Industrie haben eine weltweite Präsenz. Trotz der Entwicklungen der Globalisierung und den Einflüssen multinationaler Unternehmen in Medien, Telekommunikation und Informationstechnologie bleiben nationale bzw. lokale Aspekte weiterhin relevant. Kulturelle und sprachliche Unterschiede sowie divergierende Konsumentenpräferenzen sind nicht nur im Bereich der Medien weiterhin wichtig für unternehmerischen Erfolg.
- **Technischer Fortschritt**: Der rasche technologische Wandel induziert wirtschaftliche Veränderungen und führt zu **Konvergenz und Fragmentierung** des Umweltkontexts, insbesondere in hochtechnisierten Industrien wie der IuK-Industrie. Beispiele sind die bereits dargestellten Entwicklungen in den Bereichen **Digitalisierung, Datenkompression und Übertragungsgeschwindigkeiten**. Bestehende Branchen werden transformiert, an den Schnittstellen existierender Industrien entstehen durch technischen Fortschritt neue Wachstumsbereiche. Mobilfunk, interaktives Fernsehen und Internet sind nur einige Beispiele für Teilbereiche der IuK-Industrie, die vor einigen Jahren noch gar nicht existierten. Auch Innovationsvorsprünge einzelner Unternehmen können zu temporären Monopolvorteilen führen, beispielsweise im Bereich der Softwarebranche und der Informationstechnologie, und neue Märkte maßgeblich prägen.
- **Liberalisierung und Deregulierung**: Die Liberalisierung von gesetzlichen Rahmenbedingungen und die Auflösung tradierter Regulierungen ist eine wichtige Grundvoraussetzung für die Transformation von staatlichen Monopolmärkten zu wettbewerbsintensiven und wachstumsstarken Märkten. Insbesondere im Bereich der Telekommunikation haben sich tiefgrei-

[92] Vgl. zu den Einflüssen z.B. Thielmann (2000), S. 19ff. sowie Wirtz (2000b), S. 2ff.

fende Veränderungen ereignet, die zu einer Zunahme der Innovationsintensität, der Entstehung neuer Produkte und Dienstleistungen bei meist sinkendem Preisniveau und insgesamt zu einer deutlich höheren Wettbewerbsintensität geführt haben.[93] Diese Veränderungsprozesse sind dabei keineswegs abgeschlossen sondern setzen sich weiter fort. Aufgrund des allgemein hohen nationalen Interesses in wirtschaftlichen Schlüsselbranchen wie der Telekommunikation und den Medien bestehen weiterhin zahlreiche staatlich vorgegebene Richtlinien.[94] Die mit Liberalisierung und Deregulierung einhergehende Zunahme der Wettbewerbsintensität fördert wiederum den technischen Fortschritt und Globalisierung.[95]

- **Gesellschaftliche Veränderungen**: In vielen Industrien lässt sich ein evolutorischer Trend von Produkten zu Dienstleistungen beobachten; auch in der IuK-Industrie wächst der Dienstleitungsanteil. Diese zunehmende Dienstleistungsintensität und das Wachstum des tertiären Sektors ist auch Ausgangspunkt der Dienstleistungsgesellschaft.[96] Der Umgang mit Informations- und Kommunikationsmedien hat sich in den vergangenen Jahren grundlegend geändert. IuK-Technologien haben Verhaltensänderungen in allen Industrien und Lebensbereichen hervorgerufen. Die Entwicklung des Internet zum allgegenwärtigen Medium, die Verbreitung der Mobiltelefonie, der Umgang mit der Vielfalt von Informationen sowie Veränderungen im Medienverhalten und die Zunahme von Interaktivität und Individuali-

---

93 Vgl. zu einer Übersicht der Entwicklungen in der Telekommunikationsindustrie vgl. Abschnitt C.1.2.

94 Diese Richtlinien und Regulierungen beeinflussen nicht zuletzt auch die Kooperationsaktivitäten. Häufig kooperieren Unternehmen aus Motiven des Marktzugangs oder der Beteiligung an öffentlichen Projekten, für dessen Zuschlag ein kooperatives Arrangement mit einem lokalen Unternehmen notwendig sind. Zur internationalen Informationsordnung im Zeichen von Deregulierung und Marktöffnung und Einflüsse für Telekommunikation, Medien und Informationstechnologie vgl. Delbrück/Tietje (2000), S. 20ff.

95 In Deutschland beispielsweise behindert eine stockende Liberalisierung und Veräußerung des Kabelnetzgeschäfts der Deutschen Telekom Investitionen in alternative Informations- und Kommunikationsstrukturen. Im Vergleich zu anderen europäischen Ländern, z.B. Großbritannien, ist das Investitions- und Innovationsniveau in Deutschland vergleichsweise gering, da die Deutsche Telekom als Eigner kein Interesse an dem Ausbau des Geschäfts und der damit einhergehenden Kannibalisierung ihres Kerngeschäfts hat. Vgl. zur Notwendigkeit des Netzwettbewerbs vgl. z.B. Beck (1998), S. 63ff.

96 Vgl. Thielmann (2000), S. 21.

sierung haben zu neuen Nachfragemustern geführt.[97] Insgesamt führen diese Veränderungen zu einem Bedeutungszuwachs der IuK-Industrie und fördern wirtschaftliches Wachstum und technischen Fortschritt.

- **Bedeutung der Kapitalmärkte**: Die globalen Kapitalmärkte sind ein wichtiger Einflussfaktor unternehmerischer Entscheidungen und industrieller Veränderungen. Innovative Unternehmen profitieren von ihrer steigenden Marktkapitalisierung und dem damit verbundenen Liquiditätsspielraum. Kapitalmärkte unterstützen insgesamt technischen Fortschritt und Globalisierung. Die Teilbranchen der IuK-Industrie wurden im letzten Jahrzehnt in besonderem Maße von den globalen Kapitalmärkten beeinflusst, zuerst während der lang andauernden Boomphase der 90er Jahre und anschließend durch die Rückgänge an den Aktienmärkten.

Die oben dargestellten Einflussfaktoren der Globalisierung, des technischen Fortschritts, der Liberalisierung und Deregulierung, der gesellschaftlichen Veränderungen und der Bedeutung der Kapitalmärkte stehen in einem Kontext wechselseitiger Beeinflussung. Sie bedingen und fördern sich gegenseitig und führen in ihrer Gesamtheit zu dem dynamischen Marktkontext der IuK-Industrie und den Charakteristika von Konvergenz und Fragmentierung.[98]

2.3. Ausprägungsformen der Konvergenzentwicklung

Die Konvergenz der drei Teilbranchen und die Entstehung der IuK-Industrie stellen einen fortschreitenden Entwicklungsprozess dar. Die Untersuchung der Konvergenzentwicklungen der Teilindustrien Medien, Telekommunikation und Informationstechnologie zeigte bereits Ansätze verschiedener Entwicklungsphasen. Aus der Perspektive der IuK-Industrie lassen sich **drei Phasen bzw. Varianten der Branchenkonvergenz** feststellen, die jeweils im wechselseitigen Einfluss unternehmerischer Strategien und industrieller Evolution erfolgen (s. Abbildung 21):

---

97 Der Einfluss von IuK-Technologie auf andere Industrien und die damit verbundene Verbreitung spezifischer IuK-Charakteristika und die gestiegene Bedeutung von Information und Technologie sollen im Rahmen dieser Arbeit nicht weiter thematisiert werden. Vgl. zum Konzept der virtuellen Wertschöpfungskette in Anlehnung an das Portersche Konzept stellvertretend Rayport/Sviokla (1999), S. 39ff. bzw. zum Einfluss von IuK-Technologie auf die Grenzen der Unternehmung vgl. Garbe (1999), S. 89ff. sowie Picot/Reichwald/Wigand (2001), S. 56ff. Zur Nutzung elektronischer Medien für spezifische Unternehmensfunktionen stellvertretend für den Funktionsbereich Vertrieb vgl. Gerth (1998), S. 108ff.; für den Funktionsbereich Marketing vgl. Rengelshausen (2000), S. 133; zu Markenführung im Internet allgemein vgl. Lindström/Andersen (2000), S. 135.

98 Zu Charakteristika neuer Wettbewerbslandschaften vgl. z.B. Zahn (2000), S. 6ff. Rühli (2001) identifiziert als wesentliche Charakteristika der neuen Wettbewerbsrealitäten den strategischen Wettbewerb auf mehreren Ebenen, steigende Wettbewerbskomplexität und steigende Dynamik des Wettbewerbs, vgl. Rühli (2001), S. 75ff.

1. Die **erste Variante** ist gekennzeichnet durch **konvergente Entwicklungen innerhalb einer einzelnen Teilbranche**. Medienunternehmen entwickeln sich beispielsweise über nationale und regionale Grenzen hinweg und expandieren in Form so genannter cross-medialer Entwicklungen in verwandte Teilbereiche der Medienindustrie. Unternehmen entwickeln sich dabei nicht zwangsläufig von einer Lokalzeitung oder einer regionalen TV-Station zum global integrierten Medienkonzern, Opportunitäten für fokussierte Unternehmen bleiben weiterhin erhalten. Derartige Prozesse **intrasektoraler Brancheneroslon**, d.h. das Verwischen von branchenintermen Grenzen zwischen einzelnen Teilbereichen,[99] ereignen sich auch in der Telekommunikations- und IT-Industrie.
2. In der **zweiten Variante** ereignen sich **Konvergenzentwicklungen zwischen zwei Teilbranchen der IuK-Industrie**. Prozesse **intersektoraler Brancheneroslon** führen so zu einem Zusammenwachsen ehemals separater Branchen:[100] zwischen Medien und Telekommunikation, Telekommunikation und Informationstechnologie sowie zwischen Informationstechnologie und Medien. So ist das neue Geschäftsfeld des interaktiven Fernsehens (iTV) ein Beispiel für einen intersektoralen Konvergenzprozess zwischen der Fernseh- bzw. Medienindustrie und der Software- bzw. IT-Industrie.[101] Kooperationen zwischen Mobilfunk- und Medienfirmen zur Erarbeitung eines individualisierten Informationsangebots per Mobiltelefon verbinden die Telekommunikations- und Medienindustrie.[102] Seit Mitte der 60er Jahre und verstärkt in den 80er und 90er Jahren intensivierten sich die sektoralen Interdependenzen zwischen Telekommunikation und Informationstechnologie.[103] Netzwerke von Großrechnern und PCs erlaubten den Transfer von Daten. Unternehmen begannen mit der Vernetzung ihrer Systeme, von Datenfernübertragung über elektronischen Datenaustausch bis hin zur Integration so genannter LANs (Local Area Networks).[104] Spätestens mit der Verbreitung des Internets sind die beiden Teilbereiche Telekommunikation und Informationstechnologie stark miteinander verknüpft.

---

99 Vgl. Bruhn (1997b), S. 346.

100 Vgl. Bruhn (1997b), S. 346.

101 Vgl. Grimsditch (2001b), S. 4. Vgl. zu Konvergenzentwicklungen zwischen Internet und Fernsehen bzw. Online-Diensten im Internet und interaktivem Fernsehen Forit (2000), S. 23ff sowie Thielmann (2000), S. 234ff. Zur Entwicklung des digitalen Fernsehens in Europa vgl. Lange (2000), S. 89ff.; zu relevanten Gruppen von Wettbewerbern vgl. Brown-Kenyon/Miles/Rose (2000), S. 77ff.

102 Vgl. Gren/Maor/Ubinas (2001), S. 78f. sowie Feldman (2002), S. 351ff.

103 Vgl. Büllingen/Stamm (2001), S. 34ff.

104 Vgl. ECC (2001), S. 142f.

Abbildung 21: Konvergenzformen in der IuK-Industrie

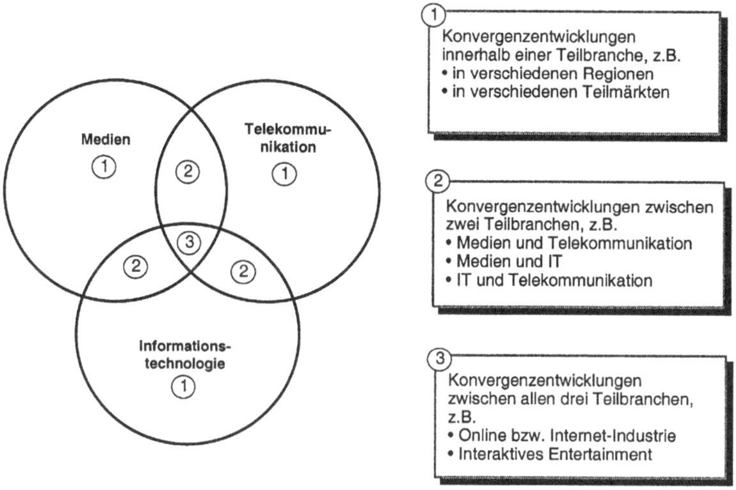

Quelle: eigene Darstellung

3. **Die dritte Variante der Konvergenz involviert letztlich alle Teilbranchen**: Medien, Telekommunikation und Informationstechnologie; entweder in Form **komplementärer oder substitutiver Konvergenzprozesse.**[105] Ein derartiges Beispiel ist die zunehmende Bedeutung klassischer Telekommunikationsnetze für die Übertragung medialer Inhalte in Konkurrenz zu den Broadcast-Netzen (Kabel-, Satelliten- und terrestrische Netze). Gleichzeitig können Kommunikationsleistungen mit Hilfe von Informationstechnologie zunehmend auch über Broadcast-Netze bereitgestellt werden. Marktabgrenzungen und Wettbewerbskonstellationen verändern sich auch im Bereich der Endgeräte. Die ursprüngliche Trennung nach Nutzungsmöglichkeiten verwischt und Fernsehen, Computer und Telefone gewinnen sukzessive substitutive Nutzungsmöglichkeiten: Internetzugang wird auch über TV und Mobiltelefon möglich, die Rezeption von Filmen und Videosequenzen geschieht häufiger über den PC. Beispiele für die Entstehung neuer Teilbereiche an der Schnittstelle aller Teilbranchen der IuK-Industrie sind die Bereiche des Home-Networking, im Rahmen dessen mit Hilfe eines zentralen Steuerungselements wie dem PC oder ei-

[105] Zu einer Einteilung von Internetdiensten hinsichtlich komplementärer und substitutiver Konvergenz vgl. Stamm/Büllingen (1999), S. 31. Vgl. auch B.2.1.1.

nem interaktiven TV-Terminal vielfältige Dienste und Applikationen kontrolliert werden können,[106] und des interaktiven Entertainments.[107]

Diese drei Varianten bzw. Ausprägungsformen der Konvergenz können auch parallel erfolgen. Zwar lässt sich tendenziell eine zeitliche Entwicklung vermuten, gemäß derer zuerst Konvergenzprozesse innerhalb einer Teilbranche und nachfolgend zwischen zwei oder sogar drei Teilbranchen auftreten. Dennoch handelt es sich um einen dynamischen und komplexen Entwicklungsprozess, der aufgrund unternehmensstrategischer Einflüsse nur schwer vorhersehbar ist und bei dem häufig verschiedene Ausprägungen parallel zu beobachten sind.

Im folgenden Abschnitt soll die Wertschöpfungskette der IuK-Industrie erarbeitet und in ihren einzelnen Wertschöpfungsstufen dargestellt und analysiert werden. Anschließend wird mit dem Bereich des interaktiven Entertainments ein Beispiel für die dritte Variante der Konvergenz mit Partizipation aller Teilbranchen diskutiert werden. Auch das Nebeneinander von Konvergenz und Fragmentierung in der IuK-Industrie soll danach noch einmal thematisiert werden.

2.4. Die Wertschöpfungskette der Informations- und Kommunikationsindustrie

Im Kontext der dargestellten Branchenentwicklungen in der Medien-, Telekommunikations- und IT-Industrie lösen sich bestehende Marktgrenzen und Wettbewerbskonstellationen auf. Der gemeinsame Markt der IuK-Industrie integriert Leistungen der verschiedenen Ursprungsbereiche und Teilbranchen und lässt neue Wachstumsbereiche entstehen. Die entstehende konvergente IuK-Industrie lässt sich anhand der industriellen Wertschöpfungskette charakterisieren, sie integriert weitgehend die einzelnen Teilindustrien der Medien, Telekommunikation und Informationstechnologie. Die Wertschöpfungskette der IuK-Industrie umfasst die Stufen (a) der **Inhalteerstellung**, (b) der **Paketierung und Aggregation von Inhalten**, (c) der **Übertragung**, (d) der **Manipulation und Plattformdienste** und schließlich (e) der **Herstellung von Endgeräten** (s. Abbildung 22).[108]

[106] Vgl. zu einem Überblick z.B. Bughin/Foster/Miles/Ubinas (2001), S. 109ff.

[107] Vgl. Abschnitt C.2.6.

[108] Zu alternativen Strukturierungsvorschlägen für die konvergente Wertschöpfungskette vgl. z.B. Pörtner (1996), S. 351 und BAH (1997), S. 39ff. Diese Ansätze sind jedoch techniklastiger aufgebaut und sind zur Analyse von unternehmensspezifischen Strategien im Kontext konvergierender Märkte weniger geeignet. Vgl. auch Collis/Bane/Bradley (1997), S. 164; Dieckmann (1999), S. 173ff.; Wirtz (1999), S. 16f. und (2000a), S. 250; Pagani (2000), S. 27f. sowie zu einer Beschreibung der einzelnen Wertschöpfungsstufen vgl. Prange (1999), S. 166ff.

Abbildung 22: Charakteristika der IuK-Wertschöpfungskette

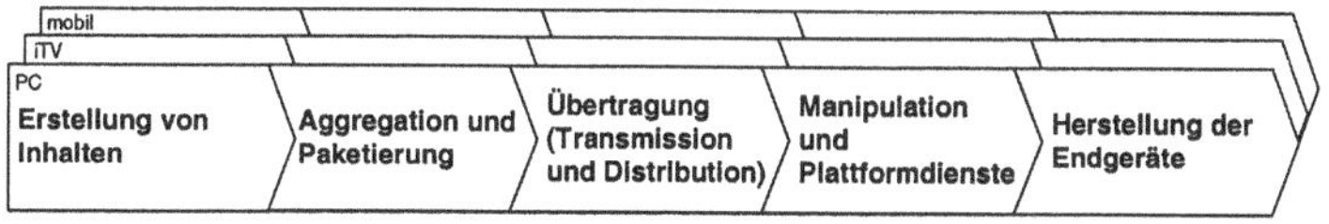

	Erstellung von Inhalten	Aggregation und Paketierung	Übertragung (Transmission und Distribution)	Manipulation und Plattformdienste	Herstellung der Endgeräte
Aktivitäten	• Erstellung und Schaffung kreativer Produkte und Dienste, die entweder umgewandelt oder bereits digitalisiert sind	• Auswahl, Aggregation, Paketierung und Management von Inhalten • Addition von integrativen und Präsentations-Funktionalitäten bis zum fertigen Konsumenten-produkt	• Angebot physischer Verbindungen zur Überliefe-rung und Bereit-stellung von Inhalten	• Bereitstellung von Intelligenz für die Übertragung und Bereitstellung, z.B. Processing/Storage-Hardware und Soft-ware für Telekom-munikations- und Computersysteme • Software zur Manipu-lation und Navigation für interaktive und multimediale Anwen-dungen	• Fertigung und Angebot von Endgeräten und Terminals zum Empfang bzw. Nutzung von Inhalten
Beispiele	• Filmstudios, Musikfirmen, Fernsehprodu-ktionsfirmen, Journalisten, z.B. Disney, FAZ, etc.	• AOL Time Warner, Disney, Bertels-mann, Sony, etc.	• Telekommuni-kations- und Kabelfirmen, z.B. Deutsche Telekom, NTT, Telefonica, AOL Time Warner	• Hardware- und Softwarefirmen wie Microsoft, IBM, Apple, Nokia, Ericsson	• Hardwarefirmen aus Unterhal-tungs- und Informations-technologie, z.B. Sony, Intel, Nokia, Apple, etc.

Quelle: eigene Darstellung

Im Folgenden sollen die Einflussfaktoren und wesentlichen Charakteristika der einzelnen Wertschöpfungsstufen dargestellt werden.[109]

2.4.1. Erstellung von Inhalten

Die erste Stufe der IuK-Wertschöpfungskette umfasst die Erstellung von Inhalten und Diensten in digitalisierter Form. Trotz exponentiell steigender Informationsmengen aufgrund der Verbreitung von elektronischen Medien sind attraktive Inhalte weiterhin eine knappe und wertvolle Ressource, insbesondere in Form hochwertiger multimedialer, zielgruppenspezifischer oder individualisierter Inhalte. Ein wichtiges Erfolgskriterium ist die Kombination von Informationen mit zusätzlichen Funktionalitätsaspekten. Statt der einfachen Bereitstellung standardisierter Informationen bedeutet ein personalisiertes und interaktives Angebot mit zusätzlichen Funktionalitäten wie Recherche und Organisation von Informationen und Transaktionsoptionen einen höherwertigen Kundennutzen.[110] Für das Inter-

[109] Vgl. auch Thielmann (2000), S. 39. Trotz der bereits diskutierten Bedenken bei der Applikation des Porterschen Instrumentariums auf den Kontext der IuK-Industrie vgl. zu einem derartigen Versuch Kaluza/Blecker/Bischof (1998), S. 5ff.

[110] Vgl. O'Brien (2001), S. 8f. Häufig werden diese Aspekte als die in Anlehnung an die anglizistische Alliteration "Communication, Community and Commerce" als so genannte "3Cs" charakterisiert, vgl. z.B. Küng (2001), S. 223.

netangebot eines Inhalteproduzenten impliziert dies neben der Bereitstellung von Informationen die Offerte thematischer Vertiefung, Datenbankrecherchen, Community-Funktionalitäten und weiterführender Transaktions- und Einkaufs-Angebote.[111] Eine derartige Integration von Inhalten mit zusätzlichen Funktionalitäten bedeutet bereits eine **Verknüpfung der Wertschöpfungsstufe der Inhalteerstellung mit der Stufe der Manipulation und Plattformdienste**.

Insgesamt ermöglicht die Anreicherung von Inhalten mit zusätzlichen Funktionalitäten für die Inhalteersteller eine Diversifizierung ihrer Erlösströme und eine Veränderung ihres Geschäftsmodells. Mögliche Erlösströme auf der Wertschöpfungsstufe der Inhalte sind Abonnements, Werbung, die Syndizierung von Inhalten[112] (z.B. über den Einzelverkauf von Artikeln oder die Nutzung von Datenbanken) sowie teilweise auch Kommissionen durch E-Commerce und Transaktionen.[113] Dabei besteht eine Herausforderung in der Etablierung attraktiver Inhalte, für die Kunden auch zu zahlen bereit sind. Häufig besteht im Internet und in der mobilen Datenkommunikation noch eine **relativ geringe Zahlungsbereitschaft**, auch wenn der Bereich der Online-Medien hinsichtlich der Erreichung der Profitabilität durchaus vergleichbar mit Offline-Medien scheint.[114] Als attraktive Inhaltekategorien gelten gegenwärtig z.B. Sport, Spiele und Pornographie.[115] Mit der Durchsetzung breitbandiger und leistungsfähiger Übertragungskapazitäten werden innovative Technologien und Applikationen effektiver und attraktiver.[116] Damit verbunden werden sich auch gebührenpflichtige Modelle in Form von Subskriptions- oder 'Pay-per-view'-Modellen durchsetzen. Bei der Nutzung von Angeboten und Applikationen, insbesondere im Bereich Entertainment, sind jüngere

---

111 Anhand des Beispiels von Finanzinformationen bedeutet diese anstelle des einfachen Abbildens von Aktienkursen beispielsweise für Kunden die Möglichkeit, individuelle Portofolios von Wertpapieren zu beobachten, zu analysieren und zu bearbeiten, möglicherweise zusammen mit Informationen und Beratung für Finanzanlagen und Versteuerung.

112 Zu strategischen Optionen für bezahlte und unbezahlte Informationsangebote im Internet vgl. Picard (2001), S. 170ff.

113 Vgl. Barsh (2000), S. 15ff. sowie Lehr (1999), S. 85ff.

114 Viele Online-Unternehmen erreichen nach vier bis sechs Jahren die Profitabilität. Dies ist durchaus im Rahmen anderer Medienteilmärkte in der Offline-Welt. Für über Kabel zugängliche Fernsehkanäle in den Vereinigten Staaten wie ESPN dauerte es beispielsweise zehn Jahre, für MTV immerhin acht Jahre. Broadcast-Stationen erreichen im Allgemeinen zwischen zwei und fünf Jahren ein profitables Geschäft, Fox beispielsweise reichten nur zwei Jahre. Zeitschriften benötigen hingegen zwischen fünf und sieben Jahren. Diese aus den Geschäftsberichten der jeweiligen Unternehmen hervorgehenden Zeiträume scheinen also durchaus vergleichbar mit der Entwicklung vieler Unternehmen der Wertschöpfungsstufe Inhalteproduktion zu sein. Vgl. auch Bughin/Hasker/Segel/Zeisser (2001), S. 67.

115 Zu Untersuchungen bzgl. der Attraktivität und dem Monetarisierungspotential der genannten Inhaltekategorien vgl. Hardie/Butt/Aber/Schmitt (1998), S. 11f. und van der Harst (2001), S. 2ff.; für den Bereich Sport vgl. Ulph (2001a), S. 6ff.; für den Bereich Wirtschaftsinformationen vgl. Zimmer (1997), S. 286.

116 Zu einer Übersicht der Kosten von Breitbanddiensten vgl. Christofferson/Gatzke (2001), 50f.

Nutzer häufig Trendsetter und akzeptieren innovative Dienste früher als die Mehrheit der Konsumenten.[117]

Die Bereitstellung von Inhalten erfordert eine Differenzierung entlang der verschiedenen Kundengruppen sowie der Medien und Technologien. Folglich existieren **große Unterschiede zwischen den unterschiedlichen Medienteilmärkten und innerhalb der IuK-Industrie**. Da multimediale Inhalte den Nutzern dabei häufig über vielfältige Distributionswege und Zugangsplattformen zugänglich gemacht werden, ist eine Anpassung von Inhalten an mobile, TV-basierte und PC-basierte Endgeräte und Erlebniswelten notwendig.[118] Ein Beispiel für eine systematische und erfolgreiche Verknüpfung von Fernsehen und Internet ist das Unterhaltungsformat 'Big Brother'. Es kombinierte Charakteristika von Soap Opera, Reality TV und Gameshow und erreichte sowohl im Fernsehen als auch im Internet eine hohe Popularität.[119]

Inhalteanbieter lassen sich unterteilen in **Unternehmen mit ausschließlicher Online-Präsenz[120] und integrierte Anbieter**.[121] Während Erstere auf Basis des Internets bzw. des mobilen Internets entstanden sind,[122] stellen die Internetaktivitäten für integrierte und bereits etablierte Anbieter neben den traditionellen Medien- und Softwaregeschäften zuallererst neue Wachstumsbereiche dar. Im Allgemeinen existieren viele der traditionellen Medienteilmärkte wie Print, Musik, oder Film auch im Internetkontext.[123] Obwohl dies mit gewissen Vorteilen für etablierte Anbieter einhergeht, bedeutet es für Inhalteanbieter und Medienunternehmen eine große Herausforderung, bestehende Marken, Inhalte und Prozesse auf das Internet zu verlegen.[124] Trotz wettbewerblicher Notwendigkeit[125] ergeben

---

[117] Vgl. Antecol (2001), S. 6ff.

[118] Vgl. Torris (2001), S. 1f.

[119] Vgl. Trepte/Baumann/Borges (2000), S. 550ff.

[120] Zu einer Analyse von Internet-Zeitungen als Vertreter reiner Online-Spieler vgl. z.B. Dans (2000), S. 4ff.

[121] Zu Online-Strategien der deutschen Zeitungs- und Zeitschriftenverlage vgl. Vogel (2001), S. 590ff. sowie international Gren/Maor/Ubinas (2001), S. 74ff. Zu einem Vergleich unter Kostenaspekten vgl. Lehr (1999), S. 68ff.

[122] Oft als New Media oder Online Media bekannt, häufig auch junge Softwarefirmen, die auf der Wertschöpfungsstufe der Inhalteerstellung aktiv sind.

[123] Zum Printbereich, insbesondere den Zeitungen in Online Medien vgl. Neuberger/Tonnemacher/Biebl/Duck (1997), S. 665ff.; Wagner (1998), S. 191ff.; Neuberger (1999), S. 242ff.; Neuberger/Dötterl/Pawlofky (1999), S. 265ff.; Mehlen (1999), S. 88ff.; Lichtenberg (1999), S. 23ff.; vgl. Lehr (1999), S. 58ff.; Chyi/Sylvie (2000), S. 73ff, Glotz (2000), S. 2ff.; Nicholas/Huntington (2000), S. 78ff.; Zürn (2000), S. 319ff. Zum Bereich der Zeitschriften vgl. Rank (1996), S. 240ff.; für eine Übersicht der Internetaktivitäten der Fernsehsender vgl. Ewald/Gscheidle/Schröter (1998), S. 508ff.; zu Rundfunk (TV u. Radio) vgl. Wirtz (1994), S. 16ff., Seufert (1996), S. 165ff.; Williams/Bernoff/ Butt (1998), S. 2ff.; Trappel (2001), S. 422ff.

[124] Zur Veränderung des Wettbewerbs in der Pressebranche durch das Internet vgl. Sennewald (1998), S. 95ff.

sich inhaltliche und prozessuale Probleme sowie eine hohe Kostenbelastung. Die Erstellung von Inhalten erfordert kreative Fähigkeiten und eine hohe Finanzkraft, auch im Kontext der IuK-Industrie oft eine Domäne der Medienunternehmen. Die Möglichkeit der Integration von traditionellen Formaten und Internetangeboten[126] stellt ebenfalls einen Vorteil für Medienunternehmen dar, bedeutet jedoch gleichzeitig Rückkopplungen und Herausforderungen für das Ursprungsgeschäft.[127] Die Erstellung von Inhalten erfolgt dabei im **Spannungsfeld von globaler Standardisierung und lokal spezialisierten Inhalteangeboten**. Während Marken wie der Musiksender MTV oder Hollywood-Studios meist globale Reputation genießen, führen kulturelle und sprachliche Unterschiede und Präferenzen weiterhin zur dezentralen Entwicklung von Programminhalten.

Insgesamt existieren auf der Wertschöpfungsstufe der Inhalte eine hohe Wettbewerbsintensität und ein turbulentes Marktumfeld mit einer hohen Misserfolgsquote.[128] Der technische Fortschritt und die Durchsetzung des Internets führten zu einer fragmentierten Industriestruktur mit atomistischen Merkmalen.[129] Unternehmen auf der Wertschöpfungsstufe der Inhalte, sowohl reine Online-Unternehmen als auch integrierte Anbieter, reagieren häufig mittels Kooperationen auf die zahlreichen Herausforderungen und erreichen insbesondere im Verbund mit Portalen und Aggregatoren einen verbesserten Kundenzugang.[130]

2.4.2. Paketierung und Aggregation von Inhalten

In der Medienindustrie wird häufig zwischen der Produktionsebene, der publizistischen Ebene und der Distributionsebene unterschieden.[131] Analog bedeutet die Wertschöpfungsstufe der Paketierung und Aggregation im Kontext der IuK-Industrie **die publizistische Aufbereitung erstellter Inhalte und ihre Zusammenführung zu einem kohärenten und zielgruppenspezifischen Inhaltepaket**.

---

125 Hinsichtlich der Vorteile eines Internet-Einstiegs von Zeitungen vgl. Bär (1996), S. 225f., hinsichtlich der Herausforderungen vgl. Barsh/Lee/Miles (2000), S. 79ff. und Barsh/Kramer/Maude/Zuckerman (2001), S. 84f.

126 Vgl. Scheirer (2000), S. 1.

127 Vgl. z.B. die Veränderungen im Zeitungsmarkt der USA, Geffken (2001), S. 195ff.

128 Allein im Bereich breitbandiger Inhalte scheiterten in den letzten Jahren zahlreiche spezialisierte Anbieter, z.B. Digital Entertainment Network, Pseudo.com, Pop.com u.a.; vgl. Kesrel (2000), S. 5. Vgl. außerdem zu einer, wenn auch inhaltlich teilweise strittigen Auflistung erfolgloser und erfolgreicher Geschäftsmodelle für Inhalteproduzenten Picard (2000), S. 63ff. Zu den Einflüssen von Breitband auf die Wertschöpfungskette und verschiedene Inhaltekategorien vgl. Beardsley/Berchtold/Biglari/Miles/ Rose/Ubinas (2000), S. 7ff.

129 Vgl. Butt (1998), S. 2ff.

130 Vgl. Breyer-Mayländer (2001), S. 31 sowie Franzmann (2001), S. 69ff.

131 Vgl. Kruse (1996), S. 26.

In den vergangenen Jahren führte ein insgesamt steigendes Freizeitvolumen und eine verstärkte Mediennutzung zu einem geringen Maß intermedialer Substitution.[132] So lässt sich in den frühen Phasen der Internetnutzung eine komplementäre Konvergenz zwischen PC und TV attestieren, d.h. die Nutzung des neuen Mediums Internet verminderte die Nutzung des Fernsehens in seinem Anfangsstadium nicht in gleichem Ausmaß.[133] Alternative Medienformen konnten sich aufgrund der unterschiedlichen Motive zur Rezeption von Fernsehen und Internet daher weitgehend parallel zueinander entwickeln.[134] Diese Entwicklung ist jedoch zukünftig nicht mehr in dieser Form zu erwarten. Stattdessen wird eine **zunehmende Überschneidung der Medienfunktionen zwischen Internet und Fernsehen** hinsichtlich Orientierungs-, Informations- und Unterhaltungsfunktion auch eine zunehmende Substitution bedingen. Das Fernsehen ist weiterhin ein multifunktionales Medium, das gleichermaßen zu Informations- und Unterhaltungszwecken genutzt wird,[135] und insofern auch bereits zum gegenwärtigen Zeitpunkt unterschiedliche Rezeptionsmodi aufweist. Somit sind Verhaltensmuster einer zukünftigen interaktiven Erlebniswelt in Ansätzen bereits jetzt zu beobachten, z.B. bei der aktiven Selektion von Kanälen und der Partizipation der Zuschauer an Unterhaltungsformaten.[136] Im Vergleich mit dem Internet existieren einige Gemeinsamkeiten wie die Nutzungsgewohnheiten im Zusammenhang mit Information und Unterhaltung.[137] Insgesamt ist die Nutzung des Internet jedoch häufig zielgerichteter, individueller und interaktiver, auch die Kommunikation hat einen höheren Stellenwert.

Bei Paketierern und Aggregatoren herrscht **große Unsicherheit hinsichtlich attraktiver Applikationen**, für die Konsumenten zu zahlen bereit sind.[138] Im

---

[132] Vgl. Eimeren (1999), S. 237f. und Gleich (2000a), S. 326.

[133] Vgl. Coffey und Stipp (1997), S. 63ff. und Gleich (2000a), S. 326. Zu Funktionen einzelner Fernsehprogramme (z.B. Soaps) vgl. Gleich (1998), S. 46. Der Einfluss des Internet auf die Fernsehnutzung war trotz aggregiert zugenommener Nutzungszeiten jedoch durchaus signifikant; vgl. Eimeren (1999), S. 233.

[134] Vgl. Gleich (2000a), S. 329.

[135] Blödorn/Gerhards/Klingler (2000), S. 180. Zum Erlösstrom des Teleshoppings vgl. Fantapie Altobelli (2000), S. 179ff.

[136] Innovative Unterhaltungsformate motivieren die Zuschauer zur Interaktion in Form von Anrufen und E-Mails, häufig in Form von Abstimmungen, Gewinnspielen und inhaltlichen Beiträgen. Ein Beispiel ist der deutsche Sender Neun Live.

[137] Zu den Nutzungsgewohnheiten des Internet in Deutschland vgl. Wurster (1996), S. 59ff.; Grüne/ Urlings (1996), S. 493ff.; ARD/ZDF Arbeitsgruppe Multimedia (1999), S. 404f.; Eimeren/Gerhard/ Freese (2001), S. 382ff.; Eimeren/ Gerhard (2000), S. 338ff.; Grajczyk/Mende (2000), S. 353ff. und Oehmichen (2002), S. 23ff.; im internationalen Vergleich vgl. Werner (2001), S. 53ff. Zur Mediennutzung grundlegend Berg/Kiefer (1996), S. 25ff., zur Mediennutzung in Gegenwart und Zukunft im Allgemeinen vgl. Opaschowski (1995), S. 5ff.; Klingler/Zoche/Harnischfeger/Kolo (1998), S. 490ff.; Ridder/Engel (2001), S. 102ff.; zur Mediennutzung von 1970 bis 2000 vgl. Eimeren/Ridder (2001), S. 538ff.

[138] Vgl. Bernoff (2001), S. 3ff.

Bereich iTV zeigen insbesondere VOD-Angebote hohes Wachstum,[139] in mobilen Erlebniswelten haben sich in einigen Regionen wie in Japan und Korea personalisierte und ortsbezogene Dienste bereits durchgesetzt. Vor dem Hintergrund der gegenwärtigen Probleme mit der Zahlungsbereitschaft für Inhalte im Internet und Misserfolgen bei neuen mobilen Datendiensten im Zuge von WAP werden weiterhin Geschäftsmodelle wie Abonnements und Transaktionen verfolgt.[140]

Abbildung 23: Systematisierung von Inhaltepaketierern und Portalen

INTERNET PLATFORM

	Massenportale	Nischenportale	Diversifizierte Portale
Beispiele	YAHOO! LYCOS	iVillage atom	AOL T-Online msn
Erlösströme	• Werbung • Abonnements/PPV • E-Commerce	• Werbung • Abonnements/PPV • E-Commerce	• Werbung • E-Commerce • Verbindungsentgelt • Bezahlte Inhalte
Zielsetzung	• "Bevorzugtes Portal der Massen"	• "Glaubwürdiger Berater für Zielgruppen"	• "Absatzsteigerung eigener Produkte" (Verbindungen, Software, etc.)
Pros +	• Hohe Glaubwürdigkeit • "Early-mover"-Vorteile • Markenbekanntheit	• Hohe Glaubwürdigkeit und Vertrauen • Fokus auf Kundenwünsche, Zielgruppenorientierung • Hohe Nutzungsdauer	• Markenbekanntheit • Synergien mit anderen Geschäftsbereichen • Bestehende Kundenverbindung • Diversifizierte Erlösstruktur
Cons –	• Abhängigkeit von Werbung • Bisher unbewiesenes Geschäftsmodell	• Abhängigkeit von Werbung, Abonnements bisher nicht ausreichend • Liquiditätsprobleme, begrenzter Kapitalzugang	• Interdependenz und Konfliktpotential zwischen Portalgeschäft und anderen Unternehmensbereichen

Quelle: eigene Darstellung

Auf der Wertschöpfungsstufe der Paketierung und Aggregation von Inhalten konkurrieren vor allem **Portale**. Allgemein lassen sich gemäß der verschiedenen Erlebniswelten **PC-basierte, TV-basierte und mobile Portalplattformen** unterscheiden.[141] Im PC-Kontext handelt es sich um Internet-Portale[142] (je nach Übertragungskapazität unterteilt in Schmalband- und Breitband-Portale), in der TV-

139 Zu Zahlungsbereitschaft und adäquaten Preissetzungsstrategien für iTV vgl. Clement (2000), S. 91ff. Zur Nutzung des digitalen Fernsehens im Allgemeinen vgl. ARD-Projektgruppe Digital (2001), S. 214ff; Schenk/Stark/Döbler/Mühlenfeld (2001), S. 220ff., zur Fernsehnutzung Leshner/Reeves/Nass (1998), S. 21ff.; Darschin/Kayser (2000), S. 162ff. u. (2001), S. 146ff.; Gleich (2000b), S. 326. Zur Nutzung von Fernsehen und Internet im Vergleich vgl. Trepte/Baumann/Borges (2000), S. 550ff.

140 Vgl. Fuhrmann (2001), S. 15.

141 Zu so genannten Multiplattform-Portalen vgl. Deprez/Rosengren/Soman (2002), S. 96ff.

142 Vgl. z.B. Niewjik/Songhurst/Todd (2003), S. 106f.

Umgebung handelt es sich neben herkömmlichen Programmkanälen um iTV-Portale[143] oder so genannte elektronische Programmführer (Electronic Program Guides, EPG) und schließlich um mobile Portale.[144] Sie offerieren Inhaltebündel und adressieren entweder die breite Masse oder näher segmentierte Teilmärkte und Interessengruppen. (s. Abbildung 23). Wettbewerber sind einerseits **reine Online-Spieler**, insbesondere im Internet, andererseits **etablierte Medienunternehmen**, die ihre Online-Aktivitäten sukzessive stärken.[145] Auf der Ebene der Aggregatoren existieren sowohl kostenfreie und kostenpflichtige Angebote.[146] **Relevante Erlösströme** sind neben der Werbung zunehmend bezahlte Inhalte (Subskriptions- und PPV-Modelle), E-Commerce und Transaktionen sowie Mehrwertleistungen.[147] Oft werden auch so genannte E-Commerce-Portale und Transaktionsaggregatoren, die Produktangebote für Konsumenten bündeln, dieser Wertschöpfungsstufe zugeordnet.[148]

Erfolgsfaktoren für Inhaltepaketierer und Aggregatoren sind die Fähigkeit, Kundenwünsche zu verstehen und entsprechende Angebote für klar segmentierte Kundengruppen zu entwickeln.[149] Neben Markenstärke ist das Management der Kundenverbindungen außerordentlich wichtig. Aufgrund der wachsenden Bedeutung des Kundenzugangs in der IuK-Industrie hat die Wertschöpfungsstufe der Aggregation ein hohes Wettbewerbsniveau mit zahlreichen Markteintritten aus allen konvergierenden Teilindustrien: von Softwarefirmen wie Microsoft bis zu Medien- und Telekommunikationsfirmen, die Portale für die unterschiedlichen

143 Vgl. Bowling/Chan-Olmsted (2001), S. 202. Zu einer Anwendung des Porter-Frameworks auf die Portal-Industrie vgl. Heil (1999), S. 162ff.

144 Zu mobilen Portalen vgl. z.B. Schmidt (2001), S. 6ff.

145 Zu Charakteristika der Wertschöpfungsstufe Paketierung und Aggregation sowie zu Wettbewerbsstrategien vgl. z.B. Jupiter (1999), S. 2ff.

146 Ein häufig zitiertes Beispiel für erfolgreiche Premium-Angebote ist die Wall Street Journal Interactive Edition, die ihren Kunden gegen einen Monats- bzw. Jahresbeitrag den Zugang zu ihrem Internet-Angebot offeriert. Die Frage nach der Zahlungsbereitschaft für Internet-Inhalte wird immer wieder kontrovers diskutiert. Es gibt in der Realität jedoch zahlreiche Anhaltspunkte und Beispiele für erfolgreiche Premium-Angebote.

147 Im Bereich der neuen Medien ist dabei eine zunehmende Bedeutung von kundenspezifischen Daten und Informationen zu beobachten. Während die Bedeutung von Werbung relativ zurückgeht, vgl. Napoli (2001), S. 71. Auch Dienste wie Hosting und Beratung nehmen zu. Zu einer Übersicht der Erlösmodelle einzelner Geschäftsmodelle vgl. Böning-Spor/Hess (2000), S. 38ff.

148 Vgl. stellvertretend Kilius/Mueller-Oerlinghausen (1999), S. 149f.; Klein (2000), S. 95ff. sowie Kelley (2001), S. 2ff. und zu der Rolle von 'Infomediation' vgl. Ordanini/Pol (2001), S. 277ff.; Schnetkamp (2000), Zott/Amit/Donlevy (2000), S. 467ff.; zur Multi-Channel Thematik vgl. Zrike (2001), S. 6ff.; zur Kombination von Inhalten und Kommerzangeboten vgl. Leathern (2001), S. 1ff. Derartige Anbieter sollen aufgrund ihrer nur partiellen Zugehörigkeit zur IuK-Industrie im Rahmen dieser Arbeit nicht weiter untersucht werden. Sie sind aber hinsichtlich der Potentiale zur Diversifizierung von Erlösströmen durchaus interessant.

149 Vgl. Mueller-Oerlinghausen/Kilius (1999), S. 150. Vgl. zu Segmentierungsvorschlägen für Kundengruppen im Umfeld neuer Medien z.B. Walsh (2000a), S. 7ff und Walsh (2000b), S. 8ff. sowie Oehmichen/Schröter (2000), S. 360ff.

Formate PC, TV und Mobilfunk entwickeln.[150] Auch die Vielfalt der Dienste und Angebote, von Videotext bis UMTS, verschärft den Wettbewerb, ermöglicht jedoch gleichzeitig die Mehrfachverwertung von Inhalten.[151] Für Portale und Aggregatoren sind Kooperationen und die Bildung von Netzwerken zur Beschaffung spezialisierter Inhalte und zur Verbesserung eines integrierten Angebots mit einen Spektrum relevanter Funktionalitäten in besonderem Maße entscheidend[152]

2.4.3. Übertragung

Die Wertschöpfungsstufe der Übertragung beinhaltet die **Transmission und die Distribution von Daten und Inhalten**. Allgemein gelten hier ähnliche Einflussfaktoren wie für den gesamten Kontext der IuK-Industrie.[153] Liberalisierung und das Aufbrechen nationaler Telekommunikationsmonopole führten zu hohen Preisrückgängen. Technische Fortschritte durch leistungsfähige Breitbandtechnologie erhöhten die Übertragungskapazitäten. Die Entwicklungen an den globalen Finanzmärkten und die damit verbundenen Liquiditätsüberschüsse der Unternehmen führten zu massiven Infrastrukturinvestitionen und Überkapazitäten sowie zum Erwerb überteuerter UMTS-Lizenzen für die nächste Mobilfunkgeneration und letztlich zu der gegenwärtig schwachen Finanzsituation vieler Unternehmen. Trotzdem gilt der Bereich der Übertragung und des Netzzugangs weiterhin als attraktiv; eine gute Positionierung auf dieser Wertschöpfungsstufe ist notwendig für Unternehmen in der IuK-Industrie.[154]

Insgesamt lassen sich die Übertragungsnetze hinsichtlich ihrer technischen Grundlagen unterscheiden: Herkömmliche Übertragungsnetze für Telekommunikationsdienste, Kabelnetze, Satellitennetze, terrestrische Fernsehnetze, Mobilfunknetze und sonstige Übertragungsnetze.[155] Grundlage für den erfolgreichen Wettbewerb auf der Wertschöpfungsstufe Übertragung sind Skaleneffekte und Fähigkeiten im Infrastrukturgeschäft. Neben den integrierten und diversifizierten Telekommunikationsunternehmen konkurrieren in diesem Umfeld Kabelnetzbetreiber, Anbieter von satellitenbasierten Netzen sowie einige spezialisierte Infrastruktur- und Technologieanbieter, die leistungsfähige Backbone-Netze aufgebaut haben und große Datenmengen transportieren können oder spezialisierte

[150] Zu sog. Electronic Programm Guides und iTV-Portalen vgl. Kesrel (1999), S. 12ff. Zu einer Analyse der Historie und Wertschöpfungsarchitektur von Online-Diensten vgl. Göttsch (2000), S. 106ff.

[151] Vgl. zu Strategien und Fähigkeiten von Inhalteproduzenten und Inhaltepaketierern auch Cardoso (1996), S. 266ff. und Hess/Schumann (1999), S. 5ff. und Brenner/Zarnekow (1999), S. 35ff. sowie zur Anwendung des Porterschen Analyseinstrumentariums auf die Industrie multimedialer Inhalte 258ff.

[152] Vgl. z.B. Riefler (2001), S. 32ff.

[153] Vgl. Kapitel C.2.2.

[154] Vgl. Türk (2001), S. 241ff.

[155] Vgl. zu einer Darstellung der Übertragungsnetze auch Kapitel C.1.2.

Technologien zur Unterstützung der Datenübertragung anbieten. Vorherrschende Erlösmodelle basieren auf Abonnements und Transaktionen. Der Transport und die Übertragung der Datenmengen erfolgt durch Infrastrukturanbieter.

Netzzugangsanbieter (sog. Internet Service Provider, ISP) offerieren den Konsumenten den **Netzzugang bzw. Anschluß- und Konnektivitätsdienste**. Sie befinden sich an der Schnittstelle der beiden Wertschöpfungsstufen Übertragung und Manipulation bzw. Plattformdienste. Der Teilbereich der Online-Dienste und Service-Bereitstellung existiert seit etwa einem Jahrzehnt und hat eine turbulente Marktentwicklung vollzogen. Anfänglich prägten Pionierunternehmen wie AOL in den Vereinigten Staaten die Industrie, später expandierten sie in andere Regionen. Mit dem starken Wachstum in den 90er Jahren kam es zu zahlreichen Markt-zutritten. Zum einen begannen Telekommunikationsfirmen damit, Netzzugangsdienste anzubieten, um so neue Einnahmen zu generieren und ihre Netzkapazitäten besser auszulasten. Außerdem entstanden ISP-Angebote, die Kunden den kostenlosen Zugang zum Internet ermöglichten.[156] Die hohen Vergünstigungen und aufgeblähten Akquisitionskosten pro Kunde[157] sind mittlerweile weitgehend korrigiert. Nach einigen Jahren der Konsolidierung und Konzentration sind die kostenfreien Angebote wieder fast völlig verschwunden.[158] Globaler Marktführer beim Internetzugang ist weiterhin AOL, in Europa dagegen sind meist die von Telekommunikationsfirmen gegründeten ISPs Marktführer in den jeweiligen Ländern. Gegenwärtige Herausforderungen sind die Migration der Kunden in breitbandige Erlebniswelten und die weitere Diversifizierung der Erlösströme durch ein integriertes Portalangebot mit Kommissions- und Transaktionserlösen.[159] Insbesondere Kooperationen sind für ISPs aufgrund knapper Ressourcen und hoher Marktunsicherheit von hoher Wichtigkeit für die Durchsetzung im Wettbewerb.[160]

Auch auf alternativen Plattformen wie iTV und mobilen Kanälen sind Netzzugangsanbieter aktiv. Dabei existieren einerseits Anbieter ohne proprietäre Infrastruktur, die den Zugangsdienst in Kooperation mit einem Netzanbieter, meist einem Kabelnetzbetreiber oder einem Mobilfunkunternehmen, offerieren sowie andererseits integrierte Wettbewerber, die eigene Infrastrukturkapazitäten besitzen und Zugangsdienste anbieten. Zum gegenwärtigen Zeitpunkt stellt das Internet eine relativ offene Welt dar, während in mobilen und TV-basierten Zugangsplattformen noch weitgehend relativ geschlossene Standards dominieren. In geschlossenen Plattformen besitzt der Netzzugangsanbieter einen vergleichsweise großen

---

156 Zu Ansätzen einer Systematisierung von ISPs und einer Übersicht zu Studien im Zusammenhang mit ISPs vgl. Elixmann/Metzler (2001), S. 14ff., auch Niewjik/Songhurst/Todd (2003), S. 105ff. Zu Geschäftsmodellen von ISPs vgl. weiterführend Westland/Clark (2000), S. 278ff.

157 Vgl. auch Horowitz/Wigder (2001), S. 3.

158 Vgl. Jupiter (2001), S. 3. Vgl. zur abnehmenden Kundenloyalität und den damit einhergehenden Problemen für Onlinedienste und ISPs z.B. Kolko (2001), S. 6ff.

159 Zur Wettbewerbsanalyse zwischen zwei Internet Service Providern aus spieltheoretischer Perspektive vgl. Foros/Hansen (2001), S. 8ff.

160 Vgl. Niewjik/Songhurst/Todd (2003), S. 99ff.

Einfluss, er kann unter anderem mittels Voreinstellungen seine eigenen Portale platzieren. Infolgedessen besteht im Internet ein geringerer vertikaler Integrationsgrad als in den anderen Plattformen. Kabelnetzbetreiber im Bereich iTV sind dagegen weit stärker vertikal integriert.[161]

Im Allgemeinen lassen sich auf allen Übertragungswegen Entwicklungsfortschritte bei den Bandbreiten beobachten. Sie sind oft die Voraussetzung für innovative Dienste seitens der Netzzugangsanbieter, aber auch der Portale, Online-Dienste und Inhalteanbieter.[162] Telekomfirmen und Kabelanbieter offerieren häufig Bundling-Angebote[163] und kombinieren Konnektivitätsdienste in Form von Internetzugang und Telekommunikationsleistungen über bestehende Übertragungs- und Anschlussnetze. Mittelbar werden derartige Produkt- und Leistungsbündel die industriellen Konvergenzentwicklungen weiter unterstützen.

Abbildung 24: Einflussfaktoren entlang der Wertschöpfungskette der IuK-Industrie

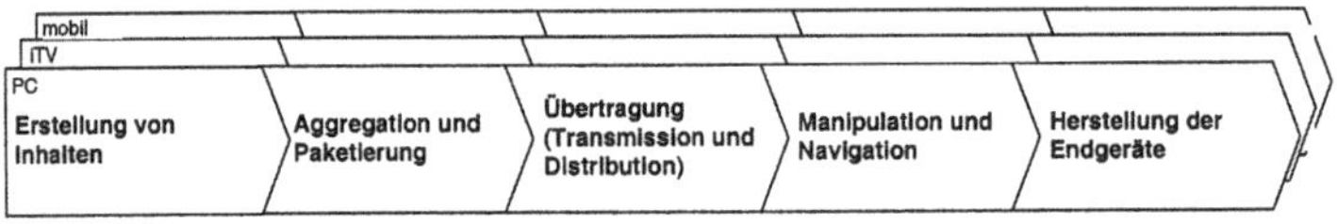

- Nutzung bestehender Inhalte auf neuen Breitband- und Multimedia-Plattformen
- Notwendigkeit neuartiger interaktiver Inhalte

- Vielzahl von Plattformen bietet Möglichkeiten zur
  - –Schaffung passender Inhaltepakete
  - –Aggregation von Portalangeboten
  - –Mehrfachverwertung von Inhalten

- Medienkonvergenz erlaubt Unternehmen vielfältige Möglichkeiten des Kundenzugangs und der Kundeninteraktion

- Deregulierung und neue Breitbandtechnologie fördert Markteintritte neuer Wettbewerber
- Wettbewerb führt zu Preisrückgängen, allerdings Tendenz zu regionalen Oligopolen

- Rascher technischer Fortschritt bei Prozessorleistung und Speicherkapazitäten
- Zunehmende Internet-Konnektivität (z.B. Spielekonsolen)
- Konvergenz der Endgeräte mit zunehmenden Funktionalitäten (z.B. Phone-PDAs)

Quelle: eigene Darstellung

---

161 Für Netzbetreiber wie z.B. BSkyB, NTL, Telewest, ergeben sich infolgedessen auch andere Rollen wie Infrastrukturbereitstellung, Portalangebot und Kundenmanagement. Vgl. auch Grimsditch (2001a), S. 8f.

162 Zu den Auswirkungen von Breitband auf Kundenerlebnis und Erlösformen vgl. Rao (2001), S. 58ff.

163 Vgl. zu Bundling-Angeboten in Breitband-Umgebungen z.B. Kolko (2001), S. 1ff.

2.4.4. Manipulation und Plattformdienste

Die Wertschöpfungsstufe der Manipulation und Plattformdienste umfasst sowohl **Softwareapplikationen** zur Manipulation und Navigation multimedialer Anwendungen sowie **Plattformdienste** wie Browser- und Streaming-Technologie und **Transaktionssoftware** bis hin zu **Softwaretechnologie** zur Unterstützung anderer Wertschöpfungsstufen. Wettbewerber sind insbesondere **Softwareunternehmen**, die mit Ausnahme der starken Wettbewerbsposition Microsofts im Allgemeinen stark fragmentiert sind. Im Bereich von Applikationen und Programmen zur Nutzung von geschäfts- und kundenrelevanten Daten konkurrieren z.B. **integrierte Unternehmen** wie IBM, Oracle und Microsoft und zahlreiche **spezialisierte Firmen**,[164] die existierende Daten verarbeiten, nutzbringend einsetzen und verkaufen.

Ein Beispiel für Plattformdienste sind Software-Applikationen auf Basis der so genannten Streaming-Technologie, die Videosequenzen über das Internet zugänglich macht.[165] Das Marktwachstum im Streaming-Markt ist hoch und die Erlösströme umfassen Werbung, Sponsorships, Gebühren seitens der Nutzer und Kommissionen für E-Commerce-Transaktionen.[166] Bedeutende Wettbewerber sind die Firmen Real Networks, Microsoft und Apple mit ihren entsprechenden Programmen.[167] Trotz relativ konstanter Marktanteile der führenden Unternehmen während der letzten Jahre herrscht in diesem Marktsegment ein intensiver Wettbewerb[168] mit zahlreichen Marktzutritten und einem hohen Innovationsgrad, der auch Konsumenten und Inhalteanbietern, die diese Technologie im Rahmen ihrer Inhalteangebote einsetzen, zugute kommt. Microsoft versucht ähnlich wie bei seiner Wettbewerbsstrategie im Browsersegment gegenüber Netscape seine Produktversionen sukzessive in die Betriebssystemsoftware zu integrieren, um so die Dominanz im Bereich der PC-Software auszuspielen, und verfolgt mittels interner Quersubventionierung eine aggressive Preispolitik. Außerdem expandieren sowohl Microsoft als auch Real zunehmend in Richtung alternativer Plattformen,

---

[164] Beispiele für spezialisierte Anbieter sind Actuate, Cognos, Business Objects, Sagent Technology, Informatica u.a. Für eine Übersicht zu auf dieser Wertschöpfungsstufe aktiven Wettbewerbern vgl. Butt (2001), S. 9.

[165] Vgl. Bhandari/Biglari/Burstein/Dua/Rose (2000), S. 138ff

[166] Vgl. Mayer/Mohn/Zabbal (2001), S. 134.

[167] Das Unternehmen Real Networks verfolgt mit seinem Programm des Real Players eine Strategie innovativer und differenzierter Produkte, Microsoft dagegen mit seinem Media Player eher eine Strategie der Kostenführerschaft für den Massenmarkt, und Apple ist mit "Quick Time" ein Nischenanbieter, vgl. Pidgeon (2000), S. 9f. Vgl. auch Niewjik/Songhurst/Todd (2003), S. 104.

[168] Im Jahr 2000 hatten 68% der Internetnutzer den Real Player oder die Real Jukebox, 64% den Media Player und ca. 24% das Programm Quick Time. 13% besaßen keines der drei Softwareprogramme, vgl. Pidgeon (2000), S. 7. Mehr als zwei Drittel aller Websites bieten ihre Inhalte in mehreren Formaten an bzw. ermöglichen die Nutzung unterschiedlicher Programme. Vgl. Pidgeon (2000), S. 11.

z.B. im Bereich mobiler Endgeräte. Mit der Offenlegung großer Teile seines Quellcodes und der Sicherstellung von Kompatibilität zu alternativen Technologien versucht Real Networks trotz Anstrengungen Microsofts, die eigene Software als Standard für diesen Zukunftsmarkt zu etablieren.

2.4.5. Herstellung von Endgeräten

Die fünfte Wertschöpfungsstufe der IuK-Wertschöpfungskette ist die **Herstellung und Bereitstellung von Endgeräten zum Empfang digitalisierter Inhalte**. Neben den **herkömmlichen Geräten** wie Fernsehen, Radio, Computer und Telefonen (Festnetz- und Mobiltelefone) entstanden in den letzten Jahren zusätzliche und **neuartige Endgeräte**: Spielekonsolen, PDAs und zahlreiche Peripheriegeräte für TV und PC, z.B. DVD-Spieler, Set-Top Boxen und so genannte Entertainment Hubs.[169] Das Marktumfeld ist gekennzeichnet durch einen hohen Grad des technischen Fortschritts in Bezug auf Prozessorleistung und Speicherkapazitäten, die innovative Entwicklung zusätzlicher Funktionalitäten und die zunehmende Internet-Konnektivität von Endgeräten (z.B. bei Spielekonsolen). Auch konvergente Entwicklungen von multiplen Funktionalitäten einzelner Endgeräte nehmen zu (z.B. Phone-PDAs).[170]

Ausschlaggebend für die Entwicklung und Verbreitung von Endgeräten sind insbesondere die **Existenz komplementärer Leistungen** und die **Durchsetzung einer standardisierten Schnittstelle zwischen Hardware und Software**. Ein derartiger Standard garantiert die Kompatibilität zwischen verschiedenen Endgeräten und mit unterschiedlichen Softwareversionen und unterstützt die Erreichung einer kritischen Masse von Kunden und Entwicklern.[171] Dabei entstehen spezialisierte Inhalteformate je Endgerät. Während auf der Plattform (i)TV vor allem Filme und Unterhaltungsprogramme eine hohe Attraktivität besitzen,[172] werden Spielekonsolen auch bei Konnektivität und Internetzugang weiterhin schwerpunktmäßig für Spielesoftware genutzt. Computer werden auch zukünftig der Bearbeitung relativ komplexer und interaktiver Aufgaben dienen und im Ver-

[169] Der Begriff Hub bezeichnet die Eigenschaft einer zentralen Schaltstelle des gesamten Systems, über das dann zahlreiche Peripheriegeräte angeschlossen und Applikationen angesteuert werden können. Gegenwärtig werden derartige Systeme im Rahmen des so genannten 'Home Networking' entwickelt.

[170] Zur Integration zusätzlicher Funktionalitäten in Endgeräte der Unterhaltungselektronik, insbesondere TV, z.B. in Form von VCR- und TIVO/DPTR (Digital Personal Television Receiver)-Funktionalitäten vgl. Wirtz/Schwarz (2001), S. 23f. Vgl. Hazewindus/Burgelman/Bogdanowicz (2000), S. 22ff. Zur Entstehungsgeschichte und Entwicklung von PDAs vgl. z.B. McGahan/Vadasz/Yoffie (1997), S. 230ff.

[171] Vgl. McGahan/Vadasz/Yoffie (1997), S. 228f.

[172] Vgl. z.B. Mayer/Mohn/Zabbal (2001), S. 136ff.

gleich zu den anderen Endgeräten ihren Schwerpunkt auf Arbeit und Kreativität anstelle von Entertainment behalten.[173]

Ein weiterer Trend ist die parallele Nutzung verschiedener Endgeräte und Zugangsplattformen. Bereits heute besitzen viele Nutzer sowohl mobile Endgeräte als auch internetfähige PCs. Auch die Nutzerzahlen interaktiver Fernsehplattformen steigen in vielen Ländern. Die Bedeutung des Datenverkehrs nimmt weiter zu, zusätzliche und neue Funktionalitäten werden sich sukzessive durchsetzen und eine hohe Anzahl von Kunden werden mehrere Zugangsplattformen und Endgeräte nutzen.[174] Aufgrund der unterschiedlichen Nutzungsmodi unterschiedlicher Endgeräte und der Nutzung zahlreicher Endgeräte und Plattformen wird in absehbarer Zeit Konvergenz hier eher die **Sicherstellung von Konnektivität und Vernetzung** als das Verschmelzen verschiedener Endgeräte bedeuten.

Um auf der Wertschöpfungsstufe der Endgeräte mit ihrer hohen Wettbewerbsdynamik erfolgreich zu sein, bedarf es Fähigkeiten bei Innovation und Vermarktung. Das vorherrschende Erlösmodell ist transaktionsorientiert und basiert auf dem Verkauf von Produkten. Wettbewerber gehören schwerpunktmäßig dem Hardwarebereich der Informationstechnologie an, häufig in enger Kooperation mit Softwareherstellern. Auf der Wertschöpfungsstufe existieren eine Vielzahl verschiedener Endgeräte: eine große Bandbreite von Fernsehern und Peripheriegeräten wie Videorecorder und DVD-Spieler, Desktop- und Laptop-Computer mit dazugehöriger Peripherie, mobile Endgeräte wie Mobiltelefone, PDAs, Minicomputer und Geräte der Unterhaltungselektronik von Walkman bis MP3-Player; außerdem der Bereich von Videokonsolen mit dazu gehöriger Spielesoftware. Die herkömmliche Unterteilung nach Unterhaltungselektronik und Personal Computer verschwimmt zunehmend: Endgeräte wie Spielekonsolen und PDAs sind diesen Kategorien nicht mehr überschneidungsfrei zuzuordnen.[175]

2.5. Erlösformen in der IuK-Industrie

Bei der Charakterisierung der einzelnen Wertschöpfungsstufen wurde bereits auf zahlreiche Erlösformen der IuK-Industrie eingegangen. Insgesamt lassen sie sich in **direkte und indirekte Erlösströme** unterteilen (s. Abbildung 25). Die direkten Erlösströme sind entweder nutzungsabhängig oder nutzungsunabhängig. Letztere haben entweder einmaligen Charakter, z.B. in Form von Anschlussgebühren, Lizenzgebühren oder als Preis für spezielle Empfangsgeräte, oder sind wiederkehrender Natur wie im Falle von Abonnements, Rundfunkgebühren und sonstigen Grundgebühren für IuK-Dienste. Die indirekten Erlösströme an Unternehmen erfolgen in Form von Werbung, Datamining und Kommissionen via Unternehmen oder als staatliche Subventionen.

---

[173] Vgl. z.B. Kesrel (2000), S. 9ff.

[174] Vgl. Deprez/Rosengren/Soman (2002), S. 98.

[175] Vgl. Hazewindus/Burgelman/Bogdanowicz (2000), S. 23f.

Abbildung 25: Systematisierung der Erlösformen in der IuK-Industrie

Direkte Erlösströme			Indirekte Erlösströme	
Nutzungsabhängig	**Nutzungsunabhängig**		**via Unternehmen**	**via Staat**
	Einmalig	**Wiederkehrend**		
Einzeltransaktionen – nach Leistungsmenge – nach Leistungsdauer	Anschlussgebühren Lizenzgebühren Spezielle Empfangsgeräte (z.B. Dekoder)	Abonnement Rundfunkgebühren Sonstige Grundgebühren	Werbung Datamining Kommission Sonstige Formen	Subventionierung

Quelle: eigene Darstellung

2.6. Interaktives Entertainment als Fallbeispiel für intersektorale Konvergenz

Der Bereich des interaktiven Entertainments ist ein Beispiel für einen **dynamischen und wachstumsstarken Markt** und für **intersektorale Konvergenz unter Beteiligung aller Teilbranchen der IuK-Industrie**: Attraktive Inhalte, Spielesoftware, Videosequenzen, Onlineangebote und VOD-Angebote aus der Medienindustrie und Portalindustrie, Übertragung, Netzzugang und Internetkonnektivität der Spielekonsolen aus der Telekommunikationsindustrie und schließlich Spielekonsolen, Hardware-Peripherie, 'Peer-to-peer'-Technologie und Software aus der Informationstechnologie. Auch die Wettbewerber reflektieren die Involvierung aller Teilbereiche der IuK-Industrie: von Softwarefirmen wie Microsoft, Electronic Arts und Bandai über Hardwarehersteller wie Sony und Nintendo bis hin zu Internetportalen wie Lycos, Yahoo und T-Online.

In seinen Anfängen geht der Bereich der Videospiele auf Innovationen der 60er Jahre zurück, als die ersten Videospiele wie Periscope und Pong entwickelt wurden. Mittlerweile erreicht der gesamte Markt des interaktiven Entertainments, häufig auch als Online-Entertainment bezeichnet, ein Marktvolumen von mehr als 6 Mrd. Euro.[176] Mit Fortschritten der Internetfähigkeit der Konsolen und dem

[176] Vgl. Idsa (2001), S. 3ff und Idsa (2002), S. 3ff

Wachstum von integrierten Online-Angeboten treten auch Unternehmen des Telekommunikationsbereichs in den Wettbewerb ein und die Industrie wird zum intersektoralen Konvergenzbeispiel mit Schnittstellen zu allen drei Teilbranchen der IuK-Industrie.[177] Darüber hinaus fördern Kooperationsaktivitäten die zunehmende Vermischung der Branchen. Da die Spieleindustrie stark wächst und einen steigenden Anteil des gesamten Medien- und Entertainment-Bereichs einnimmt, haben sowohl Medienfirmen als auch Software- und Hardwarehersteller großes Interesse an Entwicklern und an der Entwicklung von Spielesoftware.[178]

Der Markt des interaktiven Entertainments ist gekennzeichnet durch ein hohes Maß an Dynamik und Unsicherheit hohen Innovations- und Wachstumsraten. Aufgrund der Verbreitung verschiedener Plattformen wie Spielekonsolen, PCs und mobilen Endgeräten, der wachsenden Konnektivität, der zunehmenden Bandbreiten und der veränderten Nutzungsgewohnheiten von Konsumenten, für die das so genannte 'Gaming' bereits jetzt parallel zu anderen Formen der Mediennutzung via PC und TV stattfindet,[179] wird die Bedeutung interaktiven Entertainments weiter steigen. Trotz der technischen Fortschritte bleiben neben den Hardwarefunktionalitäten die Entwicklung attraktiver Applikationen und innovativer Inhalte ausschlaggebend für den Erfolg.[180]

Beim interaktiven Entertainment handelt es sich um ein Systemgeschäft mit signifikanten Netzeffekten. Die Entwicklung und Produktion der Spielekonsolen wird von den drei Herstellern Sony ('PlayStation'), Nintendo ('Game Cube') und Microsoft ('X-Box') dominiert und koordiniert. Sie vertreiben die Hardware zu stark subventionierten Preisen und profitieren von dem anschließenden Absatz lizensierter Videospiele. Im Markt der Spielekonsolen herrscht eine hohe Wettbewerbsintensität. Neben stetigen Preisrückgängen zur Erhöhung der installierten Basis von Konsolen erfolgen gleichzeitig vielfältige Innovationen, beispielsweise

---

177 Vgl. zur zunehmenden Bedeutung von Entertainment-Themen für das Internet im Allgemeinen Walsh (2000a), S. 5ff., Für eine Unterteilung der Spieleindustrie vgl. Loizides (2001), S. 1f., die zwischen 'Console Gaming', 'Twin-screen gaming', 'In-program gaming' und 'Broadcast-based gaming' unterscheidet.

178 Vgl. Scheirer (2001b), S. 2.

179 Vgl. Schwartz (2000), S. 7ff.

180 Vgl. Herron (2001), S. 18f. Allerdings bedeuten Inhalte bzw. Applikationen hier elaborierte und leistungsfähige Softwareprogramme mit interessanten Konzepten, ansprechender Grafik und vielfältigen Funktionalitäten. Insofern stehen funktionsfähige Hardware und attraktive Softwareprogramme hier in einem engen Zusammenhang, nicht zuletzt aufgrund der weitgehend 'geschlossenen' Systeme und dem geringen Grad der Kompatibilität.

das Angebot von zusätzlichen Funktionalitäten wie DVD und die Aufrüstung mit Online-Konnektivität und Internetzugang.[181]

2.7. Nebeneinander von Konvergenz und Fragmentierung

Neben den dargestellten branchenspezifischen Konvergenzentwicklungen und den Varianten der Konvergenz lassen sich in Anlehnung an die vorangegangene Analyse der Wertschöpfungskette der IuK-Industrie außerdem Tendenzen von Konvergenz auf einzelnen Wertschöpfungsstufen feststellen:

- **Konvergenz der Inhalte**: Die Digitalisierung von Informationen und Inhalten führt zu einer Mehrfachverwertung für verschiedene Plattformen. Text-, Bild-, und Toninhalte können sowohl für PC-basierte, TV-basierte und mobile Umgebungen genutzt werden, wenn auch mit notwendigen Kontextanpassungen.
- **Konvergenz der Dienste** bedeutet die Möglichkeit, Formate, personalisierte Profile und Dienste über verschiedene Endgeräte anzusteuern und zu nutzen. Beispiele sind Kommunikationsdienste wie E-Mail und Chat-Programme oder Transaktionen, die zunehmend über PC-basierte, TV-basierte und mobile Kanäle und Plattformen zugänglich sind. Dabei unterscheiden sich Dienste je Plattform und adressieren häufig komplementäre Bedürfnisse wie ortsspezifische Funktionalitäten bei Mobiltelefonen und relativ komplexe Funktionalitäten bei Computern.
- **Konvergenz der Endgeräte:**[182] Auf der Wertschöpfungsstufe der Endgeräte manifestiert sich die Konvergenzentwicklung in zweifacher Hinsicht. Einerseits lässt sich eine zunehmende Interaktion zwischen verschiedenen Endgeräten beobachten: sowohl hinsichtlich von Standards wie Bluetooth, USB, oder Wireless LAN als auch hinsichtlich integrativer Applikationen (z.B. Apple Digital Hub oder Windows Media XP). Außerdem kommt es bei innovativen Endgeräten zu einer Multiplikation von Funktionalitäten:

---

[181] Für Unternehmen bedeutet der Wettbewerb in diesem Wachstumsmarkt einen immensen Investitionsaufwand. Allein Microsoft, mit der X-Box ein neuer Wettbewerber in dem seit Jahren existierenden Entertainment-Markt, hat neben dem hohen Entwicklungsaufwand für die Spielekonsole und den kontinuierlichen Verlusten aufgrund von nicht kostendeckenden Verkaufspreisen bereits anlässlich des Launches der X-Box ein Budget in Höhe von $ 1 Mrd. aufgewandt. Für die nächsten fünf Jahre hat Microsoft neben Marketingaufwänden in Höhe von weiteren $ 2 Mrd. Investitionskosten für Konnektivität in Höhe von $ 40-50 pro Konsole veranschlagt.

[182] Vgl. Stipp (1998), der drei Varianten der Konvergenz zwischen Computer und Fernsehen ausmacht: (a) die Konvergenz der Technologien bzw. Endgeräte mittels technischer Innovationen, (b) Branchenkonvergenz durch das Zusammenwirken von Unternehmen unterschiedlicher Branchen und (c) die Konvergenz des Nutzungsverhaltens der Konsumenten. Vgl. Stipp (1998), S. 76f.

Bürogeräte verrichten eine Vielzahl von Funktionen[183] und PDAs ermöglichen fast das gesamte Spektrum der individuellen Kommunikations- und Organisationsaufgaben.[184]

Im Rahmen der Darstellung chronologischer Konvergenzentwicklungen in den einzelnen Teilbereichen Medien, Telekommunikation und Informationstechnologie wurde bereits auf die Phänomene der Fragmentierung und Disaggregation hingewiesen, z.B. anhand der Beispiele der Musik- und der Computerindustrie. **Konvergenz ist folglich keine Veränderung entlang vorhersehbarer und stabiler Regeln, sondern vielmehr ein dynamischer und turbulenter Entwicklungsprozess**. Trotz des fortgesetzten Zusammenwachsens von Branchen zur IuK-Industrie erfolgt zeitgleich eine **Fragmentierung von Industrien**. Vertikal integrierte Wertschöpfungsketten zerbrechen, die Marktdynamik auf einzelnen Wertschöpfungsstufen nimmt zu und Wettbewerb, Globalisierung und technischer Fortschritt führen zu horizontalen Märkten und turbulenten Wettbewerbskonstellationen.[185]

Das **Nebeneinander von Konvergenz und Fragmentierung** führt zu einer Überschneidung ehemals getrennter Wertschöpfungsketten und zu einem Aufbrechen ehemals zusammenhängender Wertschöpfungsstufen und funktionaler Bereiche. Beispielhaft ist die Elektronikindustrie, in der noch bis vor wenigen Jahren aufgrund der Abgrenzung von Märkten auf Basis gleichartiger Gruppen von Anbietern und Kunden separate Märkte für Mobiltelefone, Unterhaltungselektronik und Personalcomputer definiert werden konnten (s. Abbildung 26). Aufgrund der Entstehung von Unternehmen entlang funktionaler Schwerpunkte und Fähigkeiten quer über traditionelle Industriegrenzen hinweg muss die Definition von Industrie- und Branchengrenzen modifiziert werden. Basis für die Bildung einer Industrie ist die Existenz von Unternehmen mit ähnlichen operativen Prozessen, die Fähigkeit zur Produktion technisch äquivalenter oder komplementärer Produkte und Dienstleistungen und die Befriedigung gleicher Bedürfnisse.

---

183 Moderne Geräte erlauben z.B. Kopieren, Scannen, Drucken mit vielfältigen Organisationsfunktionen und Vernetzung.

184 Es existiert eine große Bandbreite von Funktionalitäten: von Sprach- und Mobiltelefonie über E-Mail, Dokumentenbearbeitung, Kalenderfunktionen und zahlreiche Software-Applikationen bis hin zu Internetfunktionalität.

185 Zu Fragmentierung und Dekonstruktion vgl. Bresser/Heuskel/Nixon (2000), S. 2ff.; Ehrensberger/ Opelt/Rubner/Schmiedeberg (2000), S. 193ff. sowie Göttsch (2000), S. 133ff.

Abbildung 26: Übergang von vertikal integrierten zu fragmentierten und hybriden Industriestrukturen

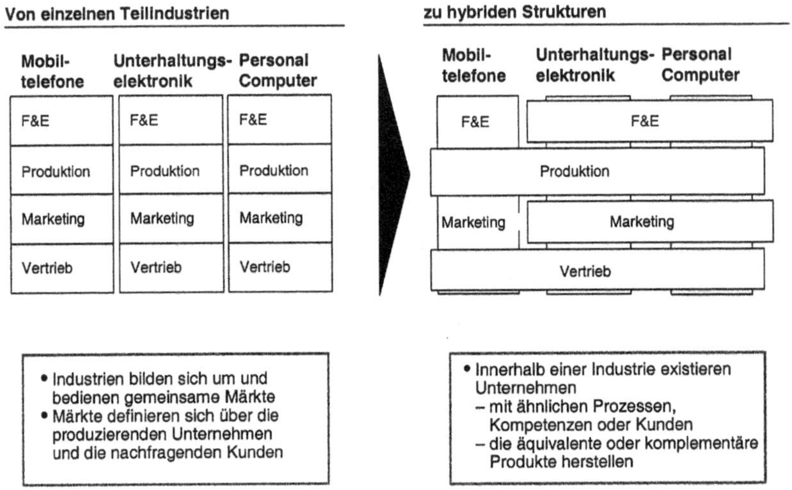

Quelle: eigene Darstellung

Industrieveränderungen und Konvergenzphänomene können durch verschiedene Stimuli hervorgerufen werden und ereignen sich in **Form unterschiedlicher Entwicklungsprozesse**; die im Folgenden kurz vorgestellt werden.

- **Phasenförmige Disaggregation:** Beim Übergang zu einer neuen Industriestruktur in Form von Prozessen phasenförmiger Disaggregation sind unterschiedliche Richtungen der industriellen Redefinition, das sukzessive Entstehen neuer Standards und Geschäftsmodelle und eine allgemein fragmentierte Industriestruktur charakteristisch.
- **Katalysierte Veränderungen:** Im Falle katalysierter Übergänge führen Kettenreaktionen, die ohne klare phasenweise Veränderungen stattfinden, zu einer neuen Industriearchitektur. Häufig geschieht dies im Zusammenhang mit der Entstehung attraktiver Geschäftsmodelle und differenzierter Fähigkeiten der Wettbewerber innerhalb einer Industrie.
- **'Big Bangs':** Bei den so genannten 'Big Bangs' ereignen sich schnelle Veränderungen der Industriestruktur ohne vorhergehende Übergangsphase meist aufgrund massiver externer Veränderungen und eines vormals hohen industriellen Konzentrationsgrads.

Es ist unklar, ob ein ähnlicher Prozess der Fragmentierung und Horizontalisierung wie in der Computerindustrie auch in anderen Bereichen der Medien, Telekommunikation, Unterhaltungselektronik und Informationstechnologie stattfinden wird. Einerseits bestehen weiterhin unternehmensspezifische Anstrengungen der vertikalen Integration wie z.B. im Falle Disney, andererseits bedingen Deregulierung und Skaleneffekte in den einzelnen Wertschöpfungsstufen gegenläufige Effekte und fördern Disaggregation und Fragmentierung.[186]

3. Zwischenfazit

Im vorangegangenen Kapitel wurden die Konvergenzentwicklungen der Branchen Medien, Telekommunikation und Informationstechnologie untersucht und anschließend die Wertschöpfungskette der IuK-Industrie dargestellt und in den einzelnen Wertschöpfungsstufen analysiert. Die Analyse der verschiedenen Teilindustrien offenbart eine **Vielzahl wichtiger Einflussfaktoren**, die die wettbewerblichen Rahmenbedingungen der IuK-Industrie determinieren. Rapide technische Fortschritte in den Einzelindustrien verändern die Umweltbedingungen. Kürzer werdende Innovations- und Produktlebenszyklen, eine gestiegene Bedeutung von Information und Wissen in allen Abschnitten der Wertschöpfungskette und die Entstehung neuartiger Geschäftsmodelle auf Basis emergenter Technologien erhöhen die Dynamik und Komplexität der Märkte.[187] Die Globalisierung, d.h. die Ausweitung von Geschäftsaktivitäten und der Transfer von Geschäftsprozessen auf andere Länder sowie die damit zusammenhängende länderübergreifende Koordination und Integration von Unternehmensaktivitäten, ist eine wichtige Entwicklung der letzten Jahrzehnte, insbesondere in der IuK-Industrie.[188] Die globale Präsenz großer IuK-Unternehmen, die Kostenstrukturen mit relativ hohen Entwicklungskosten bei niedrigen Vervielfältigungskosten[189] sowie die Existenz von Netzeffekten tragen zusätzlich zur Dynamisierung des wirtschaftlichen Umfelds bei. Damit einher geht die Entwicklung von traditionellen Unternehmensstrukturen und Transaktionsformen zwischen Unternehmen in Richtung **kooperativer Arrangements** und symbiotischer Verbindungen.[190] Unternehmen der Einzelindustrien Medien, Telekommunikation und Informationstechnologie kooperie-

---

[186] Vgl. Yoffie (1997a), S. 20f.

[187] Vgl. auch Bettis/Hitt (1995), S. 8ff.; Iansiti (1997), S. 413 sowie Dicken (1998), S. 145ff.

[188] Vgl. beispielsweise Bruhn (1997b), S. 344f. sowie Hitt/Keats/DeMarie (1998), S. 23f.

[189] Neben den in den Industriebetrachtungen bereits entwickelten Beispielen gilt diese Relation neben der Medienindustrie auch für die IT-Industrie, insbesondere den Softwarebereich mit den immensen Entwicklungskosten für ein Betriebssystem wie Microsoft Windows und dem äußerst günstigen Vertrieb via CD-Rom oder Internet. Auch in der Telekommunikationsindustrie existieren aufgrund der hohen Infrastrukturbelastungen relevante Skaleneffekte. Vgl. auch Shapiro/Varian (1999), S. 21.

[190] Vgl. in diesem Zusammenhang die theoretischen Ansätze der Transaktionskostentheorie sowie der Kernkompetenzen zur Erklärung kooperativer Vereinbarungen zwischen Unternehmen, Kapitel B.1.

ren innerhalb der eigenen Industrie als auch mit Partnern aus den anliegenden Bereichen. Entlang der Wertschöpfungskette ergeben sich Notwendigkeiten zur Koordination der Geschäftsaktivitäten: Inhalteanbieter kooperieren mit Portalen, Infrastrukturanbieter im Internet- und mobilen Kontext initiieren Kooperationen mit Softwareanbietern und Hardwareproduzenten. Unternehmen der IuK-Industrie bedienen sich zahlreicher Kooperationen zur Erreichung von Wettbewerbsvorteilen und Unterstützung der eigenen strategischen Position. Die Erreichung komparativer Wettbewerbsvorteile hängt häufig mit der strategischen Kontrolle von Standards, der Erreichung einer kritischen Masse und der Partizipation an Netzeffekten zusammen.

Konvergente Industrieveränderungen und kooperative Unternehmensstrategien stehen dabei in einem wechselseitigen Einflussverhältnis. Sie bedingen einander und fördern sich gegenseitig. Die Einflussfaktoren von kooperativen Strategien in dynamischen Umweltsituationen sollen im weiteren Verlauf der Arbeit genauer analysiert werden, bevor die Strukturparameter von unternehmensspezifischen Kooperationsportfolios hergeleitet und unternehmensspezifische Kooperationsstrategien empirisch untersucht werden.

D. Determinanten von Konvergenzstrategien

1. Determinanten strategischer Schwerpunktsetzung

Ziel der Untersuchung ist die Analyse von Kooperationsstrategen und -portfolios ausgewählter Unternehmen der IuK-Industrie. Im Anschluss an die in Kapitel C erfolgte Darstellung der konvergenten Branchenentwicklungen in den einzelnen Teilbranchen und die Entstehung einer konvergenten Wertschöpfungskette sollen im nachfolgenden Teil **Determinanten von Unternehmens- und Kooperationsstrategien in konvergierenden Märkten** entwickelt werden. Ein adäquates, präskriptives Instrumentarium zur Formulierung von Unternehmensstrategien angesichts von dynamischen und turbulenten Rahmenbedingungen wie in der IuK-Industrie existiert bisher nicht.[1] Gleichzeitig bieten die unterschiedlichen theoretischen und konzeptionellen Grundlagen aus Teil B zahlreiche Ansätze für das folgende Kapitel. Im Anschluss an das vorangegangene Kapitel C und die Analyse des Umweltkontexts soll im Folgenden insbesondere auf die Ressourcen und Fähigkeiten der Unternehmen eingegangen und diese in den Zusammenhang von Kooperationsaktivitäten gestellt werden. Dies erfolgt einerseits mittels Bezugnahme auf die spezifischen Ressourcen und Fähigkeiten von Unternehmen der Teilindustrien Medien, Telekommunikation und Informationstechnologie sowie andererseits auf Versuchen einer Typisierung strategischer Verhaltensweisen. Ein weiterer Referenzrahmen für unternehmensspezifische Kooperationsstrategien ist die strategische Grundausrichtung eines Unternehmens und der Initiativgrad, insbesondere in Relation zu den unternehmensspezifischen Fähigkeiten und Ressourcen. Diese Heuristik stellt den Ausgangspunkt für die konzeptionelle Erarbeitung eines geeigneten Analysemodells für Kooperationsstrategien und die empirische Untersuchung der Kooperationsaktivitäten dar.

1.1. Affinität zu Teilbranchen der IuK-Industrie

Bezugnehmend auf den ressourcenorientierten Ansatz sollen Fähigkeiten und damit zusammenhängende strategische Grundrichtungen von Unternehmen der ver-

---

[1] Vgl. auch die Diskussion der Übertragbarkeit des Porter-Modells auf den Kontext des Internets, B.1.2.1.2. Allerdings existieren durchaus einige rudimentäre Ansätze zu Strategiemodellen in der IuK-Industrie. So formuliert beispielsweise Yoffie (1997a) die so genannte CHESS-Strategie mit den Komponenten Kreativität, horizontalen Lösungen statt vertikaler Aggregation, Externalitäten, Standards und Skaleneffekte (jeweils in den anglizistischen Synonymen); vgl. Yoffie (1997a), S. 2ff. Aufgrund der mangelnden theoretischen Fundierung und praktischen Anwendbarkeit eignen sich jedoch derartige Ansätze kaum für die Formulierung von Konvergenz- und Kooperationsstrategien im Sinne der vorliegenden Untersuchung.

schiedenen Ursprungsindustrien skizziert werden.[2] Die konvergente IuK-Industrie und die industrielle Wertschöpfungskette wurden aus den einzelnen Wertschöpfungsketten der jeweiligen Branchen Medien, Telekommunikation und Informationstechnologie hergeleitet. Folglich bringen Unternehmen auch ihre spezifischen Fähigkeiten und Erfahrungen aus den Ursprungsbranchen in den Kontext der IuK-Industrie ein.

Abbildung 27: Die Wertschöpfungskette und Kompetenzen in der IuK-Industrie

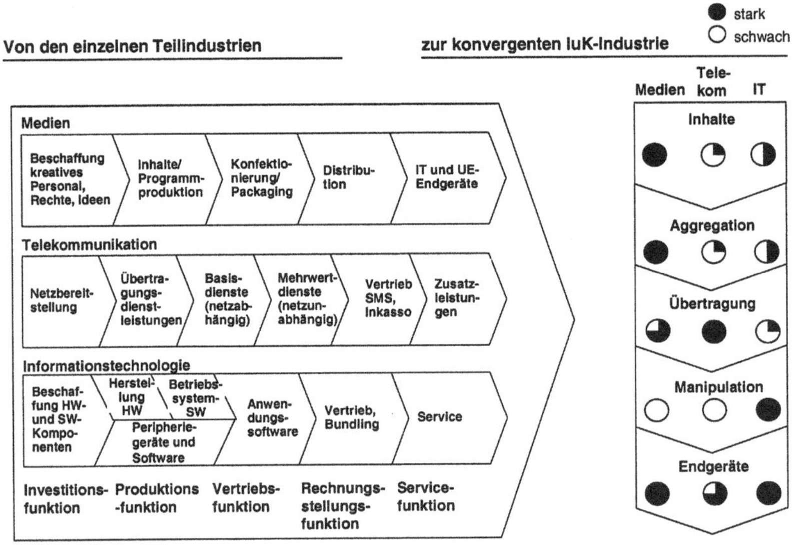

Quelle: eigene Darstellung, vgl. auch ECC (2001), S. 144.

Unternehmen aus Medien, Telekommunikation und Informationstechnologie haben aufgrund ihrer Ressourcen und Fähigkeiten ihre jeweiligen natürlichen Domänen entlang der Wertschöpfungskette (s. Abbildung 27). Gemäß ihrer Ausgangspunkte, ihrer ressourcenspezifischen Basis und Kernkompetenzen sowie ihrer bisherigen Unternehmensaktivitäten und strategischen Intentionen stellen sie zumindest in früheren Stadien der konvergenten IuK-Industrie verschiedene stra-

2 Vgl. zu Strategieprofilen von Medien-, Telekommunikations- und Informationstechnologieunternehmen angesichts globaler und konvergenter Herausforderungen Sjurts (2000a), S. 32ff. Zu einer Übersicht verschiedener Strategietypologien vgl. Bartölke (2000), S. 73ff. und 134ff.

tegische Gruppen dar.[3] Die Zugehörigkeit zu strategischen Gruppen lässt wiederum Rückschlüsse auf die relative Wettbewerbsposition, die Wettbewerbsführung und Reaktionsweisen zu.[4] Gleichzeitig sind die Affinität zur Ursprungsindustrie und die damit verbundenen Ressourcen und Fähigkeiten ein wichtiger Ausgangspunkt zur Formulierung von Unternehmensstrategien.[5]

1.1.1. Ausgangspunkt Medien

Medienunternehmen sind schwerpunktmäßig in der **Erstellung und Paketierung von Inhalten** aktiv. Der herkömmliche Kundenzugang in Form von Abonnements für Print, Radio und Fernsehen wird im konvergenten Marktumfeld übertragen auf Portalaktivitäten und Servicebereitstellung.[6] Medienunternehmen sind hinsichtlich ihrer Geschäftsaktivitäten und Ressourcenpositionen sehr heterogen. Bezugnehmend auf die Untersuchung der Medienindustrie[7] lassen sich zum einen verschiedene Medienteilmärkte in die Print- und die elektronischen Medien (Fernsehen, Internet) und zum anderen verschiedene Wertschöpfungsstufen (Produktion, Paketierung und Distribution von Inhalten) unterscheiden. Einige Unternehmen sind lediglich in einem Geschäftsbereich oder auf einer Wertschöpfungsstufe aktiv (z.B. einzelne Zeitungsverlage, Kabelfernsehfirmen), andere decken mehrere Bereiche ab und versuchen, Verbundeffekte zu realisieren. Gleichzeitig existieren neben den etablierten Medienunternehmen auch junge, meist auf das Internet oder den mobilen Kontext spezialisierte Unternehmen der so genannten neuen Medien.

Wettbewerbsvorteile basieren vornehmlich auf wissensbasierten Ressourcen und Fähigkeiten wie kreative Konzepte, die Erstellung und Aufbereitung von Inhalten sowie redaktionelle Fähigkeiten und Kompetenzen hinsichtlich der Vermarktung und Koordination.[8] Auch im konvergenten Umfeld besitzen Medienun-

---

[3] Aufgrund der Affinität zu verschiedenen Ursprungsindustrien lassen sich Unternehmen in Gruppen zusammenfassen, die sich hinsichtlich ihrer Kompetenzmuster unterscheiden. Ausgehend von den jeweiligen Fähigkeiten können Unternehmen Anstrengungen verfolgen, zusätzliche Kernkompetenzen aufzubauen bzw. gegebene Fähigkeiten zu verbessern, vgl. z.B. Homp (2000), S. 169ff und 181ff. Vgl. auch Kapitel B.1.3.1.

[4] Vgl. Bartölke (2000), S. 87ff. Gleichzeitig stellen die Affinität zu Ursprungsindustrien und die Zugehörigkeit zu strategischen Gruppen nur einen Ausgangspunkt zur Ableitung und Analyse von Strategien dar. Es handelt sich bei strategischen Gruppen in der Realität um dynamische Konstrukte, die sich im Zeitablauf ebenso verändern können wie der industrielle Kontext.

[5] Zum Zusammenhang von Strategieformulierung und Kernressourcen vgl. Habann (2002), S. 155ff.

[6] Zu Veränderungen durch IuK-Technologie und Herausforderung für Medienfirmen vgl. Korbmann (1996), S. 147ff. sowie Schöbl (1996), S. 94ff. und 99ff.

[7] Vgl. Abschnitt C.1.1.

[8] Vgl. Thielmann (2000), S. 79ff. Zur Führung und zum Management von Medienunternehmen vgl. grundlegend Lavine/Wackman (1988), S. 251ff. sowie Willis/Willis (1993), S. 181ff.

ternehmen im Vergleich zu anderen Wettbewerbern Vorteile aufgrund ihrer kreativen Inhalte und ihren bestehenden Kundenbeziehungen.[9]

Aufgrund der bereits dargestellten informationsökonomischen Zusammenhänge der Medienindustrie (relativ hohe Kosten der Inhalteproduktion bei extrem niedrigen Kosten für die Verbreitung digitalisierter Kopien) sind Medienunternehmen abhängig von einer weitreichenden Distribution ihrer Inhalte. Dabei ist der Zugang zu Kunden in Form von elektronischen Distributionskanälen und lokalen Distributionssystemen sehr kapitalintensiv. Ähnliches gilt auch für den Kontext der IuK-Industrie. Weitere notwendige Fähigkeiten für eine erfolgreiche Positionierung sind die **inhaltliche Kompetenz im Bereich neuer Medien**, die **Koordination mehrerer Stufen der Wertschöpfungskette** und die **Kontrolle von Technologie und Infrastruktur**. Insbesondere in konvergenten Bereichen neuer Medien und der IuK-Industrie besteht für Medienfirmen ein hoher Bedarf zur selektiven Komplementierung bestehender Fähigkeiten, entweder mittels Akquisitionen oder durch Kooperationen.[10]

1.1.2. Ausgangspunkt Telekommunikation

Telekomunternehmen besitzen besondere Fähigkeiten und Kompetenzen bei der **Bereitstellung und dem Betrieb von Netzen** sowie dem **Angebot von Kommunikationsdiensten**. Ausgangspunkt ihrer unternehmerischen Aktivitäten ist somit die Übertragung und Bereitstellung von Netzzugangsdiensten, häufig verbunden mit unterstützenden Aktivitäten auf den benachbarten Wertschöpfungsstufen Aggregation und Manipulation bzw. Plattformdienste.

Telekommunikationsfirmen lassen sich in **ehemalige Monopolisten** mit einem tendenziell breiteren Leistungsangebot und in **relativ junge Unternehmen** mit einem häufig relativ spezialisierten Angebot und tendenziell höheren Wachstumsraten einteilen. Auch in der IuK-Industrie lassen sich Telekommunikationsfirmen weiterhin anhand ihrer Schwerpunkte entlang der Wertschöpfungskette unterscheiden. Einige Unternehmen sind als Infrastrukturanbieter lediglich im Bereich der Verbindungsnetze aktiv, andere kontrollieren außerdem die Anschlussnetze und bieten den Kunden Netzzugangsdienste an. Telekommunikationsfirmen besitzen insbesondere im Bereich der Infrastruktur und der Kundenzugänge Wettbewerbsvorteile. Infrastrukturanbieter haben dabei besondere **Technologiekompetenz**; Anbieter von Telekommunikationsdiensten eher **innovative Fähigkeiten** und ein **Verständnis für Kundenwünsche**. Im Wettbewerb innerhalb der IuK-Industrie ergeben sich Ressourcen- und Kompetenzdefizite und damit verbunden **Kooperationsmöglichkeiten insbesondere auf den vorderen Stufen der Wertschöpfungskette, d.h. der Erstellung und Paketierung von Inhalten, sowie auf**

---

9 Zu Strategien der Broadcaster angesichts multimedialer Herausforderungen vgl. Konert (1999b), S. 6f.

10 Zum Kernressourcenmanagement in Medienunternehmen vgl. Habann (2000), S. 14ff.

der Stufe der Endgeräte. Telekommunikationsunternehmen kooperieren dabei intensiv mit Technologieanbietern, sowohl aus dem Hardware- als auch aus dem Softwarebereich. Mobilfunkunternehmen initiieren außerdem zahlreiche Kooperationen mit Herstellern von Mobiltelefonen; bei mobilen Datendiensten kooperieren sie darüber hinaus mit Inhalteanbietern. Kabelfirmen ihrerseits interagieren im Rahmen der Programmgestaltung traditionell mit TV-Kanälen, entweder in Form marktbasierter Transaktionen oder mittels Kooperationen.

1.1.3. Ausgangspunkt Informationstechnologie

Unternehmen aus dem Bereich Informationstechnologie haben entlang der IuK-Wertschöpfungskette natürliche Schwerpunkte unternehmerischer Aktivitäten **auf den Stufen der Manipulation und Plattformdienste sowie auf der Stufe der Endgeräte**. IT-Unternehmen lassen sich unterteilen in Software- bzw. Serviceanbieter und Hardwareproduzenten. **Softwarefirmen** agieren tendenziell eher auf der Wertschöpfungsstufe der Manipulation und der Plattformdienste, **Hardwarefirmen** hingegen entwickeln, fertigen und vermarkten die Endgeräte. Trotz der dargestellten Überschneidungen lassen sich allgemein Unterhaltungselektronik und Computerhardware unterscheiden. Allerdings werden statt Produkten für einzelne Zugangsplattformen immer häufiger konvergente Produkte angeboten, die miteinander kompatibel sind oder mehrere Funktionalitäten integrieren und somit die trennscharfe Zuordnung erschweren.[11]

Sowohl Software- als auch Hardwareunternehmen ist eine hohe **Innovationskompetenz** und **Kundennähe** gemein. Die Entwicklung, Fertigung und Vermarktung neuer Produkte, die kontinuierliche Befriedigung von Konsumentenbedürfnissen und die Schaffung neuer Märkte und Marktsegmente für neuartige Produkte und Dienste waren in den vergangenen Jahrzehnten notwendige Fähigkeiten für den Erfolg in der Informationstechnologie und Unterhaltungselektronik. Neben zahlreichen Kooperationsaktivitäten innerhalb der IT-Industrie aufgrund der komplexen Anforderungen an Hardware und Software bei innovativen Endgeräten und intrasektoralen Konvergenzprozessen erfolgen **Kooperationen** im Kontext der IuK-Industrie **rückwärtsgerichtet entlang der Wertschöpfungskette**. Kooperationen mit Telekommunikationsunternehmen zum Netzaufbau und zur Bereitstellung von Endgeräten, insbesondere im Mobilfunkbereich, sind weit verbreitet. Softwarefirmen sind außerdem auf den vorderen Wertschöpfungsstufen der Erstel-

[11] Derartige Endgeräte sind beispielsweise MP3-Player, die häufig in Kombination mit PCs genutzt werden und Hersteller aus der Unterhaltungselektronik und der Computer- und Peripherieindustrie attrahieren. Auch die Vielzahl an Funktionalitäten neuartiger Endgeräte der IuK-Industrie, z.B. bei internet-fähigen Spielekonsolen oder PDAs, führt häufig zu einem heterogenen Wettbewerbsfeld mit Anbietern aus zahlreichen Teilbereichen der Hardwareindustrie und einer hohen Anzahl von Kooperationen.

lung und Aggregation von Inhalten aktiv, entweder mit eigenen Geschäftsaktivitäten oder mittels Kooperationen.

Insgesamt sehen sich die Firmen aller Teilbranchen großen Herausforderungen in Folge der konvergenten Industrieentwicklungen gegenüber. Gleichzeitig werden die veränderten Umweltbedingungen bisher nicht in den Ressourcenpositionen und Kompetenzportfolios der Unternehmen reflektiert. Firmen der Informationstechnologie zeigen weiterhin typische branchenspezifische Charakteristika, ebenso sind Telekommunikations- und Medienunternehmen bisher nicht ausreichend für den Wettbewerb in der IuK-Industrie gerüstet.[12] Die Kernfähigkeiten der Unternehmen der jeweiligen Firmen divergieren weiterhin trotz der fortschreitenden industriellen Konvergenzentwicklung.[13] Dies impliziert eine besondere Relevanz von Kooperationen und Allianzen zur Erschließung von komplementären Fähigkeiten zur Sicherung der Wettbewerbsfähigkeit im konvergenten Kontext der IuK-Industrie.

1.2. Optionen strategischer Schwerpunktsetzung

Im konvergenten Umfeld der IuK-Industrie konkurrieren heterogene Unternehmen unterschiedlicher Branchenaffinität bei hoher Komplexität und Unsicherheit. Unternehmensspezifische Ressourcen und Fähigkeiten behalten zwar einerseits ihre Gültigkeit, sind aber für den Erfolg im neuen dynamischen Marktkontext in ihrer herkömmlichen Form nicht ausreichend.[14] Zusätzlich zu den bereits erfolgten Strukturierungsversuchen entlang von Branchen und strategischen Gruppen sollen verschiedene Optionen der Positionierung und der strategischen Schwerpunktsetzung, insbesondere angesichts der Fragmentierung des industriellen Kontexts, Rechnung tragen und Möglichkeiten relevanter Strategien in der IuK-Industrie aufzeigen. Die **strategischen Optionen** sollen hinsichtlich der **Konzentration**

---

12 Vgl. Duysters/Haagedorn (1997), S. 18ff.

13 Auch Anstrengungen zur Transformation von Unternehmen und damit einhergehende Anpassungen an veränderte Umweltbedingungen sind diesbezüglich notwendig. Unternehmen versuchen angesichts veränderter Umweltstrukturen neue Leistungs- und Wertschöpfungssysteme zu etablieren und Wettbewerbsvorteile aufzubauen, indem sie ihre gegenwärtigen Ressourcen, Fähigkeiten und Kompetenzen rekonfigurieren und transformieren. Zu Transformationsprozessen von Unternehmen vgl. z.B. Aldrich (1999), S. 119 und Wirtz (2000a), S. 243.sowie grundlegend Wolf (2001), S. 55ff. und Pauls (1998).

14 Vgl. zu Wertschöpfung in einer vernetzten Welt auch Sawhney/Parikh (2001), S. 80f. sowie strategischen Mustern in konvergierenden Industrien Chan-Olmsted/Jamison (2001), S. 323ff. sowie kritisch Curwen (2001), S. 678ff.

auf Intermediation, Infrastruktur und Innovation unterschieden und dargestellt werden.[15]

Abbildung 28: Optionen strategischer Schwerpunktsetzung in der IuK-Industrie

	Infrastruktur	Innovation	Intermediation
Charakteristika	• Skalen- und Verbundeffekte in Infrastruktur und so genannter Shared Services • Geringe Möglichkeiten wettbewerblicher Differenzierung • Wertschöpfung durch Koordination zahlreicher Einzelprozesse	• Spezialisierungs- und Skaleneffekte in Forschung und Entwicklung sowie Produkt- und Prozessinnovationen • Zahlreiche Möglichkeiten für wettbewerbliche Differenzierung • Wichtigkeit von Geschwindigkeit und Kreativität	• Spezialisierungs- und Skaleneffekte in Marketing, Verrieb und Kundenservices • Zahlreiche Möglichkeiten für wettbewerbliche Differenzierung (z.B. um Produkte, Kundengruppen, Marken) • Wichtigkeit des Verständnisses von Kundenbedürfnissen und Kommunikation
Industriestruktur	• Relativ wenige Unternehmen in klassischem Wettbewerb • Geschäftsmodelle um Fähigkeiten, Kunden/Produkte und Wissen/Patente	• Relativ viele Unternehmen in Kooperationen, Netzwerken und Joint Ventures • Geschäftsmodelle um Talent, Patente, Netzwerke (Standards) und Produkte	• Relativ viele Unternehmen in klassischem Wettbewerb oder Kooperationen • Geschäftsmodelle um Produkte, Marken oder Netzwerke

Quelle: eigene Darstellung

1.2.1. Fokus Infrastruktur

Unternehmen des Typs "Infrastruktur" offerieren Infrastrukturleistungen und standardisierte IT-Dienstleistungen und versuchen, Skalen- und Verbundvorteile zu realisieren (s. Abbildung 28). Erfolgsrelevant sind insbesondere technische Fähigkeiten, spezifisches Fachwissen und ein hohes Verständnis für Kunden und Produkte. Hohe Fixkosten erfordern hohe Produktionsvolumina, um Skalenvorteile und damit eine vorteilhafte Kostenposition mit niedrigen Stückkosten zu erreichen. Kostenfokus, Standardisierung und Effizienz sind Merkmale erfolgreicher Unternehmen. Die Möglichkeiten wettbewerblicher Differenzierung sind relativ gering, ausschlaggebend ist vielmehr die Größe eines Unternehmens. Dementsprechend existiert in Märkten, die ein gutes Wettbewerbsumfeld für Infrastruk-

---

15 Vgl. Hagel/Singer (1999), S. 206f. sowie Li/Whalley (2002), S. 9f. Vgl. in diesem Zusammenhang auch das strategische Dreieck sowie die dazugehörigen adaptiven Prozesse operativer Exzellenz (operational effectiveness), Kundenorientierung (customer targeting) und Innovation Hax/Wilde (2001), S. 381ff.

tur-Unternehmen bieten, tendenziell eine oligopolistische Struktur mit einer relativ geringen Anzahl großer Unternehmen.[16]

1.2.2. Fokus Innovation

Unternehmen des Typs "Innovation" konzentrieren sich vornehmlich auf Produktinnovation und -vermarktung. Sie verfolgen Skalen- und Spezialisierungsvorteile in den funktionalen Bereichen Forschung und Entwicklung sowie in der Produktion mittels häufiger Produkt- bzw. Prozessinnovationen.[17] Unternehmen haben zahlreiche Möglichkeiten wettbewerblicher Differenzierung und sind häufig in Kooperationen und Netzwerken organisiert, z.B. in Forschungsverbünden und Standardisierungsnetzwerken. Geschäftsmodelle basieren meist auf kreativen Fähigkeiten und überlegenem Produktwissen sowie der Organisation und Koordination von Netzwerken verschiedener beteiligter Unternehmen. Ein früher Markteintritt und die Mitgestaltung von Produktstandards und mitunter ganzer Märkte ermöglichen Preisprämien, Monopolrenten und gute Aussichten auf langfristig hohe Marktanteile. Unternehmen diesen Typs sind oft flexibel, in ihrer Anfangsphase relativ klein und haben ein hohes Interesse an kreativen und innovativen Mitarbeitern.

1.2.3. Fokus Intermediation

Aufgrund der gestiegenen Bedeutung von Informationen und den Einflüssen von IuK-Technologien verändern sich bestehende Industriekonstellationen nachhaltig. Nicht nur Wettbewerbsvorteile müssen neu definiert werden, auch Kundenbeziehungen verändern sich grundlegend.[18] Unternehmen des Typs "Intermediation" konzentrieren sich auf das Geschäft mit Kundenbindungen und versuchen, Skalen- und Spezialisierungsvorteile in den Bereichen Marketing, Vertrieb und Kundenservice zu erreichen.[19] Ziel ist der Aufbau und die Erhaltung von Kundenbeziehungen. Es existieren zahlreiche Möglichkeiten wettbewerblicher Differenzierung und Positionierung auf Basis unternehmensspezifischer Schwerpunkte um Produkte, Kunden und Marken. Die Beziehungen zwischen Unternehmen dieses Schwerpunkts erfolgen meist in Form von marktbasierten Transaktionen oder kooperativen Vereinbarungen.

---

16 Vgl. Hagel/Singer (2000), S. 151ff.

17 Vgl. Hagel/Singer (2000), S. 151.

18 Zu Formen von Disintermediation vgl. Evans/Wurster (2000), S. 69ff.

19 Innerhalb einer Kategorie entstehen auch Bündelungsvorteile für Intermediäre, die es erlauben, Korrelationen zwischen verschiedenen Produktgruppen einerseits und Kundengruppen andererseits zu erkennen. Vgl. Hagel/Singer (2000), S. 153 und Anderson/Anderson (2002), S. 58. Zum B2B-Kontext vgl. Cunningham (2001), S. 48f.

Die dargestellten strategischen Schwerpunkte lassen sich weiter unterteilen, charakterisieren und unterschiedlichen Wertschöpfungsstufen zuordnen. So können Unternehmen mit dem Fokus "Innovation" sowohl im Bereich der Erstellung innovativer und kreativer Inhalte, im Bereich der Syndizierung von Inhalten und im Bereich der Übertragung und Endgeräte aktiv sein. Insgesamt ergeben sich aus der Wahl des strategischen Fokus Rückschlüsse auf die Wettbewerbsstrategien von Unternehmen und Präferenzen hinsichtlich von Kooperationsmöglichkeiten.

2. Strategische Positionierung entlang der Wertschöpfungskette

Eine wesentliche Ursache für die Veränderung der Rahmenbedingungen der einzelnen Wertschöpfungsstufen sind die dargestellten technologischen Veränderungen. Durch Verbesserungen bei Verarbeitungs- und Speichertechnologien und der damit verbundenen Steigerung der Leistungsfähigkeit, aufgrund der Digitalisierung von Informationsinhalten, der Datenkompression und den höheren Bandbreiten entstanden Marktmechanismen auf der Ebene einzelner Wertschöpfungsstufen. Die Fragmentierung der Wertschöpfungsketten und die Disaggregation vormals integrierter Wertschöpfungsketten bieten Möglichkeiten für fokussierte Unternehmen, sich auf einzelne Wertschöpfungsstufen zu konzentrieren. Diese strategische Positionierung ist gegensätzlich zu den herkömmlichen Organisationsstrukturen und Geschäftsfeldern integrierter Anbieter.[20] Grundsätzlich lassen sich einerseits die **Integration verschiedener Stufen entlang der Wertschöpfungskette** und andererseits die **Spezialisierung auf eine einzelne Wertschöpfungsstufen** als Reinformen der strategischen Positionierung in der IuK-Industrie unterscheiden.[21]

2.1. Integrative Strategien

Integrative Strategien verfolgen die **Realisierung von Skalen- und Verbundvorteilen** durch die **wertschöpfungsstufenübergreifende Koordination der Geschäftsaktivitäten.**[22] Ausgangspunkt ist dabei meist die ursprüngliche Affinität zu einer Ursprungsindustrie: Telekommunikation, Medien oder Informationstechnologie. Aufgrund ihrer Ressourcenausstattung und ihrer unternehmensspezifischen Erfahrungen innerhalb ihres bisherigen Wettbewerbsumfelds besitzen Un-

---

20 Zu der Entscheidung zwischen Diversifizierung und Konzentration bzw. des optimalen Diversifikationsgrads von Unternehmen unter Ressourcenaspekten vgl. Friedrich (2000), S. 229ff.

21 Vgl. auch Wirtz (1999), S. 20.

22 Unternehmen, die integrative Strategien verfolgen, werden gelegentlich auch mit Hilfe von Metaphern wie 'Dirigent' oder 'Orchestrator' charakterisiert. Vgl. auch Häcki/Lighton (2001), S. 29ff.

ternehmen unterschiedliche Ausgangspositionen im Wettbewerb der konvergenten IuK-Industrie. In **frühen Phasen des Marktlebenszyklus** existieren ein relativ hohes Maß an Unsicherheit, ein Mangel an definierten Standards und eine Vielzahl von Interdependenzen zwischen einzelnen Elementen der Wertschöpfungsarchitektur. Integrative Strategien sind in diesem Stadium häufig eine angemessene Strategie.[23] So führen unzureichende Märkte für einzelne Komponenten und Teilsysteme von Produkten und Dienstleistungen zu einer Internalisierung und Integration dieser Aktivitäten, z.B. im Falle von IBM während des frühen Stadiums der Computerindustrie.

Abbildung 29: Charakteristika und Beispiele integrativer Strategien

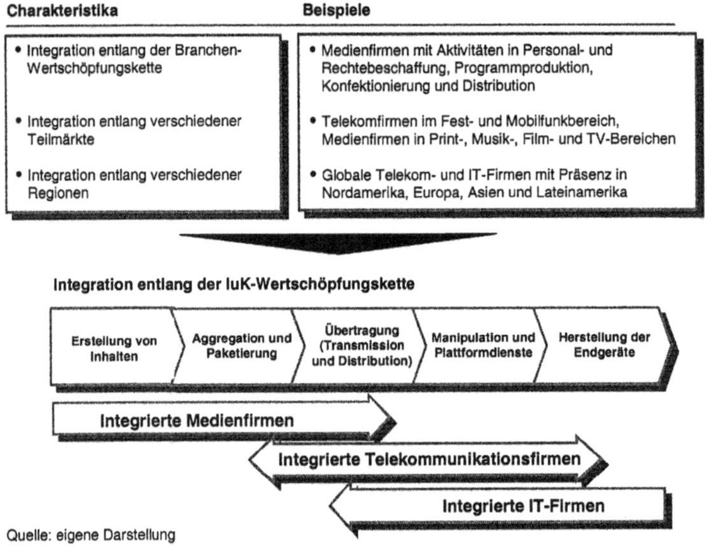

Quelle: eigene Darstellung

Angesichts der Konvergenzentwicklungen der IuK-Industrie verfolgen zahlreiche Unternehmen der einzelnen Ursprungsindustrien integrative Strategien zur Verbesserung der Wettbewerbsposition.[24] Gleichzeitig nutzen integrierte Unternehmen häufig Kooperationen zur weiteren Verbesserung der Wettbewerbsposition, zur Koordination entlang der Wertschöpfungskette und zur Erschließung spezifischer Fähigkeiten und Ressourcen auf einzelnen Wertschöpfungsstufen.[25] Eine integrative Strategie kann neben der Integration der Wertschöpfungskette auch die

23 Vgl. Christensen/Raynor/Verlinden (2001), S. 74ff.

24 Vgl. Wirtz (2000b), S. 9. Derartige kooperative Strategien integrierter Unternehmen verschiedener Ursprungsindustrien werden im Rahmen der Fallstudien und der empirischen Untersuchung ausführlich untersucht; vgl. insbesondere Teil F der vorliegenden Arbeit.

25 Vgl. Brown/Durchslag/Hagel (2002), S. 65f.

Integration verschiedener Teilmärkte und verschiedener geographischer Märkte bedeuten (s. Abbildung 29).

2.2. Fokussierte Strategien

Neben den integrierten Unternehmen existieren eine Vielzahl von Unternehmen, die ihre Geschäftsaktivitäten spezialisieren bzw. fokussieren und lediglich auf einer einzelnen Stufe der Wertschöpfungskette, also entweder auf den Stufen der Inhalte, der Aggregation und Paketierung, der Übertragung, der Manipulation und Plattformdienste oder der Endgeräte konkurrieren (s. Abbildung 30).[26]

Abbildung 30: Spezialisierte Unternehmen entlang der IuK-Wertschöpfungskette

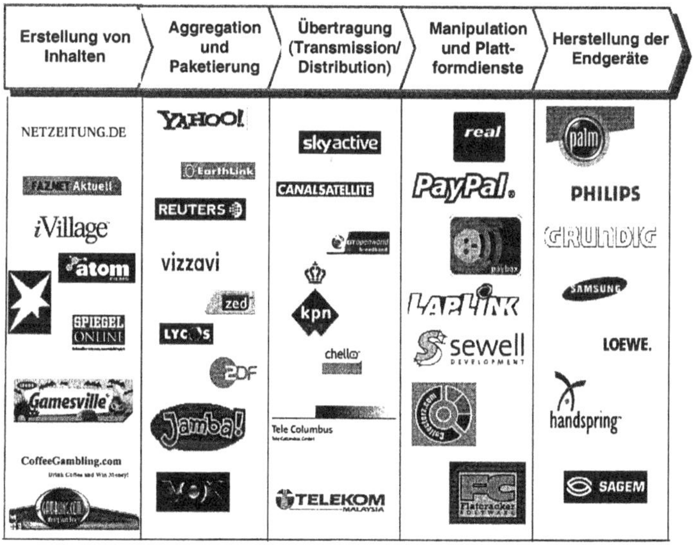

Quelle: eigene Darstellung

26 Aufgrund der relativ breiten Definition einzelner Wertschöpfungsstufen existieren je Wertschöpfungsstufe mitunter sehr große Märkte. Insofern ließe sich eine fokussierte Strategie hinsichtlich einer weiter unterteilten Wertschöpfungskette oder hinsichtlich der Konzentration auf eine einzelne Zugangsplattform im Sinne mobiler, TV- oder PC-basierter Plattformen weiter eingrenzen. In ähnlicher Form existieren Unternehmen, die nur in einem regionalen Markt konkurrieren, z.B. Inhalteanbieter für japanischsprachige mobile Internetdienste im Rahmen des i-mode-Angebots des Telekommunikationsunternehmens NTT DoCoMo. An dieser Stelle ist jedoch lediglich die allgemeine strategische Entscheidung zwischen Integration und Spezialisierung relevant. Quinn/Doorley/Paquette (2001) bestimmen strategischen Fokus dergestalt, dass Unternehmen mehr Macht in einem spezifischen Sektor ausüben als alle anderen Konkurrenten. Vgl. Quinn/ Doorley/Paquette (2001), S. 335.

Analog zur Spezialisierung auf bestimmte Wertschöpfungsstufen können sich Unternehmen auch auf einzelne Teilbereiche oder bestimmte geographische Märkte fokussieren. Insbesondere in **fortgeschrittenen Entwicklungsstadien des Marktlebenszyklus** sind Technologien ausgereift, Funktionalitäten unterscheiden sich nur noch marginal und Standards sind industrieweit etabliert. Das bedeutet gleichzeitig Möglichkeiten für spezialisierte Unternehmen, die technischen Fortschritt nutzen, erfolgreich innovieren und einzelnen Kundensegmenten Produkte mit höherem Nutzen und besserer Funktionalität anbieten oder sich auf einzelne Teile der modularen Wertschöpfungsarchitektur spezialisieren.[27] Geschwindigkeit, Flexibilität und Kostenvorteile gewinnen an Bedeutung und führen zu einer Disaggregation und Fragmentierung der Wertschöpfungskette.[28] Beispielhaft für Möglichkeiten erfolgreicher Spezialisierung ist wiederum die Entwicklung in der Computerindustrie nach der Durchsetzung des PCs.

Die Entstehung von so genannten horizontalen Märkten auf einzelnen Wertschöpfungsstufen erlaubt Strategien erfolgreicher und profitabler Fokussierung. Außerdem ermöglichen Fortschritte der IuK-Technologie das Outsourcing vergleichsweise unwichtiger Unternehmensprozesse und somit eine Konzentration auf unternehmensspezifische Kernfähigkeiten und einzelne Wertschöpfungsstufen. Kooperationen sind ein wichtiges strategisches Instrument für fokussierte Unternehmen, um im Verbund mit anderen Unternehmen Herausforderungen der IuK-Industrie zu bewältigen und notwendige Skalen- und Verbundeffekte zu realisieren.

2.3. Hybride Strategien zwischen Integration und Fokussierung

Eine allgemeine Empfehlung hinsichtlich der optimalen Portfolio-Strukturierung und der Positionierung entlang der Wertschöpfungskette im Sinne vertikaler Integration oder horizontaler Spezialisierung ist im Kontext der IuK-Industrie nicht möglich.[29] Vielmehr werden diese strategischen Entscheidungen sowohl durch umweltspezifische als auch durch unternehmensinterne Restriktionen bestehender Fähigkeiten und begrenzter Ressourcen beeinflusst. Gleichzeitig sind in diesem Wettbewerbskontext Standards, Netzeffekte und Kritische-Masse-Effekte rele-

27 Zu Möglichkeiten der Spezialisierung von Telekommunikationsfirmen und strategischen Optionen auf der Wertschöpfungsstufe der Übertragung vgl. Deprez/Isern (1999), S. 52ff.

28 Vgl. Christensen/Raynor/Verlinden (2001), S. 75ff.

29 Integrative bzw. spezialisierte Strategien lassen sich nicht per se hinsichtlich ihrer Erfolgswahrscheinlichkeit bewerten. In der Literatur existieren sowohl Präferenzen für Vertikalisierung, vgl. Wolf (1999), S. 95, als auch für horizontale Strategien, vgl. Yoffie (1997a), S. 12ff. Vgl. zur Entscheidung hinsichtlich des optimalen Integrationsgrads auch die Ausführungen zur Transaktionskostentheorie in Kapitel B.1.1. Zu einer Diskussion des optimalen Grades von Diversikation vgl. Harper/Viguerie (2002), S. 30ff.

vant. Insbesondere fokussierte Unternehmen nutzen Kooperationen als strategisches Instrument zur Bildung von Netzwerken zahlreicher Unternehmen.[30]

In der Realität lassen sich innerhalb einer Industrie in den meisten Fällen sowohl integrierte als auch spezialisierte Unternehmen identifizieren. Ein Beispiel für eine derartige hybride Industriestruktur und das **Nebeneinander von integrativen und spezialisierten Strategien** ist der stark wachsende **Markt für elektronische Organizer** mit Kalender- und Adressbücherfunktionen, so genannten Personal Digital Assistants (PDA) oder 'Handheld Computer'. Der Marktführer mit einem Weltmarktanteil von ca. einem Drittel, Palm, und einige Wettbewerber wie Handspring und RIM produzieren fast ausschließlich für diesen begrenzten Teilmarkt; allerdings sowohl Hardware als auch die dazugehörige Software. Starke Wettbewerber wie Sony, Hewlett Packard, Sharp und Toshiba fertigen neben PDAs eine Vielzahl unterschiedlicher Endgeräte und deren Komponenten. Darüber hinaus existieren Hunderte von spezialisierten Softwareunternehmen, teilweise gar einzelne Programmierer, die Applikationen für die beiden konkurrierenden Betriebssysteme entwickeln.[31] Neben der Partizipation von Microsoft hat sich mittlerweile auch das Unternehmen Dell im Markt etabliert. Insgesamt ist der Markt durch eine hohe Wettbewerbsintensität, zahlreiche Innovationen und das Nebeneinander von integrativen und fokussierten Unternehmensstrategien charakterisiert.

Integrative und spezialisierte Strategien erfolgen im Kontext komplexer Einflussfaktoren und industrieller Veränderungen. Häufig verändern Unternehmen auch im Zeitablauf ihren Integrationsgrad, erfolgreiche fokussierte Unternehmen expandieren auf Basis von Wettbewerbsvorteilen in andere Regionen oder Teilmärkte und schließlich auch entlang der Wertschöpfungskette. Gleichzeitig können integrierte Unternehmen Geschäftsbereiche abstoßen und sich aus einzelnen Wertschöpfungsstufen zurückziehen. Unternehmen reagieren so in ihrer strategischen Positionierung auf Umweltveränderungen und Marktentwicklungen. Ein weiteres Beispiel für hybride Strategien sind kooperative Arrangements von Unternehmen. Sie ermöglichen die selektive Verbesserung einzelner Ressourcenpositionen und die zielgerichtete Stärkung der Positionierung entlang der Wertschöpfungskette.

---

30 Vgl. Gomes-Casseres/Leonard-Barton (1997), S. 345.

31 Bei den genannten Betriebssystemen handelt es sich zum einen um das so genannte Palm OS, das vom Pionierunternehmen Palm entwickelt wurde, und Microsofts Pocket PC, mit dem das Unternehmen Microsoft den PDA-Markt zu kontrollieren versucht. Die großen integrierten Hardwarehersteller, die neben PDAs den kompletten Hardwaremarkt abdecken und bereits in anderen Bereichen mit Microsoft zusammenarbeiten, integrieren schwerpunktmäßig das Betriebssystem Pocket PC in ihre Geräte.

3. Strategische Grundhaltung

Industrielle Entwicklungen und unternehmensspezifische Strategien stehen in einem wechselseitigen Einflussverhältnis. Die strategische Grundhaltung von Unternehmen zu Umweltveränderungen und Konvergenzentwicklungen ist damit in besonderem Maße relevant für den Kontext der IuK-Industrie; proaktive Verhaltensweisen und Initiativen haben außerdem Implikationen für Industrieentwicklungen. Im Gegensatz zur bereits behandelten strategischen Schwerpunktsetzung bzw. der Wahl adäquater Geschäftsmodelle angesichts der Branchenaffinität und der Ressourcenausstattung eines Unternehmens reflektiert die strategische Grundhaltung ('*strategic posture*') eher den Initiativgrad bzw. die Unternehmenskultur eines Unternehmens.

Relevante Einflussfaktoren zur Typisierung von strategischen Grundhaltungen sind einerseits die **spezifische Präferenz eines Unternehmens hinsichtlich Anpassung bzw. Abhebung** sowie andererseits der **Zeitpunkt des Markteintritts**.[32] Präferenzen von Unternehmen hinsichtlich Anpassung und Abhebung lassen sich folgendermaßen charakterisieren:[33]

- **Anpassung**: Unternehmen dieses Typs bevorzugen Strategien, die sich konform zu gegenwärtigen Standards und Markttrends verhalten. Wettbewerbsvorteile dieser eher konventionellen Strategien basieren auf nuancierten Unterschieden zu Wettbewerbern bzw. der besseren Umsetzung verfolgter Strategien.
- **Abhebung**: Unternehmen dieser Grundhaltung präferieren Strategien, die sich von branchenüblichen Standards und Trends unterscheiden. Sie partizipieren frühzeitig an neuen Wachstumsbereichen, ihre komparativen Vorteile bestehen in einer hohen Innovationsfähigkeit und vorausschauender Produktentwicklung.

Der **Zeitpunkt des Markteintritts bzw. die Form der Markteintrittsstrategie** ist ein weiteres wichtiges Merkmal der strategischen Grundhaltung von Unternehmen. Idealtypisch lassen sich **drei Markteintrittsstrategien** unterteilen:[34] Die **"First-to-Market"-Strategie bzw. Pionierstrategie**, die **"Second-to-Market"-Strategie bzw. Frühfolger-Strategie** und die **"Later-to-Market"-Strategie bzw. Spätfolger-Strategie**. Insbesondere in neuen Märkten und Industrien, die sich wie die IuK-Industrie noch in einem relativ frühen Entwicklungsstadium be-

[32] Neben den inhaltlichen Elementen strategischer Positionierung der generischen Wettbewerbsstrategien nach Porter (1980) sowie die Ausdifferenzierung nach Miller (1986) sollen auch auf die wettbewerblichen Aktions- und Reaktionsweisen nach Miles/Snow (1978), die so genannte Verteidiger, Prospektoren, Analysten und Reagierer unterscheiden, berücksichtigt werden. Vgl. auch Bartölke (2000), S. 74ff. sowie Lele (2001), S. 381ff. Vgl. in diesem Zusammenhang auch die fünf unterschiedlichen Strategiestile von Loewe/ Williamson/Wood (2001), S. 115ff.

[33] Vgl. auch Becker (1998), S. 374f.

[34] Vgl. Becker (1998), S. 379ff. sowie zu einer Übersicht zahlreicher Literaturhinweise.

finden, sind Zeitpunkte und Formen des Markteintritts wichtig für die zukünftige Wettbewerbsposition von Unternehmen.[35]

Unter Bezugnahme auf die dargestellten spezifischen Präferenzen eines Unternehmens hinsichtlich Anpassung bzw. Abhebung sowie des Zeitpunkts des Markteintritts sollen für die folgenden Untersuchung **vier grundlegende Verhaltensmuster bzw. strategische Grundhaltungen** unterschieden werden (s. Abbildung 31):

1. **Führerstrategien bzw. 'Shaper'-Strategien** bedeuteten die aktive Gestaltung zukünftiger Industrieszenarien und Marktkonstellationen mittels Innovationen und strategischer Initiativen. Industriestandards werden definiert oder mitgestaltet und Leistungsparameter hinsichtlich Prozessen und Systemen sowie Produkten und Dienstleistungen werden im eigenen Sinne maßgeblich beeinflusst.

Abbildung 31: Grundlegende strategische Verhaltensmuster

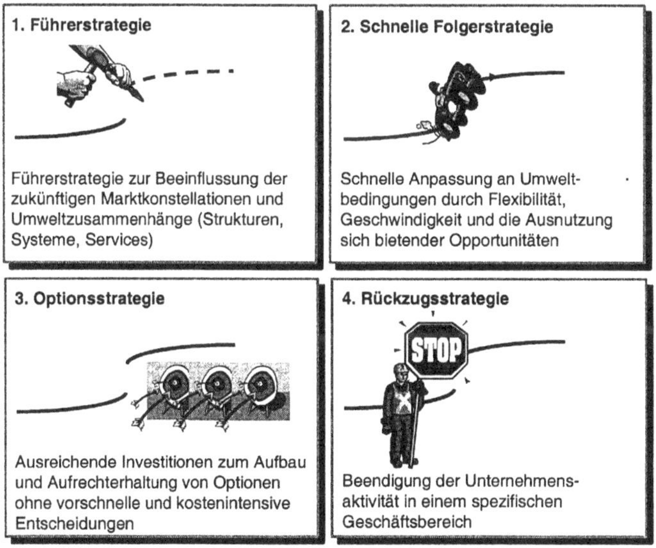

Quelle: eigene Darstellung

2. **Frühe Folgestrategien bzw. 'Adapter'-Strategien** bedeuten die schnelle Anpassung an Umweltbedingungen und die Identifizierung von strategi-

[35] Zu Führer- und Folgerstrategien im Zusammenhang mit Wertschöpfungsnetzen vgl. auch Hagel (2000), S. 74ff.

schen Opportunitäten für das eigene Unternehmen, die anschließend auf Basis von Geschwindigkeit und Flexibilität konsequent ausgenutzt werden.

3. **Optionsstrategien** erfordern ausreichende Investitionen zum Aufbau und zur Aufrechterhaltung zukünftiger strategischer Handlungsspielräume. Vorschnelle und kostenintensive Entscheidungen werden vermieden. Anstelle einer übereilten Festlegung in Situationen hoher Unsicherheit werden bei Anzeichen für wahrscheinliche Szenarien Optionen durch massive Anstrengungen weiter ausgebaut.[36]
4. **Rückzugsstrategien** bezeichnen die Entscheidung gegen die Fortführung von Unternehmensaktivitäten in bestimmten Bereichen und Geschäftsfeldern. Gründe für den Rückzug können neben Misserfolgen und einer aussichtslosen Wettbewerbssituation auch die Konzentration der Unternehmensressourcen auf andere Geschäftsbereiche sein.

Die verschiedenen strategischen Grundhaltungen und Verhaltensweisen lassen sich nicht notwendigerweise positiv oder negativ bewerten.[37] Abhängig von der Wettbewerbssituation und der Ressourcenposition eines Unternehmens kann jede Strategie ihre Berechtigung haben. Nachfolgend sollen insbesondere die **Führer- und Folgerstrategien,**[38] d.h. die strategischen Grundhaltungen der aktiven Gestaltung und der Adaption eingehender untersucht werden.[39] Sie sind im besonderen Maße relevant für die unternehmensstrategisch induzierte Gestaltung von konvergenten Branchenentwicklungen und reflektieren außerdem strategische Grundhaltungen der im empirischen Teil dieser Arbeit untersuchten Unternehmen der IuK-Industrie.

3.1. Führer-Strategien zur Gestaltung von Branchengrenzen

Die 'Shaper'-Strategie bedeutet die **Gestaltung der industriellen Rahmenbedingungen** und **Einflussnahme auf die Entwicklung einer neuen Branchenstruktur** mittels der Definition und Verbreitung neuer Standards, der Verfolgung neuartiger Geschäftsmodelle und der innovativen vertikalen oder horizontalen Integration angesichts von Fragmentierung und Disaggregation des industriellen Kontexts.[40]

---

36 Zu den ersten drei Verhaltensmustern vgl. auch Courtney/Kirkland/Viguerie (2000), S. 86.

37 Zu verschiedenen Beispielen vgl. Courtney (2001), S. 40f.

38 Im weiteren Verlauf werden die Begriffe 'Shaper', Führer und Pionier synonym verwandt, ebenso die Begriffe 'Adapter' und Folger.

39 Vgl. Becker (1998), S. 379ff. mit Übersicht zu vielen Literaturhinweisen. Vgl. zu Marktbearbeitungsstrategien (Führer und Folger) und Formen des Markteintritts z.B. Fritz (2000), S. 230ff.

40 Zu einer Diskussion der Vor- und Nachteile von Führer- bzw. Pionierstrategien für Inhaltepaketierer und Portale vgl. Heil (1999), S. 214ff.

Abbildung 32: Führer- und Folgerstrategien

	Definition and Kategorien	Beispiele
Führerstrategien/ 'Shaping'	• Initiierung und Gestaltung einer neuen Industriestruktur durch – aggresiven Definierung und Unterstützung von Standards – signifikante Investitionen in neue Geschäftsmodelle – fundamentale Veränderungen der Industriekonstellationen – nachhaltige Restrukturierung des Industriekontexts (vertikale/ horizontale Disaggregation/Integration)	• Microsofts and Intels "Wintel" Standard für Betriebssysteme • Dells Etablierung des direkten Vertriebssystems • AOLs Fusion mit Time Warner als Kombination von Internet und Medienindustrie • AT&Ts Spinoff seiner Ausrüstungssparte, Lucent Technologies
Folgestrategien/ 'Adapting'	• Akzeptanz des gegenwärtigen Industriekontexts und Veränderungen bei gleichzeitiger Maximierung der eigenen Opportunitäten durch – schnelle Adaption der Führerstrategien – konsequentes Hedging bzw. die Entwicklung von Optionen für verschiedene Entwicklungsszenarien – erfolgreiche Beeinflussung von kurzfristigen Entwicklungen und Möglichkeiten – ständiges Testen, Aufbauen und Ersetzen von Handlungsoptionen	• Compaqs frühe Kooperationen mit den Führern der PC-Industrie Microsoft und Intel • Microsoft's Entwicklung verschiedener Applikationen für alternative OS-Versionen

Quelle: eigene Darstellung

Organisatorische Voraussetzungen für Führerstrategien sind eine hohe Risikoaffinität und eine visionäre Unternehmensführung. Unternehmen benötigen operative Fähigkeiten, ausreichende finanzielle Ressourcen und eine hohe Glaubwürdigkeit bzw. gute Reputation innerhalb der betreffenden Industrie (s. Abbildung 32). Im Allgemeinen investieren sie stark in Forschung und Entwicklung, sind Technologieführer und stehen unter einem hohen Kommerzialisierungsdruck. Pionierunternehmen haben die Möglichkeit, neue Standards zu schaffen, monopolartige Marktpositionen zu erreichen und damit zusammenhängende preispolitische Spielräume zu nutzen sowie dauerhafte Kostenvorteile aufgrund von Erfahrenskurveneffekten zu realisieren. Dem gegenüber stehen Risiken hoher Kosten und Unsicherheit angesichts der Marktentwicklungen und der Reaktionen der Wettbewerber.[41] Erfolgreiche Führerstrategien in der Wachstumsphase einer Industrie basieren meist auf Differenzierungsvorteilen.[42] Veränderte Rahmenbedingungen

---

41 Vgl. Becker (1998), S. 379.

42 Vgl. zu First-Mover Vorteilen auch McGahan/Vadasz/Yoffie (1997), S. 258f. sowie Dietl/ Royer (2000), S. 327.

in späteren Phasen des Lebenszyklus können jedoch Wettbewerbsvorteile erodieren und Unternehmen zu alternativen Strategieoptionen zwingen.[43]

3.2. Folger-Strategien: Reaktion und Anpassung

Die 'Adapter'-Strategie bedeutet die **Nutzung der sich bietenden Wachstumsmöglichkeiten im Rahmen der gegenwärtigen industriellen Strukturen und Entwicklungen**. Schnelle Anpassung an technische Veränderungen, die Entwicklung von Optionen für multiple Szenarien, die Beeinflussung kurzfristiger Szenarien und das kontinuierliche Testen, Verbessern und Verwerfen von Opportunitäten sind grundlegende Elemente von Anpassungsstrategien (s. Abbildung 32). Notwendige Voraussetzungen für eine erfolgreiche Folgerstrategie sind ein hohes Maß organisatorischer Flexibilität und Geschwindigkeit. Unternehmen kultivieren unterschiedliche Optionen und nehmen die damit verbundenen Investitionen und Anpassungen infolge industrieller Veränderungen vor.

Folgerstrategien lassen sich gemäß dem Markteintritt und der strategischen Grundhaltung in so genannte **Frühfolger** und **Spätfolger** unterteilen. Frühfolger orientieren sich am Produkt bzw. der Dienstleistung des Pionierunternehmens, streben primär Produktverbesserungen und Anwendungserweiterungen an und versuchen, sich entwickelnde bzw. bereits manifestierte Kundenbedürfnisse besser zu befriedigen. Vorteile dieser Ausrichtung sind die bestehende Informations- und Datenbasis und damit ein relativ geringeres Markteintrittsrisiko sowie die besonderen Möglichkeiten in früheren Entwicklungsstadien noch nicht aufgeteilter Märkte. Nachteile bzw. Risiken sind die möglicherweise bereits errichteten Markteintrittsbarrieren des Pionierunternehmens, der Differenzierungszwang bei Produkt und Vermarktung sowie die meist notwendige Niedrigpreisstrategie gegenüber dem Führerunternehmen.[44]

Für Spätfolger verstärken sich die geschilderten Effekte noch, einem höheren Grad an Sicherheit hinsichtlich der Marktentwicklung und den Konsumentenpräferenzen stehen Nachteile bezüglich der Erreichung von Marktanteilen, der relativ schwächeren Preisposition und des Image gegenüber.[45] Die Optionen von Folgerstrategien sind während der frühen Phasen von Marktentwicklungen den Optionen der Führerstrategien relativ ähnlich, insbesondere bei unklaren Wettbewerbspositionen verschiedener Unternehmen. Mit zunehmendem industriellen Reifegrad ergibt sich für Folgerunternehmen jedoch die Notwendigkeit, Rück-

---

[43] Lele (2001) nennt in diesem Zusammenhang die folgenden Optionen und damit einhergehenden Zielsetzungen: (a) Verteidigung der Führungsposition bei fortschreitender Industrieevolution, (b) Etablierung als starker Branchenzweiter, (c) Nutzung temporärer Führungsposition zum Aufbau von lukrativen und nachhaltigen Produkt- und Marktnischen sowie (d) Verkauf des erfolgreichen Geschäfts zu einem attraktiven Preis. Vgl. Lele (2001), S. 382.

[44] Vgl. Becker (1998), S. 380.

[45] Vgl. Becker (1998), S. 381.

stände gegenüber dem oder den Führerunternehmen aufzuholen oder profitable und zu verteidigende Nischen zu erschließen.[46]

3.3. Kombinative Strategien mit Führer- und Folger-Elementen

Die 'Shaper'- und die 'Adapter'-Strategie bilden die idealtypischen Verhaltensmuster von erfolgreichen Unternehmen in konvergierenden Märkten. In der Realität wählen Unternehmen nicht notwendigerweise durchgängig eine einzelne Verhaltensweise in Reinform. Die strategischen Entscheidungen erfolgreicher Unternehmen stellen häufig eine selektive Mischung verschiedener Verhaltensmuster. Ausschlaggebend sind die Struktur und das Evolutionsstadium einer Industrie sowie die Wettbewerbsposition eines Unternehmens.[47] Ein Beispiel für eine erfolgreiche Strategie ist Dell, das seit seiner Gründung stark und durchgängig wächst und mittlerweile zum führenden Hersteller von Computern aufgestiegen ist. Eine Analyse der strategischen Entscheidungen und Aktivitäten Dells im Vergleich zum Wettbewerb über einen Zeitraum von 20 Jahren offenbart trotz der allgemein als 'Shaper'-Strategie zu identifizierenden Grundhaltung Dells einzelne Elemente erfolgreicher adaptiver Strategieentscheidungen (s. Abbildung 33).

Abbildung 33: Einteilung der strategischen Entscheidungen Dells

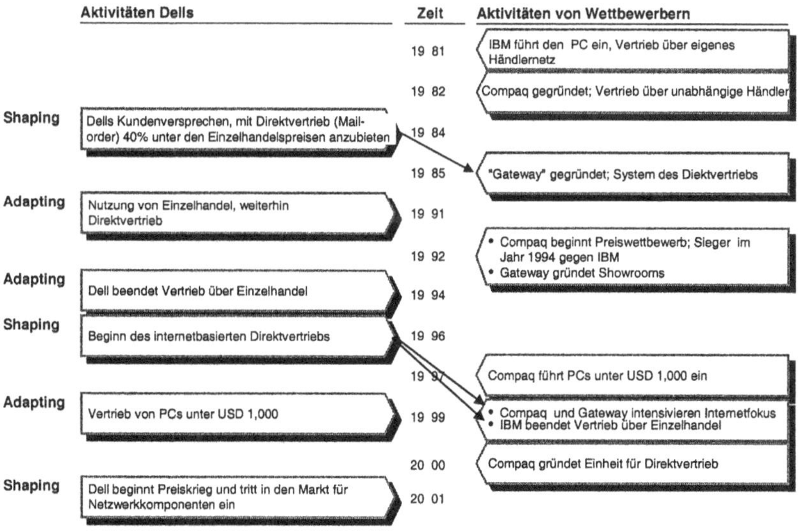

Quelle: Eigene Darstellung, vgl. Hoovers's Company Data

---

[46] Vgl. Lele (2001), S. 385ff.

[47] Vgl. Lele (2001), S. 382ff.

Wesentliche Elemente der Führerstrategie Dells sind die kontinuierliche Verteidigung des Kostenvorteils gegenüber Wettbewerbern wie IBM, Compaq und HP aufgrund der überlegenen Unternehmensprozesse, der technologischen Vorteile und des direkten Vertriebssystems. Reaktive und adaptive Elemente sind beispielsweise die Aufgabe indirekter Verkaufskanäle über Computerfachgeschäfte und Discounter im Jahr 1994 (nachdem Gateway das System direkter Verkaufskanäle bereits fast zehn Jahre zuvor etablierte) und das Angebot von PCs für einen Preis unter 1000 US-Dollar als Reaktion auf Compaqs Preisvorstoß. Dell gelang es aufgrund effizienter Prozesse, direkter Verkaufswege und den damit verbundenen Kostenvorteilen zum Marktführer am PC-Markt zu avancieren und gleichzeitig eine starke Rentabilität zu bewahren.

Im Allgemeinen lassen sich einige **Einflussfaktoren zur Determinierung idealtypischer strategischer Grundhaltungen** unterscheiden: der Unsicherheitsgrad,[48] der Typ der industriellen Evolution und die Basis wettbewerblicher Vorteile. Sie sollen im Folgenden kurz dargestellt werden.

- **Unsicherheitsgrad**: Falls die Möglichkeit der Beeinflussung zukünftiger Industrieszenarien besteht, ist eine Führerstrategie zu präferieren, sowohl bei geringer als auch bei hoher Unsicherheit. In Fällen relativ geringer Unsicherheit kann mitunter die Notwendigkeit zur Synchronisierung von Umweltkontext und Unternehmensressourcen existieren. In diesem Fall ist die Folgerstrategie von Vorteil.
- **Typ der Industrieevolution**: 'Shaping' ist die adäquate Strategie bei Diskontinuitäten und rapiden Veränderungen in Form von 'Big Bang'-Szenarien und der grundlegenden Neuformierung von Industrien. Adaptive Verhaltensweisen hingegen sind bei inkrementellen Industrieveränderungen wie Effizienzverbesserungen und Konsolidierung die erfolgversprechende Strategie.
- **Quelle wettbewerblicher Vorteile**: Bei Vorteilen für Innovatoren, z.B. in Form von Netzeffekten, technischen Standards und Lock-in Effekten sowie bei Möglichkeiten, knappe Ressourcen zu kontrollieren und eine hohe Markenloyalität zu erreichen, bietet die Führerstrategie Vorteile. Dies gilt auch, wenn neue Geschäftsmodelle industrielle Veränderungsprozesse initiieren. Demgegenüber bedingen evolutionäre Marktveränderungen aufgrund von strukturellen Veränderungen sowie relativ geringe 'First Mover'-Vorteile eher adaptive Strategien.

---

[48] Vgl. Courtney/Kirkland/Viguerie (2000), S. 82ff.

4. Zwischenfazit

Im vorangegangenen Kapitel wurden Determinanten für Strategien in dynamischen und konvergierenden Industrien im Allgemeinen und in der IuK-Industrie im Speziellen dargestellt. Zuerst wurden Grundformen strategischer Schwerpunktsetzung diskutiert, einerseits in Form der Affinität zu verschiedenen Ursprungsindustrien und andererseits in Bezug auf strategische Optionen hinsichtlich Innovation, Infrastruktur und Intermediation. Anschließend wurden idealtypische Möglichkeiten der Positionierung in Form integrativer und fokussierter Strategien sowie strategische Verhaltensweisen im Sinne von Führer- und Folgerstrategien behandelt. Entscheidungen entlang dieser Parameter determinieren die Positionierung eines Unternehmens innerhalb der IuK-Industrie, die unternehmensspezifischen Wachstums- und Innovationskonzepte angesichts konvergenter Industrieentwicklungen und letztlich die Kooperationsstrategien von Unternehmen. Die dargestellten Parameter beeinflussen Kooperationen hinsichtlich der Schwerpunktsetzung entlang der Wertschöpfungskette, der Selektion von Kooperationspartnern und der Konfiguration von Kooperationen und bestimmen in ihrer Gesamtheit die unternehmensspezifischen Kooperationsportfolios von Unternehmen in der IuK-Industrie.

E. Kooperationsstrategien und Kooperationsportfolios in konvergenten Märkten

Im folgenden Teil der Arbeit soll ein Modell zur Strukturierung und Analyse von Kooperationen angesichts konvergenter Branchenentwicklungen hergeleitet und anschließend im Rahmen von Unternehmensfallstudien am Beispiel der IuK-Industrie empirisch untersucht werden. Basis für das Konstrukt sind zum einen die Vorarbeiten im theoretischen und konzeptionellen Teil der Arbeit und zum anderen die oben erarbeiteten Determinanten für Strategien und die damit einhergehende Typisierung von Unternehmen im Kontext dynamischer und konvergierender Märkte.

1. Modellübersicht und Untersuchungsparameter

In der Literatur existieren vielfältige Vorschläge zur Strukturierung und Evaluierung von Formen interorganisationaler Beziehungen. Die meisten Ansätze beziehen sich auf Kriterien zur Bestimmung der Organisiertheit von Kooperationen und Netzwerken entlang struktureller und kultureller Dimensionen.[1] Die Auswahl der Parameter determiniert dabei die abzuleitenden normativen Aussagen. So führt beispielsweise ein Fokus auf formalistische Gestaltungskriterien und Untersuchungsparameter zur Einteilung in mechanistische bzw. organische Typen strategischer Netzwerke.[2] Um jedoch die unternehmensspezifische Positionierung entlang der Wertschöpfungskette der IuK-Industrie zu berücksichtigen und kooperative Unternehmensstrategien angesichts konvergierender Märkte und die damit verbundene Konfiguration von Kooperationsportfolios zu determinieren, müssen alternative Kriterien erarbeitet werden. Das nachfolgend entwickelte Modell soll als Instrumentarium zur empirischen Analyse von unternehmensspezifischen Kooperationsstrategien und Kooperationsportfolios verwandt werden. Die einzelnen Kriterien sollen außerdem strategische Unternehmensentscheidungen bezüglich

1 Sydow (1992) unterscheidet strukturelle und kulturelle Dimensionen strategischer Netzwerke. Erstere umfassen Intensität des Leistungsaustausches, Richtung des Leistungsaustausches, Machtstruktur, Formalisierungsgrad, Standardisierungsgrad, Kommunikation, hierarchische Verankerung, räumliche Distanz, verfügbare Ressourcen für die Koordination, Personaltransfer und Vertragsgestaltung. Zur kulturellen Dimension gehören Zielkongruenz, geteilte Werte, Erwartungen, Vertrauen, Identitäten, Kohäsion und Konfliktniveau. Sydow (1992), S. 85ff. Vgl. zu einem Überblick von theoretischen Ansätzen, Typologien und Definitionen insbesondere Abschnitt 0 sowie Abschnitt B.2.3 der vorliegenden Arbeit.

2 Krystek/Redel/Reppegather (1997) untersuchen die "formbezogenen Beschreibungsdimensionen" Standardisierungsgrad, Zentralisierungsgrad, Formalisierungsgrad, Zahl der Interorganisationsbeziehungen, Konnektivität, Reziprozität und Offenheit. Vgl. Krystek/Redel/Reppegather (1997), S. 199ff.; auch Sydow (1992), S. 88. Allerdings beziehen sich diese Untersuchungsparameter auf einzelne Netzwerke und nicht wie in der vorliegenden Untersuchung auf unternehmensspezifische Portfolios von Kooperationen und Netzwerken.

der Kooperationsportfolios in Zusammenhang zu industriellen Veränderungsprozessen setzen. Diese Untersuchungsparameter lassen sich in **konvergenzrelevante und gestaltungsspezifische Kriterien**[3] unterteilen (s. Abbildung 34):

Abbildung 34: Übersicht der Untersuchungskriterien zur Analyse von Kooperationsportfolios

Konvergenzrelevante Kooperationsmerkmale

1. **Marktfokus und Konvergenzrelevanz**
   - Kooperationen in konvergenten Teilmärkten
   - Kooperationen im gleichen Teilmarkt
   - Kooperationen jenseits der IuK-Industrie
2. **Affiliierung des Kooperationspartners**
   - Kooperationen innerhalb konvergenter Teilmärkte
   - Kooperationen innerhalb des gleichen Teilmarkts
   - Kooperationen jenseits der IuK-Industrie
3. **Zielsetzung und Wachstumsperspektive**
   - Fokus Kerngeschäft (Horizont 1)
   - Fokus neue Wachstumsfelder (Horizont 2)
   - Fokus Zukunftsoptionen (Horizont 3)
4. **Zeitliche Entwicklung der Kooperationsaktivitäten**
   - Zunahme der Kooperationen (insbes. in neuen Konvergenzmärkten)
   - Konstanz bzw. Rückgang der Kooperationen
5. **Positionierung und Abdeckung der Wertschöpfungskette**
   - Abdeckung der Wertschöpfungskette (horizontale, vertikale und diagonale Kooperationen)
   - Abdeckung der Distributionskanäle
   - Abdeckung der Zugangsplattformen

Unternehmensspezifische Ausgestaltung

6. **Kooperationsmotiv und Initiativgrad**
   - Proaktive Kooperationsmotive
   - Reaktive Kooperationsziele
7. **Geographischer Schwerpunkt**
   - Fokus eigene Region/Ursprungsmarkt
   - Fokus andere Regionen/Märkte
8. **Anzahl Partner**
   - Bilaterale Allianz
   - Multilaterales Netzwerk
9. **Netzwerkposition und Machtverhältnis**
   - Gleichgewichtige bzw. symmetrische Kooperation
   - Ungleichgewichtige bzw. asymmetrische Kooperation
10. **Funktionale Schwerpunktsetzung**
    - Forschung- und Entwicklung
    - Produktion
    - Marketing & Vertrieb
    - Sonstige (Lizensierung, Distribution, etc.)
11. **Grad der Formalisierung und Institutionalisierung**
    - Vertragslose Zusammenarbeit
    - Vertragliche Zusammenarbeit
    - Kapitalbeteiligung
    - Joint Venture

Quelle: eigene Darstellung

- **Konvergenzrelevante Kooperationskriterien** bezeichnen Parameter, die mit der konvergenten Entwicklung der Industrien Medien, Telekommunikation und Informationstechnologie korrelieren. Das zunehmende Verschmelzen der Einzelindustrien und die Entstehung der IuK-Industrie führt zu einer Beeinflussung und stärkeren Ausprägung der konvergenzrelevanten Strukturelemente der unternehmensspezifischen Kooperationsportfolios. Dazu gehören der Marktfokus der Kooperationen, die Branchenaffinität der Kooperationspartner, die Zielsetzung und die zeitliche Entwicklung der Kooperationen sowie die Schwerpunktsetzung und der Abdeckungsgrad entlang der Wertschöpfungskette.
- **Unternehmensspezifische Gestaltungskriterien** bezeichnen Klassifikationskriterien, die die strategischen Schwerpunktsetzungen der Unterneh-

[3] Die konvergenzrelevanten Merkmale beruhen im Wesentlichen auf dem Market-based View, während die unternehmensspzifischen Merkmale stärker auf dem Resource-based View basieren. Vgl. in diesem Zusammenhang auch Kapitel B.1.2.

men bei der Konfiguration ihrer Kooperationen reflektieren. Dazu zählen die Kooperationsmotive bzw. der Initiativgrad, die geographischen Schwerpunkte, die Anzahl der Kooperationspartner, das Machtverhältnis bzw. die Position innerhalb einer Kooperation oder eines Netzwerks, die funktionale Schwerpunktsetzung und der Formalisierungsgrad der Kooperationen.

2. Entwicklung der einzelnen Klassifikationskriterien

Nachfolgend sollen die einzelnen Klassifikationskriterien des Untersuchungsmodells hergeleitet, erklärt und konzeptualisiert werden. Anschließend sollen die einzelnen Parameter operationalisiert werden, um im Rahmen der empirischen Analyse die Untersuchung unternehmensspezifischer Kooperationsstrategien und Kooperationsportfolios angesichts konvergenter Industrieentwicklungen zu ermöglichen.

2.1. Marktfokus und Konvergenzbereich

2.1.1. Herleitung und Konzeptualisierung

Wachstumsfelder eines Unternehmens lassen sich in Anlehnung an Ansoff entlang der Dimensionen Produkt und Markt unterteilen. Wachstumsaktivitäten erfolgen in Form von Produktentwicklung (neue Produkte, bestehende Märkte) oder in Form von Marktentwicklung (neue Märkte, bestehende Produkte). Innovationen entlang der Produkt- und der Marktdimension bedeuten unternehmerische Diversifikation, die sich entweder auf verwandte oder auf nicht verwandte Märkte konzentriert.[4]

Die IuK-Industrie umfasst eine Reihe von Teilmärkten in Bezug auf relevante Übertragungs- und Zugangsplattformen und Erlebniswelten. Grundsätzlich lassen sich die Bereiche **Computer (PC), Fernsehen (TV) und Telefonie** unterscheiden, die bereits in ihrer Struktur und ihren relevanten Einflussfaktoren diskutiert wurden.[5] Zusätzlich sind zahlreiche Wettbewerber der IuK-Industrie in weite-

---

4 Zu Diversifikation vgl. grundlegend Ansoff (1965) sowie Welge/Al-Laham (2001), S. 436ff.; Lynch (2000), S. 576 und Müller-Stewen/Lechner (2001), S. 217ff. Zur Schaffung von Mehrwert im Kontext von Diversifizierung und Diversifizierungskonzepten vgl. auch Friedrich/Hinterhuber (2000), S. 8ff.; zu marktfeld-strategischen Optionen entlang der Dimensionen Markt und Produkt vgl. Becker (2000), S. 12f.

5 Vgl. die Ausführungen in Kapitel C.2.4. Die hier vorgenommene Trennung ist in der Realität nicht vollständig überschneidungsfrei, da an den Schnittstellen dieser Teilbereiche neue Märkte entstehen, z.B. der Markt der Videospiele und -konsolen mit Überschneidungen zu jeweils der Computer- und der Fernsehindustrie. Dennoch stellt sie die bestmögliche Strukturierungsmethode dar.

ren Geschäftsbereichen aktiv: Firmen wie Disney engagieren sich im Bereich Parks und Entertainment, viele Medienfirmen sind im Printbereich aktiv, Sony beispielsweise produziert eine Vielzahl von Komponenten und Peripheriegeräten, die nicht eindeutig einem einzelnen der drei Teilmärkte zugeordnet werden können.

Im Allgemeinen weisen Unternehmen entsprechend ihrer herkömmlichen Branchenaffinität eine gewisse Spezialisierung auf einen dieser Teilmärkte auf. Die Geschäftsaktivitäten von Medienunternehmen konzentrieren sich häufig auf den TV-Bereich; IT-Firmen haben oft eine natürliche Präferenz für PCs, und Telekommunikationsfirmen engagieren sich schwerpunktmäßig im Bereich mobiler und stationärer Telefonie. Gleichzeitig bewirken konvergente Industrieentwicklungen zunehmende Überschneidungen zwischen den Teilmärkten. Unternehmen aus der IuK-Industrie zeigen dabei ausgehend von ihren jeweiligen Schwerpunkten deutliche Expansionsaktivitäten in andere Teilmärkte, sowohl mittels organischen Wachstums und Akquisitionen als auch mit Hilfe von Kooperationen. Ein Indikator für den Grad der Konvergenzintensität einer unternehmensspezifischen Kooperationsstrategie ist daher der **Anteil von Kooperationen mit dem Fokus auf alternative Teilmärkte** im Verhältnis zu Kooperationen mit dem Fokus auf bestehende Teilmärkte.

2.1.2. Operationalisierung

In der folgenden Untersuchung ist der Anteil der Kooperationen mit einem Fokus auf konvergente Teilmärkte ein Indikator für die Konvergenzintensität von kooperativen Strategien. Einzelne Kooperationen und damit einhergehende unternehmensspezifische Kooperationsportfolios lassen sich dementsprechend folgendermaßen einteilen: (a) Unternehmen mit Kooperationsstrategien hoher Konvergenzintensität konzentrieren sich mit mehr als der Hälfte ihrer Kooperationen auf alternative bzw. neue Teilmärkte. (b) Unternehmen mit Kooperationsstrategien relativ hoher Konvergenzintensität fokussieren sich in mehr als 30 % ihrer Kooperationen auf alternative bzw. neue Teilmärkte. (c) Unternehmen mit Kooperationsstrategien mittlerer Konvergenzintensität erschließen mit mehr als 10 % ihrer eingegangenen Kooperationen alternative bzw. neue Teilmärkte, und (d) Unternehmen mit Kooperationsstrategien geringer Konvergenzintensität konzentrieren weniger als 10 % ihrer Kooperationen auf alternative bzw. neue Teilmärkte. Ein relativ hoher (geringer) Anteil von Kooperationen mit einem Fokus auf neue konvergierende Teilmärkte, d.h. die unternehmensspezifische Diversifizierung in andere Märkte innerhalb der IuK-Industrie, bedeutet folglich einen relativ geringen (hohen) Anteil von Kooperationen im bestehenden Teilmarkt.

2.2. Branchenaffinität des Kooperationspartners

2.2.1. Herleitung und Konzeptualisierung

In Kapitel C dieser Arbeit wurden die Konvergenzentwicklungen der IuK-Industrie unter Bezugnahme auf die jeweiligen Ursprungsindustrien und Teilbranchen dargestellt. Zusätzlich zur Konvergenzintensität im Zusammenhang mit dem bereits behandelten Marktfokus von Kooperationen ist die **Branchenaffinität des Kooperationspartners** ein weiterer wichtiger Indikator konvergenzintensiver Kooperationsstrategien. Im Einzelnen existieren folgende Unterscheidungsmöglichkeiten:

- **Kooperationen mit Unternehmen aus derselben Teilbranche** bedeuten eine Fokussierung auf den Ausgangsmarkt eines Unternehmens bzw. eine Stärkung der bisherigen Marktstellung und Verbesserung der Wettbewerbsposition in der gegenwärtigen Teilbranche. Beispiele für derartige Kooperationen sind Verträge zwischen zwei Hardwarefirmen oder zwischen zwei Medienunternehmen.[6]
- **Kooperationen mit Unternehmen aus einer anderen Teilbranche** bedeuten die Fokussierung auf neue Teilbereiche der konvergierenden IuK-Industrie bzw. eine Stärkung der Aktivitäten in den jeweils anderen Teilbereichen. Beispiele sind Kooperationen zwischen Medienfirmen und Telekommunikationsunternehmen oder IT-Firmen.
- **Kooperationen mit Unternehmen aus anderen Industrien jenseits der IuK-Industrie** bedeuten Aktivitäten zur Verbesserung der Wettbewerbsposition oder der Generierung zusätzlicher Umsätze, die in keinem direkten Verhältnis zu den Geschäftsaktivitäten in der IuK-Industrie stehen. Derartige diagonale bzw. konglomerale Kooperationen sind z.B. Kooperationen zwischen Medienunternehmen und Konsumgüterherstellern zur besseren Produktvermarktung oder Partnerschaften zwischen Softwarefirmen und Finanzinstitutionen zur Entwicklung eines neuen IT-Systems.

2.2.2. Operationalisierung

Ein hoher Anteil von Kooperationen mit Unternehmen einer anderen Teilbranche, beispielsweise zwischen Telekommunikationsunternehmen und IT-Unternehmen oder zwischen Medien- und Telekomfirmen, bedeutet folglich eine hohe Konvergenzintensität. Im Rahmen der empirischen Untersuchung werden die folgenden

---

6 Derartige Kooperationen zwischen zwei oder mehr Unternehmen einer Branche können durchaus intrasektorale Konvergenzprozesse initiieren, beispielsweise bei Verbindungen zwischen Software- und Hardwarefirmen oder bei Kooperationen zwischen Medienunternehmen verschiedener Teilmärkte. Die hier untersuchte Konvergenzintensität von Kooperationsstrategien wird jedoch im Sinne intersektoraler Konvergenz interpretiert.

Einteilungen zur Bestimmung der **Konvergenzintensität anhand der Branchenaffinität des Kooperationspartners** vorgenommen:[7] (a) Eine hohe Konvergenzintensität bedeutet einen Anteil von mehr als 60 % der Kooperationen mit Unternehmen aus anderen Teilbranchen innerhalb der konvergierenden IuK-Industrie. (b) Eine relativ hohe Konvergenzintensität liegt vor, wenn mehr als 45 % der Kooperationen mit Unternehmen aus anderen Teilbranchen abgeschlossen werden. (c) Eine mittlere Konvergenzintensität bedeutet einen Anteil von mehr als 30 % der Kooperationen mit Unternehmen aus konvergierenden Teilbranchen und (d) eine geringe Konvergenzintensität bedeutet letztlich einen Anteil von weniger als 30 % der Kooperationen mit Firmen aus anderen Teilbranchen der IuK-Industrie.

Zwischenzusammenfassung: Konvergenzintensität von Kooperationsstrategien

Die beiden bisher dargestellten Kriterien zur Klassifizierung von Kooperationsstrategien, anhand des **Marktfokus der Kooperation** und **der Branchenaffinität des Partnerunternehmens**, bilden in ihrer Kombination die **Grundlage zur Bestimmung der Konvergenzintensität der betrachteten Kooperationsstrategien und Kooperationsportfolios.** Dementsprechend ergeben sich hohe, mittlere und geringe Ausprägungsformen der Konvergenzintensität (s. Abbildung 35).

1. Eine **hohe Konvergenzintensität** bedeutet einen hohen Anteil von Kooperationen mit dem Ziel der Erschließung neuer Teilmärkte und einen hohen Anteil von Kooperationen mit Unternehmen aus anderen Teilbranchen der IuK-Industrie. Beispiele hierfür sind Partnerschaften von Medienfirmen mit Partnern aus Telekommunikation und Informationstechnologie zum Aufbau eines Internet Service Providers (ISP) oder von Softwareunternehmen mit Medienfirmen zur Entwicklung von Set-Top Boxen für interaktives Fernsehen.[8]
2. Eine **mittlere Konvergenzintensität** der Kooperationsstrategie kann zweierlei bedeuten: Entweder die Erschließung neuer Teilmärkte mittels Partnerschaften innerhalb derselben Teilbranche oder die Konzentration auf den eigenen Teilmarkt bei relativ vielen Kooperationen mit Unternehmen aus einer anderen Teilbranche. Beispielhaft für ersteren Typ sind Allianzen zweier Medienunternehmen, die gemeinsame Online-Aktivitäten verfolgen oder eine Forschungskooperation verschiedener Softwareunter-

[7] Aufgrund der Tatsache, dass im Untersuchungszeitraum sowohl bilaterale Kooperationen als auch multilaterale Netzwerke berücksichtigt werden, kann es zu Doppelzählungen kommen, wenn eine Kooperation gleichzeitig Unternehmen aus derselben Teilbranche als auch aus anderen Teilbranchen inkludiert. Folglich addieren sich die Ergebnisse nicht zu 100%.

[8] Im Rahmen der vorliegenden Untersuchung sollen dabei die Teilbranchen Medien, Telekommunikation sowie Software und Hardware unterschieden werden. Dies trägt einerseits den unterschiedlichen Charakteristika der beiden Teilbereiche der IT-Industrie Rechnung und ermöglicht andererseits eine detailliertere Analyse der Konvergenzintensität unternehmensspezifischer Kooperationsstrategien.

nehmen zur Entwicklung von Standards und technischen Protokollen für iTV- oder mobile Geräte. Beispiele für mittlere Konvergenzintensität des zweiten Typs sind Kooperationen von Medienfirmen mit einem IT-Anbieter zur Verbesserung der Geschäftsprozesse oder von einem Telekommunikationsunternehmen mit einem Hardwareproduzenten zum gemeinsamen Angebot von Mobilfunkverträgen und dazugehörigen Mobiltelefonen. Eine weitere Möglichkeit sind diagonale Kooperationen von IuK-Firmen mit Unternehmen, deren Geschäftsaktivitäten schwerpunktmäßig außerhalb der IuK-Industrie erfolgen, deren Zielsetzung jedoch ausdrücklich konvergenzrelevant sind, beispielsweise eine Kooperation mit einem Automobilunternehmen zur Entwicklung von Telematiksystemen oder eine Kooperation mit einem Finanzdienstleister zum Aufbau eines Finanzportals im Internet.

Abbildung 35: Konvergenzintensität von Kooperationsportfolios

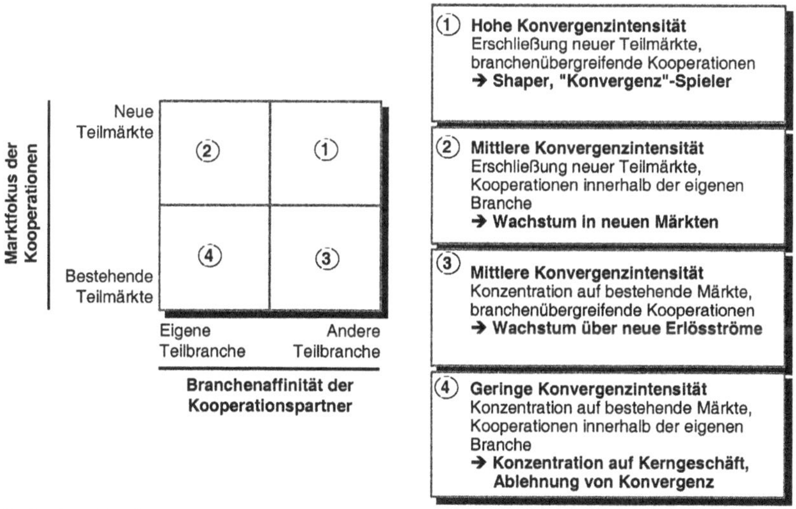

Quelle: eigene Darstellung

3. Eine **geringe Konvergenzintensität** einer Kooperation bedeutet die Konzentration auf den eigenen Teilmarkt mit einem Partner aus der eigenen Teilbranche. Beispiele sind Kooperationen zwischen Telekommunikationsfirmen zur Reduktion von Infrastrukturinvestitionen sowie gemeinsame Anstrengungen von Medienfirmen zur Etablierung eines neuen Fernsehkanals oder die Co-Produktion eines Spielfilms.

2.3. Zielsetzung und Wachstumsperspektive

2.3.1. Herleitung und Konzeptualisierung

Ein Portfolio von Kooperationen lässt sich hinsichtlich der zeitlichen Perspektiven der eingegangenen Kooperationen strukturieren. Referenzrahmen ist dabei die einzelne Kooperation, die sich analog zu alternativen Wachstumsaktivitäten eines Unternehmens entlang verschiedener Zeit- bzw. Wachstumshorizonte einordnen lässt (s.
Abbildung 36):[9]

- Der **erste Wachstumshorizont** bezeichnet das Kerngeschäft eines Unternehmens. Kooperationen dienen der Ausweitung und Verteidigung der gegenwärtigen Geschäftsaktivitäten. Dabei liegt die Zielsetzung häufig auf Rentabilität und relativ kurzfristigen Ertragsverbesserungen wie im Falle zwischenbetrieblicher Zusammenarbeit zur kostengünstigen Beschaffung und zur Koordination der Vertriebskanäle.
- Der **zweite Wachstumshorizont** bezieht sich auf die entstehenden Geschäftsfelder eines Unternehmens mit einer zeitlichen Perspektive der nächsten zwei bis drei Jahre. Kooperationen dienen hier dem Aufbau neuer Unternehmensgeschäfte und erschließen neue Technologien oder neue Märkte. Beispiele für Kooperationen des zweiten Horizonts sind Initiativen zur Standardsetzung und zur Markterschließung.
- Der **dritte Wachstumshorizont** charakterisiert zukunftsorientierte Wachstumsoptionen eines Unternehmens mit einer zeitlichen Perspektive zwischen drei und fünf Jahren. Kooperationen dienen dabei als Grundlage für den Aufbau von zukunftsorientierten Kompetenzen und die Generierung von langfristigen Potenzialen. Kooperationen diesen Typs sind vergleichsweise visionär, langfristig und mit einem hohen Unsicherheitsgrad in Bezug auf die Umsetzbarkeit verbunden.

Eine hohe Bedeutung konvergenter Industrieentwicklungen würde so zu einem relativ hohen Anteil langfristiger Kooperationsstrategien führen. Ein hoher Anteil von Kooperationen des zweiten und dritten Horizonts ist gleichzeitig oft ein Anzeichen von Führerstrategien und der aktiven Gestaltung zukünftiger Industrieszenarien. Insgesamt ist jedoch eine gewisse Balance der verschiedenen Zeithorizonte notwendig für ein ausgewogenes und erfolgreiches Portfolio von Kooperations- und Wachstumsinitiativen.

---

[9] Grundsätzlich lassen sich die zeitlichen Parameter unterschiedlich definieren. Zu den zeitlichen Horizonten bzw. der Terminierung verschiedener strategischer Initiativen eines unternehmensspezifischen Portfolios vgl. auch Bryan (2002), S. 25.

Abbildung 36: Strukturierung eines Kooperationsportfolios entlang der Wachstumshorizonte

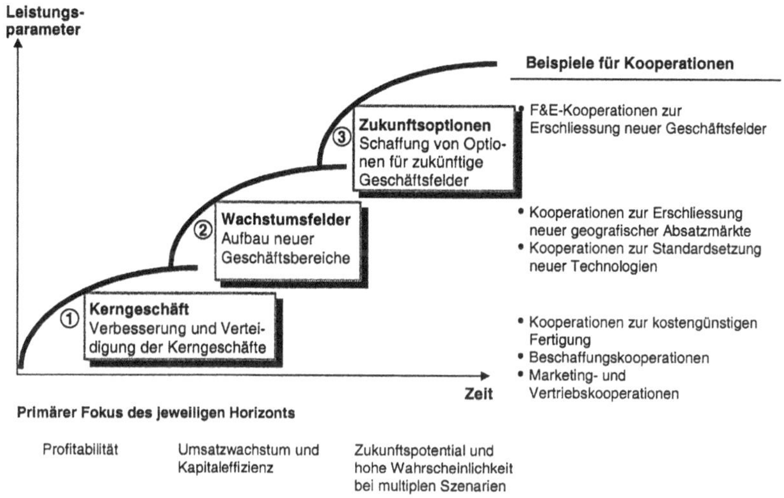

Quelle: eigene Darstellung

2.3.2. Operationalisierung

Aufgrund mehrfacher Zielsetzungen einzelner Kooperationen bzw. zeitlich nicht exakt einzuordnender Zielsetzungen soll in der empirischen Analyse lediglich zwischen kurzfristigen bzw. langfristigen Zeithorizonten unterschieden werden. Somit ergibt sich hinsichtlich des Zeithorizonts von Kooperationsaktivitäten und Kooperationsportfolios die folgende Einteilung:[10] (a) Ein Kooperationsprofil mit langfristigem Zeithorizont bedeutet einen Anteil langfristig orientierter Kooperationen von mehr als 50 % der Gesamtzahl der Kooperationen im Untersuchungszeitraum, (b) ein Kooperationsportfolio mit relativ langfristigem Zeithorizont bedeutet einen Anteil langfristig orientierter Kooperationen von mehr als 40 % an den gesamten Kooperationen, (c) ein Kooperationsprofil mit mittelfristigem Zeithorizont bedeutet einen Anteil langfristig orientierter Kooperationen von mehr als

[10] Da es sich bei der empirischen Untersuchung um einen relativ langen Betrachtungszeitraum handelt und sich die Wachstumsstrategien der Unternehmen zwischen 1990 und 2000 in einem dynamischen Marktumfeld wie der IuK-Industrie maßgeblich verändert haben, gilt die Einordnung in das Konzept der Wachstumshorizonte zum jeweiligen Zeitpunkt der Kooperationsvereinbarung. Entscheidungshilfe zur Einteilung der Kooperationen entlang der Wachstumshorizonte bilden dabei Zeitungsartikel zu den Kooperationsinhalten sowie die Geschäftsberichte der analysierten Unternehmen.

30 % und (d) ein Kooperationsprofil mit kurzfristigem Zeithorizont bedeutet einen Anteil langfristig orientierter Kooperationen von weniger als 30 % an der Gesamtzahl der Kooperationen.

2.4. Entwicklung der Kooperationsstrategie über Zeit

Ein weiteres Merkmal von Kooperationsprofilen und -portfolios ist der **zeitliche Entwicklungsverlauf der Kooperationsaktivitäten eines Unternehmens**. Die Relevanz von Kooperationen als Teil der Unternehmensstrategie lässt sich dabei anhand der Anzahl der eingegangenen Kooperationen pro Jahr bestimmen.[11] Möglich sind dabei naturgemäß (a) ein Anstieg, (b) eine konstante Entwicklung oder (c) ein Rückgang der Kooperationen im Verlauf des Untersuchungszeitraums. Dabei ist zu berücksichtigen, dass eine Vielzahl von exogenen Einflüssen auf die Kooperationsaktivitäten eines Unternehmens einwirken, beispielsweise das Verhalten der Wettbewerber, die Erwartungen der Kapitalmärkte oder gesetzliche Veränderungen. Etwaige Erkenntnisse aus der Kooperationsintensität einzelner Unternehmen müssen also in Relation zu den jeweiligen Wettbewerbern oder den relevanten Industriedurchschnitten gesetzt werden.[12]

Weitere Kennzahlen zur Bestimmung der Intensität der Kooperationsanstrengungen und der Interdependenz von Kooperationen und Konvergenz sind außerdem die Entwicklung der Konvergenzintensität im Verlauf des Untersuchungszeitraums. Gemäß den oben entwickelten Kriterien des Marktfokus der Kooperation und der Branchenaffinität des Kooperationspartners lassen sich mögliche Veränderungen analysieren und somit auch der Zusammenhang zwischen Branchenkonvergenz und Kooperationsaktivitäten im Zeitablauf untersuchen.

2.5. Positionierung und Abdeckung der Wertschöpfungskette

2.5.1. Herleitung und Konzeptualisierung

Das Konzept der Wertschöpfungskette wurde bereits zur Analyse der industriellen Veränderung und Konvergenzentwicklung der einzelnen Teilbereiche der IuK-Industrie angewandt. Es ist darüber hinaus ein wichtiger Ausgangspunkt zur Ana-

---

11 Alternativ wäre auch eine Quantifizierung der Zielgrößen und Potentiale von einzelnen Kooperationen möglich oder der Höhe der eingesetzten finanziellen und personellen Ressourcen im Rahmen der eingegangenen Kooperationen. Aufgrund der Schwierigkeiten der Existenz derartiger Informationen und der häufigen Diskrepanzen zwischen Zielformulierung und Zielerreichung erscheint die zahlenmäßige Analyse zur Bestimmung der Relevanz von Kooperationen als eine geeignete Methode.

12 Im Allgemeinen kann von einer Zunahme der Kooperationsaktivitäten in modernen Volkswirtschaften ausgegangen werden. Ausschlaggebend für die empirische Untersuchung im Rahmen der vorliegenden Arbeit ist primär die IuK-Industrie.

lyse unternehmensspezifischer Kooperationsstrategien in der IuK-Industrie. Unternehmen und ihre einzelnen Geschäftsfelder lassen sich hinsichtlich ihrer Positionierung entlang der Wertschöpfungskette ebenso einordnen wie die von ihnen initiierten Kooperationen. Dabei ergeben sich **drei grundlegende Richtungen von Kooperationen:**[13]

- **Horizontale Kooperationen**, häufig als strategische Allianzen bezeichnet, sind Kooperationen zwischen Unternehmen auf derselben Wertschöpfungsstufe. Die beteiligten Kooperationspartner befinden sich aktuell oder potenziell im Wettbewerb zueinander und intendieren mit der Verbindung ihrer Ressourcen eine Verbesserung der jeweiligen Wettbewerbsposition. Unternehmen mit einem hohen Anteil horizontaler Kooperationen weisen dementsprechend tendenziell einen geringeren Abdeckungsgrad der Wertschöpfungskette auf.
- **Vertikale Kooperationen** bezeichnen Kooperationen zwischen Unternehmen, deren Geschäftsaktivitäten schwerpunktmäßig auf unterschiedlichen Wertschöpfungsstufen erfolgen.[14] Grundidee ist dabei die Verbesserung der Zusammenarbeit und die Optimierung von Schnittstellen zwischen vor- und nachgelagerten Wertschöpfungsstufen. Aus der Perspektive eines Unternehmens bedeutet eine **Vorwärtsintegration** eine Kooperation mit einem Unternehmen auf der nachfolgenden Wertschöpfungsstufe, d.h. mit einem Abnehmer. Eine **Rückwärtsintegration** hingegen bezeichnet eine Kooperation mit einem Lieferanten bzw. einem Unternehmen der vorgelagerten Wertschöpfungsstufe.[15] Ein hoher Anteil vertikaler Koope-

---

[13] Zu vertikalen, horizontalen und diagonalen Kooperationen vgl. Bühner (1993), S. 380f.; Hungenberg (2000), S. 376ff.; Dussauge/Garette (1999), S. 49; Schwerk (2000), S. 33ff. und Reve (2001), S. 344. Im Rahmen der empirischen Untersuchung werden Unternehmen anhand ihrer Geschäftsaktivitäten entlang der Wertschöpfungskette eingeordnet. Da es sich um Mehrproduktfirmen bzw. integrierte Firmen handelt, decken sie meist mehrere Wertschöpfungsstufen ab. Daher werden die Geschäfte in Kernaktivitäten und Peripherieaktivitäten unterschieden. Im nächsten Schritt wird jede einzelne Kooperation anhand des Kooperationsinhalts und des Kooperationspartners entlang der Wertschöpfungskette eingeordnet und hinsichtlich der Kooperationsrichtung (horizontal, vertikal, diagonal) eingeordnet. Bei Mehrstufenfirmen werden auch mehrere Wertschöpfungsstufen involviert. Folglich addieren sich auch die Kooperationsrichtungen insgesamt auf einen Wert von mehr als 100%. Eine Kooperation kann unter Umständen also gleichzeitig unterschiedlichen Wertschöpfungsstufen und, wenn auch in seltenen Fällen, unterschiedlichen Kooperationsrichtungen zugeordnet werden.

[14] Die unterteilten und untersuchten Kooperationsrichtungen sind im Allgemeinen analog zu den Konzentrationsrichtungen von Unternehmen; vgl. auch Bender (1999), S. 35ff.

[15] Im Kontext der IuK-Wertschöpfungskette muss es sich nicht notwendigerweise um klassische Lieferanten-Abnehmer-Beziehungen handeln, da Aktivitäten teilweise parallel verlaufen. So können die Fertigung eines Computers und die Entwicklung der Betriebssystemsoftware als parallele Inputfaktoren angesehen werden. Entscheidend für die Bestimmung der Kooperationsrichtung ist im Rahmen der vorliegenden Arbeit primär die Einordnung der Geschäftsaktivitäten des Kooperationspartners entlang der fünfstufigen Wertschöpfungskette der IuK-Industrie.

rationen bedeutet im Allgemeinen einen relativ hohen Abdeckungsgrad der Wertschöpfungskette.

- **Diagonale bzw. konglomerale Kooperationen** bezeichnen die Zusammenarbeit von Unternehmen, die weder in einer Wertschöpfungs- noch in einer Konkurrenzbeziehung zueinander stehen und unterschiedlichen Industrien angehören.[16] In der Regel bestehen zwischen den Produkten bzw. Dienstleistungen der beteiligten Unternehmen einer diagonalen oder konglomeralen Kooperation aus Kundensicht komplementäre Beziehungen. Durch gemeinsame Aktivitäten, meist im Marketing, können Potentiale erfolgreicher ausgenutzt und Kundenbedürfnisse besser befriedigt werden. Ein Beispiel hierfür wäre die Kooperation zwischen einer Fluglinie und einem Mietwagenanbieter oder zwischen einem Medienunternehmen und einem Finanzdienstleister. Diagonale Kooperationen haben im Allgemeinen keine Auswirkung auf den Abdeckungsgrad der Wertschöpfungskette.

2.5.2. Abdeckung der gesamten Wertschöpfungskette

2.5.2.1 Herleitung und Konzeptualisierung

Um die Kooperationsstrategie eines Unternehmens hinsichtlich der Positionierung[17] und des Abdeckungsgrads der Wertschöpfungskette zu bewerten, müssen alle Kooperationen den einzelnen Wertschöpfungsstufen entlang der Wertschöpfungskette zugeordnet werden. Ausschlaggebend sind im Rahmen der vorliegenden Arbeit die Geschäftsaktivitäten des oder der jeweiligen Kooperationspartner. Aufgrund von multilateralen Kooperationen mit mehreren Partnern bzw. mit multidivisionalen Kooperationspartnern, die mehrere Geschäftsbereiche entlang der Wertschöpfungskette aufweisen, kann eine einzelne Kooperation mitunter mehrere Wertschöpfungsstufen abdecken.[18] Da zur Betrachtung der Kooperationsportfo-

---

16 Diagonale bzw. konglomerale Kooperationen können durchaus sinnvolle strategische Aktivitäten im Sinne einer selektiven Komplementierung eigener Ressourcen und Fähigkeiten darstellen. Im Gegensatz zu diagonalen bzw. konglomeralen Unternehmensaktivitäten bedeuten sie keine unternehmensstrategische Diversifizierung. Vgl. in diesem Zusammenhang stellvertretend Fey (1999), S. 7ff und 22ff.

17 Die Positionierung eines Unternehmens entlang der Wertschöpfungskette wird gelegentlich auch als Leistungspositionierung bezeichnet; vgl. z.B. Rasche (2000b), S. 388ff.

18 Ein Beispiel für ersteren Fall wäre ein multilaterales Netzwerk zwischen Unternehmen verschiedener Teilindustrien, z.B. eine Kooperation zur Standardsetzung unter Beteiligung von Microsoft, Intel und verschiedenen Software- und Hardwareanbietern. Ein Beispiel für zweiteren Fall wäre eine bilaterale Kooperation zwischen zwei relativ integrierten Unternehmen mit Geschäftsaktivitäten auf verschiedenen Wertschöpfungsstufen, z.B. zwischen Telefonica und AOL Time Warner.

lios und zur Analyse der Interdependenz von Kooperationen und Konvergenz ein relativ langer Betrachtungszeitraum notwendig ist, haben Diversifizierung und Expansion von Unternehmen in der IuK-Industrie auch Wirkungen auf die Kooperationsrichtung von Kooperationen und damit einhergehend den Abdeckungsgrad der Wertschöpfungskette.[19]

2.5.2.2 Operationalisierung

Im Einzelnen ergeben sich in Bezug auf die Kooperationsrichtung und damit einhergehend dem Abdeckungsgrad der Wertschöpfungskette die folgenden Unterteilungen: (a) Ein hoher Abdeckungsgrad bedeutet eine weitgehend vollständige Koordination der Wertschöpfungskette mittels Kooperationen und einen hohen Anteil vertikaler Kooperationen. Dies gilt, wenn mindestens 70 % der Kooperationen auf Wertschöpfungsstufen erfolgen, die zur Peripherie des betrachteten Unternehmens gehören. (b) Ein relativ hoher Abdeckungsgrad der Wertschöpfungskette bedeutet die Koordination von Kooperationen auf fast allen Wertschöpfungsstufen und einen relativ hohen Anteil vertikaler Kooperationen. Mehr als 50 % der Kooperationen entfallen auf Wertschöpfungsstufen der Peripherieaktivitäten des Unternehmens. (c) Ein mittlerer Abdeckungsgrad der Wertschöpfungskette offenbart gelegentliche Lücken auf einzelnen Wertschöpfungsstufen, insbesondere in vom Kerngeschäft weiter entfernten Stufen. Gleichzeitig impliziert dies ein Übergewicht von horizontalen gegenüber vertikalen Kooperationen. Dies ist der Fall, wenn mehr als 70 % der Kooperationen Wertschöpfungsstufen des Kerngeschäfts betreffen und lediglich mehr als 20 % der eingegangenen Kooperationen auf Wertschöpfungsstufen der Peripherieaktivitäten entfallen. (d) Eine geringe Abdeckung der Wertschöpfungskette ist letztlich gleichbedeutend mit der überwiegenden Konzentration auf die eigene Wertschöpfungsstufe und einem hohen Anteil

[19] Wie bereits dargestellt, wird daher im Rahmen der empirischen Untersuchung für alle Unternehmen eine Einteilung ihrer Kern- und Peripherieaktivitäten vorgenommen. Dies ist eine notwendige Voraussetzung für die Bestimmung des Abdeckungsgrads der Wertschöpfungskette. Die Kerngeschäftsfelder der Unternehmen Disney und Bertelsmann erfolgen beispielsweise auf den ersten beiden Wertschöpfungsstufen, der Erstellung und der Aggregation von Inhalten. Ihre Peripherieaktivitäten, d.h. einzelne Geschäftsaktivitäten auf benachbarten Wertschöpfungsstufen oder Expansionsanstrengungen im Laufe der 90er Jahre, erstrecken sich infolge ihrer Vermögenswerte im Kabel- und Internetbereich auf die nachgelagerten Wertschöpfungsstufen der Übertragung sowie der Manipulation und Plattformdienste. Auf der Stufe der Endgeräte sind sie nicht präsent und operieren bei spezifischen Interessen ausschließlich mittels Kooperationen und marktbasierten Transaktionen. Die Telekommunikationsfirmen Deutsche Telekom und NTT haben ihre Schwerpunkte beispielsweise auf der Stufe der Übertragung, im Rahmen ihres Leistungsangebots expandieren sie auf die benachbarten Wertschöpfungsstufen der Aggregation und der Manipulation/Plattformdienste. Auf anderen Wertschöpfungsstufen sind sie mit eigenen Geschäftsbereichen nicht präsent. Telefonica expandiert darüber hinaus beispielsweise auch auf die Stufe der Inhalteerstellung. Eine ähnliche Einteilung wird für alle Unternehmen vorgenommen und bildet die Grundlage für die weitergehende empirische Untersuchung.

von horizontalen (und diagonalen) Kooperationen. Dies ist der Fall, wenn mehr als 80 % der Kooperationen horizontaler Natur und weniger als 20 % vertikaler Natur sind.

Die Abdeckung der Wertschöpfungskette ergibt sich aus der Anzahl und der Verteilung von Kooperationen mit anderen Unternehmen der IuK-Industrie und ihren Schwerpunkten entlang der Wertschöpfungskette. Der relative Abdeckungsgrad bezeichnet die prozentuale Verteilung der eingegangen Kooperationen auf die verschiedenen Wertschöpfungsstufen. Zusätzlich zum Abdeckungsgrad der gesamten Wertschöpfungskette sollen die einzelnen Stufen der Übertragung und der Endgeräte genauer untersucht werden.

2.5.3. Abdeckung der Distributionskanäle

Die Abdeckung der Distributionskanäle untersucht die Kooperationsintensität auf der Wertschöpfungsstufe Übertragung. Aufgrund substitutiver Konvergenzentwicklungen in der IuK-Industrie existieren eine Vielzahl alternativer Distributionswege, (multi-) mediale Inhalte zu übertragen und Konsumenten zugänglich zu machen. Dabei lassen sich die **folgenden Übertragungsnetze und Distributionskanäle** unterteilen:[20]

- **Kabelnetze** ermöglichen die breitbandige Übertragung von Inhalten. Aufgrund der hohen Bandbreiten, der Rückkanalfähigkeit und der relativ weiten Verbreitung sind sie ein wichtiger Distributionskanal in der IuK-Industrie. Wachstumserwartungen für den Übertragungsweg Kabel basieren vor allem auf der möglichen Kombination unterschiedlicher Applikationen wie interaktives Fernsehen, breitbandiger Internetzugang und Telefonie, dem so genannten 'Triple Play'. Naturgemäß haben Kabelnetzbetreiber und integrierte Medienfirmen in diesem Bereich große Stärken.
- **Satellitennetze** ermöglichen ebenfalls breitbandige Datenübertragung und die Übertragung von TV-Inhalten, so genannte Broadcasting-Funktionalitäten. Sie sind jedoch im Gegensatz zu Kabelnetzen nur begrenzt rückkanalfähig. Eine Set-Top-Box mit integriertem Zugang zum Telefonnetz ermöglicht allerdings vergleichbare interaktive Funktionen. Satellitenbasierte Netze erfordern im Gegensatz zu Kabelnetzen geringere Infrastrukturinvestitionen, die sich bei Sicherstellung von Interaktivität je-

20 Die Nutzung von terrestrischen Netzen, von Stromnetzen bzw. der so genannten Power Line oder von sog. Fixed Wireless Access (FWA) für IuK-Applikationen soll aufgrund der technischen Probleme bzw. hohen Kosten und der mangelnden empirischen Evidenz im Rahmen dieser Untersuchung nicht weiter verfolgt werden. Vgl. in diesem Zusammenhang auch Forit (2000), S. 13ff.; Laffont/Tirole (2001), S. 266f.; Büllingen/Stamm (2001), S. 40ff.; OECD (2002b), S. 12ff. und Vogel (2002), S. 141. Zu einer detaillierten Übersicht zu Charakteristika sowie Vor- und Nachteilen einzelner Technologien vgl. auch Büllingen/Stamm (2001), S. 66.

doch deutlich erhöhen. Vor allem Medienfirmen sind in diesem Bereich aktiv.

- **Telefonnetze** wurden ursprünglich ausschließlich für die Sprachtelefonie genutzt, mittlerweile werden mit Hilfe von Internetzugangsdiensten auch stark wachsende Datenvolumina transportiert. Auch hinsichtlich der Bandbreiten wurden signifikante technische Verbesserungen realisiert. Anstelle des herkömmlichen Kupferkabels werden mittlerweile zunehmend digitale Anschlüsse mit höheren Bandbreiten wie ISDN und DSL installiert. Die großen Telekommunikationsfirmen haben in diesem Teilbereich eine dominante Marktposition.
- **Mobilfunknetze** wurden in der Vergangenheit analog zu den Telefonnetzen ebenfalls meist für Sprachtelefonie genutzt. Mittlerweile steigt jedoch die Verwendung mobiler Netze zum Datentransfer. Anstrengungen der Telekommunikationsfirmen erfolgen in den Bereichen SMS, WAP und diversen Vorgängerversionen von UMTS, durchaus mit unterschiedlichem Erfolg. Das enorme weltweite Wachstum von Textnachrichten und die Nutzung von innovativen mobilen Datendiensten vor allem im asiatischen Raum lässt weitere Wachstumsdynamik auch zukünftig vermuten. Bedeutende Unternehmen sind spezialisierte Mobilfunkunternehmen und integrierte Telefonkonzerne mit Geschäftsaktivitäten im Bereich der Mobiltelefonie.

Die einzelnen Übertragungs- und Zugangsnetze haben jeweils Vor- und Nachteile hinsichtlich von Übertragungsleistungen, Funktionalität und Kosten.[21] **Sprachtelefonie** ist über Telefonnetze (analog, ISDN und DSL) und Mobilfunknetze möglich, unter Einsetzung zusätzlicher Technologie auch über Kabelnetze; **Broadcasting** hingegen ist bei Satelliten- und Kabelnetzen möglich, bei Einsatz innovativer Technologien auch über DSL-Verbindungen. **Rückkanalfähigkeit**, eine wichtige Voraussetzung für Interaktivität, gewährleisten Telekommunikations- und Kabelnetze. Angesichts der Konvergenz der IuK-Industrie kommt der Übertragung digitalisierter Informationen und Inhalte eine hohe Bedeutung zu. Langfristig impliziert eine weitgehende Konvergenz die Entstehung eines einheitlichen und umfassenden Distributionsnetzwerks, das die bisherigen Telefon-, TV- und PC-Netzwerke ersetzen und neben Sprache, Video und Daten noch zusätzliche Leistungen offerieren wird. Gegenwärtig jedoch nutzt die Mehrzahl der Kunden mit breitbandigem Datenzugang die Übertragungstechnologien DSL und Kabel.[22] Dabei besteht in den meisten Ländern ein **substitutives Verhältnis zwischen Übertragungstechnologien**; einer hohen Kabelpenetration steht meist eine geringe

---

[21] Vgl. Vogel (2002), S. 141.

[22] Vgl. OECD (2002b), S. 15.

Verbreitung von DSL-Anschlüssen gegenüber (und umgekehrt).[23] Insgesamt wird auch zukünftig ein weiteres Wachstum breitbandiger Anschlusstechnologien erwartet.[24]

Abhängig von den Geschäftsaktivitäten und der Branchenaffinität von Unternehmen der IuK-Industrie sowie ihrer Schwerpunktsetzung entlang der Wertschöpfungskette besitzen Übertragungs- und Distributionsnetze eine unterschiedliche Bedeutung. Für Telekommunikationsfirmen hat die Wertschöpfungsstufe Übertragung im Allgemeinen eine relativ hohe Bedeutung, gleichzeitig existieren natürliche Präferenzen für Telekommunikationsnetze. Integrierte Medienunternehmen haben dagegen eine Präferenz für Kabel- bzw. Satellitennetze, während Softwarefirmen die Stufe der Übertragung im Allgemeinen relativ selten integrieren und sie allenfalls im Rahmen von Kooperationen erschließen.[25]

2.5.4. Abdeckung der Endgeräte

Konvergente Industrieentwicklungen sind am einfachsten auf der Wertschöpfungsstufe der Endgeräte auszumachen. Mobiltelefone können zum Datenverkehr genutzt werden, Computer ermöglichen den Empfang von Videosequenzen und digitale Fernsehgeräte bieten Internetzugang. Um die Kooperationen auf der Stufe der Engeräte näher zu analysieren, soll im Folgenden eine **Unterteilung in PC-basierte, TV-basierte und mobile Endgeräte** vorgenommen werden (s. Abbildung 37):[26]

- **Personal Computer (PC)** sind eine weit verbreitete Zugangsplattform zum Internet. Sie bieten ein "vorwärtsgelehntes" Erlebnis und ermöglichen ein hohes Maß an Interaktivität und Komplexität. Neben Nutzungsformen

---

23 Vgl. Beardsley/R/Wilshire (2000), S. 40 sowie Niewjik/Songhurst/Todd (2003), S. 102. Zum Wettbewerb von DSL und Kabel Roche (2001), S. 180ff. und Garcia/Wilkins (2001), S. 185ff.

24 Zu einer Prognose zur Entwicklung der Anschlusstechnologien in Deutschland vgl. Büllingen/Stamm (2001), S. 66.

25 Für die Abdeckung der Wertschöpfungsstufe der Übertragung, wie auch für die Wertschöpfungsstufe der Endgeräte, sei auf eine detaillierte Operationalisierung verzichtet. Im Rahmen der empirischen Untersuchung soll die Abdeckung dieser Wertschöpfungsstufen insgesamt analysiert werden. Bei Bedarf können anschließend tiefergehende Analysen je Wertschöpfungsstufe durchgeführt werden.

26 Hinsichtlich möglicher Unterteilungen vgl. z.B. Hensmann/Meffert/Backhaus (1996), die Computer und interaktives Fernsehen als dem Multimediabereich zugehörige Endgeräte-Plattformen klassifizieren. Allerdings wird dort gleichzeitig auf die Multimedia-Technologien Computer, TV und Telekommunikation verwiesen. Vgl. Hensmann/Meffert/Backhaus (1996), S. 2ff. Aufgrund der Fortschritte der mobilen Telekommunikation sollen im Rahmen der vorliegenden Arbeit mobile Plattformen hinzugefügt werden. Eine weitere alternative Unterteilung in der Literatur erfolgt entlang der Dimensionen mobil vs. stationär und online vs. offline; vgl. Rawolle/Hess (2000), S. 90f.. Zu der hier präferierten Systematisierung vgl. auch Büllingen/Stamm (2001), S. 109. Bzgl. der Nutzungsformen der einzelnen Zugangsplattformen und Endgeräte vgl. auch die Ausführungen in Kapitel C.2.4.

der Büroarbeit werden PCs auch zunehmend zwecks Entertainment genutzt.

Abbildung 37: Übersicht alternativer Zugangsplattformen

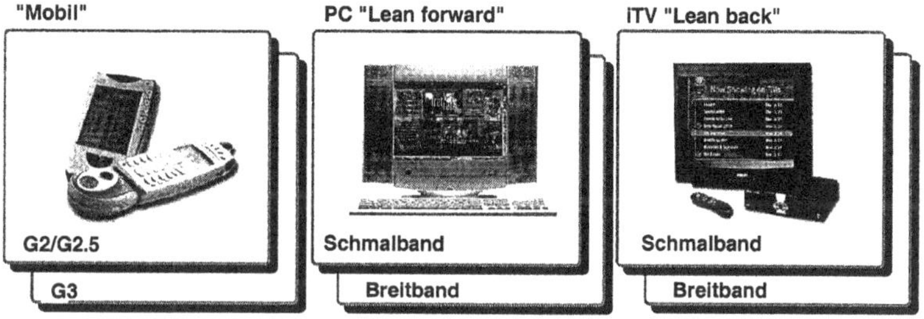

	"Mobil"	PC "Lean forward"	iTV "Lean back"
Endgeräte	• Mobiltelefone mit Internetfunktionalität (WAP, GPRS, UMTS) • PDAs mit mobilem Internetzugang	• Schmalband und Breitband (DSL, Kabelmodem, etc.) – PCs – Webgeräte ("Web tablets")	• TV mit – Set-top box mit Internetfunktionalität (z.B. Pay-TV decoder) – Spielekonsole mit Internetfunktionalität (z.B. SONY PS2, x-Box)
Applikationen	• Z.B. Videotelefonie, Real-time chat, Streaming Video und Audio, interaktive Multi-player Spiele, individualisierte Werbung	• Z.B. Videokonferenzen, Interaktionen in Real-time wie Spiele und Wettspiele, Kommunikation, E-commerce und Transaktionen	• Z.B. zahlreiche Kanäle und Programme, Video on-demand, elektronische Program Guides (EPGs), Interaktives Entertainment, Datendienste

Quelle: eigene Darstellung

- **Fernsehen und insbesondere interaktives Fernsehen (iTV)** als Weiterentwicklung herkömmlicher Fernsehgeräte[27] evozieren ein "rückwärtsgelehntes", eher rezeptives Verhalten und dienen primär der Unterhaltung. Fernseher sind die global am weitesten verbreiteten Endgeräte, während multifunktionale und interaktive Geräte noch am Anfang ihrer Verbreitung stehen.[28]
- **Mobile Endgeräte** haben sich in den letzten Jahren weltweit durchgesetzt und stark verbreitet. Neben den Mobiltelefonen, die zusätzlich zur Sprachtelefonie auch Datentransfer ermöglichen, wächst außerdem das Segment der PDAs. Im Gegensatz zu TV und PC sind mobile Endgeräte im Allgemeinen personalisierte, individuell genutzte und nahezu ständig angeschal-

---

[27] Es existiert eine Vielzahl von Weiterentwicklungen des herkömmlichen Fernsehens zu Formen interaktiven Fernsehens, z.B. "Enhanced TV". Zu den damit verbundenen Anforderungen an Programmformate vgl. Grimsditch (2001b), S. 4., zum interaktiven Fernsehen vgl. grundlegend Clement (2000), S. 13ff.

[28] Zu einem Vergleich zwischen den Zugangsplattformen TV und PC vgl. Mayer/Mohn/Zabbal (2001), S. 131ff.

tete Endgeräte. Dabei lassen sich beidseitig konvergierende Funktionalitäten ausmachen: PDAs integrieren zunehmend auch Telefoniefunktionen, während Mobiltelefone zusätzlich internet- und datenfähig werden.[29]

Im Rahmen der Durchsetzung innovativer IuK-Technologien existieren zusätzlich vernetzte Endgeräte mit integrierten IuK-Technologien, die Prozesse vereinfachen und menschliche Bedienung teilweise ersetzen sollen.[30] Des weiteren sind zahlreiche Geräte der Unterhaltungselektronik von Vernetzung und Mobilität sowie zunehmenden interaktiven und integrierten Funktionalitäten gekennzeichnet.[31]

Den unterschiedlichen Zugangsplattformen und Endgeräten lassen sich unterschiedliche Charakteristika hinsichtlich der **Nutzungsgewohnheiten und Entwicklungsperspektiven** zuordnen. Wie bereits erwähnt, gelten PCs als relativ interaktiv und arbeitsorientiert im Sinne einer vorwärtsgelehnten Nutzungsweise (so genannter 'lean forward'-Modus), Fernsehen wird im Gegensatz dazu als eher passives und unterhaltungsorientiertes bzw. "zurückgelehntes" Medium (so genannter 'lean back'-Modus) betrachtet.[32] Auch zukünftige TV-Geräte, die interaktive und multifunktionale Elemente integrieren, werden im Vergleich zu alternativen Endgeräten ihre bisherigen Charakteristika weitgehend behalten. Das Mobiltelefon gilt als persönliches, individuell-identifizierbares und nahezu immer angeschaltetes Gerät.[33] Generell eignet sich das Fernsehen damit eher für Unterhaltung und Information, während komplexere und interaktive Applikationen eher mit dem PC assoziiert werden. Mobiltelefonen werden neben der Sprachnutzung ten-

---

29 Bei diesen Entwicklungen handelt es sich nicht zwangsläufig um einen fortschreitenden Konvergenzprozess, an dessen Ende vollständig konvergente Endgeräte mit multiplen Funktionalitäten stehen. Auch zukünftig werden Mobiltelefone, die lediglich der Sprachtelefonie dienen und PDAs, die ausschließlich Organisationsfunktionen anbieten, weiterhin ihre Berechtigung haben. Konvergenz erfolgt primär in Form von Konnektivität und Vernetzung der unterschiedlichen Endgeräte.

30 Diese Endgeräte (z.B. intelligente Haushaltsgeräte, die eine Ansteuerung über PCs oder Mobiltelefone erlauben) sollen an dieser Stelle nicht explizit mit einbezogen werden. Dennoch haben sie mittlerweile für IT-Unternehmen eine gewisse Bedeutung hinsichtlich der Integration von Hardwarekomponenten wie Speicherchips und Prozessoren oder Software. In der Literatur existieren eine Vielzahl von Prognosen zu vernetzten Endgeräten. Forrester beziffert die Zahl z.B. auf 14 Mrd. Endgeräte im Jahr 2010; vgl. Howe (2001), S. 16f.

31 Zu Konvergenzentwicklungen der Unterhaltungselektronik-Industrie und Charakteristika neuer Produkte vgl. Hazewindus/Burgelman/Bogdanowicz (2000), S. 22ff.

32 Vgl. u.a. Blödorn/Gerhards/Klingler (2000), S. 173; auch Paukens/Schümchen (2000), S. 73.

33 Die zugrunde liegende Annahme ist die Nutzung eines Mobiltelefons durch eine einzelne Person, die sich anhand der Telefonnummer bzw. der Telefonkennung zuordnen lässt.

denziell eher relativ einfache, schnell nutzbare, individualisierte und ortsspezifische Dienste zugeordnet.[34]

Unternehmen lassen entsprechend ihrer herkömmlichen Branchenaffinität eine gewisse Präferenz hinsichtlich der dargestellten Endgeräte und Erlebniswelten vermuten. Die Geschäftsaktivitäten von Medienunternehmen konzentrieren sich meist auf das Fernsehen und seine innovativen Weiterentwicklungen in Richtung iTV, Telekommunikationsfirmen positionieren sich primär im Mobilfunkbereich und Hardwareproduzenten spezialisieren sich auf einen oder mehrere Bereiche. Gleichzeitig verstärken konvergente Industrieentwicklungen die Überschneidung zwischen den einzelnen Endgeräten. Unternehmen der IuK-Industrie kooperieren dabei ausgehend von ihren jeweiligen Schwerpunkten in Richtung anderer Endgeräte und Zugangsplattformen.[35] Die Koordination verschiedener Endgeräte verbessert die Wettbewerbspositionen von Unternehmen innerhalb der IuK-Industrie. Neben Hardware- und Softwarefirmen forcieren auch Medienfirmen und Telekommunikationsanbieter Kooperationen zur Erschließung alternativer Endgeräte.[36]

2.6. Kooperationsmotiv und Initiativgrad

2.6.1. Herleitung und Konzeptualisierung

Ein weiteres Kriterium zur Klassifizierung von Kooperationsstrategien ist das Motiv bzw. der Grad der Initiative eines Unternehmens.[37] Dabei handelt es sich bei den Motiven um Reaktionen auf wettbewerblich induzierte Einflussfaktoren, die Initiative lässt sich in Anlehnung an die Führer- und Folgerstrategien bestimmen. Als allgemeine Grundmotive für Kooperationen gelten z.B. der Zugang zu Markt und Ressourcen, Spezialisierungs- und Know-how-Vorteile, Kostenvorteile und

---

34 Das Mobilfunknetz ist im Vergleich zum Festnetz weniger leistungsfähig hinsichtlich der Übertragung von Daten, der Funktionalitäten sowie Prozessorgeschwindigkeit, Speicherkapazität, Display-Technologie und Endgeräten. Eine Beobachtung der Datendienste auf beiden Plattformen zeigt einen zeitlichen Vorsprung der Festnetze von ca. drei bis fünf Jahren. Vgl. Büllingen/Stamm (2001), S. 58f.

35 Dies entspricht weitgehend der Vorgehensweise zur Bestimmung der Konvergenzintensität einer unternehmensspezifischen Kooperationsstrategie. Der Marktfokus von Kooperationen stimmt weitgehend mit der Erschließung alternativer Plattformen und Erlebniswelten überein. Vgl. Kapitel E.2.1.

36 Ähnlich wie bei der Wertschöpfungsstufe der Übertragung soll auch die Systematisierung der Endgeräte zusätzliche Erkenntnisse der unternehmensspezifischen Schwerpunkte ermöglichen.

37 Die Literatur befasst sich umfassend mit dem Thema der Kooperationsmotive. Vgl. stellvertretend Arnold (1998), S. 3; Varadarajan/Cunningham (2000), S. 276ff. sowie Neupert/Beamish (2001), S. 427.

Zeitvorteile.[38] Doz und Hamel unterscheiden die folgenden **Basismotive für Allianzen und Kooperationen**:[39] (a) **Kooption** als wettbewerbsbeeinflussende Verhaltensweise, um potenzielle Wettbewerber zu neutralisieren und Firmen mit komplementären Produkten und Dienstleistungen zur gemeinsamen Erschließung neuer Geschäftsfelder und Wachstumspotentiale mit einzubeziehen. (b) **Kospezialisierung** als Kombination von vormals separaten Ressourcen und Fähigkeiten zum Zweck synergetischer Wertschaffung im Rahmen einer Kooperation zwischen beteiligten Unternehmen und (c) **Lernen und Internalisierung** von Fähigkeiten. Dabei sollen die eigenen Ressourcen und Fähigkeiten mittels kooperativer Engagements und den damit verbundenen Lerneffekten nachhaltig verbessert werden.[40]

In der Realität existieren meist eine Vielzahl unterschiedlicher Motive beim Eingehen von Kooperationen, eine singuläre Zieldefinition ist in der Regel nicht möglich. In der Literatur werden wettbewerbsstrategische Verhaltensweisen grundsätzlich unterschieden in **defensive Verhaltensweisen**, die der Bewahrung der gegenwärtigen Position eines Unternehmens innerhalb eines Branchenkontexts dienen, und **offensive Verhaltensweisen**, die zusätzliche Potentiale nutzen und die Stellung des Unternehmens innerhalb der Branche verbessern sollen.[41] In Kombination mit oben dargestellten, grundlegenden strategischen Verhaltensmustern von Unternehmen in Form von Führer- und Folgerstrategien sollen die untersuchten Kooperationen einerseits in eher proaktive und offensive Kooperationsziele und andererseits in eher reaktive und defensive Kooperationsziele unterschieden werden.[42]

- **Proaktive und offensive Kooperationsziele** bedeuten das Eingehen von Kooperationen zur aktiven Mitgestaltung des industriellen Gefüges und zur offensiven Auseinandersetzung mit Herausforderungen und Veränderungen des Umweltkontexts. Beispiele für proaktive Motive sind Markter-

---

38 Vgl. in diesem Zusammenhang auch die Diskussion von Kooperationen und Netzwerken im Vergleich zu alternativen Optionen der Portfolioerweiterung, B.2.3.2

39 Vgl. Doz/Hamel (1998), S. 4f.; ähnlich auch Klanke (1995), S. 30ff. und Cotractor/Lorange (2001), S. 324ff.

40 Derartige Fähigkeiten sind dabei im Allgemeinen nicht formalisierter sowie kollektiver und inhärenter Natur. Sie können demnach nicht mittels marktbasierter Transaktionen erschlossen werden. Zu Innovationserfolgen von Unternehmen infolge erworbener Netzwerkkompetenz vgl. auch Ritter/Gemünden (2000), S. 345 sowie zum Lernen in Allianzen z.B. Zahn (2001), S. 14ff.

41 Vgl. stellvertretend für viele Becker (1998), S. 375f.

42 Zu offensiven und defensiven Motiven strategischer Allianzen vgl. auch Lei (1997), S. 189ff. Zu offensiven und defensiven Maßnahmen im Kontext des Hyperwettbewerbs vgl. D'Aveni (1995), S. 172f.

schließung, Standarddurchsetzung[43] und Diversifikation.[44] Ein hoher Anteil proaktiver und offensiver Motive ist außerdem ein Indiz für eine 'Shaper'-Strategie.

- **Reaktive und defensive Kooperationsziele** korrespondieren eher mit einer Folgerstrategie. Unternehmen reagieren auf Industrieentwicklungen und intendieren tendenziell die Verteidigung ihrer bestehenden Wettbewerbspositionen. Beispiele sind in diesem Zusammenhang Kooperationen zur Marktverteidigung oder -sicherung, Wettbewerbsbeschränkung oder zum Marktrückzug.[45]

2.6.2. Operationalisierung

Insgesamt fällt eine trennscharfe Einordnung in klar definierte Kategorien in der Realität schwer, da Unternehmen ihre Kooperationsaktivitäten im Allgemeinen als proaktiv und offensiv zu propagieren versuchen.[46] So können Unternehmen durch das Festhalten an Industriestandards und -normen offensives Wettbewerbsverhalten verdecken oder durch Innovationen in einem für das Unternehmen wichtigen Teilbereich eine bestehende Marktposition verteidigen.[47] Im Rahmen der empirischen Analyse wird auf Basis von Zielsetzung, Inhalt und Partner der Kooperation die Motivlage und der Initiativgrad jeder einzelnen Kooperation beurteilt und anschließend das aggregierte Kooperationsportfolio bewertet.[48]

---

43 Zu einer Typologie von Standardisierungsstrategien vgl. Borowicz/Schern (1999), S. 11ff. Relevant sind hier insbesondere die aktiven Standardisierungsstrategien, die abhängig dem Grad der Öffnung des Standardzugangs in Monopolstrategie, Vergabestrategie und Sponsorstrategie unterteilt werden. Zu Situationsdeterminanten bei der Wahl von Wettbewerbs- und Standardisierungsstrategien vgl. Ehrhardt (2001), S. 102ff. und 113ff.

44 Lorange/Roos/Simcic Brown (1997) entwickeln unterschiedliche Motive für strategische Allianzen mit Hilfe der Parameter der Marktposition (Leader und Follower) und der strategischen Relevanz innerhalb des Geschäftsportfolios (Core und Periphery). Dementsprechend ergeben sich Normstrategien unterschiedlichen Initiativgrads, vgl. Lorange/Roos/Simcic Brown (1997), S. 252ff.

45 Vgl. zu innovativem und reaktivem strategischen Verhalten auch Sjurts (1996a), S. 4f.

46 Vgl. zum hybriden Charakter von offensiven und defensiven Elementen strategischer Allianzen Newman/Victor/Chaharbaghi/Kazem (1997), S. 211. Als aktuelles Beispiel für die schwierige Charakterisierung von Motiven und Initiativgrad sei der Zusammenschluss von HP und Compaq erwähnt. Aufgrund der Überkapazitäten und rückläufigen Marktanteile beider Unternehmen wird häufig von einer defensiven Fusion gesprochen. Die Unternehmensführung von HP dagegen betont die Verstärkung der Innovationsfähigkeit und den Anspruch auf Weltmarktführerschaft und damit eher offensive Motive.

47 Vgl. stellvertretend z.B. Becker (1998), S. 375f.

48 Entscheidend für die Einteilung in offensive bzw. defensive Kooperationsmotive sind dabei einfache Mehrheiten für die jeweiligen Kategorien.

2.7. Geographische Schwerpunktsetzung

2.7.1. Herleitung und Konzeptualisierung

Die Globalisierung ist einer der Haupttreiber dynamischer Wettbewerbs- und konvergenter Industrieentwicklungen.[49] Insbesondere Unternehmen der IuK-Industrie agieren häufig in allen großen Wirtschaftsregionen: in Nordamerika, Europa und im ostasiatischen Raum, insbesondere Japan. Gleichzeitig sind nationale Unterschiede weiterhin relevant und erschweren global einheitliche Strategien, z.B. in der Telekommunikationsindustrie mit den vielen gesetzlichen Restriktionen und der Bedeutung nationaler Monopole oder in den häufig national geprägten Teilmärkten der Medienindustrie aufgrund sprachlicher, kultureller und regulativer Besonderheiten.

Bei Betrachtung der Vorteile von Globalisierung bzw. Standardisierung einerseits und der Vorteile von Lokalisierung bzw. Differenzierung andererseits lassen sich Strategiealternativen multinationaler Unternehmen als **internationale, multinationale, globale und transnationale Strategien** charakterisieren.[50] Alternativ lassen sich nationale Strategien (einschließlich unterschiedlicher Varianten lokaler, regionaler, überregionaler und nationaler Markterschließung) und übernationale Strategien (einschließlich multinationaler, internationaler und globaler Ausprägung) unterscheiden.[51] Unternehmen durchleben verschiedene Stufen der Internationalisierung, analog zu den erzielten Umsätzen und den beschäftigten Mitarbeitern in verschiedenen Regionen reflektieren auch die Kooperationspartner die Internationalisierung von Unternehmen und ihren Strategien.

2.7.2. Operationalisierung

Im Rahmen der empirischen Untersuchung sollen die Kooperationsaktivitäten der Unternehmen hinsichtlich ihres Internationalisierungsgrads eingeordnet und beurteilt werden. Ausschlaggebend ist dabei das Herkunftsland bzw. die Herkunftsregion des oder der Kooperationspartner.[52] Globale Kooperationsstrategien sind ge-

---

49 Das Untersuchungskriterium der geographischen Schwerpunktsetzung ließe sich u.U. auch den konvergenzrelevanten Parametern zuordnen, da Globalisierung als Treiber von Konvergenzentwicklungen in der IuK-Industrie gilt. Im Gegensatz zu den anderen konvergenzrelevanten Kriterien ist Konvergenz hier jedoch weder notwendige noch hinreichende Voraussetzung.

50 Zu idealtypischen Strategiealternativen multinationaler Unternehmen vgl. Welge/Holtbrügge (2001), S. 132ff. sowie Welge (2000), S. 168ff.

51 Vgl. Becker (1998), S. 299ff.

52 Als Herkunftsregionen gelten in der empirischen Analyse Nordamerika, Europa, Japan/Südostasien sowie sonstige Wirtschaftsräume (Lateinamerika, Australien und Asien). Ein hoher Anteil von Kooperationen mit Unternehmen aus anderen Wirtschaftsräumen bedeutet somit einen hohen Internationalisierungs- bzw. Globalisierungsgrad, ein geringer Anteil indiziert einen niedrigen Internationalisierungs- bzw. Globalisierungsgrad.

kennzeichnet durch einen hohen Anteil an Kooperationen mit Unternehmen aus anderen Regionen; regionale Kooperationsstrategien bedeuten eine Konzentration auf Kooperationspartner aus der eigenen Wirtschaftsregion. Im Rahmen der empirischen Untersuchung wird zwischen **multinationalen bzw. globalen Kooperationsstrategien** und **nationalen bzw. regionalen Kooperationsstrategien** unterschieden. Dafür wird die folgende Unterscheidung bzw. Skalierung gewählt: (a) Globale Kooperationsstrategien sind gekennzeichnet durch eine Beteiligung von Kooperationspartnern aus anderen Wirtschaftsräumen in mehr als 60 % der Fälle. (b) Relativ globale Kooperationsstrategien zeichnen sich durch einen hohen Anteil an Kooperationen globaler Ausrichtung bzw. mit Unternehmen aus anderen Wirtschaftsräumen in mindestens 40 % der Fälle aus. (c) Bei relativ regionalen Kooperationsstrategien stammt ein vergleichsweise hoher Anteil der Kooperationspartner aus dem eigenen Wirtschaftsraum, und lediglich zwischen 20 % und 40 % der Kooperationen erfolgen mit Partnern aus anderen Wirtschaftsregionen. (d) Im Falle regionaler Kooperationsstrategien erfolgt ein Fokus auf Kooperationspartner des eigenen Wirtschaftsraums. Weniger als ein Fünftel der eingegangenen Kooperationen erfolgen unter Partizipation von Unternehmen aus anderen Regionen.

2.8. Anzahl der Kooperationspartner

2.8.1. Herleitung und Konzeptualisierung

Im Rahmen der konzeptionellen Erweiterungen der theoretischen Ansätze der strategischen Managementforschung und des hergeleiteten Analysekonzepts wurden bereits alternative Transaktions- und Koordinationsformen zwischen Unternehmen in Form privilegierter Unternehmensbeziehungen und Netzwerken dargestellt. Ein wichtiges Differenzierungsmerkmal von kooperativen Strategien ist dabei die Anzahl der Partner. Eine hohe Anzahl von Partnern ermöglicht einerseits den verbesserten Zugang zu externen Ressourcen, erhöht andererseits aber auch die Komplexität kooperativer Arrangements, den Koordinationsbedarf und die Koordinationskosten. Je höher die Anzahl der Kooperationspartner, desto höher ist im Allgemeinen auch die Gefahr opportunistischen Verhaltens eines einzelnen Unternehmens.[53]

Grundsätzlich lassen sich abhängig von der Anzahl der Partner bilaterale Kooperationen und multilaterale Netzwerke unterscheiden.[54]

- **Bilaterale Kooperationen** bezeichnen die Zusammenarbeit von zwei Kooperationspartnern. Im Vergleich zu Kooperationen mit mehreren Partnern weisen bilaterale Verbindungen häufig einen höheren Formalisierungs-

[53] Vgl. in diesem Zusammenhang auch zu Gedanken der Spieltheorie und der Agency-Problematik stellvertretend Herzig/Watrin/Ruppert (1997), S. 771 sowie Schwerk (2000), S. 32f.

[54] Vgl. im Kontext internationaler Kooperationen Pausenberger/Nöcker (2000), S. 397f.

grad, konkretere Zielvorstellungen und eine engere Zusammenarbeit auf, da eine geringe Anzahl partizipierender Unternehmen im Allgemeinen einen geringen Koordinationsaufwand bedeutet.

- **Multilaterale Netzwerke** bezeichnen Kooperationen mit mindestens drei Kooperationspartnern. Aufgrund der hohen Bedeutung von Standards und dem hohen Investitionsaufwand in die Infrastruktur der Übertragungsnetze und neue Technologien in der IuK-Industrie haben multilaterale Kooperationen häufig Vorteile gegenüber bilateralen Kooperationen im Zusammenhang mit Risikoteilung, Wissenszugang und Standardsetzung. Gleichzeitig bedeutet eine hohe Anzahl von Kooperationspartnern auch einen erhöhten Koordinationsaufwand.

2.8.2. Operationalisierung

Einzelne Kooperationen lassen sich überschneidungsfrei als bilateral oder multilateral einordnen.[55] Kooperationsstrategien von Unternehmen und damit verbunden die Struktur der jeweiligen Kooperationsportfolios sollen für die empirische Analyse folgendermaßen unterschieden werden: (a) Multilaterale Kooperationsstrategien haben einen Anteil von mehr als 45 % multilateraler Kooperationen und Netzwerke, (b) in relativ multilateralen Kooperationsstrategien erfolgen mehr als 30 % der Kooperationen mit mehr als einem Kooperationspartner, (c) relativ bilaterale Kooperationsstrategien haben einen Anteil multilateraler Kooperationen in mehr als 15 % der Fälle und in (d) monofunktionalen Kooperationsstrategien letztlich bestehen weniger als 15 % der eingegangenen Kooperationen aus multilateralen Netzwerken.

Insgesamt lässt sich im Falle internationaler Kooperationen tendenziell ein höherer Anteil bilateraler Kooperationen erwarten, um möglichen kulturellen Problemen angemessene Aufmerksamkeit zukommen zu lassen und zusätzliche Komplexität und Koordinationsaufwand zu vermeiden.[56] Gleichzeitig ist aufgrund der Charakteristika der IuK-Industrie hinsichtlich der Relevanz von technischen Standards und Infrastruktur ein im Vergleich zu anderen Industrien überdurchschnittlicher Anteil von multilateralen Netzwerken zu erwarten.

---

[55] Im Allgemeinen weisen Unternehmen aus Gründen der Komplexität deutlich mehr bilaterale als multilaterale Kooperationen auf. Daher ist es notwendig, Kooperationsportfolios einzelner Unternehmen entlang der einzelnen Untersuchungsparameter auch im Vergleich zu anderen Unternehmen zu betrachten und die Skalierung dementsprechend anzupassen. So kann es u.U. vorkommen, dass eine Kooperationsstrategie bzw. ein Kooperationsportfolio eines Unternehmens als multilateral bezeichnet wird, obwohl dieses Unternehmen im Untersuchungszeitraum eine höhere Anzahl bilateraler als multilateraler Kooperationen eingegangen ist.

[56] Llaneza/Garcia-Canal (1998) haben im Rahmen einer entsprechenden Untersuchung für internationale Kooperationen eine relativ geringe Anzahl von Partnern festgestellt. Vgl. Llaneza/Garcia-Canal (1998), S. 60.

2.9. Netzwerkposition und Machtverhältnis

2.9.1. Herleitung und Konzeptualisierung

Die Gestaltung von Machtverhältnissen innerhalb einzelner Kooperationen und Netzwerken ist ein Ansatzpunkt zur Klassifizierung von Kooperationsstrategien.[57] Obwohl Kooperationen und Netzwerke oft durch eine gewisse Reziprozität gekennzeichnet sind, ergeben sich Ungleichgewichte und Übergewichte einzelner Unternehmen,[58] die im Rahmen von kooperativen Strategien wahlweise verstärkt oder konterkariert werden. Grundsätzlich lassen sich **gleichgewichtige und ungleichgewichtige bzw. symmetrische und asymmetrische Macht- und Einflussverhältnisse** unterscheiden, sowohl in bilateralen als auch in multilateralen Kooperationen:

- **Gleichgewichtige bzw. symmetrische Kooperationen** bezeichnen Arrangements von zwei oder mehreren Partnern mit relativ ausgeglichenen Machtverhältnissen.[59] Ausschlaggebend für den Grad der Symmetrie und das Gleichgewicht einer Kooperation sind zum einen die relative Größe und relativen Machtpositionen der Partnerunternehmen und zum anderen die Kompetenzverteilung zwischen den Kooperationspartnern.[60] Im Falle von Kooperationspartnern mit unterschiedlichen bzw. komplementären Fähigkeiten können auch kleinere Unternehmen aufgrund eines Wissens- oder Technologievorsprungs die Kooperation mit einem größeren Unter-

---

57 Für eine Übersicht von Studien zu interorganisationalen Machtverhältnissen und Abhängigkeiten vgl. Mizruchi/Yoo (2002), S. 612f.; allgemein vgl. Jarillo (1988) und (1993), Sydow (1992), Lorenzoni/Baden-Fuller (1995) sowie Johanson/Mattson (2001), S. 355ff.

58 Diese strategische Führungsposition wird in der Literatur ausführlich beschrieben Der dominante Kooperationspartner wird dabei mit Hilfe zahlreicher Termini charakterisiert, z.B."Broker" (vgl. Miles/ Snow (1986), S. 64f. sowie Snow/Miles/Coleman (1992), S. 14ff. und Snow/Thomas (1993), S. 220), "hub firm" (vgl. Jarillo (1988), S. 32, Sydow (1992), S. 81), "Schaltbrettunternehmung" (vgl. Ochsenbauer (1989), S. 279), "dominant partner" (vgl. Lorange/Roos (1992), S. 239ff.), "central controller" (vgl. Jarillo (1993), S. 6), "server" (vgl. Hinterhuber/Levin (1994), S. 46ff.), "team leader" (vgl. Womack/Jones (1994), S. 102), "strategic partner" (vgl. Lorenzoni/Baden-Fuller (1995), S. 146ff.) oder "strategischer Metakoordinator" (vgl. Krystek/Redel/Reppegather (1997), S. 197).

59 Der Grad der Symmetrie zwischen kooperierenden Unternehmen lässt sich anhand einer Vielzahl von Charakteristika wie Zielkompatibilität, Managmentstil, bisherigen Kooperationserfahrungen, Größe, Abhängigkeit oder Macht festmachen, vgl. Pangarkar/Choo (2001), S. 91. Ähnlich werden in der Literatur auch so genannte Kongruenzprofile der Kooperationspartner aufgestellt, vgl. z.B. Bleicher (1992), S. 291f. Im Rahmen der vorliegenden Untersuchung soll Größe als ausschlaggebendes Kriterium verwandt werden.

60 Axelrod (1984) entwickelt zusätzliche, stabilitätserhöhende bzw. stabilitätsvermindernde Bedingungen für Kooperationen. Stabilitätsfördernd wirken z.B. längere Zeiträume mit zahlreichen Entscheidungspunkten, eine hohe Bedeutung zukünftiger Erträge anstelle einer kurzfristigen Perspektive, eine geringe Anzahl von Akteuren oder gemeinsame Kooperationen zwischen den Akteuren in der Vergangenheit. Vgl. z.B. Axelrod (1984), S. 59ff. und S. 124ff.

nehmen gleichgewichtig gestalten. So kann eine Forschungskooperation zwischen einem Hardwarehersteller und einem spezialisierten Komponentenhersteller mit monopolartiger Stellung in einem eng definierten Markt durchaus symmetrische Konturen aufweisen. Im Allgemeinen besetzt jedoch der wirtschaftlich stärkere Partner eine stärkere Position innerhalb der Kooperation.

- **Ungleichgewichtige bzw. asymmetrische Kooperationen** bezeichnen Kooperationen und Netzwerke mit einem dominanten Partner, der aufgrund seiner wirtschaftlichen Stärke oder überlegenen Fähigkeiten die Konditionen einer Kooperation weitgehend bestimmen kann. In asymmetrischen Situationen lassen sich so genannte **fokale und periphere Rollen** unterscheiden.[61] Das fokale Unternehmen innerhalb einer Kooperation oder eines Netzwerks bestimmt in besonderem Maße den Marktfokus, die Zielsetzung, die Marktbearbeitungsstrategien und die Form der interorganisationalen Beziehungen zwischen den Partnern.[62] Auch haben fokale Unternehmen eine größere Möglichkeit, sich Ressourcen und entstehende Profite innerhalb von Kooperationen anzueignen.[63]

2.9.2. Operationalisierung

Entscheidend für die Beurteilung dominanter Positionen ist im Rahmen der vorliegenden Untersuchung vor allem die Größe und relative Machtposition des untersuchten Unternehmens im Verhältnis zum jeweiligen Partnerunternehmen.[64] Dementsprechend lassen sich Kooperationsstrategien und unternehmensspezifische Kooperationsportfolios hinsichtlich des Machtverhältnisses und der Netzwerkposition einteilen in (a) eine dominante Position bei asymmetrischen Machtverhältnissen und einer fokalen Rolle in mindestens 50 % der Kooperationen, (b) eine insgesamt relativ dominante Position bei relativ asymmetrischen Machtver-

---

61 Zu Dimensionen der Rollentypologie für den fokalen und den peripheren Aktor vgl. Markus (1999), S. 143ff. sowie Padberg (2000), S. 261ff. u. 277ff.

62 Vgl. Sydow (1991), S. 239f. und (1992), S. 81f. Es sei jedoch darauf hingewiesen, dass die Symmetrie des Machtverhältnisses nicht notwendigerweise den Grad der Komplementarität einer Kooperation determiniert. Dies umfasst Fähigkeiten, Abhängigkeiten, finanzielle Ressourcen, Größe, Zusammensetzung der Managementteams, sowie Vertrauen zwischen den Partnern und gilt häufig als ein wichtiges Erfolgskriterium von Kooperationen. Vgl. Neupert/Beamish (2001), S. 427. Zum Aspekt der Komplementarität von Kooperationen vgl. Dussauge/Garette (1999), S. 179ff.

63 Vgl. Dyer/Jeffrey/van Well (2001), S. 157 u. 165.

64 Aufgrund der Wirtschaftskraft der ausgewählten Unternehmen entfällt damit weitgehend die Möglichkeit peripherer Machtposition im Rahmen von Kooperationen und Netzwerken. Im Falle von Kooperationen zwischen zwei großen Unternehmen, z.B. Microsoft und Deutsche Telekom, ergibt sich für beide Unternehmen eine weitgehend symmetrische Machtkonstellation mit einem Gleichgewicht der interorganisationalen Beziehungen.

hältnissen und einer fokalen Stellung in mindestens 40 % der eingegangenen Kooperationen, (c) eine relativ starke Position bei leicht asymmetrischen Machtverhältnissen und einer fokalen Rolle in mindestens 30 % der Kooperationen und, letztlich, (d) eine insgesamt relativ gleichgewichtige Position bei weitgehend symmetrischen Machtverhältnissen und einer fokalen Rolle in weniger als 30 % der Kooperationen.

2.10. Funktionale Schwerpunktsetzung

2.10.1. Herleitung und Konzeptualisierung

Unternehmen initiieren Kooperationen, um Flexibilitäts- und Synergiepotentiale zu erschließen, unternehmerisches Risiko zu teilen und komparative Transaktionskostenvorteile zu nutzen.[65] Synergien können dabei sowohl finanzieller als auch funktionaler Natur sein. Funktionale Aspekte stehen bei Kooperationen und Netzwerken meist im Mittelpunkt und zielen auf die Verbesserung der Wettbewerbsfähigkeit aufgrund unternehmensübergreifenden Know-how-Transfers (sog. immaterielle funktionale Synergien) oder der unternehmensübergreifenden Verknüpfung von Wertschöpfungsketten und Unternehmensfunktionen (sog. materielle funktionale Synergien).[66] Diese funktionalen Schwerpunkte von Kooperationen stellen ein weiteres Klassifikationsmerkmal unternehmensspezifischer Kooperationsstrategien dar.[67] Im Rahmen der empirischen Untersuchung sollen Kooperationen entlang der einzelnen Funktionen Forschung und Entwicklung,[68] Produktion[69] sowie Marketing und Vertrieb[70] eingeordnet und analysiert werden.[71] Aufgrund

---

65 Vgl. Krystek/Redel/Reppegather (1997), S. 206ff.

66 Vgl. Krystek/Redel/Reppegather (1997), S. 212f.

67 Vgl. Klanke (1995), S. 35ff.; Schwerk (2000), S. 52ff.; Wirth (2000), S. 179f. und Varadarajan/ Chunningham (2000), S. 289f. Zu funktionalen Strategien vgl. allgemein Welge/Al-Laham (2001), S. 400ff.

68 Vgl. z.B. Cummings (1992), S. 212ff.; Klanke (1995), S. 36ff. sowie Hagedorn/Lundan (2001), S. 88ff. Zu Netzwerken für Forschung und Entwicklung vgl. Staudenmayer/Tripsas/Tucci (2000), S. 143ff.; zu Kooperationstypen im Verlauf der Produktentwicklung und des Innovationsprozesses vgl. Gomes-Casseres/Leonard-Barton (1997), S. 337ff. Zur Selektion von Kooperationspartnern bei FuE-Kooperationen vgl. Kristensen/Vinding (2001), S. 105ff.

69 Vgl. Klanke (1995), S. 44f., Bellmann (2001), S. 47ff. sowie Kaluza/Blecker (2001), S. 87ff. Zu Funktionen der Beschaffung und der Logistik, vgl. z.B. Klanke (1995), S. 43f. und Milling/Größler (2001), S. 56ff.; sie sollen im Rahmen der empirischen Analyse der Produktion zugeordnet werden.

70 Zu strategischen Marketing- und Vertriebsallianzen vgl. z.B. Töpfer (1992), S. 178ff.; Klanke (1995), S. 46ff. und Bolten (2000), S. 140ff.

der Besonderheiten der IuK-Industrie sollen zusätzlich Aspekte wie Distribution, die Lizenzvergabe von Technologie und Patenten und Infrastrukturkooperationen berücksichtigt werden.[72]

Im Allgemeinen lassen sich bezüglich der Beteiligung verschiedener funktionaler Unternehmensbereiche mono- und multifunktionale Kooperationen unterscheiden:

- **Multifunktionale Kooperationen** sind relativ breit angelegte Vereinbarungen, die mehrere funktionale Bereiche eines Unternehmens involvieren. Sie stellen vergleichsweise komplexe Formen der Zusammenarbeit zwischen zwei oder mehreren Unternehmen dar und erfolgen häufig in Form reziproker Tauschgeschäfte zwischen den beteiligten Unternehmen oder als langfristig ausgerichtete Kooperationen mit einem häufig relativ hohen Formalisierungsgrad.
- **Monofunktionale Kooperationen** bedeuten dagegen die Konzentration auf einen einzelnen funktionalen Bereich, z.B. in Form gemeinsamer FuE-Vorhaben oder Marketing-Vereinbarungen. Im Allgemeinen ist das Aufgabenspektrum im Vergleich zu multifunktionalen Kooperationen eingegrenzt, die Interaktion von Mitarbeitern begrenzt und die Zielsetzung relativ fokussiert.[73]

2.10.2. Operationalisierung

Im Rahmen der empirischen Untersuchung sollen die Kooperationsstrategien und unternehmensspezifischen Kooperationsportfolios entlang der funktionalen Krite-

---

[71] Die Auswahl dieser Funktionen erfolgt in Anlehnung an die Wertkette eines Unternehmens; vgl. Porter (1992b), S. 57ff. sowie die Ausführungen in Kapitel B.1.2.1.2. Zu Lernfortschritten japanischer Unternehmen im Rahmen von Kooperationen in der Automobilindustrie entlang verschiedener funktionaler Bereiche Forschung und Entwicklung, Produktion, Beschaffung und Vertrieb vgl. Sasaki (1997), S. 235ff.

[72] Häufig lassen sich die beteiligten Funktionen eines kooperativen Arrangements zwischen zwei und mehr Unternehmen in der Realität nicht immer leicht bestimmen. Daher sollen im empirischen Teil die Zahlungs- und Erlösströme der beteiligten Unternehmen sowohl untereinander als auch im Zusammenhang mit dem industriellen Kontext analysiert werden. Die Komplexität einer Kooperation soll so bestmöglich dargestellt werden. Da sich Kooperationen gelegentlich keinem der funktionalen Bereiche FuE, Produktion oder Marketing und Vertrieb zuordnen lassen, werden zusätzliche Parameter inkludiert, die insbesondere in der IuK-Industrie relevant sind. Distribution bedeutet die vorwiegend elektronische Verbreitung von Inhalten, z.B. in Form einer Kooperation mit einem Internetportal. Kooperationen zur Lizenzvergabe und zu Infrastrukturinvestitionen stehen häufig im Zusammenhang mit dem funktionalen Bereich der Produktion.

[73] Pausenberger/Nöcker (2000) ermitteln im Rahmen einer Untersuchung von internationalen Kooperationen einen Anteil von ca. der Hälfte der Kooperationen mit einem Kooperationsgegenstand von lediglich einem Funktionsbereich. Ein Viertel bezieht sich auf zwei funktionale Einheiten, ein weiteres Viertel auf sämtliche Funktionsbereiche. Vgl. Pausenberger/Nöcker (2000), S. 399

rien folgendermaßen eingeordnet werden:[74] (a) Multifunktionale Kooperationsstrategien weisen einen Anteil multifunktionaler Kooperationen in mehr als 30 % der eingegangenen Kooperationen auf, (b) relativ multifunktionale Kooperationsstrategien bedeuten einen Anteil multifunktionaler Kooperationen von mehr als 20 %, (c) relativ monofunktionale Kooperationsstrategien haben einen Anteil multifunktionaler Kooperationen in mehr als 10 % der Fälle und (d) bei monofunktionalen Kooperationsstrategien weisen multifunktionale Kooperationen einen Anteil von weniger als 10 % auf.[75]

2.11. Grad der Formalisierung und Institutionalisierung

2.11.1. Herleitung und Konzeptualisierung

Kooperationen und Unternehmensnetzwerke stellen bei einer mittleren Spezifität von Leistungen, einer dynamischen und unsicheren Umwelt und bei notwendigen Komplementärressourcen eine angemessene Organisationsform dar.[76] Grundsätzlich lassen sich **transaktionale und relationale Kooperationsverhältnisse** charakterisieren. **Transaktionale Kooperationen** sind eher marktbasierte Verbindungen von Unternehmen zur gemeinsamen Zielverfolgung. Sie können durchaus eine produktive und erfolgreiche Zusammenarbeit bedeuten, haben in der Regel aber einen relativ kurzfristigen Zeithorizont und eher den Charakter eines Leistungsaustauschs. **Relationale Kooperationen** sind hingegen eher langfristig orientierte Formen der interorganisationalen Zusammenarbeit, die gemeinsame Lösungsansätze für eine Reihe von Herausforderungen erarbeiten sollen. Unternehmen schließen wiederholt Kooperationsverträge ab, initiieren mitunter sogar gegenseitige Kapitalbeteiligungen oder etablieren eine eigenständige Organisationseinheit.[77]

---

74 Ähnlich wie bei der Operationalisierung bilateraler bzw. multilateraler Kooperationsstrategien wird auch bei der Bewertung mono- bzw. multifunktionaler Kooperationsstrategien verfahren. Da monofunktionale Kooperationen aufgrund geringerer Komplexität häufiger auftreten, wird die Skalierung dementsprechend angepasst. Es ist also u.U. möglich, ein Kooperationsportfolio im Vergleich zu anderen Unternehmen als multifunktional zu bezeichnen, obwohl das betrachtete Unternehmen im Untersuchungszeitraum mehr monofunktionale als multifunktionale Kooperationen eingegangen ist. Vgl. auch Fußnote 55.

75 Einzelne Kooperationen werden im Rahmen der empirischen Untersuchung hinsichtlich der Involvierung der funktionalen Unternehmensfelder überschneidungsfrei eingeordnet. Folglich entfallen auf monofunktionale Kooperationen hier die jeweils entgegengesetzten Prozentsätze der multifunktionalen Kooperationen; in Summe 100%.

76 Vgl. Hacker (1999), S. 161. Vgl. auch die Erklärung verschiedener Kontingenzfaktoren in Kapitel B.1.1.2.

77 Smith Ring (2000) unterscheidet im Zusammenhang mit transaktionaler und relationaler Sichtweise zwischen einer 'Vendor'- und einer 'Partner'-Perspektive. Vgl. Smith Ring (2000), S. 158. Zacharias/Blieck (2000), unterscheiden kurzfristige, langfristige und aufeinanderfolgende Vertragssituationen. Zacharias/Blieck (2000), S. 37f.

Die Intensität der Zusammenarbeit innerhalb einer Kooperation lässt sich anhand des Formalisierungs- und Institutionalisierungsgrads charakterisieren.[78] In Anlehnung an das **Markt-Hierarchie-Kontinuum** lassen sich grundlegend die **folgenden Kooperationsformen** charakterisieren:[79]

- Die **vertraglose Zusammenarbeit** ist die einfachste und instabilste Form der interorganisationalen Kooperation zwischen zwei oder mehreren Unternehmen. Die beteiligten Unternehmen einigen sich auf ein gemeinsames Vorgehen oder koordinieren gewisse Aktivitäten ohne eine vertraglich festgeschriebene Grundlage.
- Die **vertragliche Zusammenarbeit** bedeutet eine vertraglich fixierte Kooperation zwischen zwei oder mehreren Unternehmen zur gemeinsamen Zielerreichung, z.B. in Form von Kooperations- oder Lizenzverträgen.[80] Im Falle von Interessendivergenzen und Meinungsverschiedenheiten dient der Kooperationsvertrag als rechtliche Grundlage.
- **Kapitalbeteiligungen** zwischen kooperierenden Unternehmen formalisieren und intensivieren das kooperative Arrangement zwischen zwei Unternehmen.[81] Wie bei der vertraglichen Zusammenarbeit stimmen die beteiligten Unternehmen ihr Vorgehen innerhalb eines festgelegten Kooperati-

---

78 Die Stärke eines Kooperationsverhältnisses lässt sich darüber hinaus an weiteren Kriterien wie der Interaktion, der Reziprozität, der Intensität und Intimität, der Relevanz und den Bemühungen der Partner festmachen; vgl. Beerkens/Lemmens (2001), S. 99. Die Entscheidungen hinsichtlich des vertikalen Integrationsgrads von Unternehmensaktivitäten zwischen klassischem Markteinkauf und vollständiger Integration sind vielschichtig und komplex. Sie umfassen die Festlegung von Breite, Stufen, Form und Grad der unternehmensinternen Aktivitäten und stellen eine strategische Grundsatzentscheidung dar. Vgl. in diesem Zusammenhang Picot (1993a), S. 173 sowie Harrigan (1985), S. 399ff. Im Rahmen der vorliegenden Arbeit soll nicht die Angemessenheit der einzelnen Integrations- und Konfigurationsentscheidungen bewertet, sondern die Gesamtstruktur unternehmensspezifischer Portfolios vergleichend analysiert werden.

79 Vgl. Hungenberg (2000), S. 374ff.; Giger (2000), S. 193 sowie Cotractor/Lorange (2001), S. 323. Vgl. auch die Ausführungen im Zusammenhang mit dem Markt-Hierarchie-Kontinuum in Abschnitt B.1.1.1. Darüber hinaus befasst sich auch die Vertragstheorie mit dem Design effizienter Verträge. Sie lässt sich in die ökonomische Vertragstheorie und die konstitutionalistische Vertragstheorie unterteilen. Erstere umfasst sowohl die rechtssoziologische Typologie der verschiedenen Vertragsarten und ihrer Einsatzfelder als auch die vertragstheoretische Richtung innerhalb der Neuen Institutionenökonomik, insbesondere die Erweiterung der Transaktionskostentheorie um vertragstheoretische Aspekte durch Williamson sowie die Principal-Agent-Theorie. Die konstitutionalistische Vertragstheorie hingegen entwickelt die Gedanken von Hobbes, Rosseau, Locke und Kant auf Basis ökonomischer Grundlagen weiter. Vgl. auch Picot/Reichwald/Wigand (2001), S. 51ff.; sowie Wolff (1995).

80 Goold/Campbell/Alexander (1994) subsumieren unter Allianzen Formen von Lizenzvereinbarungen, Franchise-Vereinbarungen, Konsortien und virtuelle Unternehmen; vgl. Goold/Campbell/Alexander (1994), S. 430ff.

81 Zu einem strategischen Entscheidungsmodell zu Kapitalbeteiligungen vgl. Culpan (2002), S. 84.

onsbereichs miteinander ab, die Aktivitäten zur gemeinsamen Zielerreichung erfolgen jedoch weiterhin in den jeweiligen Unternehmen. Zu unterscheiden sind weiterhin Minderheits- und Mehrheitsbeteiligungen, wobei die Höhe des akquirierten Unternehmensanteils den Grad der Einflussnahme reflektiert.[82]

- **Joint Ventures** stellen eine stark formalisierte und institutionalisierte Form der interorganisationalen Zusammenarbeit dar.[83] Die beteiligten Unternehmen bündeln die für die gemeinsame Zielerreichung relevanten Bereiche in einem rechtlich selbständigen Unternehmen, die beteiligten Unternehmen wahren ihre rechtliche und wirtschaftliche Unabhängigkeit. Meist sind bei Joint Ventures die Stimmanteile der beteiligten Unternehmen gleich verteilt, gelegentlich existieren jedoch auch ungleichgewichtige Stimmanteile aufgrund von Mehrheitsverhältnissen.

2.11.2. Operationalisierung

Im Rahmen der empirischen Untersuchung sollen alle Kooperationen der ausgewählten Unternehmen entsprechend dem Formalisierungsgrad eingeordnet werden. Vertragslose und vertragliche Kooperationen gelten als Indikator für einen relativ geringen Formalisierungsgrad, Kapitalbeteiligungen und Joint Ventures bedeuten einen höheren Formalisierungs- und Institutionalisierungsgrad.[84] Demzufolge lassen sich **Kooperationsportfolios geringerer und höherer Intensität**

---

82 Häufig gehen Kapitalbeteiligungen einer späteren Akquisition voraus. Unternehmen beteiligen sich dabei an unterschiedlichen Firmen im Sinne einer Optionsstrategie. Bei funktionierender Zusammenarbeit und einem hinreichenden strategischen und kulturellen Fit erfolgt eine sukzessive Aufstockung der Anteile oder eine Akquisition der Kapitalsmehrheit. Mehrheitsbeteiligungen haben dementsprechend bereits einen sehr hohen Formalisierungsgrad; entlang des Markt-Hierarchie-Kontinuums sind sie dem Status einer Tochterfirma durchaus vergleichbar.

83 Zur Abgrenzung von Joint Ventures zu strategischen Allianzen vgl. auch Pausenberger/Nöcker (2000), S. 396f. Zu einem strategischen Entscheidungsmodell im Zusammenhang mit Joint Ventures vgl. Culpan (2002), S. 75.

84 Dietl (1995) unterscheidet verschiedene Gestaltungssituationen symbiotischer Beziehungen zwischen Unternehmen basierend auf der Abhängigkeit, Potenz und Plastizität von Ressourcen. Entsprechend der Kombination dieser Ressourcenmerkmale und deren Verteilung auf die beteiligten Unternehmen ergeben sich effiziente organisatorische Empfehlungen; vgl. Dietl (1995), S. 580. Vgl. in diesem Zusammenhang auch Picot/Reichwald/Wigand (2001), S. 289ff.

unterscheiden:[85] (a) Kooperationsportfolios mit hohem Formalisierungsgrad sind gekennzeichnet durch einem Anteil der Joint Ventures und Kapitalbeteiligungen an der Gesamtzahl der Kooperationen eines Unternehmens in Höhe von mindestens 30 %. (b) In Kooperationsportfolios mit relativ hohem Formalisierungsgrad erfolgen mindestens 20 % der Kooperationen in Form von Kapitalbeteiligungen bzw. Joint Ventures. (c) Kooperationsportfolios mit mittlerem Formalisierungsgrad haben einen Anteil von Kapitalbeteiligungen und Joint Ventures von mehr als 10 %. (d) Kooperationsportfolios mit geringem Formalisierungsgrad stützen sich schwerpunktmäßig auf flexiblere Formen interorganisationaler Zusammenarbeit. So weisen Joint Ventures und Kapitalbeteiligungen einen Anteil von weniger als 10 % auf, mehr als 90 % der Kooperationen sind dagegen lediglich vertraglich geregelt.

Kooperationen mit einem geringeren Formalisierungsgrad haben im Allgemeinen eine höhere Flexibilität und eine eher kurzfristige Zielsetzung, während eine höhere Kooperationsintensität ein höheres Maß an Beeinflussungs- und Kontrollmöglichkeiten, höhere Zielerreichungsgrade und eine intensivere Partizipation an den jeweiligen Ressourcen anderer Marktteilnehmer bedeuten.[86]

---

85 Ähnlich wie bei der Operationalisierung bilateraler bzw. multilateraler Kooperationsstrategien und mono- bzw. multifunktionaler Kooperationsstrategien soll auch hier verfahren werden. Da vertragliche Kooperationen aufgrund geringerer Komplexität häufiger auftreten als stärker formalisierte und institutionalisierte Formen der interorganisationalen Zusammenarbeit, wird die Skalierung dementsprechend angepasst. Es ist also u.U. möglich, ein Kooperationsportfolio im Vergleich zu anderen Unternehmen als formalisiert zu bezeichnen, obwohl das betrachtete Unternehmen im Untersuchungszeitraum mehr vertragliche Kooperationen als Joint Ventures bzw. Kapitalbeteiligungen eingegangen ist. Vgl. auch die Fußnoten 55 und 73.

86 Vgl. Zacharias/Blieck (2000), S. 35.

3. Zwischenfazit

Im vorherigen Kapitel wurden die relevanten Kriterien zur Klassifikation von Kooperationen und damit auch zur Analyse von Kooperationsstrategien und Kooperationsportfolios hergeleitet und konzeptualisiert. Die elf Parameter wurden in konvergenzrelevante und gestaltungsspezifische Kriterien unterteilt und anschließend operationalisiert. Das entwickelte Modell soll als Instrumentarium zur nachfolgenden empirischen Analyse von unternehmensspezifischen Kooperationsstrategien und Kooperationsportfolios verwandt werden.

Abbildung 38: Strategieparameter von unternehmensspezifischen Kooperationsportfolios

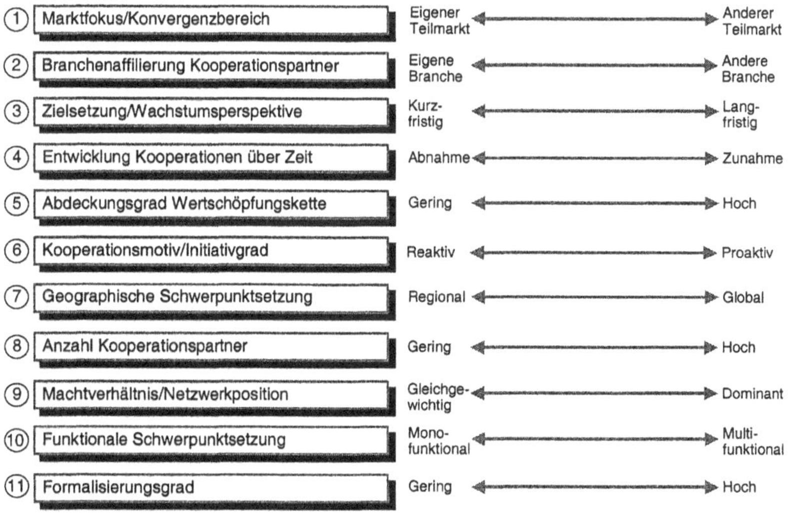

Quelle: eigene Darstellung

Die Kriterien zur Klassifikation der Kooperationen, sowohl konvergenzrelevanter als auch gestaltungsspezifischer Natur, lassen sich gemäß ihrer Ausprägung bzw. Bedeutung darstellen[87] (s. Abbildung 38).

Jede einzelne Kooperation soll entlang der im vorherigen Abschnitt hergeleiteten Parameter und Kriterien eingeordnet werden. Basis für die Strukturanalyse der Kooperationsportfolios und die Bestimmung der Kooperationsstrategien der betrachteten Unternehmen ist die aggregierte Betrachtung aller eingegangenen Kooperationen im Untersuchungszeitraum. Daraus ergibt sich die Charakterisierung der unternehmensspezifischen Kooperationsportfolios entlang der verschiedenen Untersuchungsparameter. Dies ermöglicht sowohl unternehmensspezifische als auch unternehmensübergreifende Aussagen.

[87] Dabei wird jede einzelne Kooperation eines Unternehmens im Untersuchungszeitraum entlang der unterschiedlichen Parameter eingeordnet und evaluiert. Bei den meisten Kriterien lassen sich dabei klare Entscheidungen bzgl. der Zuordnung treffen, und die einzelnen Kategorien ergeben addiert den Wert von 100%. Beispielsweise lassen sich Kooperationen hinsichtlich des Formalisierungsgrads entweder in vertragliche Kooperationen, Kapitalbeteiligungen oder Joint Ventures unterteilen. Ähnlich ist es bei den meisten Untersuchungskriterien. Auch die Kriterien der Konvergenzintensität werden in dieser Form behandelt und ergeben insgesamt den Wert von 100%. Eine Ausnahme bildet der Abdeckungsgrad der Wertschöpfungskette. Da die Kooperationspartner sehr häufig mehrere Wertschöpfungsstufen abdecken, beispielsweise die Inhalteerstellung und die Inhalteaggregation, wird hier untersucht, wie häufig einzelne Stufen involviert sind. Die Addition der Einzelwerte bzw. der einzelnen Prozentzahlen ergibt damit eine Zahl, die unter Umständen weit über 100% liegen kann. Hinsichtlich der Bestimmung des Initiativgrads der Kooperationsstrategien wurden proaktive Motive untersucht. Da eine einzelne Kooperation durchaus zur Standarddurchsetzung und internationalen Markterschließung vorgenommen werden kann, ergibt die Addition ebenfalls keinen Wert von 100%.

F. Empirische Untersuchung

1. Forschungs- und Fallstudiendesign

Allein der empirische Nachweis für die Existenz von einzelnen Unternehmensnetzwerken wie auch deren zunehmende Verbreitung ist keineswegs einfach. Zu vielfältig sind die möglichen Gestaltungsoptionen, zu spezifisch die organisationale Ausprägung, als dass sie wirtschaftsstatistisch schlüssig nachgewiesen werden könnten.[1] Empirische Studien zu Unternehmensnetzwerken wurden insbesondere in bestimmten Branchen und Regionen durchgeführt.[2]

Im Rahmen der vorliegenden Untersuchung sollen nicht einzelne Kooperationsverbünde und Netzwerke behandelt werden, sondern spezifische Kooperationsportfolios für verschiedene Unternehmen der IuK-Industrie erarbeitet und entlang der dargestellten konvergenzrelevanten und unternehmensspezifischen Kriterien eingeordnet und evaluiert werden. Schwerpunkt ist dabei der **strategische Kooperationsentscheid**, die **Selektion der Partner** und die **Konfiguration der Kooperationen** sowie deren **Aggregation zu einem umfassenden und vollständigen Portfolio aller Kooperationen eines Unternehmens während des Betrachtungszeitraums**. Notwendig sind also vor allem die unternehmensspezifische Perspektive und die Vollständigkeit der unternommenen Kooperationsaktivitäten. Als adäquate Vorgehensweise empfiehlt sich daher die **Erstellung von Kurzfallstudien** zu einzelnen Unternehmen sowie die Durchführung umfassender Datenbankrecherchen zu Kooperationen in der IuK-Industrie bzw. in den Teilbranchen Medien, Telekommunikation und Informationstechnologie. Zur Ableitung empirisch gestützter Aussagen zu unternehmensspezifischen Kooperationsstrategien, zur Abbildung des evolutorischen Prozesses der Konvergenzentwicklung anhand der verfolgten Kooperationsaktivitäten und zum Ausgleich eventueller saisonaler und zyklischer Schwankungen ist ein hinreichend **langer Untersuchungszeitraum** notwendig.[3] In der folgenden empirischen Analyse wird daher der Zeitraum von **1990 - 2000** gewählt.

1.1. Auswahl der Unternehmen

Die adäquate Auswahl der zu untersuchenden Unternehmen ist eine notwendige Voraussetzung für die spätere Ableitung empirisch fundierter Aussagen zu unter-

---

1 Vgl. Sydow (1992), S. 15.

2 Für eine ausführliche Literaturübersicht zu Unternehmensnetzwerken in verschiedenen Branchen, vgl. Sydow (1992), S. 19; in verschiedenen Regionen vgl. S. 37ff; in verschiedenen Zeitstadien vgl. S. 56f.

3 So wird im Zusammenhang von Kooperationen und Netzwerken und den jeweils präferierten unternehmerischen Gestaltungskonzepten oft von einem "Kommen und Gehen"; vgl. Büschken (1999), S. 778; bzw. von "Moden und Mythen" geschrieben. Vgl. Kieser (1996), S. 23ff.

nehmensspezifischen Kooperationsaktivitäten und Konvergenzentwicklungen im Kontext der IuK-Industrie. Ausschlaggebend im Sinne des Forschungsziels ist dabei die Erfüllung der folgenden Kriterien:

1. **Unternehmensgröße und Marktposition**: Die ausgewählten Unternehmen sollen Marktführer sein oder zumindest zur Gruppe der umsatzstärksten Unternehmen gehören und einen relativ hohen Marktanteil in ihrer jeweiligen Branche innehaben. In ihrer Gesamtheit sollen die ausgesuchten Unternehmen sowohl die Medien-, Telekommunikations- und Informationstechnologieindustrie und somit die verschiedenen Teilbranchen der IuK-Industrie als auch die großen geographischen Wirtschaftsräume Europa, Asien und Nordamerika abdecken.[4]
2. **Strategische Relevanz der Konvergenzentwicklungen**: Die ausgewählten Unternehmen sollen in ihrer Informationspolitik (z.B. in Pressemitteilungen, Geschäftsbericht, Internetauftritt) das Phänomen der Branchenkonvergenz bzw. den Wettbewerb mit Unternehmen aus benachbarten Branchen als relevant für das eigene Unternehmen hervorgehoben haben.[5] Auch eine Untersuchung der Geschäftsaktivitäten und Wettbewerbshandlungen der jeweiligen Unternehmen sowie deren Zuordnung zu verschiedenen Teilmärkten soll diese Bedeutung reflektieren.
3. **Kooperationen als wichtiges strategisches Instrument**: Die ausgewählten Unternehmen sollen Kooperationen als Mittel zur strategischen Zielerreichung betrachten und im Betrachtungszeitraum Kooperations- und Netzwerkaktivitäten vorgenommen haben. Kooperationen werden also von den jeweiligen Unternehmen nicht a priori ausgeschlossen und besitzen eine alternativen Wachstumsoptionen vergleichbare Relevanz für die Unternehmensstrategie.

Darüber hinaus sollen die ausgewählten Unternehmen die verschiedenen Teilbereiche der IuK-Industrie abdecken, um eventuell existente, spezifische Besonderheiten einzelner Teilindustrien zu erkennen. Im Einzelnen sollen die folgenden Unternehmen im Rahmen von Fallstudien entlang der definierten Parameter des Untersuchungsmodells analysiert und hinsichtlich ihrer Kooperationsaktivitäten und Konvergenzmuster evaluiert werden:

---

4 Im Rahmen der empirischen Untersuchung sollen kulturspezifische Faktoren nicht weiter analysiert werden. Die fortgeschrittene Internationalisierung und Globalisierung der untersuchten Unternehmen ermöglicht in diesem Zusammenhang eine Vergleichbarkeit. Ausgeprägte kulturelle Besonderheiten einzelner Unternehmen sollen an dieser Stelle nicht weiter verfolgt werden. Vgl. dazu auch Turpin (1997), S. 220ff.

5 Diese Äußerungen können aufgrund unterschiedlicher Motivationen erfolgt sein, sei es zur Beeinflussung der Investoren, der Kunden oder der öffentlichen Meinung. Die Intentionen für derartige Verlautbarungen sind im Untersuchungszusammenhang jedoch nachrangig, sie sind allenfalls ein Anzeichen für die Zuordnung des Unternehmens in den Kontext der Informations- und Kommunikationsindustrie.

- AOL Time Warner, Bertelsmann und Disney (Medien/"neue Medien")
- Deutsche Telekom, Nippon Telegraph and Telephone Corporation (NTT) und Telefonica (Telekommunikationsindustrie)
- Microsoft (IT/Software) sowie Intel, Sony und Nokia (IT/Hardware)

Abbildung 39: Übersicht der untersuchten Unternehmen und Branchenaffinität

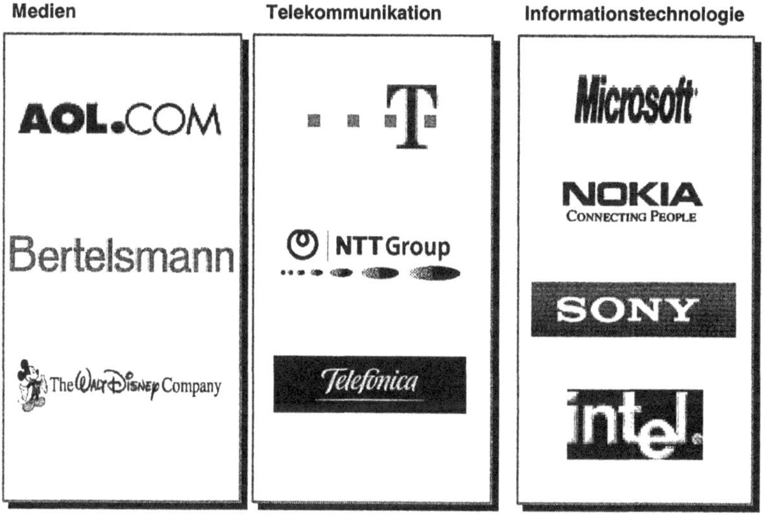

Quelle: eigene Darstellung

In ihrer Gesamtheit decken die ausgewählten Unternehmen die einzelnen Teilbranchen Medien, Telekommunikation und Informationstechnologie ab und repräsentieren darüber hinaus die führenden Unternehmen der IuK-Industrie (s. Abbildung 39). Sie lassen sich gemäß ihrer Ursprungsindustrien und ihrer Ressourcenportfolios in **drei strategische Gruppen** einteilen, die jeweils eine gewisse Konzentration auf einzelne Stufen der IuK-Wertschöpfungskette aufweisen (s. Abbildung 40). **Medienunternehmen** sind schwerpunktmäßig auf den Stufen der Erstellung und Aggregation von Inhalten aktiv, **Telekommunikationsfirmen** fokussieren sich auf die Übertragung, d.h. auf Transmission und Distribution von Daten und Inhalten, und **Unternehmen der Informationstechnologie** sind schwerpunktmäßig auf den Wertschöpfungsstufen der Manipulation bzw. Plattformdienste und der Herstellung von Endgeräten positioniert.[6]

---

6 Vgl. auch die Ausführungen zu Determinanten von Kooperations- und Konvergenzstrategien aufgrund der Affinität zur jeweilige Teilbranche der IuK-Industrie in Kapitel D.1.1.

Abbildung 40: Übersicht und Einordnung der Unternehmen

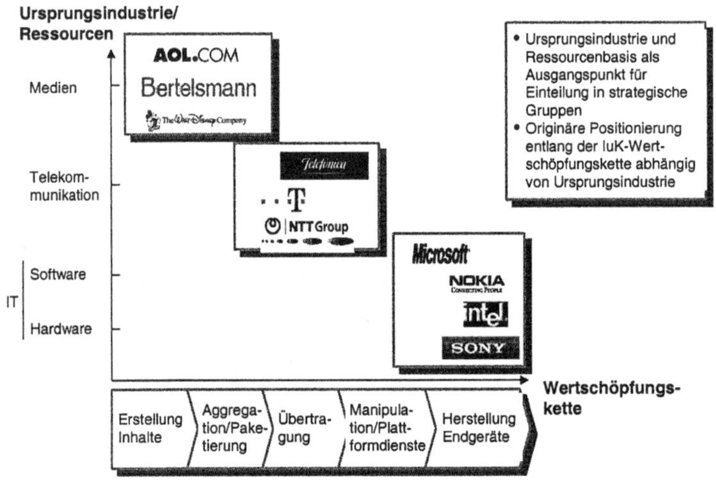

Quelle: eigene Darstellung

1.2. Auswahl der Datenquellen

Die Qualität und Vollständigkeit der Datensätze zu Unternehmenskooperationen ist die Grundvoraussetzung für die empirische Untersuchung unternehmensspezifischer Kooperationsportfolios und Konvergenzstrategien. Die Daten müssen hinreichend umfassend und informativ sein, um eine präzise Einordnung jeder einzelnen Kooperation im Untersuchungszeitraum entlang der elf Modellparameter zu ermöglichen. Eine weitere Herausforderung sind die globalen Geschäftsaktivitäten und damit einhergehend auch die globalen Kooperationsvereinbarungen der betrachteten Unternehmen. Sie müssen in ihrer Gesamtheit dargestellt werden, um ein vollständiges Bild der Kooperationsinitiativen eines Unternehmens zu erhalten. Auch der in der Praxis oft unscharf gebrauchte Terminus der Kooperation verlangt eine kritische und detaillierte inhaltliche Überprüfung vor der Aufnahme in die empirische Analyse. Angesichts der geschilderten Anforderungen an die Datenqualität und Datenfülle soll die Recherche der Kooperationsaktivitäten der ausgewählten Unternehmen im Untersuchungszeitraum von 1990 - 2000 auf zwei Datenbanken basieren (s. Abbildung 41):

- **"Factiva-Datenbank":** Diese Meta-Datenbank greift auch auf eine Vielzahl von digitalisierten Zeitungsarchiven zurück und ermöglicht eine Stichwortsuche nach spezifizierten Suchparametern, z.B. die Stichwortsuche einschließlich verschiedener Priorisierungsstufen, die Kombination unterschiedlicher Stichwörter, die Festlegung des Untersuchungszeitraums und die Auswahl verschiedener Zeitungen.[7]

- **"Kooperationsdatenbank":** Diese Datenbank enthält zahlreiche Kooperationen von global agierenden Unternehmen der High-Tech und IuK-Industrie. Sie basiert auf öffentlich zugänglichen Informationen und wird von McKinsey & Co. in Kooperation mit der Darden School of Business der Universität Virginia in den Vereinigten Staaten gepflegt und verwaltet.

Abbildung 41: Übersicht der ausgewerteten Informationsquellen

	Factiva-Datenbank	Kooperations-Datenbank
Beschreibung	Online-Datenbank zur Recherche von Zeitungsartikeln der weltweit größten Zeitungen nach Stichworten (in englischer Sprache)	Datenbank zu Kooperationen in High-Tech- und IuK-Industrien auf Basis öffentlich zugänglicher Informationen (in englischer Sprache), Administration durch die Unternehmensberatung McKinsey & Co. und die Darden Business School
Vorgehensweise	Suche nach Stichworten ("cooperation", "alliance", "partnership", "network" sowie den Unternehmensnamen) in Wall Street Journal, Wall Street Journal Europe, Financial Times, Handelsblatt, Nikkei Shimbun	Suche nach relevanten Datensätzen je Unternehmen
Untersuchungs-zeitraum	1990 - 2000 (zusätzliche Recherche bis 31.12.2002 zur Extrapolation von Trends)	1990 - 2000
Anzahl Datensätze	ca. 2.000-5.000 Datensätze pro Unternehmen, Verdichtung auf ca. 350-1.000 Datensätze pro Unternehmen	ca. 200-800 Datensätze pro Unternehmen

Quelle: eigene Darstellung

Um die Vollständigkeit der Daten zu gewährleisten, wird in einem ersten Schritt nach vielfältigen Suchbegriffen ("cooperation", "alliance", "partnership", "network" in jeweils englischer und deutscher Sprache in Kombination mit dem jeweiligen Unternehmensnamen) in zahlreichen Zeitungen (Wall Street Journal, Financial Times, Handelsblatt, Nikkei Shimbun für die Regionen USA, Europa und Japan) recherchiert. So soll vermieden werden, dass einzelne Kooperationen aus Gründen begrifflich ungenauer oder regionaler Berichterstattung vernachlässigt

[7] Möglich sind weiterhin die Angabe von präferierten Sprachen, die Auswahl von Artikeln entsprechend der Häufigkeit von Stichwörtern bzw. deren Auftauchen in Überschrift, erstem Abschnitt oder gesamten Text sowie die, wenn auch nicht ganz fehlerfreie, Eliminierung von wiederverwerteten Artikelinhalten zur Vermeidung von Doppelzählungen und verschiedene Kriterien zur Darstellung der Ergebnisse. Vgl. auch www.factiva.com

werden. Die aufgrund der Stichwortrecherchen erzielte hohe Anzahl der Datensätze und Informationen (anfänglich bis zu 5000 Zeitungsartikel für jedes der zehn Unternehmen) werden in mehreren Schritten durch die Eliminierung von Doppelzählungen und die Aufnahme zusätzlicher Informationen zu einzelnen Kooperationen konsolidiert und verdichtet.[8] **Jede einzelne Kooperation wurde entlang der Modellparameter eingeordnet und anschließend zu einem unternehmensspezifischen Kooperationsportfolio aggregiert.** Der Abgleich der Datensätze aus den beiden Datenbanken garantiert die bestmögliche Vollständigkeit und Informationsqualität.

1.3. Vorgehensweise und Darstellung der Fallstudien

Die Kurzfallstudien zu den ausgewählten Unternehmen beginnen mit einer Kurzdarstellung und Charakterisierung der Unternehmen einschließlich ihrer Chronologie, Geschäftsfelder und Positionierung entlang der Wertschöpfungskette der IuK-Industrie. Daran anschließend erfolgt die Darstellung der Kooperationsaktivitäten für den Untersuchungszeitraum der Jahre 1990 - 2000. Die aufgearbeiteten Daten zu den Kooperationsaktivitäten werden zu einem unternehmensspezifischen Kooperationsportfolio aggregiert und anschließend für jedes Unternehmen entlang des Untersuchungsmodells eingeordnet und evaluiert. Die Darstellung der empirischen Ergebnisse der Unternehmensfallstudien geschieht in folgender Form:

1. **Darstellung des Unternehmensportfolios** der eingegangenen Kooperationen und Netzwerke im Betrachtungszeitraum und Einordnung entlang der elf Parameter des entwickelten Untersuchungsmodells
2. **Analyse des unternehmensspezifischen Kooperationsprofils** und Synthese strategischer Schwerpunktsetzungen hinsichtlich der Kooperationsaktivitäten der untersuchten Unternehmen
3. **Ableitung von Kooperationsstrategie und Konvergenzmuster** des betrachteten Unternehmens

Nach der unternehmensspezifischen Betrachtung der Kooperationen sollen aus der unternehmens- und branchenübergreifenden Perspektive und dem Vergleich der einzelnen Kooperationsprofile verschiedener Unternehmen weitergehende Einsichten gewonnen und dargestellt werden.

---

[8] Gelegentlich ist es notwendig, auf weitergehende Informationen zu einzelnen Kooperationen zurückzugreifen, um die elf Untersuchungsparameter fundiert einordnen und bewerten zu können.

2. Durchführung der Fallstudien

2.1. Unternehmensfallstudie AOL Time Warner

2.1.1. Charakterisierung und Einordnung des Unternehmens

AOL Time Warner entstand 2001 durch einen Zusammenschluss des 1985 etablierten Online-Dienstes America Online und des Medienunternehmens Time Warner, dessen Ursprünge in das beginnende 20. Jahrhundert zurückreichen (s. Abbildung 42).[9] Während die Ursprünge von AOL von Beginn an im Internetzugangsgeschäft lagen, begann das "klassische" Medienunternehmen Time Warner mit dem Film- und vor allem dem Printgeschäft. In den 50er Jahren wurde die Musiksparte aufgebaut, seit 1972 ist Time Warner mit HBO auch im Kabelfernsehen präsent.

Abbildung 42: Chronologie von AOL Time Warner

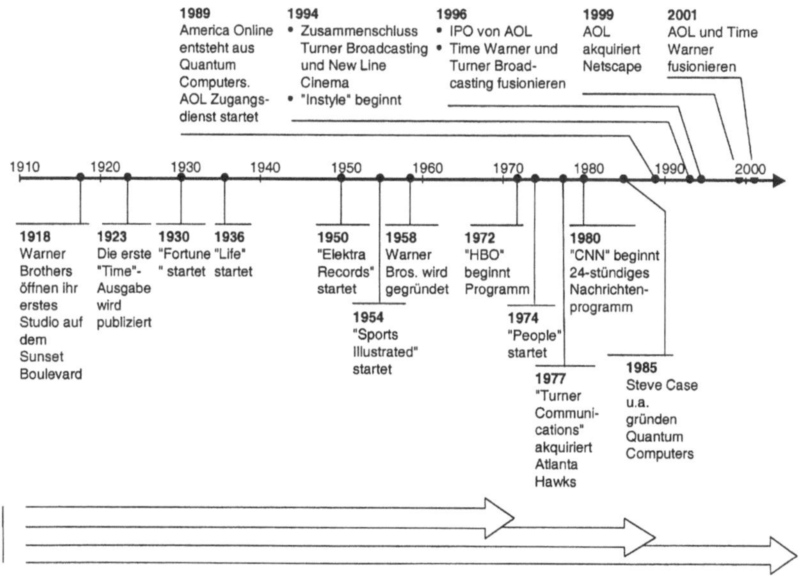

Quelle: eigene Darstellung, AOL Time Warner Annual Reports 2000-2001, Hoover's Company Data

---

9 Fokus dieser Arbeit ist das Unternehmen AOL. Aufgrund des Zeitraums der empirischen Untersuchung von 1990 bis 2000 ist der Zusammenschluss für die Analyse der Kooperationen nicht relevant und wird daher nicht gesondert berücksichtigt. Zu einer strategietheoretischen Erklärung der Fusion AOL Time Warner vgl. Sjurts (2000b), S. 138ff.

Durch die Fusion von Time Warner und Turner Broadcasting 1994 entstand eines der größten integrierten und globalen Medienunternehmen; die Fusion mit AOL im Jahr 2001 schließlich verband das eher traditionelle Mediengeschäft mit dem Wachstumsbereich Internet und Online-Medien und machte AOL Time Warner zum Idealtypus des konvergenten Spielers im Bereich der Informations- und Kommunikationstechnologie.

AOL Time Warner erwirtschaftete 2001 einen Umsatz von ca. 38 Mrd US $. Die Geschäftsaktivitäten umspannen den gesamten Bereich der Medien- und IuK-Industrie vom Onlinedienst über Kabel, Film, Fernsehen und Video bis hin zu Musik- und Verlagsbereichen. Die Struktur der einzelnen Geschäftsbereiche ist wie folgt:[10]

1. **America Online**: America Online besteht aus dem weltweit führenden Internetzugangsdienst AOL und einigen weiteren Einheiten: Compuserve, ICQ, MapQuest, Moviefone und Netscape. Bei einem Umsatz von 8,7 Mrd. US $ erwirtschaftete die Sparte im Jahr 2001 ein EBITDA von 2,9 Mrd. US $.
2. **Networks**: In der Sparte der Netze bündelt AOL Time Warner nationale und internationale Kabelfernsehkanäle, gebührenpflichtige TV-Services, ein Broadcast-Fernsehkanal und einige Vermögenswerte im Sportbereich. Dazu gehören beispielsweise CNN, TBS, HBO und weitere Marken. Bei einem Umsatz von 7,1 Mrd. US $ erwirtschaftete die Sparte im Jahr 2001 ein EBITDA von 1,8 Mrd. US $.
3. **Cable Systems**: Das Unternehmen besitzt und betreibt Kabelsysteme für ca. 13 Mio. Abonnenten in den USA. Bei einem Umsatz von 7 Mrd. US $ erwirtschaftete die Sparte im Jahr 2001 ein EBITDA von 3,2 Mrd. US $.
4. **Publishing**: Die Verlagsaktivitäten des Unternehmens umfassen ca. 140 Magazintitel mit weltweit ca. 300 Mio. Lesern, darunter Time, People, Sports Illustrated und Fortune. Bei einem Umsatz von 4,8 Mrd. US $ erwirtschaftete die Sparte im Jahr 2001 ein EBITDA von 909 Mio. US $.
5. **Filmed Entertainment**: Zur Sparte Film und Entertainment gehören Warner Bros. und New Line Cinema. Warner Bros. erzeugt, vertreibt, lizensiert und vermarktet Filme, TV-Programme, Videos/DVDs und verwandte Produkte; New Line Cinema produziert und vertreibt unabhängige Feature-Filme. Bei einem Umsatz von 8,8 Mrd. US $ erwirtschaftete die Sparte 2001 ein EBITDA von 1 Mrd. US $.
6. **Music**: Die Warner Music Group bündelt die Musikaktivitäten des Unternehmens. Bei einem Umsatz von 3,9 Mrd. US $ erwirtschaftete die Sparte im Jahr 2001 ein EBITDA von 419 Mio. US $.

Die Umsätze verteilen sich relativ gleichmäßig auf die beschriebenen sechs Geschäftsbereiche, die größten Umsatzquellen sind der Internetzugangsdienst AOL,

[10] Vgl. AOL Time Warner Annual Report (2001).

der Bereich Film und Fernsehproduktion sowie das Kabel- und das Fernsehgeschäft (s. Abbildung 43). Ca. 43 % der Umsätze entfallen auf Abonnements und weitere 35 % auf kostenpflichtige Inhalte. Werbung und Transaktionen machten 2001 ca. 22 % des Gesamtumsatzes aus.

Abbildung 43: Geschäftsfelder und Unternehmensdaten von AOL Time Warner

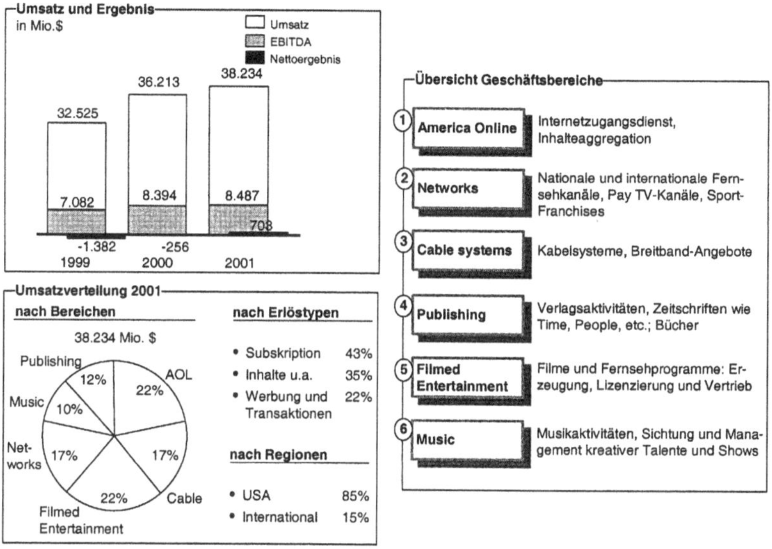

Quelle: eigene Darstellung, AOL Time Warner Annual Reports 2000-2001, Hoover's Company Data

2.1.2. Analyse der Kooperationsaktivitäten

AOL Time Warner ist mit seinen unterschiedlichen Geschäftsbereichen mittlerweile auf den meisten Stufen der Wertschöpfungskette der IuK-Industrie aktiv; mit Ausnahme der Stufe der Endgeräte, wo das Unternehmen weiterhin ausschließlich mittels Kooperationen agiert[11] (s. Abbildung 44). Vor der Fusion von AOL mit Time Warner im Jahr 2001 war das Unternehmen America Online lediglich auf den Wertschöpfungsstufen der Aggregation und der Manipulation präsent. Die insgesamt **314 Kooperationen** von AOL im Untersuchungszeitraum von 1990 bis 2000 decken alle Wertschöpfungsstufen der IuK-Industrie ab. Ein deutlicher Schwerpunkt liegt dabei auf der Stufe der Inhalteerstellung mit fast 55 % der

[11] Vgl. auch Wolf (1999), S. 128ff.

Kooperationspartner.[12] Aber auch die hinteren Wertsschöpfungsstufen, insbesondere die Übertragung, die Manipulation bzw. Plattformdienste und die Endgeräte werden von AOL koordiniert.[13]

Abbildung 44: Einordnung der Geschäftseinheiten von AOL Time Warner

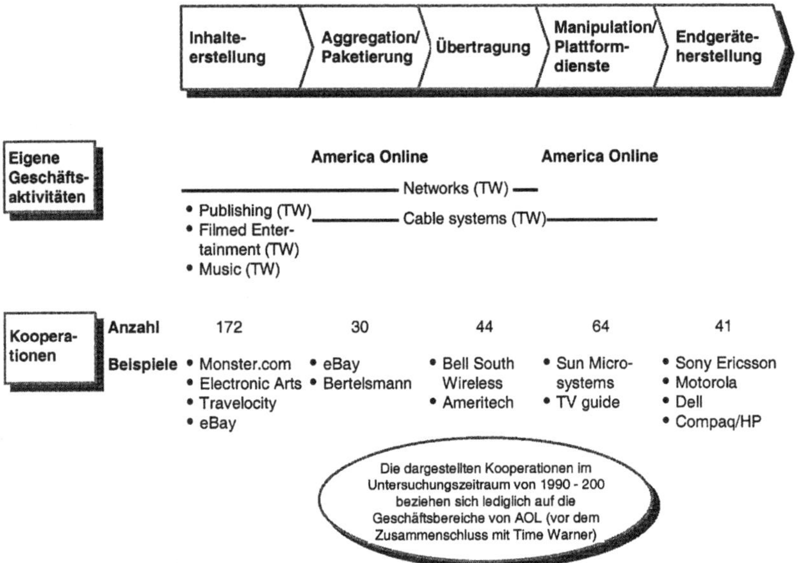

Quelle: eigene Darstellung

Die Analyse der Kooperationsaktivitäten AOL Time Warners im Untersuchungszeitraum der Jahre 1990-2000 umfasst insgesamt 314 Kooperationen. Zusammen-

---

[12] Es soll an dieser Stelle noch einmal erwähnt werden, dass die untersuchten Kooperationen im Untersuchungszeitraum von 1990 bis 2000 lediglich das Unternehmen AOL betreffen. Insofern lassen sich keine Rückschlüsse auf die Kooperationen des Unternehmens Time Warner vor der Fusion vornehmen. Bei Berücksichtigung der Kooperationen von Time Warner lässt sich jedoch eine unterschiedliche Schwerpunktsetzung vermuten, vor allem hinsichtlich des Fokus auf die Stufe der Inhalteerstellung, der typisch für AOL in seiner Eigenschaft als Aggregator, Portal und Online-Dienst ist.

[13] Die Anzahl der angegebenen Kooperationen beschreibt die Abdeckung einer einzelnen Wertschöpfungsstufe. Da eine Kooperation auch durchaus mit Partnern erfolgen kann, die ihrerseits mehrere Wertschöpfungsstufen abdecken (z.B. bei zwei integrierten Unternehmen untereinander) und gleichzeitig andere kooperative Arrangements mit Unternehmen außerhalb der IuK-Industrie im Schaubild nicht aufgeführt werden, stimmt die Zahl nicht notwendigerweise mit der Anzahl der eingegangen Kooperationen im Untersuchungszeitraum von 1990 und 2000 überein.

fassend lässt sich eine hohe Konvergenzintensität der Kooperationen feststellen. Das Kooperationsprofil weist entlang der einzelnen Untersuchungsparameter die folgenden Charakteristika auf (s. Abbildung 45):

1. **Hohe Konvergenzintensität hinsichtlich des Marktfokus bzw. des Konvergenzbereichs der Kooperationen**: Gut 90 % der von AOL eingegangen Kooperationen im Untersuchungszeitraum konzentrieren sich auf die Plattform PC, und nahezu alle weisen eine Online-Komponente auf (eine für einen Onlinedienst wie AOL durchaus typische Fokussierung). Besonders seit 1999 wächst der Anteil von Kooperationen mit alternativen Teilbereichen wie Fernsehen und Telefonie, ein deutliches Indiz für eine Neuorientierung bereits vor dem Zusammenschluss mit Time Warner.
2. **Hohe Konvergenzintensität hinsichtlich der Branchenaffinität der Kooperationspartner**: AOL galt ursprünglich als Software- bzw. reines Onlineunternehmen. Während etwa ein Fünftel seiner Kooperationen mit Unternehmen aus der gleichen Branche stattfinden, entfallen fast 70 % der Kooperationen auf Unternehmen anderer Teilbranchen: Medien- und Inhalte, Telekommunikation und Hardware. Weitere 10 % sind Abkommen mit Unternehmen aus anderen Teilbranchen jenseits der Informations- und Kommunikationstechnologie, beispielsweise in Form komplexer Arrangements mit Markenartiklern und Finanzdienstleistern. Damit hält AOL insgesamt ein diversifiziertes Kooperationsportfolio mit Partnern aus allen Teilbereichen der IuK-Industrie sowie zahlreichen anderen Industrien. Dies reflektiert auch die Notwendigkeit der Umsatzgenerierung mittels komplexer Marketing-Kooperationen und die Komplementierung der bestehenden Ressourcenbasis um Datenübertragung und Inhalteproduktion.
3. **Relativ kurzfristig bis mittelfristig orientierte Zielsetzung bzw. Wachstumsperspektive**: Ca. 70 % der Kooperationen sind inhaltlich eher kurzfristig ausgerichtet, die übrigen 30 % tendenziell mittel- bis langfristig. Im Vergleich zu den Kooperationsaktivitäten der anderen Unternehmen zeigt AOL damit eine deutliche Präferenz für eher kurzfristige Kooperationsaktivitäten.
4. **Starke Zunahme der Kooperationen im Verlauf des Untersuchungszeitraums**: Während AOL in der ersten Hälfte der 90er Jahre nur ca. 20 Kooperationen jährlich einging, stiegen diese Aktivitäten im Jahr 1997 auf 69 untersuchte Kooperationen stark an. Nach 63 Kooperationen im Jahr 1999 erhöht sich diese Zahl 1999 weiter auf 109 Kooperationen. In den Folgejahren ist jedoch wieder ein Rückgang festzustellen. AOL liegt damit durchaus im Trend der IuK-Industrie.
5. **Hoher Abdeckungsgrad der Wertschöpfungskette**: AOLs ursprüngliche Positionierung gilt den Wertschöpfungsstufen Aggregation und Manipulation. Allerdings weist das Unternehmen mit seinem Kooperationsportfolio einen hohen Abdeckungsgrad der gesamten Wertschöpfungskette auf, ins-

besondere auf der Stufe der Inhalte.[14] Auch die Stufen der Übertragung und Endgeräte sind abgedeckt und stützen die Ziele AOLs hinsichtlich weitestmöglicher Distribution und Präsenz bei den Onlinenutzern; sowohl durch vorinstallierte Software auf den PCs als auch mittels der Bereitstellung von ISP-Leistungen, primär mit Partnern aus dem Bereich der Telekommunikation. Ca. 25 % der Kooperationen stellen horizontale Kooperationen dar, d.h. sie entfallen auf die Stufen Aggregation und Manipulation, die Hauptbetätigungsfelder von AOL. Ungefähr 58 % der Kooperationen decken die Wertschöpfungsstufen Inhalte und Übertragung ab, weitere 13 % der Kooperationen entfallen auf die Stufe der Endgeräte. Knapp 7 % sind diagonale Kooperationen mit Unternehmen außerhalb der untersuchten IuK-Industrie.

Abbildung 45: Kooperationsprofil von AOL

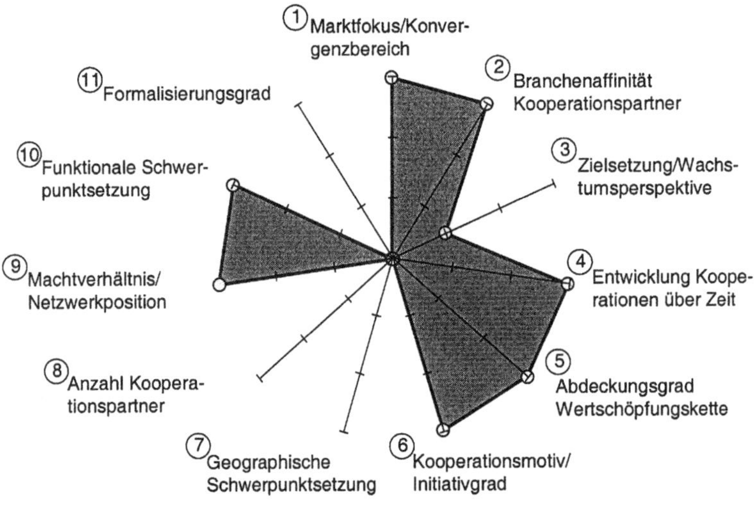

Quelle: eigene Darstellung

6. **Proaktive Kooperationsmotive und hoher Initiativgrad**: AOL verfolgt eine proaktive Kooperationsstrategie. Ca. 90 % der Kooperationen erfol-

[14] Dies ist für einen Aggregator und Paketierer von Inhalten ein natürliches Betätigungsfeld, da Inhalte einerseits nicht selbst erzeugt werden, andererseits aber von besonderer Wichtigkeit für die Erstellung attraktiver Inhaltepakete sind.

gen zur Markterschließung bzw. weiteren Durchdringung, ca. die Hälfte zur Standarddurchsetzung und ca. zwei Drittel haben die Diversifizierung und Erschließung neuer Erlösquellen zum Ziel. Auch der hohe Grad der Expansion entlang der Wertschöpfungskette ist ein Anzeichen für die proaktive Kooperationsstrategie von AOL.

7. **Regionale Schwerpunktsetzung**: 87 % der Kooperationen erfolgen mit einem nordamerikanischen Partner, nur ca. 12 % werden mit Unternehmen aus anderen Regionen abgeschlossen. Nur in weniger als 2 % der Kooperationen sind sowohl amerikanische als auch andere Unternehmen involviert. Damit zeigt AOLs Kooperationsportfolio in den 90er Jahren die am deutlichsten ausgeprägte Präferenz für den eigenen Heimatmarkt und hat im Vergleich zu Wettbewerbern der IuK-Industrie starke regionale Schwerpunkte.
8. **Schwerpunkt bilateraler Kooperationen**: Über 90 % der von AOL eingegangenen Kooperationen haben bilateralen Charakter, nur in knapp einem Zehntel der Kooperationen gibt es mehr als einen Partner. Auch in dieser Dimension zeigt das Kooperationsportfolio von AOL im Vergleich zum Wettbewerb eine deutliche Schwerpunktsetzung auf bilaterale Kooperationen.
9. **Asymmetrisches Machtverhältnis mit dominanter Machtposition**: AOL bevorzugt Kooperationen mit eher kleinen Unternehmen und hat so in der überwiegenden Zahl der Kooperationen ein deutliches Übergewicht bei der Ausgestaltung und der Interaktion. 63 % der Kooperationen sind asymmetrisch, nur 37 % weisen gleichgewichtige Machtverhältnisse auf. Die dominante Position hat AOL insbesondere bei Kooperationen mit Inhalteanbietern inne, meist mit Geschäftsaktivitäten auf dem Heimatmarkt Nordamerika. Bei Kooperationen mit Unternehmen der Wertschöpfungsstufen Übertragung und Endgeräte hingegen ergeben sich weit häufiger symmetrische Machtverhältnisse, die Kooperationen erfolgen dort mehrheitlich mit großen Unternehmen.
10. **Multifunktionale Gestaltung**: Fast 70 % der in den 90er Jahren eingegangen Kooperationen involvieren lediglich eine einzelne Unternehmensfunktion, meist Fertigung, Marketing und Distribution. Mit gut 30 % weist das Kooperationsportfolio von AOL jedoch eine im Vergleich zu anderen Unternehmen relativ starke Ausprägung multifunktionaler Kooperationen auf. Ein Grund dafür sind die oft komplex strukturierten Kooperationsverträge, die häufig in Form von komplexen Tauschgeschäften mit beidseitiger Leistungsbereitstellung erfolgen.
11. **Geringer Formalisierungsgrad**: Nahezu 95 % der Kooperationen sind vertragsbasiert, nur ca. 5 % weisen einen relativ hohen Formalisierungsgrad in Form von Kapitalbeteiligungen und Joint Ventures auf. Damit legt AOL im Vergleich zu den untersuchten Wettbewerbern der IuK-Industrie

den stärksten Fokus auf einen geringen Formalisierungsgrad der eingegangenen Kooperationsverhältnisse.

2.1.3. Konvergenzmuster und -strategien

AOL ist das Idealbeispiel eines konvergenten Anbieters in der IuK-Industrie. Insbesondere nach dem Zusammenschluss mit Time Warner deckt das Unternehmen alle Geschäftsbereiche, Wertschöpfungsstufen und Endgeräte mit seinen eigenen Ressourcen und Fähigkeiten ab. Aber bereits in den 90er Jahren hat AOL ein effektives Kooperationsportfolio aufgebaut, das sowohl die IuK-Wertschöpfungskette abdeckt und neben dem Fokus auf das Internet auch die Bereiche der Telefonie bzw. Sprachkommunikation (z.B. in Form von Kooperationen mit Mobilfunkunternehmen oder Technologieanbietern für Sprachportale) und die Broadcasting-Bereiche Fernsehen und Radio abdeckt.

Abbildung 46: Wachstumsstrategie und Konvergenzmuster von AOLTimeWarner

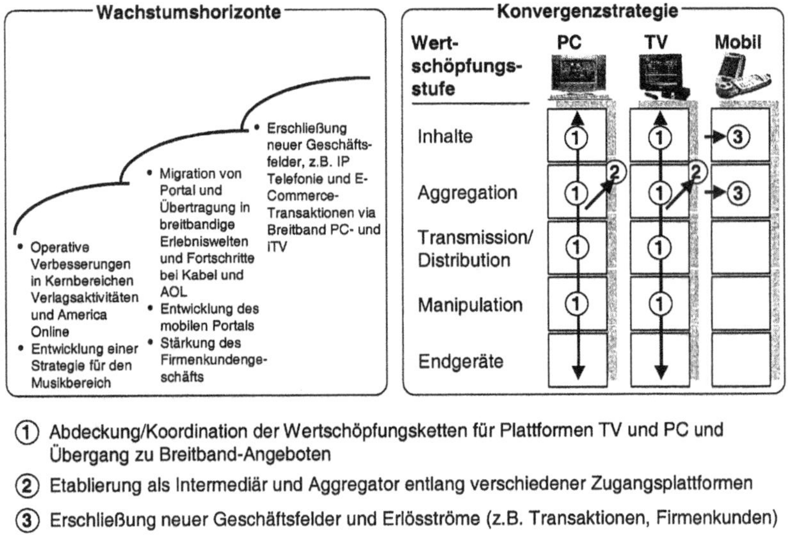

Quelle: eigene Darstellung

Kurzfristige Herausforderungen für AOL Time Warner sind eine erfolgreiche Integration der unterschiedlichen Geschäftsbereiche in Folge der Fusion der beiden Unternehmen, insbesondere die Bedrohung durch die breite und häufig kostenlose Distribution von Inhalten über das Internet. Mittelfristig und langfristig ergeben sich Möglichkeiten durch die Erschließung neuer Geschäftsfelder (z.B. die sog. IP-Telefonie und "Triple-Play"-Angebote mit Breitband-Internet, Elementen interaktiven Fernsehens und Telefonieleistungen) und neuer Kundengruppen (z.B. Firmenkunden oder Kunden in anderen Regionen, z.B. Lateinamerika und Asien). Das Unternehmen AOL Time Warner ist entlang der Wertschöpfungskette relativ stark integriert und hat besondere Schwerpunkte bei Inhalten, Aggregation und der Übertragung, vor allem auf den Plattformen PC und TV. Die Koordination der zahlreichen Kooperationen entlang der Wertschöpfungskette bedeutet eine wichtige Aufgabe. Im nächsten Schritt sollte der Übergang in breitbandige Erlebniswelten, d.h. die Migration bestehender Internet-Kunden zu Breitband-Internet und von herkömmlichen Fernseh-Abonnenten zu iTV, realisiert werden. Kooperationen stellen in diesem Zusammenhang aufgrund der hohen Investitionen beim Aufbau eigener Infrastruktur sowie den komplementären Interessen von Inhalte- und Infrastrukturanbietern eine sinnvolle Handlungsoption dar.[15] Auch eine Stärkung der Kooperationen im Mobilfunkbereich sollte verfolgt werden, um an Wachstumsmöglichkeiten hinreichend zu partizipieren (s. Abbildung 46).

Zusammenfassend ergeben sich für das Unternehmen damit als Elemente einer Kooperations- und Konvergenzstrategie (a) die weitere Expansion und Verbesserung der Wettbewerbsposition entlang der Wertschöpfungskette, (b) der Transfer bestehender Angebote und Kunden hin zu profitablen inhaltlichen Angeboten, einerseits durch die bessere Kombination von Offline- und Online-Angeboten, andererseits durch den erfolgreichen Übergang von schmal- zu breitbandigen Angeboten, und letztlich (c) die Expansion in zusätzliche Erlebniswelten und die Stärkung der Wettbewerbsposition in den Bereichen mobiler Daten, Breitband-Internet und interaktiven Fernsehens. Insgesamt hat AOL Time Warner hinsichtlich konvergenter Entwicklungen in der IuK-Industrie aufgrund attraktiver Inhalte, etablierter Infrastruktur und bestehenden Kundenzugängen eine gute Ausgangsposition.

[15] Vgl. auch Ullph (2001b), S. 1f.

2.2. Unternehmensfallstudie Bertelsmann

2.2.1. Charakterisierung und Einordnung des Unternehmens

Bertelsmanns Ursprünge liegen im Verlagsbereich und gehen zurück bis in die erste Hälfte des 19. Jahrhunderts. Nach dem Zweiten Weltkrieg trieb Reinhard Mohn den Wiederaufbau voran, erste Schwerpunkte waren die Vorläufer der Buchclubs, die Lexika und ab Ende der 50er Jahre das Musik- und Filmgeschäft (s. Abbildung 47). Ab Ende der 70er Jahre erfolgte die internationale Expansion und die Stärkung des Unternehmens in den Bereichen Verlag (1977, 1980, 1986, 1990, 1998), Musik (1979, 1988), Fernsehen (1984, 1997) und Online-Geschäft (ab 1995).[16] Das global tätige Medienunternehmen hat dabei einen gewissen regionalen Charakter beibehalten. Bisher ist die Unternehmenszentrale weiterhin in Gütersloh und die Eigentümerstruktur ist weitgehend familiär kontrolliert.

Abbildung 47: Chronologie von Bertelsmann

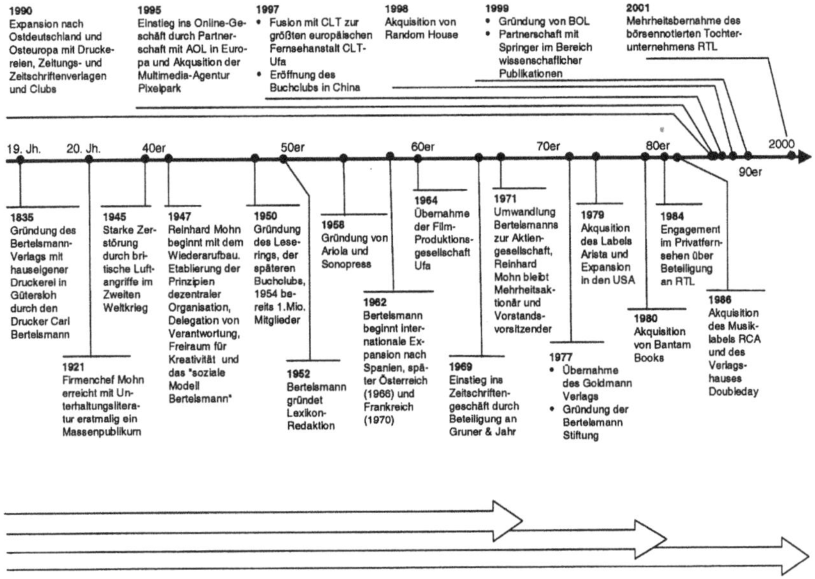

Quelle: eigene Darstellung, Bertelsmann Geschäftsberichte 1998-2001, Hoover's Company Data

16 Zu Historie und Unternehmensprinzipien Bertelsmanns vgl. auch Kiel (2000), S. 367f.

sichtlich der Regionen als auch in Bezug auf die beteiligten Geschäftsbereiche relativ breit diversifiziert und gleichmäßig verteilt. Die Umsätze entfallen zu je gut 30 % auf Deutschland, das restliche Europa und Nordamerika; auch die meisten Geschäftseinheiten leisten einen signifikanten Umsatzbeitrag. Die Geschäftsaktivitäten des Medienunternehmens lassen sich in die folgenden Sparten unterteilen (s. Abbildung 48):[17]

1. Der Bereich **Fernsehen und Radio** umfasst werbefinanziertes Privatfernsehen und -radio sowie die Produktion und den Handel mit medialen Inhalten. Neben der RTL-Gruppe, dem europäischen Marktführer, bündelt die Gruppe weitere Kanäle in verschiedenen europäischen Ländern und erwirtschaftete 2001 insgesamt ca. 4 Mrd. Euro.
2. Die Sparte der **Buch- und Publikumsverlage** umfasst die verschiedenen Buchverlagsaktivitäten unter dem Dach von Random House. Die weltweit größte Buchverlagsgruppe erzielte 2001 einen Umsatz ca. 2,1 Mrd. Euro.

Abbildung 48: Geschäftsfelder und Unternehmensdaten von Bertelsmann

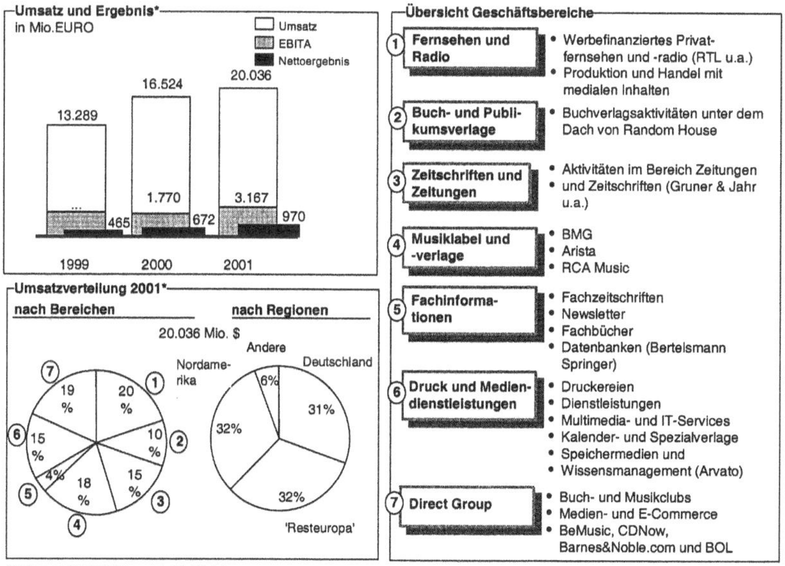

*Bertelsmann Geschäftsjahr vom 1.Juli - 30. Juni

Quelle: eigene Darstellung, Bertelsmann Geschäftsberichte 1998-2001, Hoover's Company Data

[17] Basis der Informationen sind die Geschäftsberichte des Unternehmens sowie Informationen auf den Internetseiten. Vgl. zur Firmenstruktur auch Kramer (1996), S. 16. Basis der Strukturierung ist der Geschäftsbereich 2000/2001, spätere Reorganisationen und Umstrukturierungen werden nicht berücksichtigt.

3. Der Bereich der **Zeitschriften und Zeitungen** erwirtschaftete 2001 insgesamt ca. 3 Mrd. Euro. Die einzelnen Aktivitäten werden in der Druck- und Verlagsgruppe Gruner & Jahr gebündelt.
4. Die Sparte der **Musiklabel und -verlage** vereinigt die Gesellschaften Arista, RCA Music und BMG und erwirtschaftete 2001 einen Umsatz in Höhe von 3,7 Mrd. Euro.
5. Mit **Fachinformationen** in Form von Fachzeitschriften, Informationsbroschüren, Fachbüchern und Datenbanken erzielte Bertelsmann Springer 2001 einen Umsatz von ca. 750 Mio. Euro.
6. Der Bereich **Druck und Mediendienstleistungen** beinhaltet die Aktivitäten Druckereien, Dienstleistungen, Multimedia- und IT-Dienstleistungen, Kalender- und Spezialverlage, Speichermedien und Wissensmanagement. Der Umsatz betrug 2001 etwas mehr als 3 Mrd. Euro.
7. Der Bereich der **Direct Group** umfasst Buch- und Musikclubs, Medien und E-Commerce und setzte 2001 insgesamt knapp 3,8 Mrd. Euro um. Die Buchclubs unterhalten Kundenbeziehungen zu 28 Mio. Mitgliedern, außerdem gehören BeMusic, CDNow, Barnes&Noble.com und BOL zur Direct Group Bertelsmanns.

2.2.2. Analyse der Kooperationsaktivitäten

Bertelsmanns Geschäftsaktivitäten zeigen deutliche Schwerpunkte auf den Wertschöpfungsstufen der Erstellung und Paketierung von Inhalten.[18] Mit der Sparte Fernsehen und Radio besitzt das Unternehmen Übertragungswege; im Rahmen der Internetaktivitäten und der Direct Group existieren außerdem direkte Endkundenkontakte. Im Zeitraum von 1990 bis 2000 ging Bertelsmann insgesamt **113 Kooperationen** ein, von denen fast 60 % die Wertschöpfungsstufe der Inhalteerzeugung involvieren (s. Abbildung 49).[19] Auch die weiteren Wertschöpfungsstufen der Aggregation, Übertragung und Manipulation deckt Bertelsmann mit seinen Kooperationen relativ gut ab. Lediglich mit Herstellern von Endgeräten schließt Bertelsmann weniger als 10 % seiner Kooperationen ab.

Für Bertelsmann wurden im Zeitraum von 1990 und 2000 insgesamt 113 Kooperationen analysiert. Insgesamt weist das Unternehmen eine hohe Konvergenzintensität auf, das Kooperationsportfolio lässt sich anhand der folgenden Merkmale charakterisieren (s. Abbildung 50):

1. **Hohe Konvergenzintensität hinsichtlich des Marktfokus bzw. des Konvergenzbereichs der Kooperationen**: Bertelsmanns Geschäftsaktivitäten weisen Schwerpunkte in den Bereichen der herkömmlichen Medien wie Print und Musik und dem Fernsehen auf. Nahezu zwei Drittel der Ko-

18 Zum Ressourcenportfolio Bertelsmanns vgl. Habann (2000), S. 20f.

19 Zu den Aktivitäten und Unternehmensbeteiligungen von Bertelsmann vgl. auch Röper (2001), S. 2ff.

operationen im Untersuchungszeitraum entfallen hingegen auf andere Teilmärkte der IuK-Industrie und reflektieren die Anstrengungen des Unternehmens im Online-Bereich. Ein Fünftel der Kooperationen konzentriert sich auf die bisherigen Kernbereiche der elektronischen Medien, ca. 14 % betreffen den Bereich der traditionellen Printmedien.

Abbildung 49: Einordnung der Geschäftseinheiten von Bertelsmann

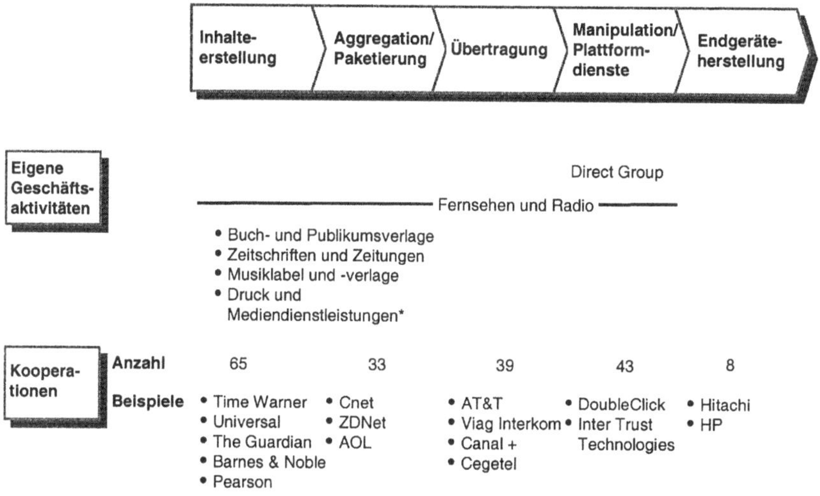

*Teilweise Aktivitäten in Support-Bereichen

Quelle: eigene Darstellung

2. **Relativ hohe Konvergenzintensität hinsichtlich der Branchenaffinität der Kooperationspartner**: Die Hälfte der Kooperationen in Bertelsmanns Kooperationsportfolio entfallen auf Kooperationspartner aus anderen Teilindustrien jenseits der Medienbranche: Unternehmen aus den Bereichen Software (ca. 26 %), Telekommunikation (18 %) und Hardware (ca. 5 %). Knapp die Hälfte der Kooperationen erfolgt mit Partnern aus dem Medienbereich, insgesamt 6 % mit Partnern außerhalb der IuK-Industrie.
3. **Mittelfristig bis langfristig orientierte Zielsetzung bzw. Wachstumsperspektive**: Ca. 40 % der Kooperationen unterstützen eher mittel- bis langfristige Ziele Bertelsmanns, während 60 % eher kurzfristigen Herausforderungen gelten. Im Vergleich zu den untersuchten Kooperationsportfolios anderer Unternehmen ist dies eine etwas langfristigere Perspektive.

4. **Starke Zunahme der Kooperationen im Verlauf des Untersuchungszeitraums**: Das Kooperationsportfolio Bertelsmanns zeigt einen deutlichen Anstieg ab Mitte der 90er Jahre mit Höchstwerten von je 31 und 34 Partnerschaften in den Jahren 1998 und 1999. Danach ist ein deutlicher Rückgang feststellbar. Bertelsmann liegt dabei jedoch durchaus im Trend der untersuchten Unternehmen und reflektiert auch den Allgemeinen Rückgang der Kooperationsaktivitäten in Folge der Schwäche von Konjunktur und Kapitalmärkten.
5. **Hoher Abdeckungsgrad der Wertschöpfungskette**: 85 % der Kooperationen involvieren Wertschöpfungsstufen der Erzeugung und Aggregation von Inhalten und damit die Schwerpunkte der Geschäftsaktivitäten von Bertelsmann. Gleichzeitig sind in fast vier Fünfteln der Kooperationen andere Wertschöpfungsstufen involviert, es handelt sich dabei um vertikale Kooperationen in den Bereichen Übertragung (34 %), Manipulation (37 %) und Endgeräte (7 %). Knapp 8 % sind diagonale Kooperationen mit Partnern außerhalb der IuK-Industrie.

Abbildung 50: Kooperationsprofil von Bertelsmann

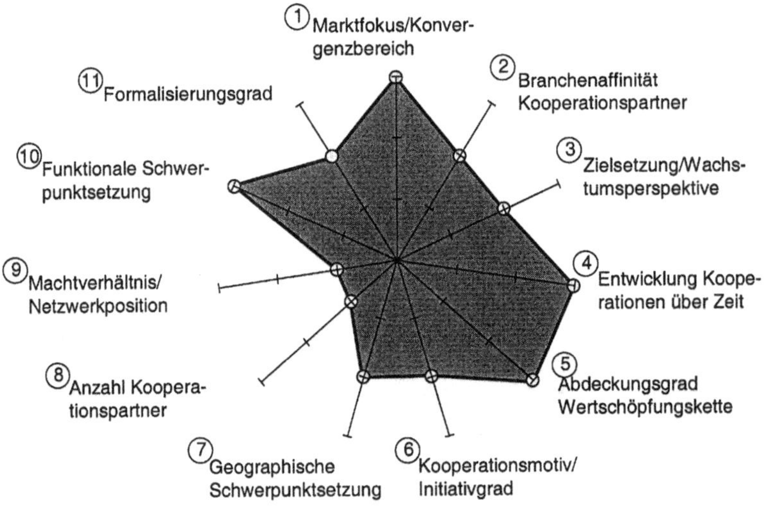

Quelle: eigene Darstellung

6. **Relativ proaktive Kooperationsmotive und relativ hoher Initiativgrad**: Bertelsmann verfolgt insgesamt eine relativ proaktive Kooperationsstrate-

gie, insbesondere hinsichtlich der Erschließung neuer Märkte und der Verfolgung neuer Wachstumsinitiativen.

7. **Relativ globale Schwerpunktsetzung**: Fast 39 % der Kooperationen entfallen auf Partner aus dem europäischen Wirtschaftsraum, ca. 55 % hingegen erfolgen unter Beteiligung von Partnern aus anderen Wirtschaftsregionen, schwerpunktmäßig mit nordamerikanischen Firmen. Ca. 7 % der Kooperationen haben sowohl europäische als auch außereuropäische Partner. Damit ist das Kooperationsportfolio Bertelsmanns im Vergleich mit den Wettbewerbern der IuK-Industrie relativ global ausgerichtet.
8. **Relativ hoher Anteil bilateraler Kooperationen**: Mit mehr als 80 % sind die große Mehrheit der Kooperationen Bertelsmanns bilateraler Natur. Nur weniger als ein Fünftel der Kooperationen erfolgt mit mehr als einem Partner. Damit zeigt das Kooperationsportfolio Bertelsmanns eine Präferenz für bilaterale Kooperationen.
9. **Relativ hoher Anteil symmetrischer Machtverhältnisse**: Zwei Drittel der Kooperationen sind symmetrischer Natur bzw. erfolgen mit Partnern ähnlicher Unternehmensgröße und -stärke. Bei einem Drittel der Kooperationen ist Bertelsmann der stärkere Partner in einem asymmetrischen Machtverhältnis. Das Unternehmensportfolio ist insgesamt durch einen vergleichsweise hohen Grad der Symmetrie charakterisiert.
10. **Multifunktionale Gestaltung**: Bertelsmanns Kooperationen sind zu gut 40 % multifunktional aufgesetzt. Knapp 60 % stellen monofunktionale Kooperationen dar, besonders häufig involvierte Unternehmensfunktionen sind Vertrieb bzw. Distribution, Marketing und die Fertigung. Das Kooperationsportfolio Bertelsmanns ist damit sehr multifunktional ausgerichtet, die Kooperationen vergleichsweise komplex und umfangreich.
11. **Relativ hoher Formalisierungsgrad**: Mit einem Gesamtanteil von 19 % Joint Ventures und 12 % Kapitalbeteiligungen an der Gesamtzahl der Kooperationen verfolgt Bertelsmann im Vergleich zu anderen Unternehmen der IuK-Industrie vergleichsweise viele formalisierte und institutionalisierte kooperative Arrangements auf. Dennoch basieren gut zwei Drittel der Kooperationen auf vertraglichen Regelungen ohne eine weitergehende Formalisierung.

2.2.3. Konvergenzmuster und -strategien

Wachstumsmöglichkeiten für Bertelsmann ergeben sich in allen Geschäftsbereichen durch die Verknüpfung mit den elektronischen Medien, insbesondere dem Internet[20] sowie durch die bessere Verknüpfung und die Erschließung von Syner-

[20] Zu multimedialen Strategien vgl. z.B. Konert (1999b), S. 4f.

gien.[21] Hinsichtlich strategischer Anforderungen aufgrund konvergenter Entwicklungen lassen sich einerseits die Koordination und optimale Konfiguration der Kooperationen entlang der Wertschöpfungskette verbessern, der Übergang in breitbandige Erlebniswelten mit Schwerpunkt PC und TV und die Entwicklung im Bereich der mobilen Plattform weiter fortführen (s. Abbildung 51).

Abbildung 51: Wachstumsstrategie und Konvergenzmuster von Bertelsmann´

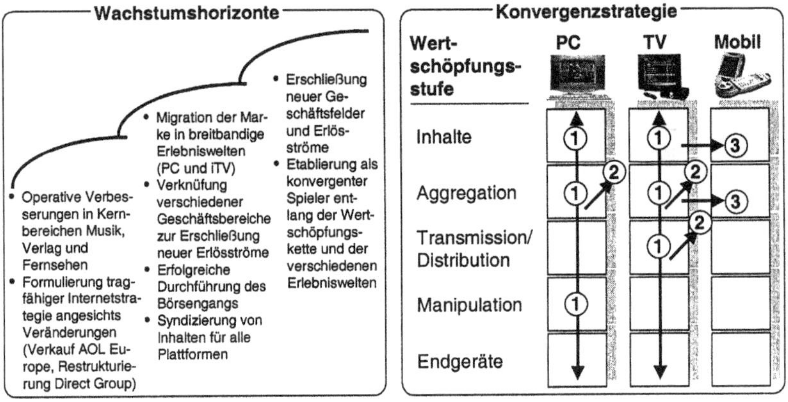

① Abdeckung/Koordination der Wertschöpfungsketten für Plattformen TV und PC bei gleichzeitiger Kontrolle von Inhalten und Transportwegen

② Etablierung als Intermediär und Aggregator entlang verschiedener Zugangsplattformen; Übergang zu Breitband-Angeboten

③ Erschließung neuer Geschäftsfelder und Erlösströme (z.B. Mobile) und Etablierung eines konvergenten Angebots

Quelle: eigene Darstellung

Insbesondere der Bereich Fernsehen stellt für Bertelsmann eine wichtige und relativ kurzfristige Herausforderung dar. Aufgrund des gegenwärtig schwachen konjunkturellen Umfelds müssen kurzfristig die Einschaltquoten verbessert und operative Verbesserungen erzielt werden. Außerdem müssen zusätzliche Werbeeinnahmen und Kundendienste erschlossen werden, z.B. durch komplementäre Leistungen zum Fernsehprogramm in Form von Merchandising, neuen Werbeprodukten, neuartigen Programmvariationen wie Themenkanälen und Initiativen zur Markenerweiterung wie SMS oder interaktive Elemente (z.B. Abstimmungen, Gewinnspiele, etc.). Mittelfristig sollte Bertelsmann in seinem Fernsehbereich

21 Zu Implikationen von Multimedia auf die Print- und Musikprodukte Bertelsmanns vgl. auch Liedl (1999), S. 205ff.; zu den Aufgabenstellungen des "Bertelsmann Content Network" vgl. Thielmann/ Sieprath/Kaiser (2001), S. 145ff.

neue Kanäle erschließen bzw. verschiedene Kanäle besser miteinander verknüpfen. Insbesondere bei neuen Diensten wie Video-on-Demand (VOD), Spielen und Wetten sowie Transaktionen ergeben sich zusätzliche Kooperationsmöglichkeiten; auch das so genannte 'Triple Play', d.h. die Kombination von Fernsehen, Internetzugang und Telefonie, stellt eine Wachstumsmöglichkeit dar.

2.3. Unternehmensfallstudie Disney

2.3.1. Charakterisierung und Einordnung des Unternehmens

Am Anfang der Unternehmensgeschichte von Disney stehen die Figuren Mickey und Minnie Mouse, die 1928 erstmalig in einem Zeichentrickfilm auftauchten. Ende der 20er Jahre wird Walt Disney Productions gegründet, das Print- und Filmgeschäft mit den Zeichentrickfiguren Mickey Mouse und Donald Duck wächst. In den 50er Jahren kommen Fernsehserien und die Freizeitparks dazu, die sich später auch außerhalb der USA durchsetzen (1955 in Los Angeles, 1971 in Florida, 1983 in Tokyo und 1992 in Paris). In den 80er Jahren expandiert Disney auch in den Bereichen der Fernsehkanäle, der Disney-Geschäfte und der Disney-Hotels. Später werden in einer Reihe von Akquisitionen Sport-Franchises, die Produktionsfirma Miramax und die Fernsehanstalt Cap Cities/ABC in das Unternehmen integriert und in den 90er Jahren auch das Internet-Geschäft vorangetrieben (s. Abbildung 52).

Abbildung 52: Chronologie von Disney

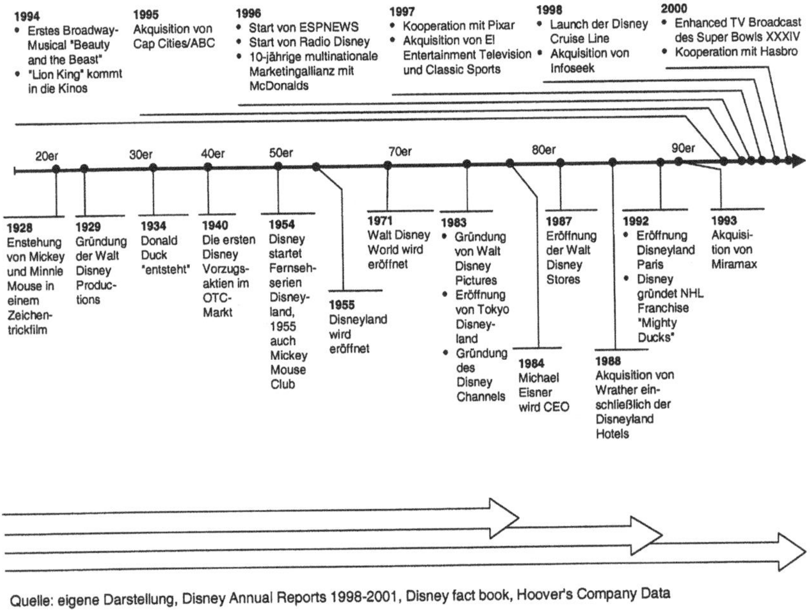

Quelle: eigene Darstellung, Disney Annual Reports 1998-2001, Disney fact book, Hoover's Company Data

Disney setzte im Jahr 2001 insgesamt 25,2 Mrd. US $ um. Das Unternehmen strukturiert seine Aktivitäten in den Geschäftsbereichen Fernseh- und Medienanstalten, Film- und Fernsehproduktionen, Freizeitparks und Konsumentenprodukte (s. Abbildung 53):[22]

1. **Fernseh- und Medienanstalten (Media Networks)** umfassen das Netz der ABC-Fernsehanstalten mit seinen zehn Fernsehstationen und 53 Radiostationen, die Produktionsgruppen für öffentliches Fernsehen Touchstone und Buena Vista Productions sowie die nationale und internationale Distribution von ABC-Inhalten. Auch die Kabelnetze wie ESPN, Disney u.a. sowie die jeweiligen Internet-Präsenzen gehören zu dieser Sparte.

Abbildung 53: Geschäftsfelder und Unternehmensdaten von Disney

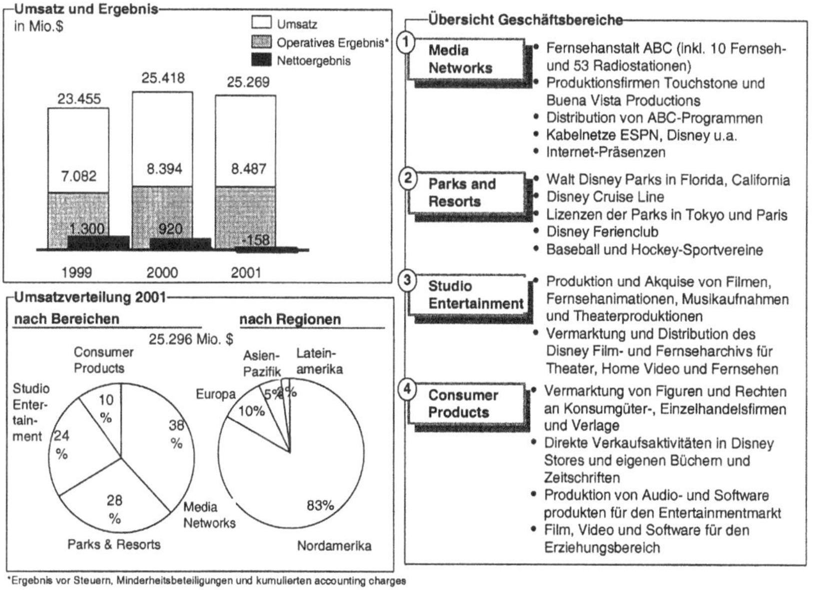

Quelle: eigene Darstellung, Disney Annual Reports 1998-2001, Disney fact book, Hoover's Company Data

2. **Film- und Fernsehproduktionen (Studio Entertainment)** fertigen und akquirieren Filme, Fernsehanimationen, Musikaufnahmen und Theaterproduktionen. Darüber hinaus wird der Vertrieb des Disney Film- und Fernseharchivs für Kino, Video und Fernsehen organisiert.
3. **Freizeitparks und Hotellerie (Parks und Resorts)** umfassen die Walt Disney Parks in Florida und Kalifornien, die Disney Cruise Line und Li-

[22] Vgl. Disney Annual Report (2001) und Disney Fact Book (2001).

zenzen der Entertainment-Parks in Tokyo und Paris. Zusätzlich gehören der Disney Ferienclub sowie Baseball- und Hockey-Sportvereine zur Gruppe.

4. Die Sparte **Konsumentenprodukte (Consumer Products)** lizensiert weltweit bekannte Disney-Figuren und andere Marken an Hersteller von Konsumgütern, Einzelhandelsfirmen und Verlage. Außerdem unterhält Disney direkte Vertriebskanäle und Kundenkontakte über die eigenen Disney Stores und mittels eigener Bücher und Zeitschriften. Disney produziert Audio- und Softwareprodukte für den Entertainment-Markt sowie Film, Video und Software für den Erziehungsbereich.

2.3.2. Analyse der Kooperationsaktivitäten

Die Stärke Disneys sind die attraktiven Inhalte mit dem hohen globalen Bekanntheitsgrad und die damit verbundene Erlebniswelt für Kinder und Familien. Traditionelle Medien- bzw. Entertainmentaktivitäten in den Bereichen Parks, Hotels und Kreuzfahrtschiffen sowie die Einzelhandelsgeschäfte haben einen hohen Stellenwert, lassen sich jedoch nicht ohne weiteres entlang der Wertschöpfungskette abbilden.

Abbildung 54: Einordnung der Geschäftseinheiten von Disney

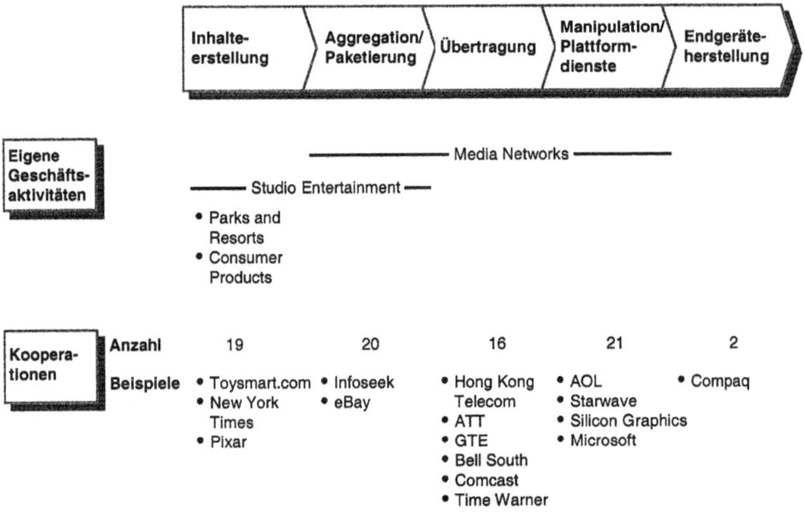

*Die Bereiche Parks and Resorts und Consumer Products umfassen Produkte und Leistungen, die größtenteils außerhalb der IuK-Wertschöpfungskette liegen, jedoch auf attraktiven Inhalten basieren

Quelle: eigene Darstellung

Die Sparten der Film- und Fernsehproduktionen und der Medienanstalten mit den zahlreichen Fernsehkanälen machen Disney dennoch zum integrierten Medienunternehmen mit der Kontrolle über Inhalte und Distribution (s. Abbildung 54). Disney verfolgt eine integrative Strategie[23] innerhalb der IuK-Industrie mit einem dennoch relativ einzigartigen Portfolio von Geschäftsbereichen und Unternehmensaktivitäten. Die Anzahl der Kooperationen Disneys ist im Untersuchungszeitraum im Vergleich zu den anderen untersuchten Unternehmen relativ gering. Die Kooperationen involvieren im Allgemeinen diejenigen Wertschöpfungsstufen, auf denen Disney auch eigene Geschäftsaktivitäten verfolgt; auf die Stufe der Endgeräte entfallen in den 90er Jahren dagegen nur zwei Kooperationen.

Das Kooperationsportfolio Disney lässt sich anhand der definierten Strukturparameter folgendermaßen charakterisieren (s. Abbildung 55):

1. **Mittlere Konvergenzintensität hinsichtlich des Marktfokus bzw. des Konvergenzbereichs der Kooperationen**: Disneys Kooperationen betreffen zu ca. einem Viertel konvergente Teilbereiche jenseits des Fernsehens. Knapp ein Drittel der Kooperationen betreffen den TV-Bereich und ca. 44 % der Kooperationen erfolgen im Zusammenhang mit den Entertainmentaktivitäten außerhalb der IuK-Industrie.
2. **Mittlere Konvergenzintensität hinsichtlich der Branchenaffinität des Kooperationspartners**: Gut ein Drittel von Disneys Kooperationen involvieren Unternehmen aus den Bereichen Informationstechnologie (meist Software) und Telekommunikation, ein weiteres Drittel erfolgt mit anderen Medienunternehmen. Kooperationen mit Partnern außerhalb der IuK-Industrie machen im Untersuchungszeitraum ebenfalls ein Drittel aus. Insgesamt zeigt das Kooperationsportfolio Disneys im Vergleich zu den anderen betrachteten Unternehmen eine unterdurchschnittliche Konvergenzintensität, sowohl hinsichtlich der Branchenaffinität des Kooperationspartners als auch hinsichtlich des Marktfokus der Kooperationen.
3. **Langfristig orientierte Zielsetzung bzw. Wachstumsperspektive**: Etwas mehr als die Hälfte der eingegangenen Kooperationen Disneys verfolgt mittelfristige bis langfristige Zielsetzungen, nur knapp die Hälfte der Kooperationen hat eher kurzfristige Zielsetzungen. Damit ist das Kooperationsportfolio Disneys im Vergleich zu den anderen Unternehmen der IuK-Industrie relativ langfristig orientiert.
4. **Starke Zunahme der Kooperationen im Verlauf des Untersuchungszeitraums**: Disney realisiert einen starken Anstieg der Kooperationen im Untersuchungszeitraum der 90er Jahre. So erfolgt 1996 gegenüber dem Vorjahr eine Verdoppelung. Seit 1998 ist jedoch ein langsamer Rückgang auf das Niveau von 1994 und 1995 zu beobachten. Damit liegt der Höhepunkt der Kooperationsaktivitäten bei Disney etwas früher als bei den

---

[23] Vgl. Sjurts (2000a), S. 33f., die Disneys Strategie als Differenzierungsstrategie verbunden mit Innovation und primär internem Wachstum charakterisiert.

meisten anderen betrachteten Unternehmen, das grundlegende Entwicklungsmuster ist jedoch durchaus repräsentativ.

Abbildung 55: Kooperationsprofil von Disney

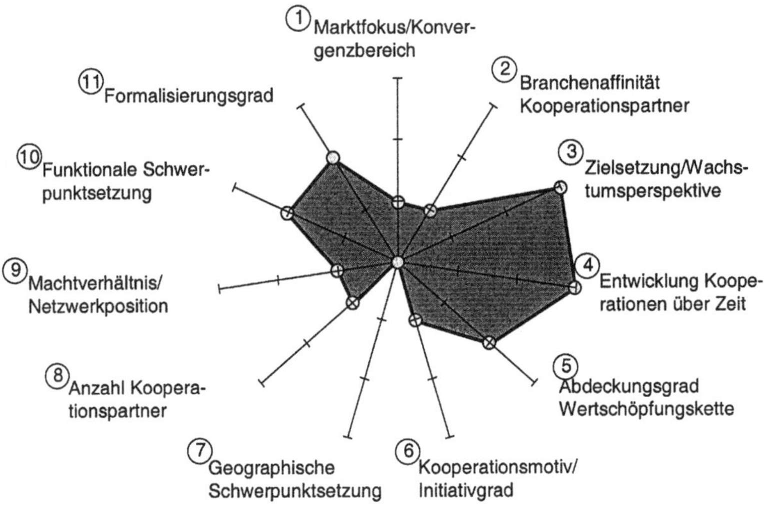

Quelle: eigene Darstellung

5. **Relativ hoher Abdeckungsgrad der Wertschöpfungskette**: Gut zwei Drittel der Kooperationen entfallen auf die Stufen Inhalte und Aggregation und sind damit horizontale Kooperationen. Ebenfalls in zwei Drittel der Fälle sind weitere Wertschöpfungsstufen involviert: Manipulation (37 %), Übertragung (28 %) und Endgeräte (3,5 %). Disney verfolgt vornehmlich Kooperationen mit integrierten und diversifizierten Unternehmen, die eingegangenen Kooperationen sind relativ umfangreich und umspannen meist mehrere Wertschöpfungsstufen.[24] Dies zeigt auch der mit ebenfalls fast zwei Dritteln hohe Anteil diagonaler Kooperationen mit Unternehmen außerhalb der IuK-Industrie. Allerdings sei trotz des relativ hohen prozentualen Abdeckungsgrads der Wertschöpfungskette noch einmal auf die vergleichsweise geringe Kooperationsaktivität von Disney verwiesen.

---

24 Dies lässt bereits einen relativ hohen Anteil gleichgewichtiger bzw. symmetrischer Machtverhältnisse vermuten, da es sich bei vertikal integrierten Partnern häufig auch um vergleichsweise umsatz- und kapitalstarke Unternehmen handelt.

6. **Mittlerer Aktivitätsgrad der Kooperationsmotive und mittlerer Initiativgrad**: Disneys Kooperationsportfolio weist einen mittleren Aktivitäts- und Initiativgrad auf. Die Expansion entlang der Wertschöpfungskette verläuft relativ zu den anderen Firmen eher durchschnittlich, auch Motive der proaktiven Markterschließung (68 %) und Standardsetzung (11 %) sind im Vergleich nicht sonderlich stark vertreten.
7. **Regionale Schwerpunktsetzung**: Disneys Kooperationsportfolio hat einen regionalen Charakter, ca. 84 % der eingegangenen Kooperationen erfolgen mit Unternehmen aus dem eigenen nordamerikanischen Wirtschaftsraum. Nur ca. 14 % der Kooperationen wurden mit Firmen aus anderen Wirtschaftsregionen geschlossen, in den restlichen 2 % der Kooperationen sind Partner aus der eigenen und anderen Regionen involviert. In dieser starken nationalen bzw. regionalen Ausprägung ist Disneys Kooperationsportfolio nur mit AOL vergleichbar.
8. **Schwerpunkt bilateraler Kooperationen**: Drei Viertel der Kooperationen erfolgen mit nur einem Partner, lediglich ein Viertel haben zwei oder mehr Kooperationspartner. Damit offenbart Disney eine klare Präferenz für bilaterale Arrangements.
9. **Leicht asymmetrische Machtverhältnisse mit relativ starker Machtposition**: Gut zwei Drittel der eingegangen Kooperationen sind relativ gleichgewichtig, in knapp einem Drittel hingegen besetzt Disney dagegen die dominante Position innerhalb der Kooperation. Im Vergleich zu anderen Unternehmen der IuK-Industrie zeigt Disneys Kooperationsportfolio nur relativ schwache Asymmetrien mit allenfalls gelegentlichen dominanten Positionen innerhalb eingegangener Kooperationen.
10. **Relativ multifunktionale Gestaltung**: Ein Viertel der Kooperationen von Disney involviert mehrere Unternehmensfunktionen, drei Viertel sind dagegen monofunktional, meist in den Bereichen Marketing, Fertigung und Distribution. Damit gestaltet Disney seine Kooperationen vergleichsweise multifunktional, ein Indiz für komplexe Kooperationsinhalte und Zielsetzungen.
11. **Relativ hoher Formalisierungsgrad**: Insgesamt sind knapp drei Viertel der Kooperationen Disneys vertraglich geregelt. Allerdings nehmen Kapitalbeteiligungen (7 %) und Joint Ventures (19 %) einen relativ hohen Stellenwert ein. Insgesamt weist das Kooperationsportfolio somit einen relativ hohen Formalisierungs- und Institutionalisierungsgrad auf.

2.3.3. Konvergenzmuster und -strategien

Disney sieht sich gegenwärtig aufgrund konjunktureller Schwächen der Werbe- und Tourismusindustrie zahlreichen Herausforderungen im Zusammenhang mit dem operativen Geschäft der Kernbereiche, sowohl innerhalb als auch außerhalb der IuK-Industrie, gegenüber. Die Internetstrategie des Unternehmens war bisher nicht überzeugend, Akquisitionen und organisches Wachstum im Portalbereich verliefen ebenfalls wenig erfolgreich.[25] Das Portfolio der Kooperationsaktivitäten zeigt dabei die Präferenz für eine relativ geringe Anzahl von Arrangements mit meist großen Unternehmen, die im Vergleich zu alternativen Optionen an Bedeutung zunehmen. Insbesondere die hohe Bedeutung der Lizensierung[26] und Vermarktung der starken Unternehmensmarken beeinflusst die Kooperationsstrategie.

Abbildung 56: Wachstumsstrategie und Konvergenzmuster von Disney

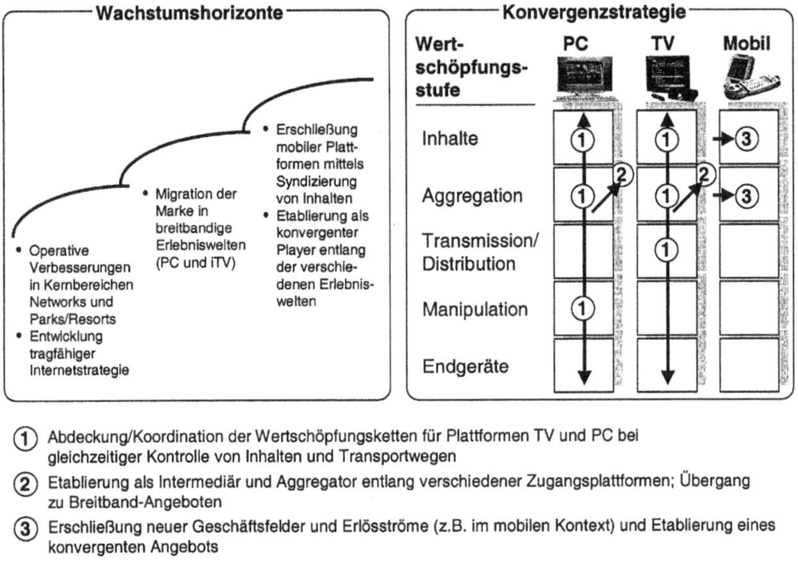

Quelle: eigene Darstellung

Angesichts der Entwicklungen in der IuK-Technologie besteht für Disney weiter die Notwendigkeit einer Stärkung der eigenen Positionierung entlang der Wertschöpfungskette mit den Schwerpunkten Inhalten und Aggregation auf den Plattformen PC und TV (s. Abbildung 56).[27] Ähnlich wie bei anderen Medienfirmen

---

[25] So sind die Portalaktivitäten samt Suchfunktionen und Informationsangebot von Go und Infoseek hinter den Erwartungen zurückgeblieben.

[26] Licensing ist die "kommerzielle und gewinnorientierte Nutzung einer Popularität auf Basis einer Lizenzvergabe, mit dem Ziel, Produkte, Firmen und/oder Marken emotional zu positionieren und dadurch den Absatz erhöhen", vgl. Böll (1999), S. 5.

[27] Ein Beispiel für derartige Aktivitäten ist die umfassende Kooperation mit Microsoft im Portalbereich, die im Oktober 2002 vereinbart wurde.

gilt es, neben einer operativen Verbesserung und Stärkung des Kerngeschäfts mittelfristig die Migration der Kunden in breitbandige Erlebniswelten (PC und iTV) zu fördern und neue Erlösströme zu entwickeln. Kooperationen sollten verstärkt genutzt werden, auch der Bereich mobiler Daten sollte sukzessive erschlossen werden.

2.4. Unternehmensfallstudie NTT

2.4.1. Charakterisierung und Einordnung des Unternehmens

Nippon Telegraph and Telephone Corporation (NTT) entstand 1952 zum Wiederaufbau des im Zweiten Weltkrieg zu großen Teilen zerstörten japanischen Telefonnetzes. Das Schwesterunternehmen KDD (Kokusai Denshin Denwa) wurde ein Jahr später gegründet; Ziel war der internationale Telefonmarkt. In den 80er Jahren wurde das Unternehmen privatisiert und in der Folgezeit entstanden die Tochterfirmen für Systemintegration (NTT Data) und Mobiltelefonie (NTT DoCoMo). Seit Mitte der 90er Jahre betreibt NTT eine stärkere Internationalisierung, einerseits mittels Akquisitionen (Teligent 1996, Verio 2000) andererseits aber auch mittels Kooperationen und Kapitalbeteiligungen (JV mit Microsoft 1999, Beteiligungen an Hutchison Whampoa 1999, KPN Mobile und AT&T Wireless 2001) (s. Abbildung 57).

Abbildung 57: Chronologie von NTT

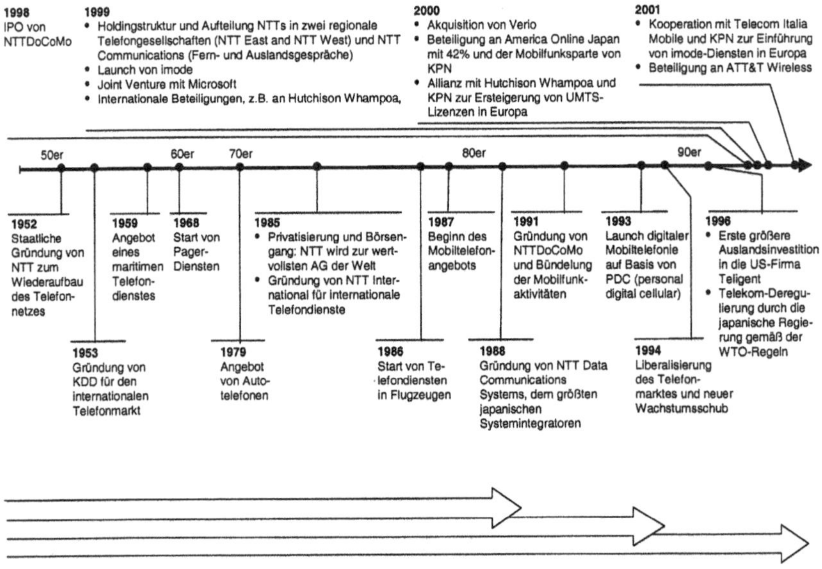

Quelle: eigene Darstellung, NTT & NTT DoCoMo Annual Reports 1998-2001, Hoover's Company Data

Im Fiskaljahr 2001 erwirtschaftete NTT einen operativen Gewinn von 835 Mrd. Yen (ca. 6,8 Mrd. US $) bei einem Umsatz in Höhe von 11,3 Bio. Yen (ca. 92,1 Mrd. US $). Die Geschäftsaktivitäten des Unternehmens werden folgendermaßen strukturiert (s. Abbildung 58):

1. **Festnetzdienste**: Der Bereich der Festnetzdienste beinhaltet das Angebot von Telefoniediensten (Ortsgespräche, Ferngespräche und Auslandsgespräche) und Datendiensten bzw. Internetzugang der beiden Firmen NTT East und NTT West. Im Fiskaljahr 2001 erzielte NTT in dieser Sparte einen Umsatz von 6,1 Bio. Yen und damit mehr als die Hälfte des gesamten Umsatzes.
2. **Mobilfunkdienste**: Der Bereich der mobilen Telefondienstleistungen, gebündelt in der Mobilfunkfirma NTT DoCoMo, erzielte im Fiskaljahr 2001 einen Umsatz von 4,7 Bio. Yen, ca. 40 % des gesamten Unternehmensumsatzes.
3. **Datendienste**: Der Bereich der Datendienstleistungen für Geschäftskunden wird von NTT Data organisiert und erzielte im Fiskaljahr 2001 einen Umsatz von 787 Mrd. Yen.

Abbildung 58: Geschäftsfelder und Unternehmensdaten von NTT

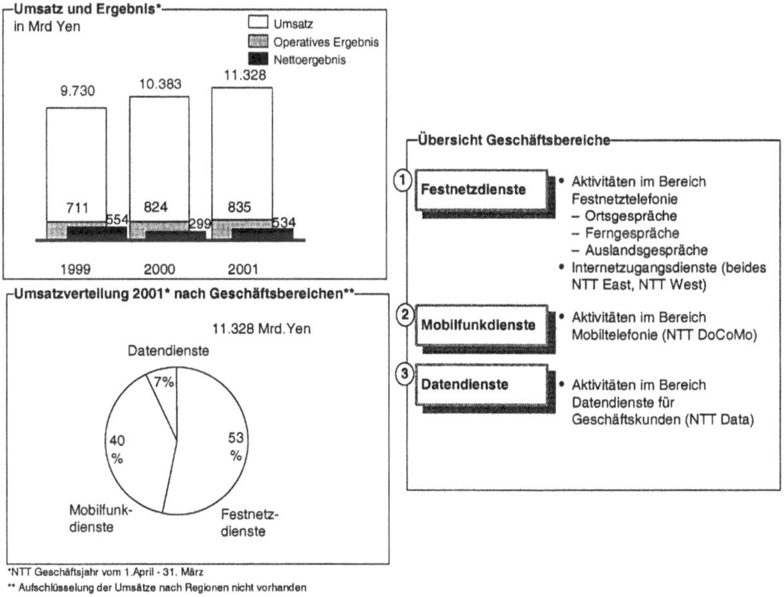

*NTT Geschäftsjahr vom 1.April - 31. März
** Aufschlüsselung der Umsätze nach Regionen nicht vorhanden

Quelle: eigene Darstellung, NTT & NTT DoCoMo Annual Reports 1998-2001, Hoover's Company Data

2.4.2. Analyse der Kooperationsaktivitäten

NTT weist die für ein Telekommunikationsunternehmen typische Positionierung und Schwerpunktsetzung auf der Übertragungsstufe der Wertschöpfungskette auf. Zusätzlich ist eine gewisse vorwärtsgerichtete Expansion auf die Stufe der Manipulation und Plattformdienste sowie eine rückwärtige Erweiterung zur Aggregation von Inhalten in den Bereichen Festnetz- und mobilen Datendienstleistungen erkennbar.[28] Entsprechend gestalten sich auch die im Zeitraum von 1990 und 2000 untersuchten Kooperationen, die schwerpunktmäßig diejenigen Wertschöpfungsstufen abdecken, auf denen NTT auch mit eigenen Geschäftsbereichen aktiv vertreten ist (s. Abbildung 59).[29]

Abbildung 59: Einordnung der Geschäftseinheiten von NTT

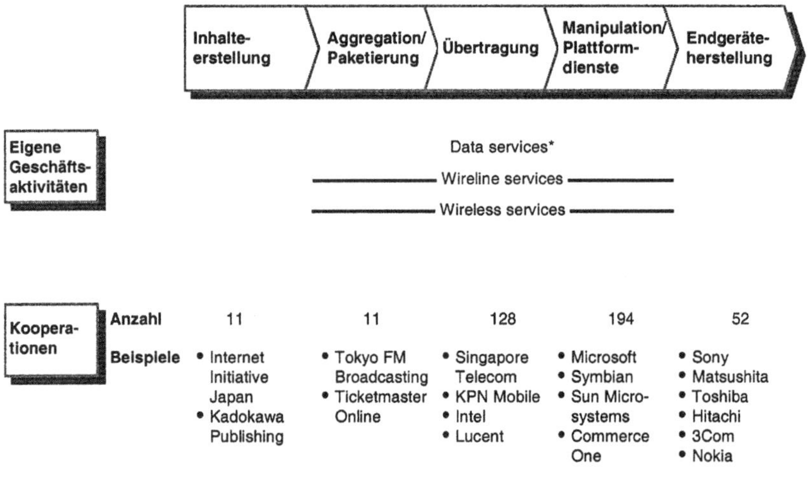

*Der Bereich Data services umfasst Leistungen im Bereich der Systemintegration, die teilweise ausserhalb der abgebildeteten Wertschöpfungskette liegen

Quelle: eigene Darstellung

Von den insgesamt **243 Kooperationen** involvieren gut die Hälfte der Kooperationen die Stufe Übertragung und nahezu 80 % die Stufe der Manipulation und

---

28 Sjurts (2000a) identifiziert die Schwerpunkte Differenzierung, Innovation und externes Wachstum als Grundpfeiler der Unternehmensstrategie von NTT; vgl. Sjurts (2000a), S. 37.

29 Zur Allianz zwischen NTT DoCoMo und AT&T vgl. z.B. Culpan (2002), S. 193f.; zu einer multilateralen Kooperation mit KPN und Hutchison Whampoa vgl. Culpan (2002), S. 196.

Plattformdienste. Auch auf der Stufe der Endgeräte ist das Unternehmen mit einem Fünftel der Kooperationen vergleichsweise aktiv, die Aktivitäten auf den Stufen der Inhalte und Aggregation von Diensten geschehen dagegen vorzugsweise über marktbasierte Transaktionen.

Das Kooperationsportfolio von NTT weist im Einzelnen die folgenden Charakteristika auf (s. Abbildung 60):

1. **Hohe Konvergenzintensität hinsichtlich des Marktfokus bzw. des Konvergenzbereichs der Kooperationen**: Ca. 55 % der Kooperationen erfolgen mit Partnern, die schwerpunktmäßig in den Teilbereichen PC und TV aktiv sind und damit nicht der Telefonie als dem eigentlichen Kerngeschäft NTTs zuzuordnen sind. Ca. 42 % der Kooperationen involvieren hingegen die Bereiche des Mobilfunks und der Festnetztelefonie.
2. **Relativ hohe Konvergenzintensität hinsichtlich der Branchenaffinität der Kooperationspartner**: Fast 60 % der Kooperationen erfolgen mit Partnern aus anderen Teilbranchen, insbesondere mit Software- (39 %) und Hardwareunternehmen (17 %). Knapp ein Drittel der Kooperationen involvieren Partner der Teilbranche Telekommunikation, die restlichen 9 % haben Partner jenseits der IuK-Industrie. Damit reflektiert die hohe Konvergenzintensität des Kooperationsportfolios von NTT sowohl hinsichtlich des Marktfokus als auch hinsichtlich der Branchenaffinität der Kooperationspartner eine bereits relativ weit fortgeschrittene Konvergenz der Teilbereiche Informationstechnologie und Telekommunikation sowie der Plattformen Teilmärkte Computer und Telefon.
3. **Langfristig orientierte Zielsetzung bzw. Wachstumsperspektive**: Über 50 % der Kooperationen haben Zielsetzungen mit mittel- bis langfristigem Zeithorizont, etwas weniger als die Hälfte sind eher kurzfristig orientierte Kooperationen. Damit ist das Kooperationsportfolio von NTT vergleichsweise langfristig ausgerichtet.
4. **Starke Zunahme der Kooperationen im Verlauf des Untersuchungszeitraums**: Die Kooperationsaktivitäten NTTs beginnen in den 90er Jahren mit einstelligen Kooperationszahlen pro Jahr, bevor es 1996 zu einer Verachtfachung gegenüber dem Vorjahr auf 69 Kooperationen kommt. Nach 63 Kooperationen im Folgejahr ist allerdings wieder ein Rückgang zu erkennen, wenn auch auf einem deutlich höheren Niveau als zuvor. Damit liegt NTT bezüglich des Anstiegs und des anschließenden Rückgangs seiner Kooperationsaktivitäten durchaus im Branchentrend.
5. **Hoher Abdeckungsgrad der Wertschöpfungskette**: Die Kooperationsaktivitäten von NTT weisen eine hohe Koordination der einzelnen Wertschöpfungsstufen auf, deutliche Schwerpunkte sind dabei die Stufen der Übertragung (ca. 52,5 %) und der Manipulation und Plattformdienste (ca. 79,5 %). Ein weiteres Fünftel der Kooperationen involvieren die Stufe der

Endgeräte und je knapp 5 % die Wertschöpfungsstufen Inhalteerstellung und Paketierung/Aggregation.

6. **Proaktive Kooperationsmotive und hoher Initiativgrad**: NTT gestaltet seine Kooperationen weitgehend proaktiv und nutzt Kooperationen zur Expansion entlang der Wertschöpfungskette und in andere Wirtschaftsregionen. Motive wie Markterschließung und Standardsetzung treten überproportional häufig auf.

Abbildung 60: Kooperationsprofil von NTT

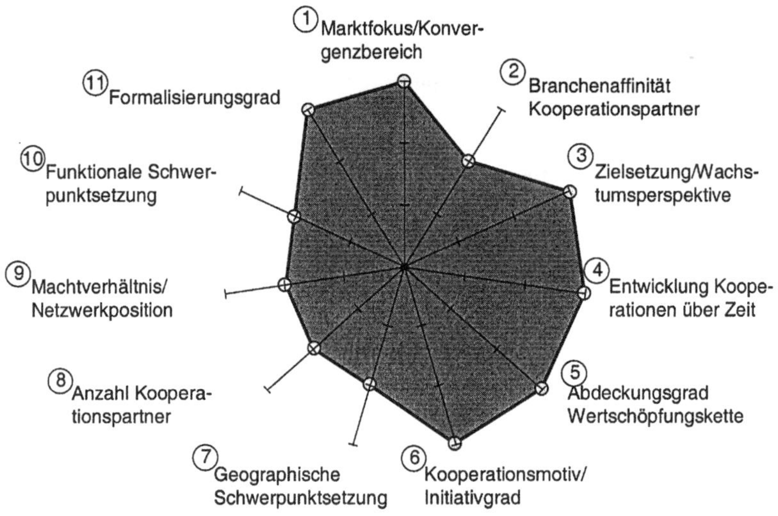

Quelle: eigene Darstellung

7. **Relativ globale Schwerpunktsetzung**: Die Kooperationsaktivitäten NTTs erfolgen zu ca. 38 % mit Unternehmen der eigenen Region, an ca. 47 % der Kooperationen sind europäische und amerikanische Partner beteiligt. In ca. 16 % der untersuchten Fälle sind sowohl Partner aus der eigenen als auch einer anderen Region vertreten. Damit ist das Kooperationsportfolio relativ global ausgerichtet, weist jedoch Stärken in der asiatischen Region auf.
8. **Relativ multilaterale Kooperationen**: Ein Drittel der Kooperationen erfolgt mit zwei oder mehr Partnern, zwei Drittel sind bilaterale Kooperationen. Im Vergleich mit anderen Firmen der IuK-Industrie bedeutet dies eine

überdurchschnittlich ausgeprägte Präferenz für multilaterale Kooperationen.

9. **Relativ asymmetrisches Machtverhältnis mit häufig dominanter Machtposition**: In 40 % seiner Kooperationen hat NTT eine relativ starke Machtposition inne, 60 % sind eher symmetrisch hinsichtlich der Wirtschaftskraft der partizipierenden Unternehmen. Insgesamt ergibt sich ein Kooperationsportfolio mit relativ asymmetrischen Kooperationen, die von NTT dominiert werden.
10. **Relativ multifunktionale Gestaltung**: Knapp ein Viertel der Kooperationen hat multifunktionalen Charakter. Mehr als drei Viertel der von NTT eingegangenen Kooperationen involvieren nur eine einzelne Unternehmensfunktion, meist Fertigung bzw. die Bereitstellung von Leistungen oder relativ eindeutige und zeitlich begrenzte Interessen wie im Falle von Investitionsabkommen und Lizenzvereinbarungen für Technologie.
11. **Hoher Formalisierungsgrad**: Ca. 15 % der eingegangenen Kooperationen entfallen je auf Joint Ventures und Kapitalbeteiligungen, die übrigen 70 % sind vertragsbasierte Kooperationen. Damit ergibt sich im Vergleich zu den anderen Unternehmen der IuK-Industrie eine relativ ausgeprägte Präferenz formalisierter Kooperationen, auch wenn insgesamt vertragliche Regelungen überwiegen.

2.4.3. Konvergenzmuster und -strategien

Die Fähigkeiten von NTT liegen in der Übertragung von Kommunikationsdiensten im Kontext computergestützter und mobiler Plattformen bzw. der datenseitigen Nutzung der Telekommunikationsinfrastruktur sowie bei der Manipulation und den Plattformdiensten. Durch die Voreinstellung von Portalen in der relativ geschlossenen Umgebung mobiler Datendienste ergibt auch für die Aggregation und Paketierung von Inhalten weiteres Potential für unternehmerisches Wachstum. Unmittelbare Herausforderung ist die Koordination der verschiedenen Kooperationen entlang der Wertschöpfungskette und daran anschließend der Übergang zu höheren Bandbreiten einschließlich der Migration von Kunden, d.h. zu DSL-Infrastrukturen im PC-Bereich und zu Nachfolgegenerationen des erfolgreichen i-mode-Dienstes im Mobilfunk (s. Abbildung 61). Mittel- bis langfristig ergeben sich außerdem Möglichkeiten zur Expansion in den Bereich iTV, am ehesten über die Wertschöpfungsstufe Aggregation und über Kooperationen auf der Stufe der Übertragung.

Abbildung 61: Wachstumsstrategie und Konvergenzmuster von NTT

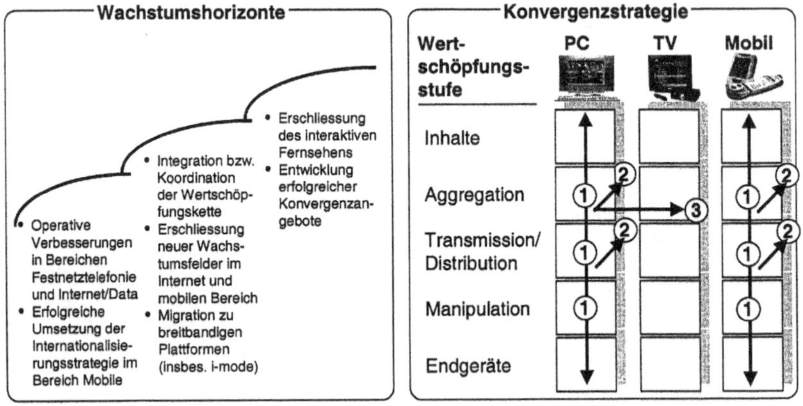

① Abdeckung/Koordination der Wertschöpfungsketten für PC- und Mobile-Plattformen und Internationalisierung von i-mode

② Migration zu breitbandigen Angeboten (Breitband-PC und zukünftige Mobilfunkgeneration) und Erschließung neuer Wachstumsbereiche

③ Erschließung von iTV und Erarbeitung eines konvergenten Angebots

Quelle: eigene Darstellung

Die internationale Expansion bedeutet für NTT eine besondere Herausforderung. Aufgrund des weiterhin relativ hohen Anteils der innerhalb Japans erzielten Umsätze hat das Unternehmen diesbezüglich im Vergleich zu den Wettbewerbern der IuK-Industrie Nachholbedarf. NTT hat mittlerweile in einzelnen Geschäftsbereichen den Weg der Internationalisierung beschritten. Insbesondere in der Mobilfunksparte hat NTT DoCoMo zahlreiche Kapitalbeteiligungen und Joint Ventures in anderen Ländern aufgebaut und versucht, seine erfolgreichen mobilen Datendienste international zu replizieren.[30] Weitere Kooperationen und Kapitalbeteiligungen sind hier ebenso nötig wie die gezielte Zusammenarbeit mit Partnern im Kontext breitbandiger Erlebniswelten.

[30] Vgl. o.V. (2002c), S. 13.

2.5. Unternehmensfallstudie Deutsche Telekom

2.5.1. Charakterisierung und Einordnung des Unternehmens

Erste Ursprünge des deutschen Postwesens und damit des Vorläufers der Deutschen Telekom lassen sich bis ins 15. Jahrhundert zurückverfolgen. In der Nachkriegszeit betrieb das staatliche Post- und Telefonmonopol dann den Wiederaufbau zerstörter Infrastrukturen. Im Jahr 1989 schließlich erfolgte die Trennung von Postleistungen und Telekommunikationsdiensten und damit einhergehend die Gründung der Deutschen Telekom. 1992 startete der Mobildienst T-D1, ein Jahr später der Onlinedienst T-Online (s. Abbildung 62). Im Jahr 1996 geht die Deutsche Telekom an die Börse, im selben Jahr startet auch die (mittlerweile wieder aufgelöste) Kooperation mit der France Telecom und dem US-Unternehmen Sprint, die sich zur Koordination ihres internationalen Geschäfts zu Global One zusammenschließt.

Abbildung 62: Chronologie der Deutschen Telekom

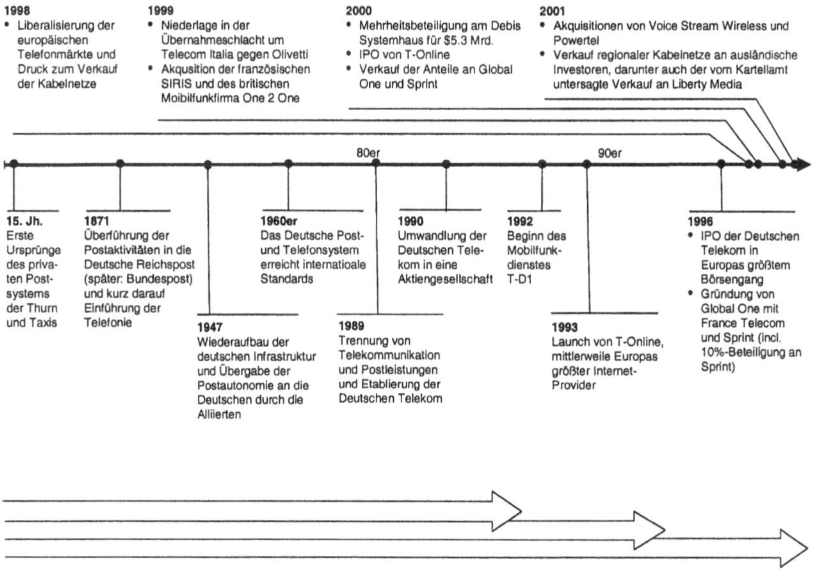

Quelle: eigene Darstellung, Deutsche Telekom Geschäftsberichte 1998-2001, Hoover's Company Data

Auch die Deutsche Telekom intensiviert in den späten 90er Jahren angesichts weltweit steigender Aktienkurse und der Euphorie im Telekommunikationsbereich ihre M&A-Aktivitäten, darunter verschiedene Akquisitionen im Mobilfunkbereich (One 2 One in Großbritannien 1999, maxmobil in Österreich, Powertel und Voice Stream in den USA 2001), im Internetbereich sowie im Bereich der IT-Dienstleistungen mit dem Kauf des Systemhauses debis im Jahr 2000.

Abbildung 63: Geschäftsfelder und Unternehmensdaten der Deutschen Telekom

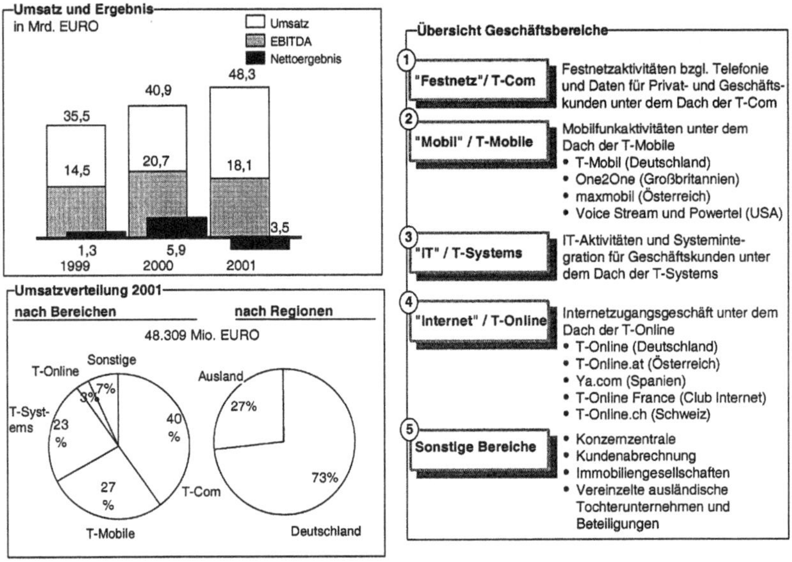

Quelle: eigene Darstellung, Deutsche Telekom Geschäftsberichte 1998-2001, Hoover's Company Data

Die Deutsche Telekom propagiert die Transformation des Unternehmens "von einem klassischen Telefonanbieter zum international ausgerichteten T.I.M.E.S.-Anbieter (Telekommunikation, Informationstechnologie, Multimedia, Entertainment und Sicherheits-Dienstleistungen)"[31] und strukturiert ihre Geschäftsaktivitäten entlang eines Vier-Säulen-Konzepts (s. Abbildung 63):[32]

1. **T-Com**: In der Sparte T-Com werden die Geschäftsaktivitäten der Festnetztelefonie zusammengefasst. Insgesamt werden 41 Mio. Privatkunden und 420.000 Geschäftskunden bedient. Neben den fortwährenden An-

31 Vgl. Deutsche Telekom Geschäftsbericht (2002), S. 18.

32 Zu dieser Strukturierung der Geschäftsfelder sowie zu Zukunftsperspektiven und Strategien der Deutschen Telekom vgl. auch Betrang (2000), S. 90f.

strengungen zur operativen Verbesserung des Festnetzgeschäfts angesichts zunehmenden Wettbewerbs und sinkender Preise investiert die Deutsche Telekom in neue Technologien wie ISDN- und DSL-Anschlüsse. Das Unternehmen erwirtschaftete in dieser Sparte 2001 ein Betriebsergebnis vor Steuern von 3,2 Mrd. Euro bei einem Umsatz von 26,1 Mrd. Euro.

2. **T-Systems**: Die T-Systems bündelt die IT-Aktivitäten und Dienstleistungen der Deutschen Telekom und ist das zweitgrößte Systemhaus Europas. Die Unternehmenssparte T-Systems erwirtschaftete 2001 ein negatives Betriebsergebnis vor Steuern von 300 Mio. Euro bei einem Umsatz von 13,8 Mrd. Euro.
3. **T-Mobile**: Die Mobilfunksparte der Deutschen Telekom vereinigt die Aktivitäten der verschiedenen Mobilfunk-Tochtergesellschaften T-Mobil (Deutschland), One2One (Großbritannien), maxmobil (Österreich) und Voice Stream und Powertel (USA). T-Mobile erwirtschaftete 2001 ein negatives Betriebsergebnis vor Steuern in Höhe von 6,4 Mrd. Euro bei einem Umsatz von 14,6 Mrd. Euro.
4. **T-Online** umfasst die Internetaktivitäten der Deutschen Telekom und ist mit ca. 15 Mio. Kunden Europas größter Internetzugangsdienst. In der Sparte T-Online erwirtschaftete das Unternehmen ein negatives Betriebsergebnis vor Steuern von 200 Mio. Euro bei einem Umsatz von 1,4 Mrd. Euro.
5. Unter den **sonstigen Geschäften** werden neben der Konzernzentrale und zentralen Dienstleistungsbereichen auch einige Auslandsgesellschaften zusammengefasst. Bei einem Umsatz von 8 Mrd. Euro entstand ein Überschuss von 1,6 Mrd. Euro.

2.5.2. Analyse der Kooperationsaktivitäten

Ähnlich wie andere Telekommunikationsfirmen besetzt auch die Deutsche Telekom die Wertschöpfungsstufe der Übertragung. Im Bereich PC-basierter und mobiler Plattformen ist das Unternehmen auch auf den Stufen der Aggregation und der Manipulation und Plattformdienste aktiv.[33] Auch die **171 Kooperationen** des Unternehmens im Zeitraum von 1990-2000 entfallen schwerpunktmäßig vor allem auf die Wertschöpfungsstufen der Übertragung und der Manipulation. Die Verteilung auf die restlichen Stufen der Wertschöpfungskette erfolgt relativ gleichgewichtig und auf eher niedrigem Niveau (s. Abbildung 64). Ebenso wie bei NTT reflektieren auch die Geschäfts- und Kooperationsaktivitäten der Deutschen Telekom bereits die fortgeschrittene Konvergenz zwischen den Branchen Telekommunikation und Informationstechnologie; einerseits anhand der vier Unterneh-

---

33 Zur Internet- und Multimediastrategie der Deutschen Telekom im Kontext des Wettbewerbsumfelds vgl. auch Föckler (1999), S. 283ff.

menssäulen und andererseits aufgrund der Schwerpunktsetzung bei den Kooperationsaktivitäten auf die Wertschöpfungsstufen der Übertragung und der Manipulation.

Abbildung 64: Einordnung der Geschäftseinheiten der Deutschen Telekom

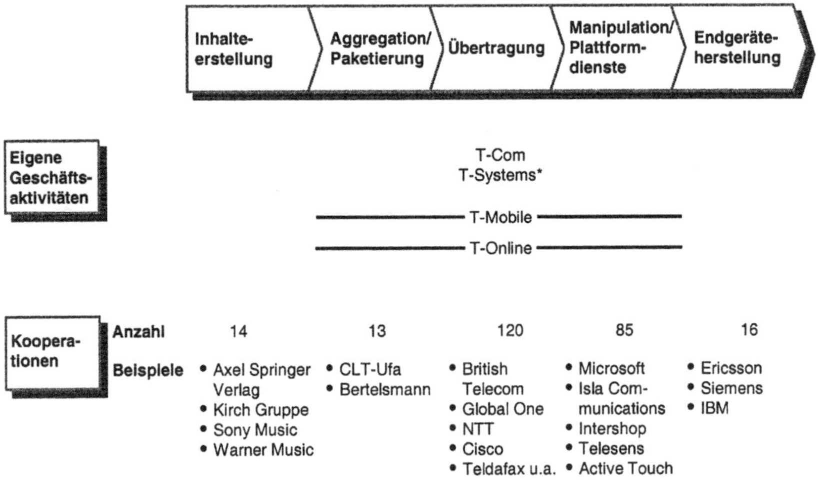

*Geschäftsaktivitäten größtenteils außerhalb der dargestellten Wertschöpfungskette

Quelle: eigene Darstellung

Die Untersuchung der Kooperationsaktivitäten der Deutschen Telekom in den Jahren von 1990 bis 2000 und die Strukturierung des Kooperationsportfolios entlang der Untersuchungsparameter weisen die folgenden Merkmale auf (s. Abbildung 65):

1. **Relativ hohe Konvergenzintensität hinsichtlich des Marktfokus bzw. des Konvergenzbereichs der Kooperation**: 36 % der Kooperationen konzentrieren sich auf die Bereiche PC und TV und bedeuten damit neue Konvergenzbereiche für das Unternehmen. 64 % der Kooperationen beziehen sich primär auf den Teilmarkt Telekommunikation und damit auf das Kerngeschäft des Unternehmens.
2. **Relativ hohe Konvergenzintensität hinsichtlich der Branchenaffinität des Kooperationspartners**: Über die Hälfte der Kooperationen der Deutschen Telekom involvieren Partner aus anderen Konvergenzbereichen, im Einzelnen aus den Branchen Software (31 %), Hardware (16 %) und Medien (5 %). 42 % der Kooperationen erfolgen mit anderen Telekommunikationsfirmen, knapp 6 % mit Partnern aus anderen Industrien. Beide Indi-

katoren, der Marktfokus und die Branchenaffinität des Partners, zeigen eine relativ starke kooperative Verknüpfung mit Unternehmen der IT-Branche und PC-affinen Plattformen.

3. **Relativ langfristig orientierte Zielsetzung bzw. Wachstumsperspektive**: 46 % der im Untersuchungszeitraum eingegangenen Kooperationen haben eine mittel- bis langfristige Zielsetzung, 54 % sind eher kurzfristiger Natur. Im Vergleich zu den anderen analysierten Firmen weist das Kooperationsportfolio der Deutschen Telekom damit eine relativ langfristig orientierte Zielsetzung auf.

Abbildung 65: Kooperationsmuster der Deutschen Telekom

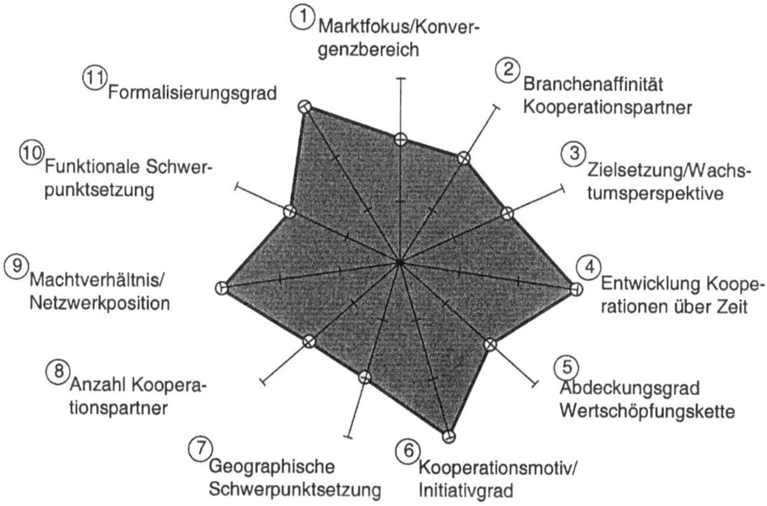

Quelle: eigene Darstellung

4. **Starke Zunahme der Kooperationen im Verlauf des Untersuchungszeitraums**: In der ersten Hälfte der 90er Jahren waren Kooperationen ein eher selten angewandtes Instrument der Unternehmensstrategie der Deutschen Telekom. 1997 versechsfachte sich die Anzahl der eingegangenen Kooperationen auf 30, im Folgejahr auf 45. Dieser hohe Wert blieb auch 2000 nahezu konstant. Damit verbleiben die Kooperationen der Deutschen Telekom länger auf einem hohen Niveau und reagieren auf die Schwäche

der Kapitalmärkte und der Konjunktur etwas später als die Wettbewerber.[34]

5. **Relativ hoher Abdeckungsgrad der Wertschöpfungskette**: Ca. 70 % der Kooperationen involvieren die Wertschöpfungsstufe Übertragung und stellen somit horizontale Kooperationen dar. Drei Viertel der Kooperationen weisen Charakteristika vertikaler Kooperationen auf, zu einem überwiegenden Teil auf der Wertschöpfungsstufe der Manipulation und Plattformdienste (49 %). Kooperationen mit Partnern der übrigen Stufen, Endgeräte (9 %), Inhalte (8 %) und Aggregation (7,5 %), sind relativ gleichgewichtig verteilt. Weitere 5 % sind diagonale Kooperationen mit Unternehmen außerhalb der IuK-Industrie.
6. **Relativ proaktive Kooperationsmotive und hoher Initiativgrad**: Die Kooperationsstrategie der Deutschen Telekom erfolgt weitgehend proaktiv, Motive der Diversifizierung in neue Märkte und Produktbereiche sind relativ häufig vorhanden. Außerdem erfolgt eine relativ hohe Anzahl von Kooperationen zum gemeinsamen Ausbau von Infrastruktur und zur Teilung von Investitionsaufwand und Risiko.
7. **Relativ globale Schwerpunktsetzung**: 45 % der Kooperationen erfolgen mit europäischen Partnern, gut 40 % hingegen unter Beteiligung von Unternehmen aus anderen Regionen. 14 % der Kooperationen haben Partner aus dem eigenen und anderen Wirtschaftsräumen. Das Kooperationsportfolio der Deutschen Telekom ist damit vergleichsweise global ausgerichtet.
8. **Relativ hohe Anzahl multilateraler Kooperationen**: 30 % der Kooperationen geht die Deutsche Telekom mit mehr als einem Partnerunternehmen ein, ca. 70 % sind dagegen bilaterale Kooperationen. Dies ist ein im Vergleich zum Wettbewerb relativ hoher Anteil multilateraler Kooperationen.
9. **Asymmetrisches Machtverhältnis mit dominanter Machtposition**: In mehr als der Hälfte der eingegangenen Kooperationen ist die Deutsche Telekom der relativ dominante Partner innerhalb eines asymmetrischen Machtgefüges. Nur in 47 % der Kooperationen existieren gleichgewichtige Machtverhältnisse, eine im Vergleich zu den Kooperationsprofilen anderer Unternehmen der Telekommunikationsbranche und der gesamten IuK-Industrie relativ starke Stellung.
10. **Relativ multifunktionale Gestaltung**: 22 % der Kooperationen der Deutschen Telekom sind multifunktional, ca. 78 % hingegen involvieren lediglich eine Unternehmensfunktion. Meist sind dies Aufgaben der Fertigung bzw. der Leistungsbereitstellung, Forschung und Entwicklung sowie der

[34] Eine Analyse in den verwandten Datenbanken offenbart für die Jahre 2001 und 2002 eine relativ deutliche Abnahme der Kooperationen. Somit bestätigt sich die Vermutung eines zeitlich verzögerten Rückgangs der Kooperationen im Vergleich zu den Wettbewerbern der IuK-Industrie.

Lizensierung von Technologie und Patenten. Die Kooperationsgestaltung ist damit relativ multifunktional.

11. **Hoher Formalisierungsgrad**: Ca. 68 % der Kooperationen werden durch vertraglich geregelt. Die Anzahl der Kapitalbeteiligungen des Unternehmens ist mit 24 % relativ hoch, auf Joint Ventures entfallen weitere 8 % der Kooperationen. Damit überwiegt die relativ informale Kooperationsgestaltung. Gleichzeitig weist das Kooperationsprofil der Deutschen Telekom im Vergleich zu den Wettbewerbern jedoch einen relativ hohen Formalisierungsgrad auf.

2.5.3. Konvergenzmuster und -strategien

Das Kooperationsportfolio der Deutschen Telekom reflektiert das fortgeschrittene Stadium industrieller Konvergenzentwicklungen zwischen Telekommunikationsindustrie und Informationstechnologie, insbesondere mit dem Softwarebereich.

Abbildung 66: Wachstumsstrategie und Konvergenzmuster der Deutschen Telekom

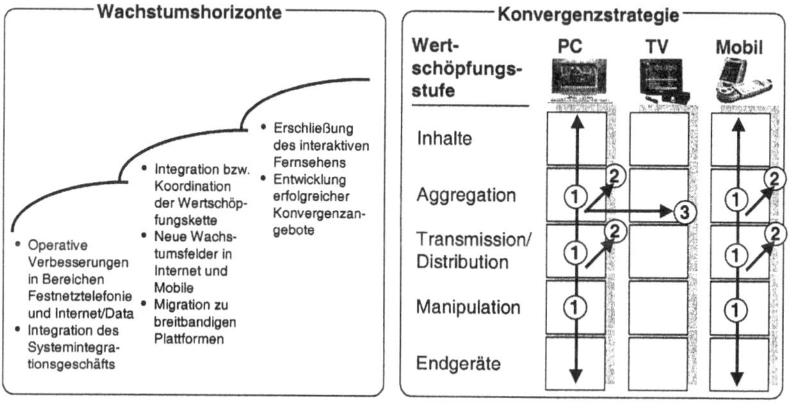

① Abdeckung/Koordination der Wertschöpfungsketten für PC- und Mobile-Plattformen und Etablierung als erfolgreicher Aggregator

② Migration zu breitbandigen Angeboten (Breitband-PC und zukünftige Mobilfunkgeneration)

③ Erschließung von iTV und Erarbeitung eines konvergenten Angebots

Quelle: eigene Darstellung

Im Rahmen der weiteren Konvergenzstrategie ist die effektive Koordination der Wertschöpfungsketten auf PC-basierten und mobilen Plattformen erforderlich.

Ausgangspunkt sind dabei die bisherigen Schwerpunkte und Kompetenzen auf den Stufen der Übertragung sowie der Manipulation und Plattformdienste (s. Abbildung 66). Die bestehende Wettbewerbsposition auf der Stufe der Paketierung und Aggregation von Inhalten gilt es dabei nachhaltig zu stärken, sowohl auf der Plattform der Personal Computer mit der Sparte T-Online als auch im mobilen Kontext mit T-Mobile und den für mobile Daten verantwortlichen Teilbereichen. In diesem Zusammenhang sind auch Anstrengungen und Kooperationen zur erfolgreichen Migration bestehender Kunden in breitbandige Plattformen notwendig: DSL- und andere leistungsfähige Verbindungen für internetfähige Computer sowie zukünftige Mobilfunkgenerationen wie UMTS. Aufgrund der Liquiditätsprobleme vieler Telekommunikationsfirmen im Zusammenhang mit hohen Investitionsbelastungen und niedrigen Marktkapitalisierungen stellen Kooperationen ein wirkungsvolles Instrument der Wachstumsstrategie innerhalb der IuK-Industrie dar. In nachfolgenden Schritten mit mittel- bis langfristiger Perspektive sollte eine Wettbewerbsposition der Deutschen Telekom auf interaktiven Fernsehplattformen entwickelt werden, beispielsweise durch Kooperationen im Portalangebot und die Entwicklungen multifunktionaler oder integrierter Dienste.

2.6. Unternehmensfallstudie Telefonica

2.6.1. Charakterisierung und Einordnung des Unternehmens

Das spanische Telekommunikationssystem wurde ursprünglich mit Hilfe von US-Firmen aufgebaut, bevor es dann nach dem Zweiten Weltkrieg durch die spanische Regierung verstaatlicht wurde (s. Abbildung 67). In der Folgezeit wurden die spanische Telekominfrastruktur verbessert und zahlreiche neue Dienste eingeführt: Ferngespräche (1960), Satellitenkommunikation (1967), Auslandsgespräche (1971). Seit Beginn der 90er Jahre vollzieht Telefonica einen Internationalisierungsprozess mit dem Schwerpunkt auf Beteiligungen an lateinamerikanischen Telekommunikationsfirmen (Argentinien 1990, Peru 1994 und weitere Länder 1997). Ab Ende der 90er Jahre erfolgen dann hohe Investitionen in Medieninhalte und -informationen, unter anderem die Akquisition der TV-Produktionsfirma Endemol, und UMTS-Mobilfunklizenzen.

Abbildung 67: Chronologie von Telefonica

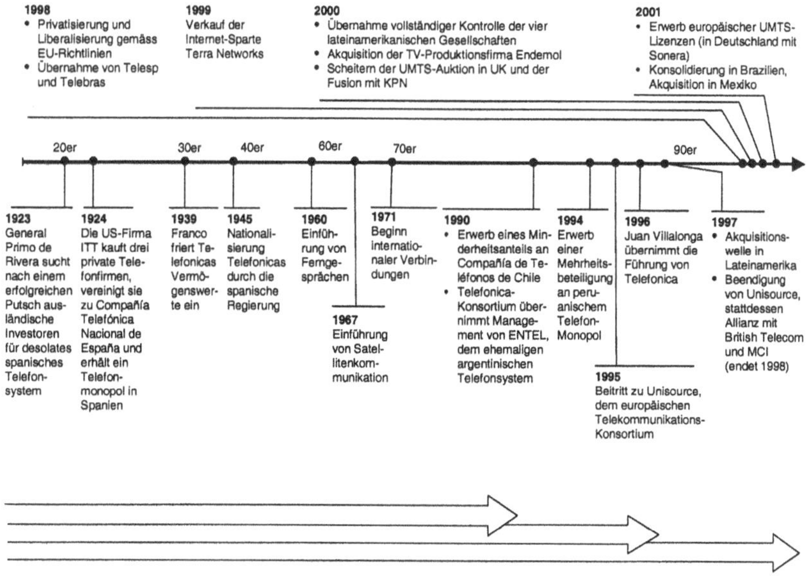

Quelle: eigene Darstellung, Telefonica Annual Reports 1998-2001, Hoover's Company Data

Im Jahr 2001 erwirtschaftete Telefonica ein EBITDA von 12,8 Mrd. Euro bei einem Umsatz von 31,1 Mrd. Euro. Das Unternehmen war in den folgenden Geschäftsfeldern aktiv (s. Abbildung 68):

1. **Festnetztelefonie**: Der Geschäftsbereich Festnetztelefonie umfasst die Gruppen Telefonica de Espana und Telefonica Latinoamerica und erzielte 2001 ein EBITDA von 4,5 Mrd. Euro bei einem Umsatz von 10,2 Mrd. Euro.
2. **Mobiltelefonie**: Der Geschäftsbereich Telefonica Moviles erzielte im Jahr 2001 ein EBITDA von 3,3 Mrd. Euro bei einem Umsatz von 8,4 Mrd. Euro und bündelt die Aktivitäten verschiedener Landesgesellschaften im Bereich des Mobilfunks.

Abbildung 68: Geschäftsfelder und Unternehmensdaten von Telefonica

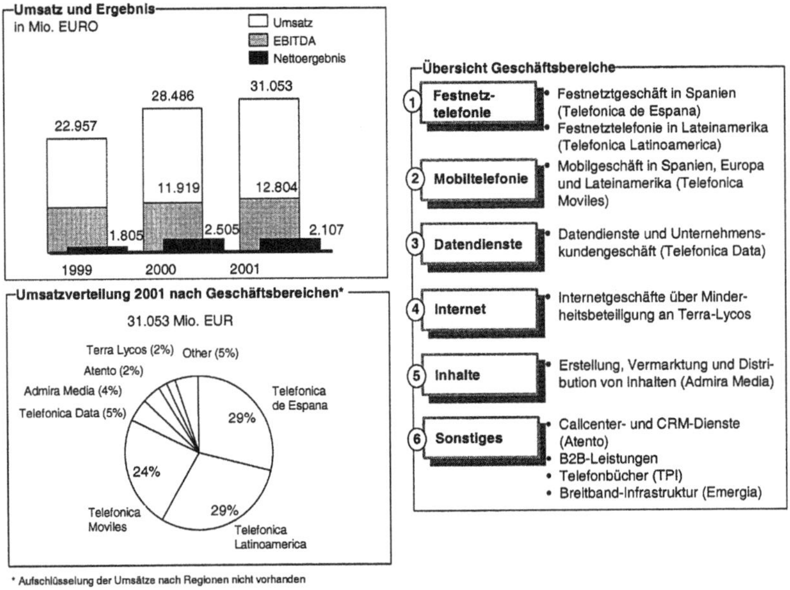

* Aufschlüsselung der Umsätze nach Regionen nicht vorhanden

Quelle: eigene Darstellung, Telefonica Annual Reports 1998-2001, Hoover's Company Data

3. **Datendienstleistungen für Unternehmen**: Die Datendienstleistungen für Unternehmen werden in der Geschäftssparte Telefonica Data gebündelt. Sie erzielte 2001 ein EBITDA von 23 Mio. Euro bei einem Umsatz von 1,8 Mrd. Euro.
4. **Internet**: Telefonica Terra-Lycos offeriert Internetleistungen für Konsumenten und erzielte 2001 ein negatives EBITDA in Höhe von 232 Mio. Euro bei einem Umsatz von 690 Mio. Euro.

5. **Inhalte**: Die Erstellung von Inhalten erfolgt innerhalb der Sparte Admira Media. Im Jahr 2001 erzielte Telefonica damit ein EBITDA von 153 Mio. Euro bei einem Umsatz von 1,4 Mrd. Euro.
6. **Andere Gruppen**: Mit Kundenservice und Callcenter-Leistungen sowie neuen Wachstumsaktivitäten erwirtschaftete Telefonica ein EBITDA von 54 Mio. Euro bei einem Umsatz von 644 Mio. Euro.

2.6.2. Analyse der Kooperationsaktivitäten

Schwerpunkt der Geschäftsaktivitäten von Telefonica ist traditionell die Wertschöpfungsstufe der Übertragung, neben dem Bereich der klassischen Sprachtelefonie nun auch vermehrt von medialen Informationen und Daten auf PC-basierten und mobilen Plattformen. Auf diese Wertschöpfungsstufe entfallen auch die Mehrzahl der insgesamt **55 untersuchten Kooperationen** im Untersuchungszeitraum von 1990 bis 2000.

Abbildung 69: Einordnung der Geschäftseinheiten von Telefonica

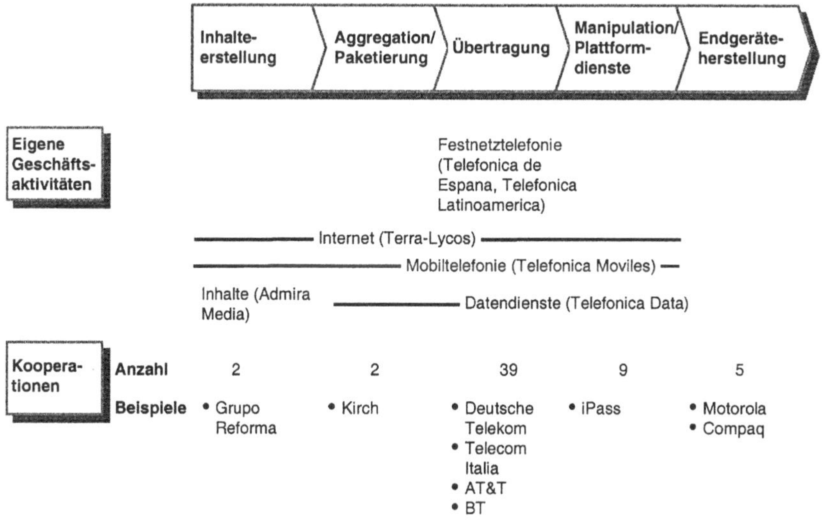

Quelle: eigene Darstellung

Ähnlich wie bei den anderen Telekommunikationsunternehmen NTT und Deutsche Telekom ist auch die Stufe der Manipulation und Plattformdienste vergleichsweise stark vertreten (s. Abbildung 69). Telefonicas Expansion im Bereich der Inhalte, gebündelt in der Sparte Admira, erfolgte fast ausschließlich über Akquisitionen und zeichnete sich in den 90er Jahren nicht durch verstärkte Kooperationsaktivitäten auf den entsprechenden Wertschöpfungsstufen ab.

Das Portfolio eingegangener Kooperationen und die Kooperationsstrategie Telefonicas zeigt im Untersuchungszeitraum der Jahre 1990 bis 2000 die folgenden Charakteristika (s. Abbildung 70):

1. **Relativ hohe Konvergenzintensität hinsichtlich des Marktfokus bzw. des Konvergenzbereichs der Kooperationen**: Zwei Drittel der Kooperationen stehen im Zusammenhang mit dem Kerngeschäft Telefonie, während sich ein Drittel auf die neuen Konvergenzbereiche Computer und Fernsehen konzentriert. Somit ergibt sich eine relativ hohe Konvergenzintensität hinsichtlich des Marktfokus der Kooperationen, allerdings in geringerem Maße als bei den anderen untersuchten Telekommunikationsfirmen NTT und Deutsche Telekom.
2. **Geringe Konvergenzintensität hinsichtlich der Branchenaffinität des Kooperationspartners**: Ca. 65 % der Kooperationen im Untersuchungszeitraum erfolgen mit anderen Telekommunikationsfirmen. Nur knapp 23 % der Kooperationen erfolgen mit Partnern aus anderen Konvergenzbereichen der Informationstechnologie und Medien, davon entfallen die überwiegende Zahl auf Hardware (ca. 11 %) und Software (ca. 9 %), nur knapp 6 % hingegen auf Partner aus der Medienindustrie. Ca. 13 % sind diagonale Kooperationen mit Unternehmen außerhalb der IuK-Industrie. Damit ergibt sich insgesamt eine relativ geringe Konvergenzintensität der von Telefonica eingegangenen Kooperationen.
3. **Relativ langfristig orientierte Zielsetzung bzw. Wachstumsperspektive**: 55 % der Kooperationen haben eine eher kurzfristige Zielsetzung, 45 % dagegen sind Teil der mittel- bis langfristigen Wachstumsstrategie von Telefonica. Im Vergleich zu anderen Unternehmen ist dies eine relativ langfristige Schwerpunktsetzung im Rahmen der verfolgten Kooperationsstrategie.
4. **Starke Zunahme der Kooperationen im Verlauf des Untersuchungszeitraums**: Anfang der 90er Jahre schloss Telefonica durchschnittlich zwei oder drei Kooperationen pro Jahr ab. Dieser Wert erhöhte sich 1996 und 1997 deutlich auf ca. ein Dutzend Kooperationen jährlich, in den Folgejahren halbierte sich der Wert wieder. Damit liegt Telefonica im Trend der untersuchten Unternehmen der IuK-Industrie, allerdings insgesamt auf deutlich niedrigerem Niveau mit einer geringen Anzahl von Kooperationen.
5. **Mittlerer Abdeckungsgrad der Wertschöpfungskette**: 71 % der Kooperationen haben einen Schwerpunkt auf der Wertschöpfungsstufe Übertragung und sind damit horizontaler Natur. Knapp ein Drittel der eingegangenen Kooperationen verlaufen vertikal und involvieren außerdem andere

Wertschöpfungsstufen: Manipulation und Plattformdienste (16,5 %), Endgeräte (7 %) und Inhalteerstellung und Aggregation (je 3,5 %). 9 % sind diagonale Kooperationen mit Unternehmen außerhalb der IuK-Industrie. Insgesamt weist das Kooperationsportfolio von Telefonica einen mittleren Abdeckungsgrad der Wertschöpfungskette auf.

6. **Relativ proaktive Kooperationsmotive und relativ hoher Initiativgrad**: Telefonicas Kooperationsaktivitäten sind insgesamt relativ proaktiv, Motive wie Markterschließung und Standardsetzung sind in mehr als zwei Dritteln der Kooperationen relevant. Allerdings scheint Telefonica das Instrument der Kooperation insgesamt eher unterdurchschnittlich häufig zur Erreichung seiner strategischen Ziele einzusetzen.

Abbildung 70: Kooperationsprofil von Telefonica

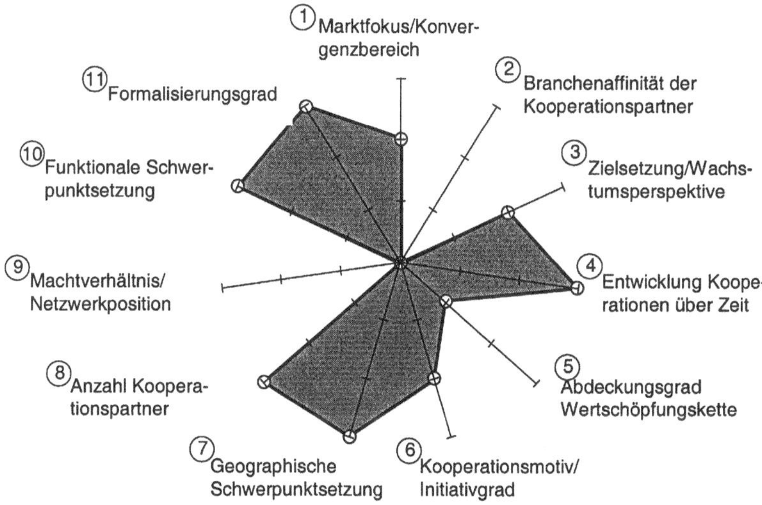

Quelle: eigene Darstellung

7. **Globale Schwerpunktsetzung**: Ca. 63 % der Kooperationen Telefonicas erfolgen mit Unternehmenspartnern außerhalb Europas, knapp ein Viertel der Kooperationen dagegen mit europäischen Partnerunternehmen. Ca. 14 % der Kooperationen haben Partner aus der eigenen und aus einer anderen Region. Damit ist das Portfolio der Kooperationsaktivitäten insgesamt global ausgerichtet. Dies liegt insbesondere an den starken Aktivitäten in Lateinamerika, worauf sich jede vierte Kooperation Telefonicas richtet.

8. **Schwerpunkt multilateraler Kooperationen**: Mit 56 % werden mehr als die Hälfte der Kooperationen multilateral gestaltet. Dies stellt von allen untersuchten Unternehmen den höchsten Wert multilateraler Kooperationen dar. Bilaterale Allianzen machen lediglich 46 % des Kooperationsportfolios aus.
9. **Symmetrisches Machtverhältnis mit gleichgewichtiger Machtposition**: 75 % der Kooperationen sind tendenziell symmetrisch und erfolgen mit Großunternehmen, nur in einem Viertel der Fälle besitzt Telefonica eine dominante Einflussposition. Im Vergleich zu den anderen Unternehmen ist dies eine deutliche Schwerpunktsetzung auf relativ symmetrische Kooperationen mit anderen Großunternehmen. Auch aufgrund der Multilateralität der kooperativen Arrangements ergeben sich oft gleichgewichtige Interaktionsverhältnisse.
10. **Multifunktionale Gestaltung**: Ca. 38 % der Kooperationen sind multifunktionaler Natur, 62 % dagegen monofunktional ausgerichtet. Deutliche Schwerpunkte ergeben sich bei der Investitions- bzw. Produktionsfunktion. Dies bedeutet insgesamt eine multifunktionale Ausrichtung der eingegangenen Kooperationen.
11. **Hoher Formalisierungsgrad**: 13 % der Kooperationen sind Joint Ventures, weitere 28 % erfolgen in Form von Kapitalbeteiligungen. 58 % der Kooperationen sind lediglich vertraglich geregelt. Damit weist das Kooperationsportfolio von Telefonica im Vergleich zu anderen Unternehmen einen relativ hohen Formalisierungsgrad auf. Dies ist wegen der selektiven Vorgehensweise bei der Auswahl der Kooperationspartner und der deutlichen Präferenz für multilaterale, multifunktionale und internationale Kooperationen durchaus zu erwarten.

2.6.3. Konvergenzmuster und -strategien

Telefonica nutzt Kooperationen im Vergleich zu anderen Unternehmen der Telekommunikations- und der IuK-Industrie relativ selten. Auch im Rahmen der Konvergenzstrategie zur Abdeckung der Wertschöpfungskette werden kooperative Arrangements unterdurchschnittlich eingesetzt, die meisten Portfolioerweiterungen vollzieht Telefonica durch Akquisitionen und Firmenübernahmen. .Insbesondere zur Nutzung von Vorteilen hinsichtlich Ressourcenzugang, Risikoteilung und Flexibilität sollte Telefonica bei der Erschließung PC-basierter und mobiler Erlebniswelten vermehrt auf Kooperationen zurückgreifen. Außerdem kann das Unternehmen so den Herausforderungen breitbandiger Erlebniswelten, wo neben den Telekommunikationsfirmen auch ein stärkerer Wettbewerb mit Unternehmen aus den Übertragungsplattformen Kabel und Satellit zu erwarten ist, besser entgegentreten. Mittel- bis langfristig wird auch der iTV-Bereich attraktiver und erfordert Entscheidungen einer Positionierung (s. Abbildung 71).

Abbildung 71: Wachstumsstrategie und Konvergenzmuster von Telefonica

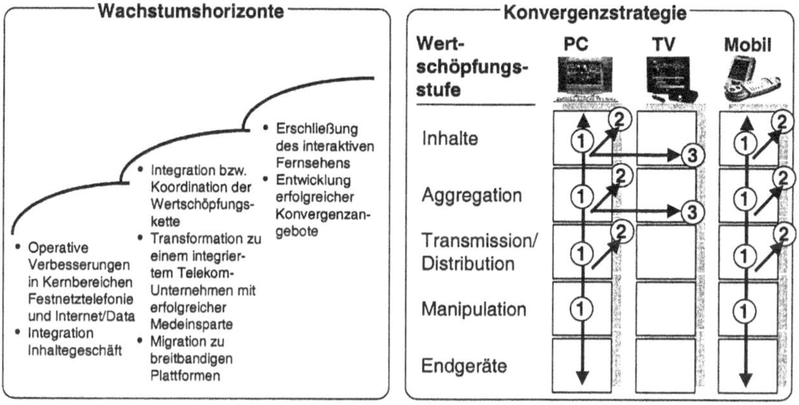

(1) Abdeckung/Koordination der Wertschöpfungsketten für PC- und Mobile-Plattformen und Erschliessung von Synergien aus Besitz von Inhalten und Übertragungswegen

(2) Migration zu breitbandigen Angeboten (Breitband-PC und zukünftige Mobilfunkgeneration)

(3) Erschließung von iTV und Erarbeitung eines konvergenten Angebots

Quelle: eigene Darstellung

Aufgrund relativ hoher Ungewissheit und Komplexität stellen Kooperationen ein sinnvolles strategisches Instrument der Portfolioerweiterung und Wachstumsstrategie dar, mit Hilfe dessen gleichzeitig bestehende Ressourcendefizite ausgeglichen und vorhandene Risiken geteilt werden können. Die Stärken des Unternehmens in der Region Lateinamerika sollten weiter abgesichert und selektiv durch neue Initiativen jenseits reiner Telekommunikationsleistungen komplementiert werden. Kapitalbeteiligungen und Joint Ventures erscheinen weiterhin als angemessene Form ökonomischer Koordination, die Interessen in Lateinamerika durchzusetzen.

2.7. Unternehmensfallstudie Microsoft

2.7.1. Charakterisierung und Einordnung des Unternehmens

Microsofts Ursprünge werden meist auf das Jahr 1975 zurückverfolgt, als Bill Gates und Paul Allen die Computersprache Basic entwickelten. Die Einführung des ersten Personal Computer von IBM 1981 bedeutete den ersten großen Wachstumsschub für Microsoft, das das Betriebssystem MS-DOS beisteuerte. 1983 begann die Windows-Ära, und 1985 erreichte Microsoft bereits einen Umsatz von 140 Mio. US $. Weitere fünf Jahre später waren es bereits 1 Mrd. US $. Nach dem Börsengang im Jahre 1986 vollzog Microsoft zahlreiche Akquisitionen (Fox Software 1992, Soft Image 1994, Vermeer Technologies 1996, Web TV Networks 1997, Visio 1999, Navision 2001, u.a.) und expandierte in neue Geschäftsbereiche. Vor allem im Internet gelang eine verstärkte Präsenz mit dem Start des Microsoft Network (MSN), dem Internet Explorer und dem Online-Reisebüro Expedia. Die Aktivitäten im Bereich iTV waren bisher weniger erfolgreich (s. Abbildung 72).

Abbildung 72: Chronologie von Microsoft

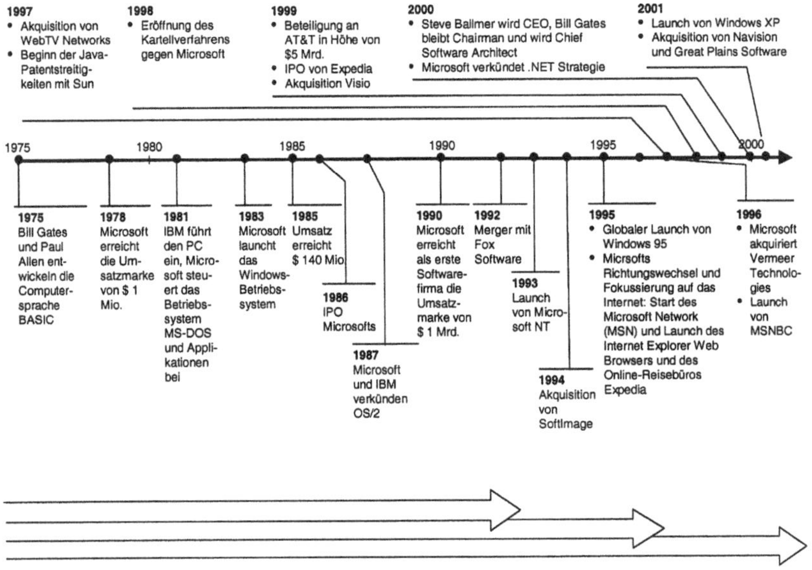

Quelle: eigene Darstellung, Microsoft Annual Reports 1998-2001, Hoover's Company Data

Microsoft erzielte im Jahr 2001 einen Umsatz von 25,3 Mrd. US $ und war damit deutlicher Marktführer der Softwarebranche. Das Unternehmen strukturiert seine Aktivitäten in vier Geschäftsbereichen (s. Abbildung 73):

1. **Desktop and Enterprise Software and Services**: Die Sparte umfasst einerseits so genannte Desktop-Applikationen wie Microsoft Office, Microsoft Visio, Microsoft Great Plains, bCentral und einige Lizenzen für Server-Produkte; außerdem den Bereich der Desktop-Plattformen auf Basis der Windows-Technologie sowie Software und Services für Unternehmen. Im Geschäftsjahr 2001 erzielte Microsoft in diesem Geschäftsbereich einen operativen Gewinn von 14,3 Mrd. US $ bei einem Umsatz von 22,7 Mrd. US $.

Abbildung 73: Geschäftsfelder und Unternehmensdaten von Microsoft

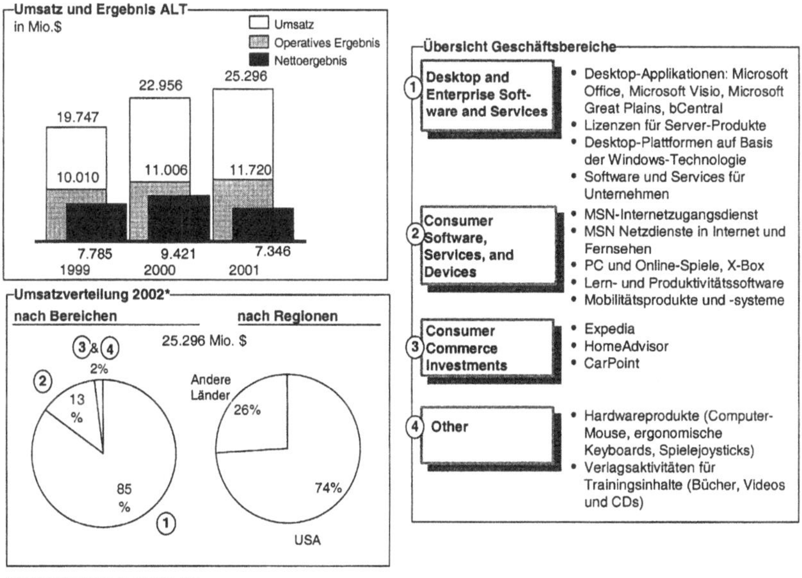

* Das Fiskaljahr Microsofts endet im Juni

Quelle: eigene Darstellung, Microsoft Annual Reports 1998-2001, Hoover's Company Data

2. Der Bereich **Consumer Software, Services and Devices** bündelt die verschiedenen Aktivitäten im Zusammenhang mit dem Internetportal MSN, den MSN-Netzzugangsdiensten für Internet und Fernsehen, den PC- und Online-Spielen, den X-Box-Aktivitäten, Lern- und Produktivitätssoftware sowie Mobilitätsprodukten und -systemen. Im Geschäftsjahr 2001 erzielte Microsoft in diesem Geschäftsbereich einen operativen Verlust von 1,7 Mrd. US $ bei einem Umsatz von 2 Mrd. US $.

Microsoft in diesem Geschäftsbereich einen operativen Verlust von 1,7 Mrd. US $ bei einem Umsatz von 2 Mrd. US $.

3. **Consumer Commerce Investments**: Die Sparte umfasst Investitionen und Aktivitäten im Zusammenhang mit dem Online-Reisedienstleister Expedia, dem Online-Makler HomeAdvisor und dem Online-Autohändler CarPoint. Im Geschäftsjahr 2001 erzielte Microsoft in diesem Geschäftsbereich einen operativen Verlust von 222 Mio. US $ bei einem Umsatz in Höhe von 522 Mio. US $.
4. **Andere**: Weitere Geschäftsaktivitäten wie die Entwicklung und Vermarktung von Hardware (z.B. Computer-Mouse, ergonomische Keyboards, Spielejoysticks) und die Verlagsaktivitäten von Microsoft Press zur Vermittlung von Trainingsinhalten für Microsoft-Produkte in Form von Büchern, Videos und CDs. Im Geschäftsjahr 2001 erzielte Microsoft in diesem Geschäftsbereich einen operativen Gewinn von 97 Mio. US $ bei einem Umsatz in Höhe von 652 Mio. US $.

2.7.2. Analyse der Kooperationsaktivitäten

Microsofts Fähigkeiten als Softwarefirma liegen im Bereich Manipulation und Plattformdienste. Mit der strategischen Schwerpunktsetzung auf das Internet wurde diese Positionierung sukzessive um die Aggregation, später mit dem Engagement im Bereich der Videokonsolen und mobilen Computerkonzepten (z.B. bei sog. Tablet PCs und Pocket PCs) auch auf die Wertschöpfungsstufe der Endgeräte erweitert.[35] Microsoft gilt einerseits als akquisitionsfreudiges Unternehmen, verfolgt aber im Vergleich zu anderen Unternehmen der IuK-Industrie auch eine überdurchschnittlich kooperationsintensive Strategie (s. Abbildung 74). Im Untersuchungszeitraum von 1990 bis 2000 ging Microsoft insgesamt **538 Kooperationen** ein. Mehr als zwei Drittel von ihnen konzentrierten sich auf die Stufe der Manipulation und Plattformdienste und stellten für Microsoft eine Möglichkeit zur Wettbewerbsverbesserung und Standarddurchsetzung in seinen Kerngeschäftsbereichen dar.[36] Auch auf den Wertschöpfungsstufen der Endgeräte und der Übertragung lassen sich weitere Schwerpunkte der Kooperationsstrategie festmachen.

Insgesamt ergibt die Analyse der von Microsoft im Zeitraum von 1990 bis 2000 eingegangenen Kooperationen folgende Erkenntnisse entlang der Untersuchungsparameter (s. Abbildung 75):

1. **Mittlere Konvergenzintensität hinsichtlich des Marktfokus bzw. des Konvergenzbereichs der Kooperationen**: Knapp 82 % der Kooperatio-

[35] Zur Allianz zwischen Microsoft und Ericsson vgl. z.B. Culpan (2002), S. 190ff.

[36] Zu einer Analyse von Kooperationen innerhalb der Softwarebranche vgl. McNaughton (2001), S. 456ff. Trotz eines industriellen Fokus lässt sich dort die dominante Stellung Microsofts innerhalb der Branche nachweisen. Hier wird auch die Bedeutung von Kooperationen mit dem Ziel der Standardsetzung nachgewiesen.

nen im Untersuchungszeitraum orientieren sich schwerpunktmäßig an der PC-Plattform, ca. 18 % der eingegangen Kooperationen hingegen involvieren die Teilbereiche TV und Telefonie. Dies zeigt den starken Fokus Microsofts auf das Kerngeschäft der PCs in den 90er Jahren. Allerdings nimmt der Anteil von Kooperationen mit TV-basierten und mobilen Plattformen kontinuierlich zu und reflektiert die Diversifzierungsaktivitäten und veränderten strategischen Prioritäten des Unternehmens.

Abbildung 74: Einordnung der Geschäftseinheiten von Microsoft

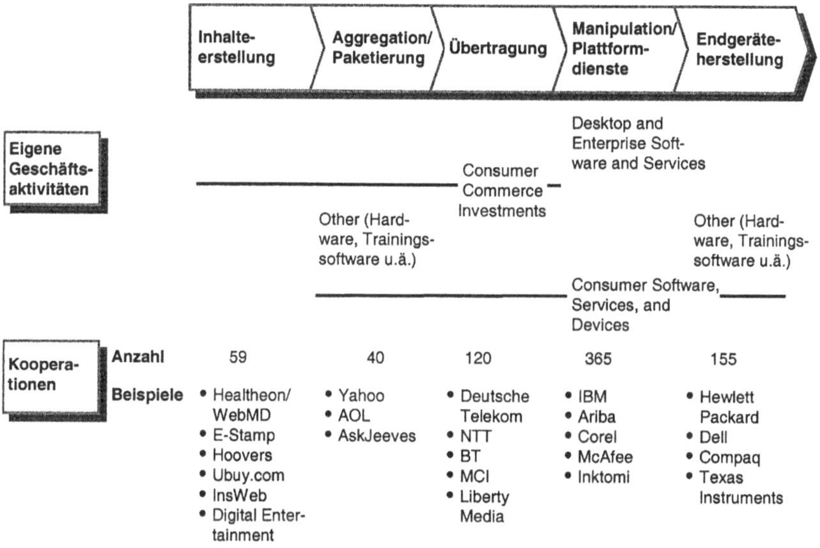

Quelle: eigene Darstellung

2. **Mittlere Konvergenzintensität hinsichtlich der Branchenaffinität der Kooperationspartner**: 45 % der Kooperationen erfolgen mit Partnern aus dem Softwarebereich, weitere 22 % der Kooperationen mit Partnern aus dem Hardware-Bereich. Nur jede fünfte Kooperation erfolgt mit Partnern aus den anderen Teilbereichen der konvergierenden IuK-Industrie: Telekommunikationsfirmen in ca. 14 % und Medienfirmen in ca. 7,5 % der Fälle. Ca. 12 % der Kooperationen haben Partner außerhalb der IuK-Industrie. Auch hier ist eine Zunahme der Konvergenzintensität in der zweiten Hälfte der 90er Jahre zu erkennen. Insgesamt zeigt das Kooperationsportfolio Microsofts jedoch nur eine mittlere Konvergenzintensität.
3. **Mittelfristig orientierte Zielsetzung bzw. Wachstumsperspektive**: Ungefähr 68 % der Kooperationen haben einen relativ kurzfristigen Zeithori-

zont, die übrigen 32 % lassen sich eher der mittelfristigen bzw. langfristigen Strategie Microsofts zuordnen. Damit liegt Microsoft hinsichtlich der zeitlichen Schwerpunktsetzung seines Kooperationsportfolios im Durchschnitt der untersuchten Unternehmen.

4. **Starke Zunahme der Kooperationen im Verlauf des Untersuchungszeitraums**: Die Anzahl der von Microsoft in den 90er Jahren abgeschlossenen Kooperationen weist einen kontinuierlichen und starken Anstieg auf. Verdoppelungen gegenüber den jeweiligen Vorjahren ereigneten sich 1994 und 1996. Im Jahr 1998 schloss Microsoft knapp 100 Kooperationen ab, im Folgejahr waren es dann 141 und damit gleichzeitig der Höhepunkt der Kooperationen. Im Jahr 2000 halbierte sich die Zahl der neu eingegangenen Kooperationen auf 71; ein Trend, der auch seitdem fortzubestehen scheint. Insgesamt setzt Microsoft Kooperationen im Vergleich zu den Wettbewerbern sehr intensiv ein.
5. **Relativ hoher Abdeckungsgrad der Wertschöpfungskette**: Zwei Drittel der Kooperationen betreffen die Wertschöpfungsstufe der Manipulation und sind damit horizontale Allianzen. Trotzdem zeigt Microsoft einen relativ hohen Abdeckungsgrad der Wertschöpfungskette, auch aufgrund der insgesamt hohen Zahl kooperativer Arrangements, und koordiniert zahlreiche Kooperationen auf den unterschiedlichen Wertschöpfungsstufen: Endgeräte (28 % der Kooperationen), Übertragung (22 %), Inhalte (11 %) und Aggregation (7 %). Ein Zehntel der Kooperationen lassen sich nicht entlang der Wertschöpfungskette einordnen.
6. **Sehr proaktive Kooperationsmotive und sehr hoher Initiativgrad**: Microsoft nutzt Kooperationen als wichtiges Instrument zur Erreichung seiner strategischen Ziele. Dies zeigen neben der Kooperationshäufigkeit auch die Zielsetzung und die Motive. Nahezu vier Fünftel der Kooperationen erfolgen zur Standarddurchsetzung, teils in den eigenen Kernmärkten, teils in verwandten Bereichen und neuen Wachstumsfeldern des Unternehmens. Auch Markterschließung und Diversifizierung sind häufige Kooperationsmotive.
7. **Relativ regionale Schwerpunktsetzung**: 73 % der Kooperationen Microsofts erfolgen mit Partnern aus dem nordamerikanischen Wirtschaftsraum. 21 % der Kooperationen im Untersuchungszeitraum schließt Microsoft mit Partnern aus anderen Regionen; in 7 % der Fälle erfolgen multilaterale Kooperationen unter Beteiligung von Unternehmen aus Nordamerika und anderen Regionen. Damit weist das Kooperationsportfolio Microsofts eine relativ regionale Struktur auf.
8. **Relativ bilaterale Kooperationsstrategie**: 77 % der Kooperationen sind bilateral, 23 % der Kooperationen erfolgen auf multilateraler Basis mit mehreren Partnerfirmen. Im Vergleich zu den anderen untersuchten Unter-

nehmen der IuK-Industrie bedeutet dies eine deutliche Präferenz für bilaterale Kooperationen.

9. **Relativ asymmetrisches Machtverhältnis mit relativ starker Machtposition**: Mit 53 % sind gut die Hälfte der Kooperationen Microsofts gleichgewichtig und erfolgen unter Beteiligung anderer großer Unternehmen. Ca. 47 % der Kooperationen werden hingegen von Microsoft gestaltet bzw. dominiert. Die Partner sind hier meist kleinere Unternehmen, die Microsoft gegenüber häufig in einem gewissen Abhängigkeitsverhältnis stehen.
10. **Relativ monofunktionale Gestaltung**: 14 % der Kooperationen involvieren mehrere funktionale Bereiche, 86 % dagegen sind eher monofunktionale Kooperationen, meist in Form von Lizenzverträgen für Technologie, für FuE-Aktivitäten und für Produktion. Damit zeigt Microsofts Kooperationsportfolio einen monofunktionalen Schwerpunkt mit relativ enger funktionaler Zielsetzung.

Abbildung 75: Kooperationsprofil von Microsoft

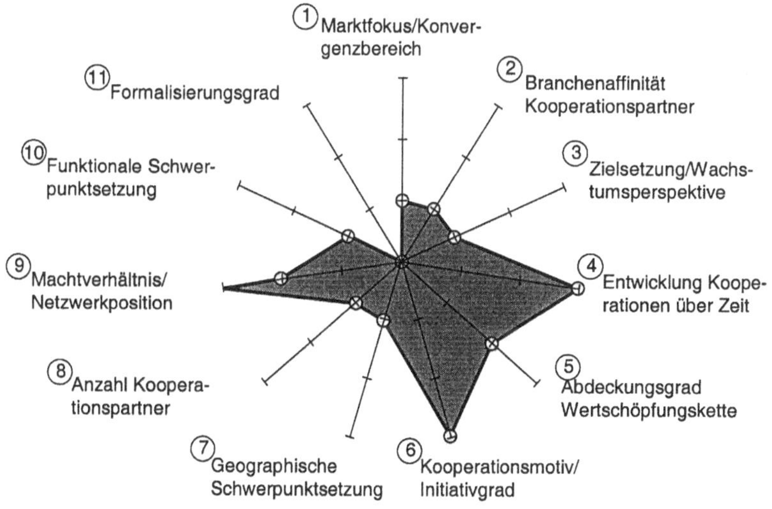

Quelle: eigene Darstellung

11. **Mittlerer Formalisierungsgrad**: 88 % der Kooperationen werden durch Verträge geregelt, aufgrund der hohen absoluten Zahl der eingegangenen Kooperationen neben der Konzentration auf einen Teilbereich eine weitere Möglichkeit zur Reduktion von Aufwand und Komplexität. Ca. 12 % der Kooperationen haben einen höheren Formalisierungsgrad und erfolgen in

Form von Kapitalbeteiligungen (8 %) und Joint Ventures (4 %). Dieser im Vergleich zu anderen Unternehmen der IuK-Industrie mittlere Formalisierungsgrad verdeutlicht auch Microsofts Nutzung von Kooperationen als strategische Investitionen, denen bei erfolgreichem Verlauf auch die vollständige Übernahme des Partnerunternehmens folgen kann.

2.7.3. Konvergenzmuster und -strategien

Microsofts Kooperationsportfolio ist geprägt von der dominanten Position auf der Plattform der Personal Computer und rekurriert auf die besonderen Fähigkeiten und Kompetenzen im Softwarebereich.[37] Microsofts Stärken liegen auf der Wertschöpfungsstufe der Manipulation und Plattformdienste, insbesondere für PC-basierte Plattformen. Das Unternehmen hat Kompetenzen bei der Programmierung von Applikationen und aufgrund seiner Portalaktivitäten auch bei der Aggregation und Paketierung von Inhalten. Dazu verfügt Microsoft über hohe finanzielle Reserven. Microsoft ist es in einem ersten Schritt weitgehend gelungen, die starke Wettbewerbsposition im Markt für Betriebssysteme auch auf das Internet zu übertragen.[38] Mittlerweile dominiert Microsoft den Markt für Software zur Internetnavigation, so genannte Browser, und versucht, mit der breit angelegten .NET-Strategie eine dominante Stellung in einer Internet-zentrierten Welt zu erlangen.

Auffällig ist die Entwicklung Microsofts von einem Softwarehersteller zu einem konvergenten Unternehmen und zentralen Wettbewerber in der IuK-Industrie mit hohem Einfluss auf alle Teilbranchen. Mit Hilfe von zahlreichen Kooperationen hat Microsoft zuerst seine Präsenz im Internetbereich ausgebaut, sich als eines der führenden Portale etabliert und sukzessive zukünftige Plattformen erschlossen. Das Joint Venture mit NBC ermöglichte den Aufbau eines eigenen Fernsehkanals, Kooperationen mit Air Touch, Sprint und weiteren Mobilfunkunternehmen boten Microsoft einen Zugang zu mobilen Plattformen. Auch in anderen Bereichen wie WebTV, Set-Top Boxen für iTV und Spielekonsolen wurden zahlreiche Kooperationen initiiert und Akquisitionen vollzogen.[39] Microsofts Strategie reflektiert damit nicht zuletzt auch die Veränderungen in der IuK-Industrie und die Bedeutung von Konvergenz und Fragmentierung.

Das Unternehmen versucht, seine Software in nahezu alle Endgeräte zu integrieren und nutzt Kooperationen offensiv zur Durchsetzung von Standards zur Erschließung neuer Wachstumsbereiche. Beispiele sind die Entwicklung von Soft-

---

37 Vgl. zu dem Prozess der Softwareentwicklung z.B. Cusumano/Smith (1997), S. 373ff.

38 Zu multimedialen Strategien vgl. z.B. Konert (1999b), S. 5f.

39 Die Erfolge der Aktivitäten Microsofts jenseits der PC-Plattform sind allerdings umstritten. Häufig standen den hohen Investitionen bisher keine angemessenen Ergebnisse gegenüber. Anstrengungen zur Ausweitung auf andere Bereiche mittels Investitionen in alternative Plattformen wie WebTV waren nur begrenzt erfolgreich. Auch die Tragfähigkeit von Strategien auf der Stufe der Endgeräte muss sich noch beweisen.

ware für Set-Top Boxen, die Anstrengungen im Bereich der Videospiele mit der kostenintensiven Entwicklung und Vermarktung der X-Box sowie die Vielzahl an Windows-integrierten Funktionalitäten zur Expansion in den Bereich Home-Networking und Etablierung als so genannter Entertainment-Hub, einer zentralen Steuerungseinheit für (entertainment-) basierte Applikationen in Privathaushalten.[40] Insgesamt ist Microsoft mit Initiativen und Kooperationen in allen neuen Bereichen innerhalb der IuK-Industrie präsent, die Aktivitäten reichen neben den etablierten Endgeräten wie PCs und Notebooks von Mobiltelefonen und PDAs über Spielekonsolen bis hin zum Tablet PC.

Abbildung 76: Wachstumsstrategie und Konvergenzmuster von Microsoft

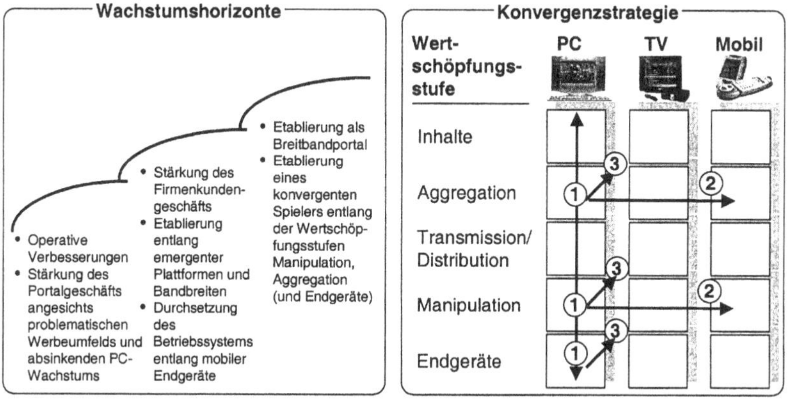

① Integration der Wertschöpfungskette über Kooperationen und Akquisitionen und Stärkung der Wettbewerbsposition im Bereich der Spielekonsolen

② Etablierung entlang verschiedener Zugangsplattformen ausgehend von Software- und Portalaktivitäten; Stärkung der Wettbewerbsposition bei Mobile und iTV

③ Übergang zu breitbandigen Erlebniswelten ausgehend vom PC-Bereich und Etablierung als dominanter Spieler in konvergenter I&K-Welt

Quelle: eigene Darstellung

Die primären Herausforderungen für Microsoft bestehen neben operativen Verbesserungen angesichts der konjunkturellen Probleme in der erfolgreichen Umsetzung neuer Wachstumsstrategien jenseits des PC-Geschäfts (s. Abbildung 76).

[40] Die so genannte 'Windows XP Media Center Edition' ist die fünfte XP-Version neben 'Home' für normale Konsumenten-PCs, 'Professional' für Unternehmenskunden, 'Tablet PC' für Tablets und Notebooks sowie einer Variante für die Integration in andere Endgeräte. Diese Entertainment-Variante soll Kunden den Zugang per Fernbedienung ermöglichen und zielt auf eine nahtlose Integration von PC und TV mit kombinierter Funktionalität von Computersoftware und digitalem Entertainment.

Neben der weiteren Stärkung der eigenen Wettbewerbsposition als integrierter Spieler entlang der Wertschöpfungskette sollte Microsoft versuchen, Wettbewerbsvorteile auf andere Plattformen zu übertragen. Kooperationen sind daher ein effektives Instrument, um Ressourcendefizite schnell auszugleichen und Investitionsrisiken zu minimieren.[41] Ein weiterer Ansatzpunkt zur Stärkung der Wettbewerbsposition in alternativen Plattformen sind die Portalaktivitäten Microsofts. Insbesondere in den im Vergleich zum PC relativ geschlossenen Umfeldern mit voreingestellten Portalen und Nutzeroberflächen bei iTV-basierten und mobilen Plattformen ergeben sich Möglichkeiten zur Übertragung der gegenwärtig dominanten Stellung im Softwaremarkt. Allerdings sind die Ressourcen- und Kompetenzvorteile von Telekommunikations- und Hardwarefirmen im mobilen Bereich ebenso wenig zu unterschätzen wie die Vorteile von Kabelfirmen und Medienunternehmen im Bereich iTV.

41 Allerdings sei an dieser Stelle angemerkt, dass im Jahr 2002 Microsofts Budget für Forschung und Entwicklung in Höhe von mehr als 5 Mrd. US-Dollar die kombinierten Ausgaben der gesamten Softwareindustrie übersteigt.

2.8. Unternehmensfallstudie Nokia

2.8.1. Charakterisierung und Einordnung des Unternehmens

Kaum ein Unternehmen im Bereich der IuK-Industrie hat so weitreichende Veränderungen der Geschäftsaktivitäten und -schwerpunkte vollzogen wie Nokia. Die Ursprünge des Unternehmens liegen im Papiergeschäft und reichen zurück bis ins Jahr 1865. Im Jahr 1962 wird Nokia Vertriebspartner von Bull und beginnt eigene FuE-Anstrengungen im Elektronikbereich (s. Abbildung 77). Nach einer Fusion mit einem Gummi- und einem Kabelhersteller erfolgt seit 1973 eine Konzentration auf den Bereich Elektronik. Geschäftsbereiche in Grundstoffindustrien werden modernisiert. Die Veräußerung dieser Geschäftsbereiche erfolgte erst Anfang der 90er Jahre. Bis dahin war Nokia ein breit diversifiziertes Unternehmen mit Geschäftsaktivitäten in industrieller Kabelfertigung und Maschinen, forstwirtschaftlichen Produkten und Reifenherstellung.

Abbildung 77: Chronologie von Nokia

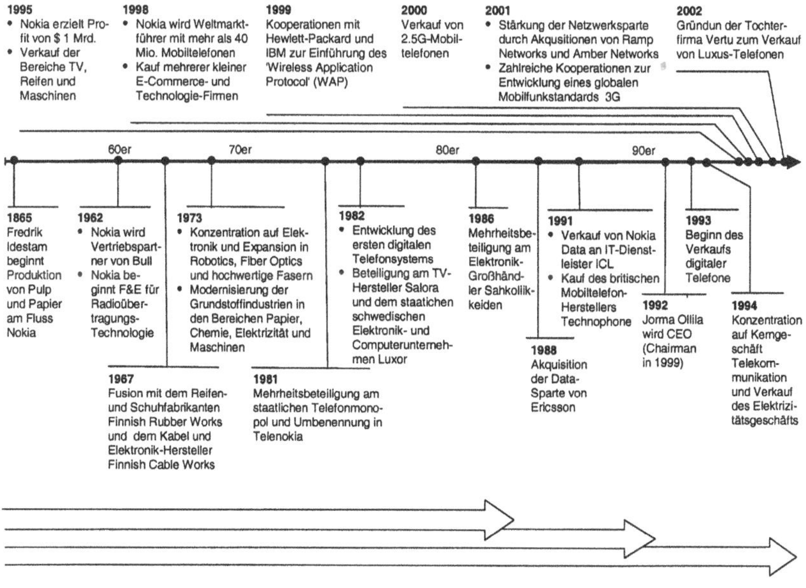

Quelle: eigene Darstellung, Nokia Annual Reports 1998-2001, Hoover's Company Data ligungen an diversen Elektronik-Herstellern und Großhändlern (1982, 1986 und 1988). Die Konzentration auf die Telekommunikationssparte verlief derart erfolgreich, dass das Unternehmen 1995 bereits einen Profit von 1 Mrd. US $ erzielte und 1998 zum Weltmarktführer bei Mobiltelefonen mit 40 Mio. verkauften Einheiten avancierte. Bis heute ist Nokia der weltweit größte Anbieter von Mobiltelefonen vor Motorola, Siemens und dem Joint Venture Sony-Ericsson. Nokia ist in neuen Wachstumsbereichen und breitbandigen Netzwerken mittels 3G, DSL und iTV aktiv. Dazu werden weiterhin Anstrengungen zur Stärkung der Kernbereiche Mobiltelefone und Netzwerke mittels Kooperationen und selektiven Akquisitionen unternommen.

Abbildung 78: Geschäftsfelder und Unternehmensdaten von Nokia

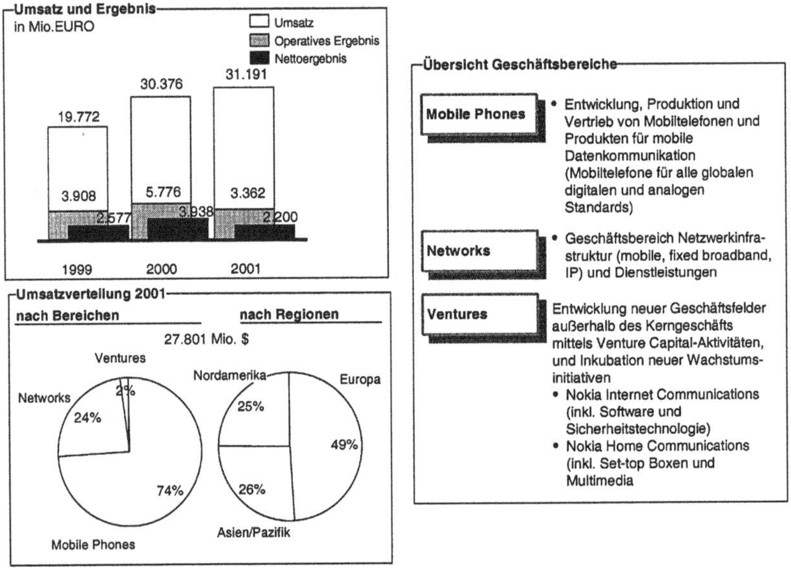

Quelle: eigene Darstellung, Nokia Annual Reports 1998-2001, Hoover's Company Data

2001 erzielte Nokia einen Umsatz von 31,2 Mrd. Euro und einen operativen Gewinn von 3,4 Mrd. Euro. Wichtige Geschäftsfelder sind die Netzwerkprodukte, Mobiltelefone und neue Geschäftsaktivitäten (s. Abbildung 78):

1. **Nokia Mobile Phones**: In der Sparte der Mobiltelefone erzielte Nokia einen Umsatz von 23,2 Mrd. Euro und einen Gewinn von 4,5 Mrd. Euro.

2. **Nokia Networks**: In der Netzwerk-Sparte des Unternehmens erwirtschaftete des Unternehmen einen Verlust von 73 Mio. Euro bei einem Umsatz von 7,5 Mrd. Euro.
3. **Nokia Ventures Organization**: Neue Wachstumsinitiativen in den Bereichen Software und Sicherheitstechnologie, Set-Top Boxen und Multimedia bündelt Nokia im Geschäftsbereich 'Ventures'. 2001 entstand bei einem Umsatz von 585 Mio. Euro ein operativer Verlust von 855 Mio. Euro.

2.8.2. Analyse der Kooperationsaktivitäten

Nokias Positionierung entlang der Wertschöpfungskette erfolgt ausgehend von der Stufe der Endgeräte mittels Rückwärtsintegration der Wertschöpfungsstufen Manipulation und Plattformdienste und mit Hilfe von Kooperationsvereinbarungen als Infrastrukturlieferant für Telekommunikationsfirmen auf der Stufe der Übertragung (s. Abbildung 79).[42]

Abbildung 79: Einordnung der Geschäftseinheiten von Nokia

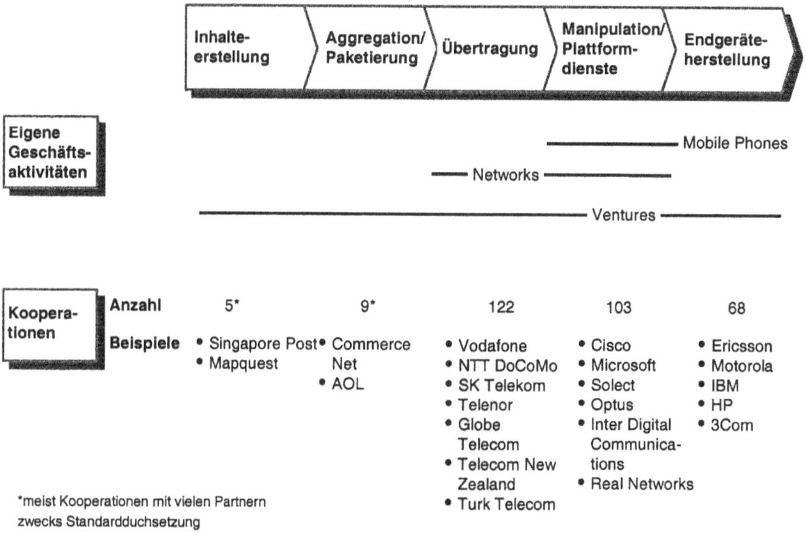

Quelle: eigene Darstellung

42 Zu einer Kooperation mit dem Telekommunikationsunternehmen Cable & Wireless vgl. z.B. Culpan (2002), S. 200f.

Insgesamt ging Nokia in den 90er Jahren **229 Kooperationen** ein, die meisten davon ereigneten sich auf den hinteren Stufen der IuK-Wertschöpfungskette: über die Hälfte der Kooperationen involvieren die Stufe der Übertragung, in 45 % der Fälle den Bereich der Manipulation und der Plattformdienste, und knapp 30 % der Kooperationen erfolgen mit Partnern auf der Stufe der Endgeräte. Das Kooperationsportfolio Nokias zeigt auch die hohe Bedeutung von Telekom- und IT-Firmen, insbesondere aus dem Softwarebereich.

Die Analyse der Kooperationsaktivitäten von Nokia in den 90er Jahren verdeutlicht die folgenden Eigenschaften der verfolgten Kooperationsstrategie (s. Abbildung 80):

1. **Mittlere Konvergenzintensität hinsichtlich des Marktfokus bzw. des Konvergenzbereichs der Kooperationen**: Knapp 90 % der Kooperationen innerhalb des Untersuchungszeitraums fokussieren sich auf den Teilmarkt der Telekommunikation, ein gutes Zehntel der Kooperationen betreffen andere Plattformen wie PC und TV, wenn auch mit steigender Tendenz. Insofern ergibt sich eine mittlere Konvergenzintensität hinsichtlich des verfolgten Marktfokus, im Vergleich zu den anderen untersuchten Unternehmen ein eher unterdurch-schnittlicher Wert.
2. **Hohe Konvergenzintensität hinsichtlich der Branchenaffinität der Kooperationspartner**: Knapp ein Viertel der Kooperationspartner sind Hardwarehersteller, ca. 70 % der Unternehmen gehören zu anderen Teilbranchen, insbesondere Telekommunikation (knapp 40 %) und Software (knapp 28 %); in weit geringerem Maße außerdem die Medienbranche mit 3 %. Mit Partnern außerhalb der IuK-Industrie erfolgen ca. 6 % der Kooperationen. Diese hohe Konvergenzintensität reflektiert die geschäftlichen Prioritäten des Unternehmens, das in beiden wichtigen Unternehmensbereichen Mobiltelefone und Netzwerke auf die Zusammenarbeit mit Telekommunikationsfirmen angewiesen ist. Dies ist gleichzeitig auch der Grund für die relativ geringe Konvergenzintensität hinsichtlich des Marktfokus der eingegangenen Kooperationen, die sich überwiegend auf den Bereich der Mobiltelefonie konzentrieren.
3. **Relativ langfristig orientierte Zielsetzung bzw. Wachstumsperspektive**: Ca. 58 % der eingegangenen Kooperationen haben eine eher kurzfristige Zielsetzung, die übrigen 42 % dagegen sind Teil der mittel- bis langfristigen Strategie Nokias. Im Vergleich zu den anderen Unternehmen der IuK-Industrie bedeutet dies einen relativ langfristigen Horizont.
4. **Starke Zunahme der Kooperationen im Verlauf des Untersuchungszeitraums**: In der ersten Hälfte der 90er Jahre blieb die Anzahl der Kooperationen auf einem relativ niedrigen, einstelligen Niveau. 1996 erfolgte eine Verfünffachung auf 39 Kooperationen, 1997 waren es bereits 51 Kooperationen. Nach einer konstanten Phase stieg die Zahl der Kooperationen 1999 nochmals an. Seither ist wie bei den anderen betrachteten

Unternehmen wieder eine Rückkehr auf das Niveau früherer Jahre zu beobachten.

5. **Hoher Abdeckungsgrad der Wertschöpfungskette**: Ca. 30 % der Kooperationen sind horizontalen Charakters und entfallen auf die Wertschöpfungsstufe der Endgeräte. Der weitaus überwiegende Teil der Kooperationen involviert die Wertschöpfungsstufen Übertragung (ca. 53,5 %) und Manipulation und Plattformdienste (ca. 45 %). Dies bedeutet eine rückwärtige Expansion entlang der Wertschöpfungskette. Auf den Stufen der Erstellung und der Aggregation von Inhalten schloss Nokia in den gesamten 90er Jahren nur 13 Kooperationen, das bedeutet zusammen nur ca. 6 % des Gesamtvolumens. Weitere 6 % der Kooperationen lassen sich nicht entlang der Wertschöpfungskette einordnen. Somit ergibt sich ein hoher Abdeckungsgrad der für Nokia relevanten hinteren Stufen der Wertschöpfungskette.

Abbildung 80: Kooperationsprofil von Nokia

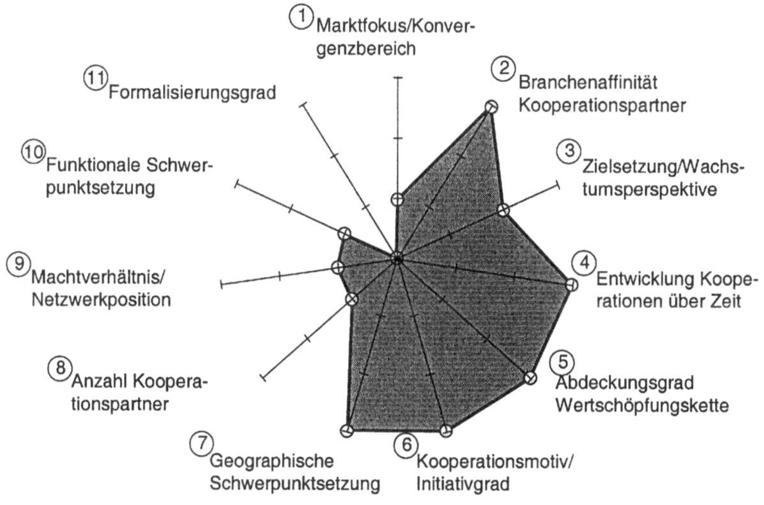

Quelle: eigene Darstellung

6. **Proaktive Kooperationsmotive und hoher Initiativgrad**: Die Kooperationsaktivitäten zeigen ein deutlich proaktives Verhalten Nokias mit überproportional häufigen Motiven der Markterschließung und Diversifizie-

rung. Kooperationen werden als wichtiges Instrument der strategischen Zielerreichung eingesetzt.

7. **Globale Schwerpunktsetzung**: 28 % der Kooperationen im Untersuchungszeitraum erfolgen mit Partnern aus dem europäischen Wirtschaftsraum, 60 % mit Partnern aus anderen Regionen. In 13 % der Kooperationen sind sowohl europäische Partner als auch Unternehmen aus Nordamerika oder Ostasien vertreten. Nokia verfolgt im Vergleich zu Wettbewerbern der IuK-Industrie insgesamt eine sehr global ausgerichtete Kooperationsstrategie.
8. **Relativ bilaterale Schwerpunktsetzung**: Vier Fünftel der Kooperationen sind bilateral, ein Fünftel dagegen erfolgt unter Einbeziehung mehrerer Kooperationspartner. Das Kooperationsportfolio Nokias zeigt damit eine relativ bilaterale Schwerpunktsetzung.
9. **Relativ asymmetrisches Machtverhältnis mit relativ starker Machtposition**: 65 % der Kooperationen sind gleichgewichtig, 35 % dagegen weisen eine asymmetrische Machtkonstellation auf, bei denen Nokia der stärkere Partner ist. Damit reflektiert Nokias Kooperationsportfolio insgesamt eine relativ asymmetrische Kooperationsstrategie mit zahlreichen kleineren Unternehmen.
10. **Relativ monofunktionale Gestaltung**: 85 % der Kooperationen konzentrieren sich primär auf nur eine Unternehmensfunktion, insbesondere auf die Bereiche FuE und Produktion. Lediglich 15 % der Kooperationen involvieren mehrere Unternehmensfunktionen. Insgesamt ergibt sich im Vergleich zu den anderen Unternehmen der IuK-Industrie eine relativ monofunktionale Schwerpunktsetzung.
11. **Geringer Formalisierungsgrad**: 94 % der Kooperationen sind lediglich vertraglich geregelt. Nur 1 % der Kooperationen erfolgen in Form von Kapitalbeteiligungen, 6 % als Joint Ventures. Damit weist das Kooperationsportfolio von Nokia einen geringen Institutionalisierungs- und Formalisierungsgrad auf.

2.8.3. Konvergenzmuster und -strategien

Nokia hat seine Wettbewerbsposition bei der Herstellung von Mobiltelefonen im Verlauf der 90er Jahre nachhaltig verbessert und ist zum globalen Marktführer avanciert. Das Kooperationsportfolio des Unternehmens reflektiert diese Aktivitäten und zeigt deutliche Verbesserungen der Koordination und Kontrolle der hinteren Wertschöpfungsstufen der IuK-Industrie.

Zukünftig muss Nokia jedoch zahlreichen Herausforderungen in seinen Kerngeschäften Mobiltelefonie und Netzwerken begegnen, um sinkenden Wachstumsaussichten, den hohen Schuldenlasten der Telekommunikationsfirmen und den damit einhergehenden sinkenden Investitionen in zukünftige Mobilfunknetze entgegenzuwirken. Angesichts des gegenwärtigen konjunkturellen Umfelds gestalten sich außerdem die Aktivitäten der Venture-Sparte kompliziert, die jedoch für die notwendige Erschließung neuer Wachstumspotentiale außerhalb des Kerngeschäfts und angesichts des Einflusses der Konvergenzentwicklungen auf zukünftige Modellgenerationen notwendig sind. Dennoch ist eine verstärkte Fokussierung der Aktivitäten des Venture-Bereichs auf unmittelbar relevante Technologien für die zentralen Geschäftsbereiche Nokias empfehlenswert.

Abbildung 81: Wachstumsstrategie und Konvergenzmuster von Nokia

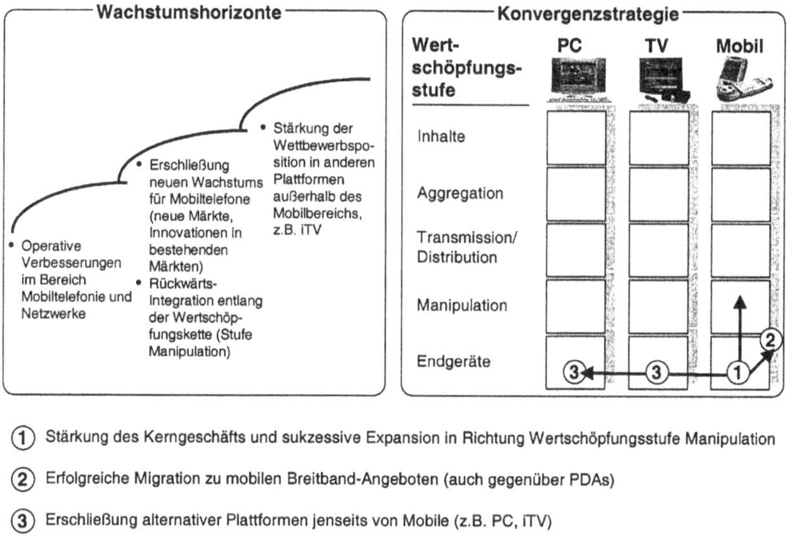

Quelle: eigene Darstellung

Das Thema Konvergenz ist für Nokia ein wichtiges strategisches Thema, insbesondere hinsichtlich des Angebots zusätzlicher Produkte und Dienste im Kontext Kommunikation.[43] Für die zukünftige Kooperations- und Konvergenzstrategie ergeben sich für Nokia drei Implikationen (s. Abbildung 81): (a) eine weitere Koordination der Wertschöpfungskette auf der Stufe der Endgeräte und rückwärtsgerichtete Anstrengungen in Richtung Übertragung und Manipulation ,und (b) die Migration zu breitbandigen Angeboten im Mobilfunkbereich aufgrund der doppelten Partizipation sowohl über die Netzwerksparte bei der Errichtung der Tele-

[43] Z.B. in Form von integrierten Digitalkameras oder dem Angebot von mobilen Daten- und Videodiensten. Vgl. auch Virtel/Hönighaus (2003), S. 25.

kommunikationsinfrastruktur als auch bei der Telefonsparte über die Bereitstellung von Endgeräten. (c) Mittel- bis langfristig ergibt sich auch die Notwendigkeit einer Positionierung entlang der alternativen Zugangsplattformen PC und iTV, möglicherweise auch ausgehend von der Stärke bei Mobiltelefonen über eine noch zunehmende Konvergenz im Sinne von Konnektivität und Multifunktionalität der Endgeräte, z.B. über Laptops, Tablet PCs und PDAs.

2.9. Unternehmensfallstudie Intel

2.9.1. Charakterisierung und Einordnung des Unternehmens

1968 gründen Robert Noyce, Gordon Moore und Andrew Grove die Firma Intel und beginnen mit der Chip-Herstellung. Anfang der 80er Jahre wird Intel Chiplieferant für IBMs Personal Computer und profitiert ebenso wie Microsoft von dem Aufbrechen der vormals integrierten Wertschöpfungskette in der Computerindustrie.[44] 1985 beendet Intel aufgrund des steigenden Margen- und Kostendrucks die Fertigung von Chips und konzentriert sich auf Mikroprozessoren. In der Folgezeit entwickelt das Unternehmen seine Prozessoren-Generationen der 386er (1985), 486er (1989) und schließlich des ersten Pentium (1995). Intel wird führender Anbieter von Mikroprozessoren, Umsätze und Gewinne expandieren kontinuierlich.

Abbildung 82: Chronologie von Intel

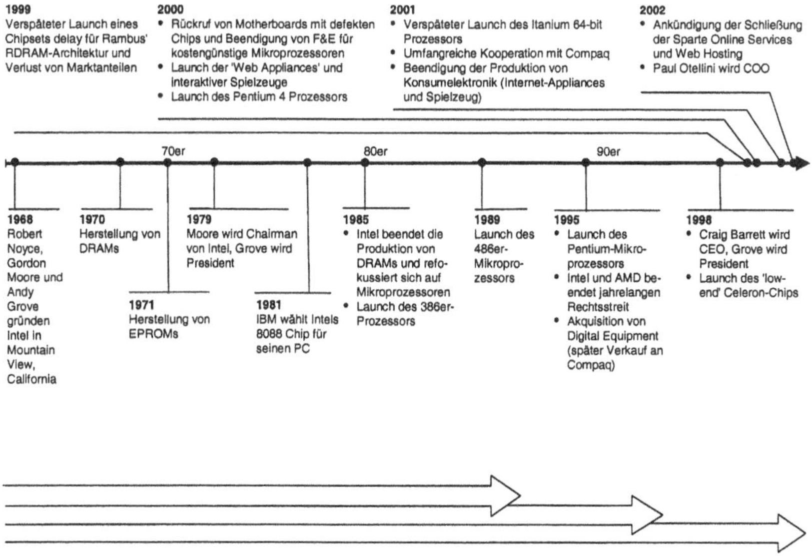

Quelle: eigene Darstellung, Intel Annual Reports 1998-2001, Hoover's Company Data

Das so genannte 'Wintel-Konsortium' mit den beiden Hauptakteuren Intel und Microsoft profitiert von den jahrelang steigenden Absätzen im PC-Markt. In den

[44] Zur Disaggregation und Fragmentierung in der Computerindustrie vgl. insbesondere C.1.2.7.

späten 90er Jahren diversifiziert Intel in einige Bereiche wie interaktive Spielzeuge, Internetdienste und Hosting-Leistungen, die es nur kurze Zeit später wieder aufgibt (s. Abbildung 82).

Intel erreichte 2001 einen Umsatz von 26,5 Mrd. US $. Die Geschäftsaktivitäten des Unternehmens werden in vier Sparten strukturiert (s. Abbildung 83):

1. **Intel Architecture**: Im Geschäftsbereich 'Architektur' bündelt Intel Mikroprozessoren und verwandte Produktkomponenten. Das Unternehmen erwirtschaftete in diesem Kernbereich seiner Geschäftsaktivitäten im Jahr 2001 einen Gewinn von 6,2 Mrd. US $ bei einem Umsatz von 21,4 Mrd. US $.
2. **Intel Communications**: Der Geschäftsbereich 'Kommunikation' umfasst Ethernet- und Konnektivitäts-Produkte, Komponenten für Netzwerkprozessoren, modulare Netzwerkinfrastrukturen und produkt-integrierte Mikrochips. Im Jahr 2001 erwirtschaftete Intel einen Verlust von 735 Mio. US $ bei einem Umsatz von 2,6 Mrd. US $.

Abbildung 83: Geschäftsfelder und Unternehmensdaten von Intel

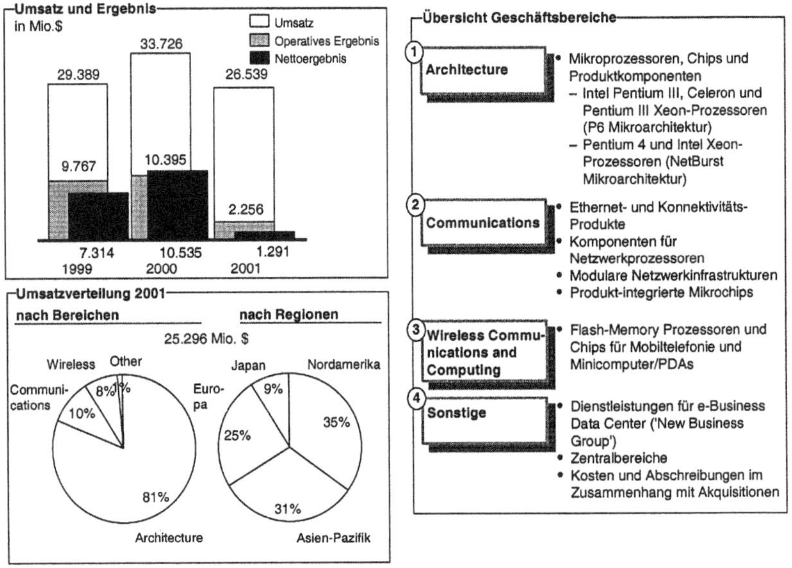

Quelle: eigene Darstellung, Intel Annual Reports 1998-2001, Hoover's Company Data

3. **Wireless Communications and Computing**: Im Bereich 'Mobile Kommunikation und Computer' vertreibt Intel seine Prozessoren und Chips für den Wachstumsbereich der Mobiltelefonie und Minicomputer/PDA. Auf

einen Umsatz von 2,2 Mrd. US $ kam 2001 ein operativer Verlust von 256 Mio. US $.

4. **New Business Group**: Innovative Wachstumsaktivitäten als Basis für zukünftige Aktivitäten bündelt Intel in der Sparte 'Neue Geschäftsfelder'. Auf einen Umsatz von 281 Mio. US $ entfielen hier operative Verluste in Höhe von ca. 3 Mrd. US $.

2.9.2. Analyse der Kooperationsaktivitäten

Die Geschäftsaktivitäten von Intel und insbesondere die Sparte 'Architektur', in der ca. 80 % des Umsatzes des Unternehmens erwirtschaftet werden und die als einziger Geschäftsbereich rentabel ist, lassen sich vorwiegend auf der Wertschöpfungsstufe der Endgeräte einordnen. Lediglich der Geschäftsbereich 'Communications' ist in Teilen auch der Stufe der Übertragung zuzuordnen. Die Mehrzahl der insgesamt **204 Kooperationen** im Betrachtungszeitraum von 1990 bis 2000 entfallen auf den Bereich der Manipulation und Plattformdienste, angesichts der Struktur der Computerindustrie nicht verwunderlich. Auch auf den Stufen der Übertragung und der Endgeräte existieren eine hohe Anzahl von Kooperationen (s. Abbildung 84).

Abbildung 84: Einordnung der Geschäftseinheiten von Intel

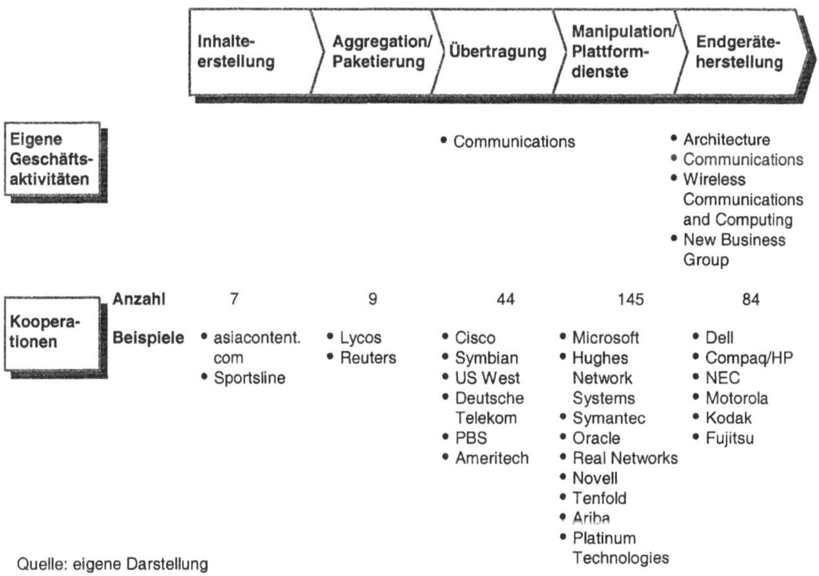

Quelle: eigene Darstellung

Intels Kooperationsportfolio der eingegangenen kooperativen Arrangements im Laufe der 90er Jahre weist die folgenden Charakteristika auf (s. Abbildung 85):

1. **Mittlere Konvergenzintensität hinsichtlich des Marktfokus bzw. des Konvergenzbereichs der Kooperation**: 82 % der Kooperationen konzentrieren sich auf den Bereich Personal Computer, 18 % fokussieren sich auf die TV- und Telefonie-Bereiche der IuK-Industrie. Damit zeigt das Kooperationsportfolio von Intel im Vergleich zu den Wettbewerbern eine mittlere Konvergenzintensität.
2. **Hohe Konvergenzintensität hinsichtlich der Branchenaffinität der Kooperationspartner**: 31 % der Kooperationen erfolgen mit Partnern aus dem Hardwarebereich, 65 % mit Unternehmen aus anderen Konvergenzbereichen, insbesondere mit Softwarefirmen, die an der Hälfte der Kooperationen beteiligt sind. Knapp 4 % erfolgen mit Partnern, die ihren Geschäftsschwerpunkt außerhalb der IuK-Industrie haben. Damit weist das Kooperationsportfolio Nokias eine hohe Konvergenzintensität hinsichtlich der Branchenaffinität der Kooperationspartner auf, insbesondere aufgrund der zahlreichen Kooperationen mit Softwarefirmen. Dies reflektiert auch das Geschäftsmodell des Unternehmens, das als Komponentenhersteller für PC-Hersteller auf die Zusammenarbeit mit Softwareunternehmen angewiesen ist.
3. **Langfristig orientierte Zielsetzung bzw. Wachstumsperspektive**: 42 % der Kooperationen im Untersuchungszeitraum haben einen eher kurzfristigen Zeithorizont, während 58 % mittel- bis langfristig angelegt sind. Im Vergleich zu anderen Unternehmen verfolgt Intel damit eine relativ langfristig orientierte Kooperationsstrategie.
4. **Starke Zunahme der Kooperationen im Verlauf des Untersuchungszeitraums**: 1993 verdoppelte sich die Zahl der Kooperationen gegenüber dem Vorjahr auf 11, anschließend erfolgt ein kontinuierlicher Anstieg bis auf 27 Kooperationen im Jahr 1997. Die folgende Verdoppelung im Folgejahr 1998 bildet gleichzeitig den Höhepunkt der Kooperationsaktivitäten. Nach über 40 Kooperationen in den Jahren 1998 und 1999 ist seitdem wieder ein Rückgang festzustellen. Damit liegt Intel im Trend der anderen untersuchten Unternehmen und der gesamten IuK-Industrie.
5. **Hoher Abdeckungsgrad der Wertschöpfungskette**: 40 % der Kooperationen involvieren die Wertschöpfungsstufe der Endgeräte, in 70 % der Fälle ist die Stufe der Manipulation und Plattformdienste involviert. Weitere 21 % der Kooperationen involvieren die Stufe der Übertragung, während die Erstellung und Aggregation von Inhalten zusammen knapp 8 % ausmachen. Folglich weist Intel einen hohen Abdeckungsgrad der Wertschöpfungskette auf, allerdings mit deutlichem Schwerpunkt auf die hinteren Wertschöpfungsstufen.

6. **Proaktive Kooperationsmotive und hoher Initiativgrad**: Intels Kooperationsprofil ist proaktiv, Zielsetzungen wie Markterschließung und Standarddurchsetzung sind überdurchschnittlich häufig Motive der eingegangenen Kooperationen. Insbesondere mit Microsoft existieren zahlreiche Kooperationen. Insgesamt schloss Intel im Verlauf der 90er Jahre im Rahmen bilateraler und multilateraler Arrangements 19 Kooperationen mit Microsoft ab.
7. **Regionale Schwerpunktsetzung**: 69 % der Kooperationspartner sind wie Intel aus der nordamerikanischen Wirtschaftsregion, ca. 18 % der Kooperationen erfolgen mit Partnern aus Europa oder Asien. An 13 % der Kooperationen sind Wirtschaftspartner aus der eigenen und einer anderen Region beteiligt. Insgesamt verdeutlicht dieser Wert eine für die untersuchten amerikanischen Unternehmen durchaus typische regionale Schwerpunktsetzung. Im Vergleich zu anderen untersuchten Unternehmen liegt dieser Prozentsatz allerdings deutlich unter dem Durchschnitt.

Abbildung 85: Kooperationsprofil von Intel

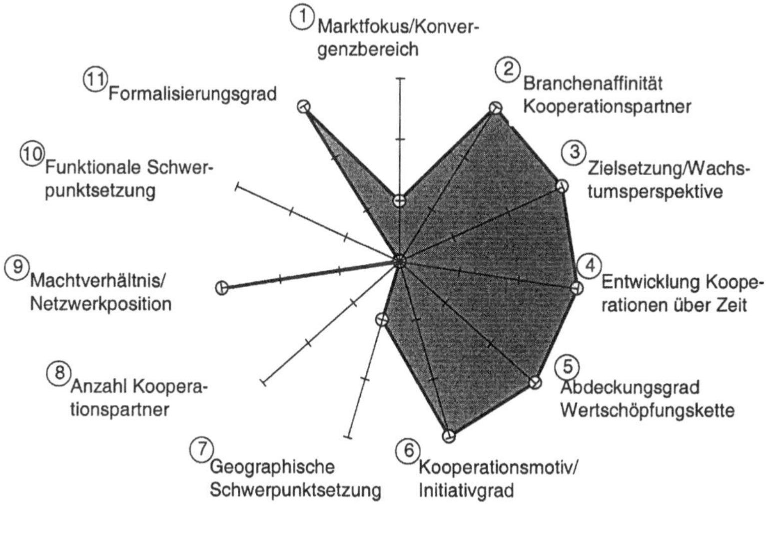

Quelle: eigene Darstellung

8. **Schwerpunkt bilateraler Kooperationen**: 78 % der Kooperationen sind bilateraler Natur, 22 % haben mehrere Partner. Damit zeigt das Kooperationsportfolio Intels deutliche bilaterale Schwerpunkte. Dies geht auch der

monofunktionalen Gestaltung und der Präferenz für relativ formalisierte Kooperationsverhältnisse einher.

9. **Stark asymmetrisches Machtverhältnis mit dominanter Machtposition**: In der Hälfte der Kooperationen ist die Machtkonstellation relativ gleichgewichtig und die Kooperationspartner haben eine Intel vergleichbare Wirtschafts- und Finanzkraft. In 50 % der Fälle jedoch ist Intel der einflussreichere Partner in einer asymmetrischen Kooperation. Insgesamt favorisiert Intel im Vergleich zu anderen Unternehmen der IuK-Industrie asymmetrische Kooperationen mit kleineren Kooperationspartnern.
10. **Monofunktionale Gestaltung**: Ca. 94 % der Kooperationen sind monofunktional, insbesondere die Funktionen FuE und Produktion sind überdurchschnittlich häufig vertreten. Nur 6 % der Kooperationen sind multifunktional ausgerichtet, im Vergleich zu Wettbewerbern offenbart dies einen insgesamt deutlichen Schwerpunkt monofunktionaler Kooperationen.
11. **Relativ hoher Formalisierungsgrad**: Vier Fünftel der Kooperationen sind vertraglich geregelt. Allerdings investiert Intel in 18 % der Fälle in seine Partnerunternehmen, weitere 2 % sind als Joint Ventures aufgesetzt. Damit weist das Kooperationsportfolio Intels bei einem hohen Anteil vertraglicher Kooperationen im Vergleich zu den anderen Unternehmen der IuK-Industrie einen relativ hohen Formalisierungsgrad auf. Dies ist mit den Präferenzen für bilaterale, asymmetrische und monofunktionale Kooperationen mit meist amerikanischen Partnern zu vereinbaren.

2.9.3. Konvergenzmuster und -strategien

Intels Schwerpunkte entlang der konvergenten Wertschöpfungskette liegen traditionell auf der Stufe der Endgeräte bzw. bei Hardwarekomponenten für Computer. In den letzten Jahren nimmt auch die Bedeutung alternativer Zugangsplattformen und mobiler Endgeräte (PDAs, Mobiltelefone) zu. Mit seinem Geschäftsbereich Communications versucht sich Intel auch als Anbieter von Komponenten für Telekommunikations- und Infrastrukturfirmen zu etablieren. Zusätzlich werden in der 'New Business Group' neue Aktivitäten verschiedener Wertschöpfungsstufen, schwerpunktmäßig im Bereich der Endgeräte, aufgebaut.

Um auch zukünftig zu wachsen, muss Intel vermehrt alternative Zugangsplattformen jenseits des PC erschließen. Auch wenn das Unternehmen bisher dem im 'Moore's Law' formulierten ambitionierten Fortschrittsdogma eines ihrer Unternehmensgründer mit den seitdem entwickelten Produktgenerationen folgen konnte, ist ohne die Entwicklung attraktiver Programme und Applikationen und aufgrund der gegenwärtigen Wachstumsschwäche der PCs eine Fortsetzung der Wachstumsraten der 90er Jahre zukünftig nur schwer vorstellbar.

Abbildung 86: Wachstumsstrategie und Konvergenzmuster von Intel

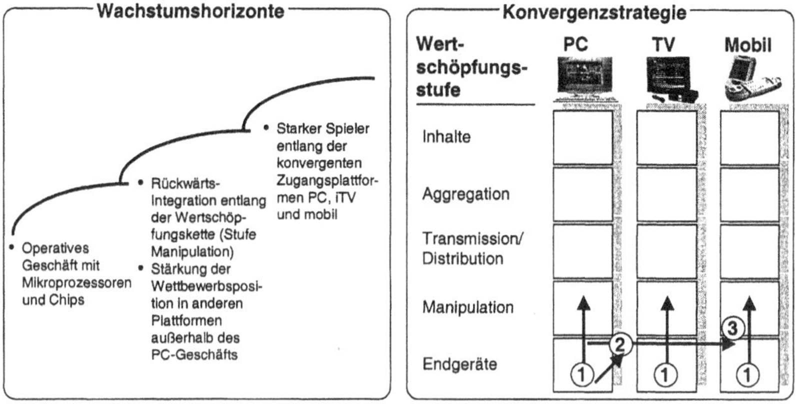

(1) Stärkung des Kerngeschäfts und sukzessive Expansion in die Wertschöpfungsstufe Manipulation

(2) Übergang zu Breitband-Angeboten (ausgehend von PC-Plattform auch iTV und Mobile)

(3) Etablierung eines konvergenten Angebots entlang der Erlebniswelten PC, iTV und Mobile

Quelle: eigene Darstellung

Angesichts konvergenter Entwicklungen der IuK-Industrie ist für Intel auch die Stärkung der eigenen Wettbewerbsposition im Computerbereich von hoher Wichtigkeit. Aufgrund der zunehmenden Bedeutung des Internets, zahlreicher Varianten preisgünstiger, internetfähiger PCs und alternativer Endgeräte muss Intel seine Position verteidigen. Vor allem Kooperationen stellen ein Mittel zur Erreichung dieser Ziele dar. Neben der Aufrechterhaltung des 'Wintel'-Konsortiums' und dessen Übertragung auf alternative Endgeräte sind Kooperationen auf der Stufe der Endgeräte und rückwärtsgerichtet auf die Stufen Manipulation und Übertragung notwendig (s. Abbildung 86). Auch die drei Erlebniswelten der PC-basierten, der iTV-basierten und der mobilen Plattformen müssen von Intel weiter erschlossen, koordiniert und unter Berücksichtigung von Interdependenzen geführt werden. Bestehende Ansätze bei der Produktion von Prozessoren für Set-Top Boxen und PDAs müssen in einer integrierten Konvergenzstrategie zusammengeführt und mittels Kooperationen erfolgreich umgesetzt werden.

2.10. Unternehmensfallstudie Sony

2.10.1. Charakterisierung und Einordnung des Unternehmens

Der Vorläufer von Sony wurde 1945 von dem Japaner Morita unter dem Namen Tokyo Telecommunications Engineering gegründet. 1958 erfolgte die Umbenennung in Sony. Die Firma erfand und entwickelte eine Vielzahl von Geräten der Unterhaltungselektronik wie den Kassettenrecorder (1950), das Transistorradio (1955), den Videorecorder (1960), den Trinitron-Farbfernseher (1968) und schließlich den Walkman (1979). In den 80er Jahren fertigte Sony erstmalig Komponenten für Computer und produzierte außerdem seine erste 32-bit Workstation. Außerdem expandierte das Unternehmen mit der Akquisition von CBS Records im Jahr 1987 und Columbia und TriStar Pictures im darauf folgenden Jahr in die Bereiche Inhalte und Entertainment (s. Abbildung 87).

Abbildung 87: Chronologie von Sony

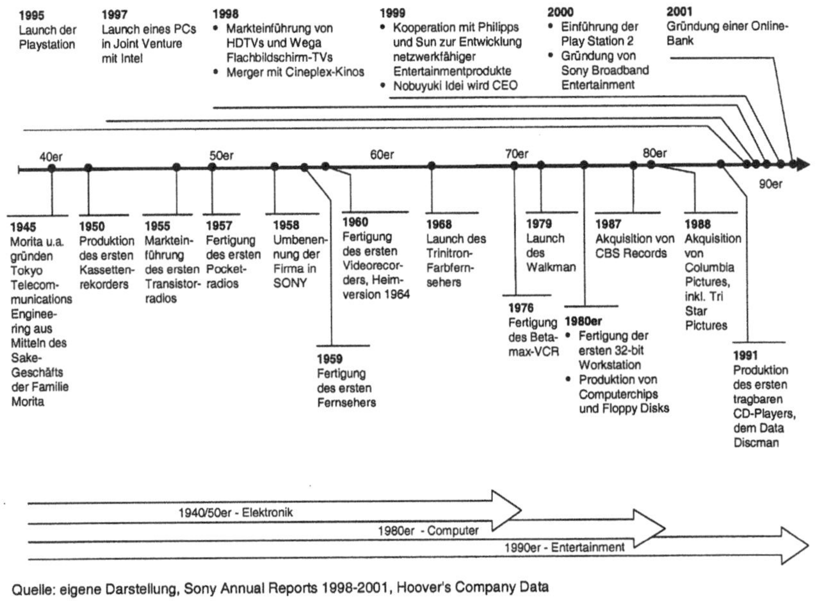

Quelle: eigene Darstellung, Sony Annual Reports 1998-2001, Hoover's Company Data

In den 90er Jahren führte Sony seine Innovationen fort: 1995 mit dem Vertrieb der PlayStation, einer Videokonsole, dessen Nachfolger auch heute noch die Marktführerschaft im Markt für Videospiele innehat, und neuen PC- und TV-Produkten. In zahlreichen Kooperationen, z.B. mit Unternehmen wie Intel, Philips und Sun, erschloss Sony weitere Geschäftsfelder. Mittels selektiver Akquisitionen expandierte das Unternehmen in neue Bereiche wie z.B. Cineplex-Kinos, Breitband-Entertainment und eine Online-Bank.

Sony erwirtschaftete im Geschäftsjahr 2001 einen Umsatz in Höhe von 7,3 Bio. Yen (ca. 5,9 Mrd. US $). Das Unternehmen strukturiert seine Geschäftsaktivitäten folgendermaßen (s. Abbildung 88):

1. **Electronics**: Das Elektronikgeschäft umfasst die Bereiche Audio, Video, Fernsehen, Informations- und Kommunikationstechnologie und Elektronik-Komponenten und erzielte 2001 einen operativen Gewinn von 249 Mrd. Yen bei einem Umsatz von 5,5 Bio. Yen. Mehr als zwei Drittel der gesamten Unternehmensumsätze entfallen auf diese Sparte.

Abbildung 88: Geschäftsfelder und Unternehmensdaten von Sony

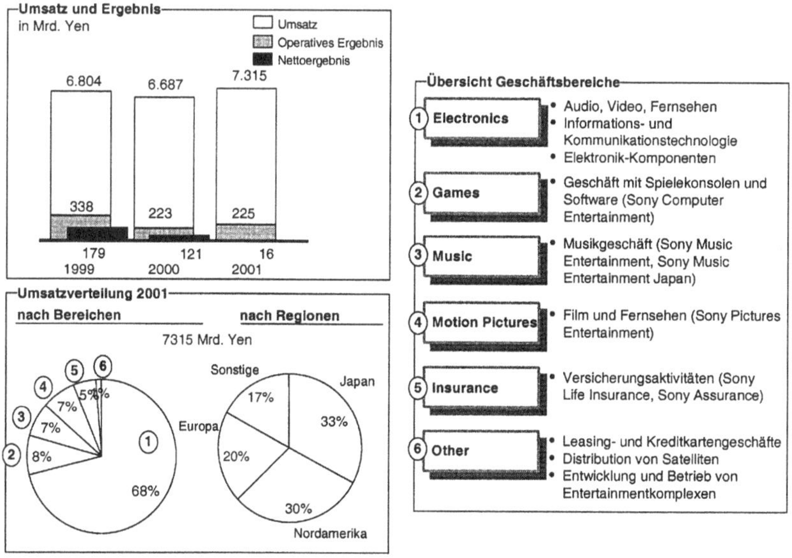

*Geschäftsjahr vom 1. April - 31. März

Quelle: eigene Darstellung, Sony Annual Reports 1998-2001, Hoover's Company Data

2. **Music**: Die Musiksparte Sony Music Entertainment erzielte im Geschäftsjahr 2001 einen operativen Gewinn in Höhe von 21 Mrd. Yen bei einem Umsatz von 612 Mrd. Yen.

3. **Games**: Das Spielegeschäft besteht aus den Bereichen Spielekonsolen und Software, einschließlich der Aktivitäten im Zusammenhang mit der PlayStation. Die Sparte erzielte im Jahr 2001 einen operativen Verlust von 51 Mrd. Yen bei einem Umsatz von 661 Mrd. Yen.
4. **Pictures**: Die Sparte Sony Pictures Entertainment umfasst die Bereiche Film und Fernsehen einschließlich der Filmstudios Columbia und TriStar Pictures. Das Betriebsergebnis betrug 2001 ca. 4 Mrd. Yen bei einem Umsatz von 555 Mrd. Yen.
5. **Insurance**: Die Versicherungsaktivitäten unter dem Dach von 'Sony Life Insurance' erzielten 2001 einen operativen Gewinn von 18. Mrd. Yen bei einem Umsatz von 427 Mrd. Yen.
6. **Andere Bereiche** beinhalten die Leasing- und Kreditkartengeschäfte des Unternehmens, die Distribution von Satelliten sowie die Entwicklung und den Betrieb von Entertainment-Komplexen. Bei einem Umsatz von 405 Mrd. Yen machte Sony im Geschäftsjahr 2001 einen Verlust von 11 Mrd. Yen. Auch wenn Sony gegenwärtig darüber nachdenkt, die Versicherungsaktivitäten in Kooperation mit einem ausländischen Versicherungskonzern zu betreiben,[45] stellen diese Geschäftsaktivitäten weiterhin einen relativ bedeutenden Teil des Unternehmensportfolios dar.

2.10.2. Analyse der Kooperationsaktivitäten

Sonys Stärken entlang der konvergenten Wertschöpfungskette liegen einerseits auf der Stufe der Endgeräte mit den Geschäftsbereichen 'Electronics' und 'Games' sowie bei Produktion und Aggregation von Inhalten in den Musik- und Film-Sparten des Unternehmens. Sony kontrolliert damit sowohl die Wertschöpfungsstufen der Inhalte als auch der Endgeräte. Die insgesamt eingegangenen **218 Kooperationen** im Zeitraum von 1990 bis 2000 reflektieren die besondere Bedeutung des hinteren Teils der Wertschöpfungskette. Unter Partizipation von Unternehmen der Stufe Manipulation und Plattformdienste erfolgen 99 Kooperationen, in insgesamt 114 Kooperationen sind Partner der Wertschöpfungsstufe Endgeräte involviert (s. Abbildung 89). Auch der vordere Teil der Wertschöpfungskette zeigt zahlreiche Kooperationen, allerdings nicht in vergleichbarem Maße wie auf den hinteren Wertschöpfungsstufen.

Die verfolgte Kooperationsstrategie und das aggregierte Portfolio der unternehmerischen Kooperationsaktivitäten weisen für den Untersuchungszeitraum die folgenden Merkmale auf (s. Abbildung 90):

1. **Hohe Konvergenzintensität hinsichtlich des Marktfokus bzw. der Konvergenzbereiche der Kooperationen**: Ein Viertel der Kooperationen im Untersuchungszeitraum fallen in den Bereich Elektronik, jeweils gut 30

[45] O.V. (2002a), S. 1 (Nihon Kezai Shinbun vom 6.9.2002).

% der Kooperationen entfallen auf die Plattformen Fernsehen und Computer. Sony zeigt damit eine starke Abdeckung der Plattformen TV und PC. Das Kooperationsportfolio von Sony reflektiert die konvergente Strategie und die Stellung des Unternehmens als integrierter Hersteller von Komponenten und Endgeräten in den Bereichen PC und TV.

Abbildung 89: Einordnung der Geschäftseinheiten von Sony

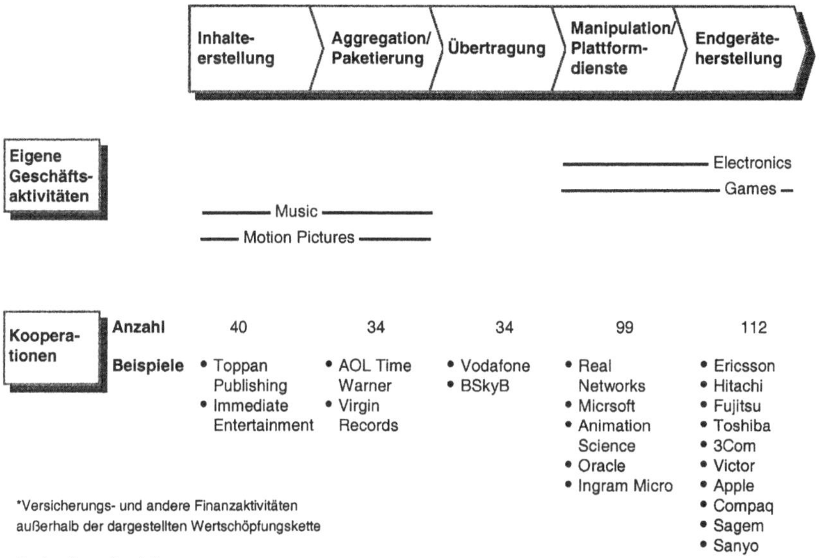

Quelle: eigene Darstellung

2. **Hohe Konvergenzintensität hinsichtlich der Branchenaffinität der Kooperationspartner**: 37,5 % der Kooperationen im Untersuchungszeitraum entfallen auf den Bereich Hardware der Informationstechnologie, knapp die Hälfte der Kooperationen auf andere Konvergenzbereiche: Software in 25 %, Medien in 13 % und Telekommunikation in 11 % der Kooperationen. Knapp 14 % der Kooperationen erfolgen mit Unternehmen außerhalb der IuK-Industrie. Somit weisen die Kooperationsaktivitäten auch hinsichtlich der Branchenaffinität der Partnerunternehmen eine hohe Konvergenzintensität auf.
3. **Relativ langfristig orientierte Zielsetzung bzw. Wachstumsperspektive**: Knapp 60 % der Kooperationen reflektieren eine eher kurzfristige Zielsetzung, gut 40 % der Kooperationen im Untersuchungszeitraum haben hingegen mittel- bis langfristige Perspektiven. Dies ergibt im Vergleich zu

anderen Unternehmen eine relativ langfristig orientierte Kooperationsstrategie.

4. **Starke Zunahme der Kooperationen im Verlauf des Untersuchungszeitraums**: Zwischen 1990 und 1997 ging Sony im Durchschnitt ca. 12 Kooperationen pro Jahr ein, in den Jahren 1998 und 1999 waren es dann je 47 und 62 Kooperationen. Ab dem Jahr 2000 ist wieder ein Rückgang auf das Niveau früherer Jahre festzustellen. Damit liegt das Unternehmen im allgemeinen Trend der IuK-Industrie.

Abbildung 90: Kooperationsprofil von Sony

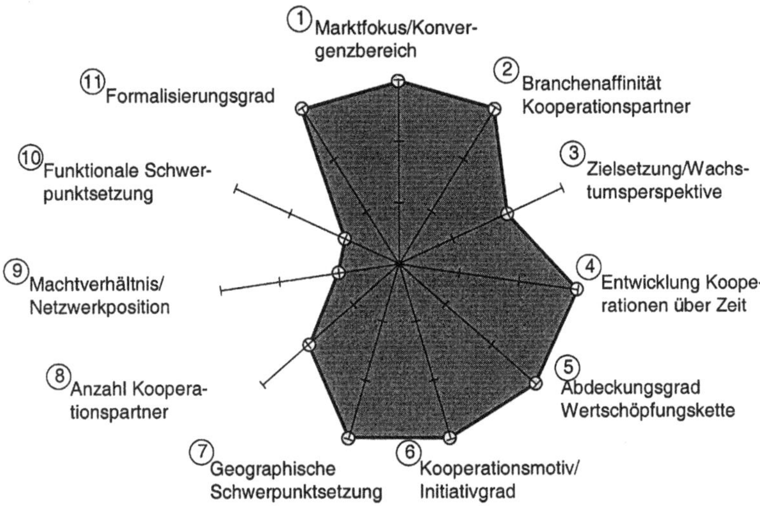

Quelle: eigene Darstellung

5. **Hoher Abdeckungsgrad der Wertschöpfungskette**: 43 % der Kooperationen sind horizontal und fokussieren sich auf die Wertschöpfungsstufe der Endgeräte. In 39 % der Fälle ist die Stufe Manipulation wichtiges Kooperationsfeld. Auch die vorgelagerten Wertschöpfungsstufen werden relativ gut abgedeckt: Übertragung und Aggregation/Plattformdienste (je gut 13 %) sowie die Stufe der Inhalte (knapp 16 %). Damit weist Sony einen hohen Abdeckungsgrad der gesamten Wertschöpfungskette auf; die Struktur des Kooperationsportfolios reflektiert weitgehend die Geschäftsaktivitäten und Unternehmenssparten von Sony.

6. **Proaktive Kooperationsmotive und hoher Initiativgrad**: Das Kooperationsverhalten von Sony ist weitgehend proaktiv, sowohl hinsichtlich der Expansion entlang der Wertschöpfungskette als auch in Bezug auf offensive Kooperationsmotive wie Produktinnovation und Markterschließung.
7. **Globale Schwerpunktsetzung**: 24 % der Kooperationen erfolgen mit asiatischen Partnern, ca. 61 % hingegen mit Partnern aus anderen Wirtschaftsregionen. In 16 % der eingegangenen Kooperationen sind sowohl japanische bzw. asiatische Unternehmen als auch Unternehmen aus anderen Regionen beteiligt. Somit ergibt sich für das Kooperationsportfolio von Sony eine Beteiligung von Unternehmen des europäischen und nordamerikanischen Wirtschaftsraums in fast 80 % der Fälle und damit eine deutlich globale Ausrichtung der Kooperationsstrategie.
8. **Relativ multilaterale Kooperationsgestaltung**: 66 % der Kooperationen im Untersuchungszeitraum erfolgen mit einen einzelnen Kooperationspartner, die übrigen 34 % der Kooperationen involvieren mindestens zwei Unternehmen. Im Vergleich zu den Wettbewerbern der IuK-Industrie verfolgt Sony damit eine relativ multilateral ausgerichtete Kooperationsstrategie.
9. **Leicht asymmetrisches Machtverhältnis mit starker Position**: 69 % der Kooperationen, die Sony im Untersuchungszeitraum initiierte, sind relativ gleichgewichtig. In 31 % der Fälle hat Sony hingegen deutliche Übergewichte gegenüber eher schwächeren Kooperationspartnern. Damit ist das Kooperationsportfolio im Vergleich zu Wettbewerbern der IuK-Industrie leicht asymmetrisch.
10. **Relativ monofunktionale Gestaltung**: Ca. 83 % der Kooperationen sind monofunktional, insbesondere die Funktionen Produktion (32 %), Forschung und Entwicklung (20 %) und Marketing (18 %) liegen häufig im Fokus der Vereinbarungen. Mit nur 17 % multifunktional ausgerichteter Kooperationen ist das Kooperationsportfolio in den 90er Jahren insgesamt relativ monofunktional gestaltet.
11. **Mittlerer Formalisierungsgrad**: 81 % der Kooperationen werden vertraglich geregelt, ca. 19 % hingegen weisen einen höheren Formalisierungsgrad in Form von Kapitalbeteiligungen (6 %) und Joint Ventures (13 %) auf. Damit verfolgt Sony im Vergleich zu Wettbewerbern der IuK-Industrie in seinem Kooperationsportfolio insgesamt einen mittleren Formalisierungsgrad.

2.10.3. Konvergenzmuster und -strategien

Sony ist sowohl in seinen Geschäftsbereichen medialer Inhalte als auch bei den Endgeräten besonderen Herausforderungen durch die zunehmende Verbreitung des Internets ausgesetzt, z.B. im Zusammenhang mit der steigenden Zahl der Internetnutzer auf Online-Tauschbörsen und den damit einhergehenden Copyright-Problemen. Diese Probleme betreffen in besonderem Maße die Musik- und die Filmsparte des Unternehmens und werden mit steigenden Bandbreiten weiter zunehmen. Auch die wachsende Vernetzung und Konvergenz der Endgeräte beeinflussen die Situation der Elektroniksparte. Geräte der Unterhaltungselektronik erhalten zunehmend interaktive, vernetzte und multifunktionale Elemente.[46] Gleichzeitig wachsen bisher weitgehend getrennte Hardware-Märkte für Telekommunikation, Computer und Unterhaltungselektronik zusammen und erhöhen die Wettbewerbsintensität und Innovationsgeschwindigkeit.

Abbildung 91: Wachstumsstrategie und Konvergenzmuster von Sony

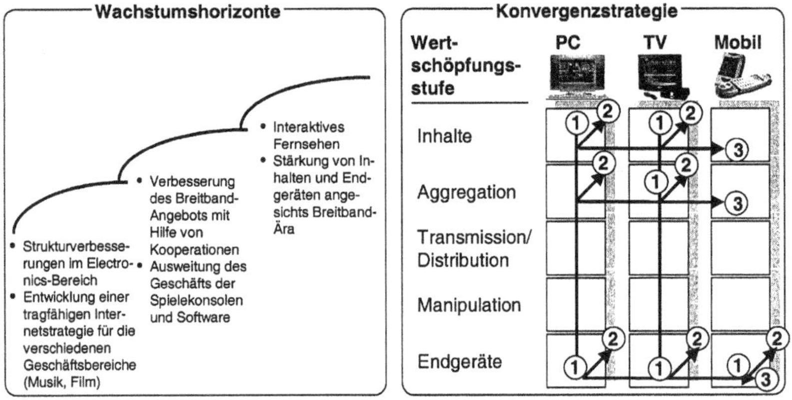

① Abdeckung/Koordination der Wertschöpfungsketten für Plattformen TV / PC und 'mobil'

② Übergang zu Breitband-Angeboten vom Ausgangspunkt Inhalte und Endegräte

③ Etablierung eines integrierten konvergenten Angebots

Quelle: eigene Darstellung

Sony hat mit einer Umstrukturierung auf die Herausforderungen reagiert. Das Unternehmen wurde in seiner Organisationsstruktur so umgebildet, dass die zunehmende Bedeutung konvergenter Entwicklungen inhaltlich stärker berücksichtigt und strukturell besser abgebildet wird. Die einzelnen Produktbereiche der Elektronik-Sparte wurden 2001 zu sieben so genannten 'Network Companies' zusam-

[46] Sony gilt als einer der führenden Anbieter von vernetzten Geräten der Unterhaltungselektronik und ist auch gegenwärtig sehr aktiv bei der Entwicklung und Vermarktung derartiger Produkte. Vgl. o.V. (2002b), S. 13 (Nihon Kezai Shinbun vom 5.9.2002)

mengefasst, im Rahmen derer eine bessere Integration neuer Funktionalitäten in die bestehenden Produkte ermöglicht wird.[47] Sonys Vision eines 'wissensintensiven Unternehmens der breitbandigen Netzwerk-Ära' [48] macht das Unternehmen zu einem konvergenten Wettbewerber im gesamten Spektrum der IuK-Industrie. Sony besitzt dabei die globale Präsenz und die vielfältigen Vermögenswerte und Ressourcen entlang der Wertschöpfungskette von Inhalten bis zu Endgeräten. Das Unternehmen hat eine starke Marke, die sowohl bei Unterhaltungselektronik als auch bei Computern bekannt und attraktiv ist. Außerdem hat das Unternehmen Erfahrung und Fähigkeiten entlang PC- und TV-basierter als auch mobiler Plattformen.[49]

Für die Kooperations- und Konvergenzstrategie des Unternehmens ergeben sich in diesem Zusammenhang (a) die vertikale Koordination entlang der Wertschöpfungskette einerseits wie auch die plattform-übergreifende Koordination von Inhalten und insbesondere Endgeräten (z.B. Internet-Konnektivität von Spielekonsolen, Vernetzung und Konvergenz von Sprache und Daten bei mobilen Endgeräte wie PDAs und sog. Smart-Phones), (b) die Migration in breitbandige Erlebniswelten ausgehend von den Wertschöpfungsstufen Inhalten und Endgeräten sowie (c) die mittelfristige Positionierung als konvergenter Spieler mit einer integrierten Gesamtstrategie (s. Abbildung 91).

Sony verfolgt außerdem häufig Strategien proprietärer Standards wie im Falle der Mini Disc oder der Beta-Technologie für Videorecorder. Diese Vorgehensweise ist mit hohen Risiken aufgrund der besonderen Schwierigkeiten der Generierung von Netzeffekten und Kritische-Masse-Effekten verbunden, garantiert bei Erfolg jedoch einen hohen Anteil am Markt und der erzielten Wertschöpfung.[50] Kooperationen mit anderen innovations- und kapitalstarken Unternehmen waren und sind für Sony nicht zuletzt deswegen ein wichtiges Instrument zur Erreichung von strategischen Zielen.

---

47 Vgl. Sony Annual Repport (2001), S. 20f.

48 Vgl. Sony Annual Report (2002), S. 9; In der englischen Fassung wird die Bezeichnung 'knowledge-emergent enterprise in the broadband network era' verwandt.

49 Z.B. aufgrund von Kooperationen mit WebTV.

50 Vgl. Kesrel (1999), S. 14.

3. Unternehmensübergreifende Beobachtungen

Im Anschluss an die unternehmensspezifischen Analysen der Kooperationsstrategien und die Ableitung strategischer Handlungsoptionen ermöglicht die unternehmensübergreifende Betrachtung weitere Erkenntnisse. Zum einen sollen **Unterschiede bzw. Gemeinsamkeiten zwischen den einzelnen Unternehmen** identifiziert und außerdem die **Wechselwirkung zwischen Unternehmensstrategien und konvergenten Industrieentwicklungen** untersucht werden. Insbesondere werden (a) die unternehmensspezifische Positionierung und Abdeckung der Wertschöpfungskette, (b) der Grad der Konvergenzintensität der verfolgten Kooperationsstrategien und (c) die Entwicklung von Normstrategien betrachtet.

3.1. Positionierung und Abdeckung der Wertschöpfungskette

Die ausgewählten Firmen sind global aktive und vergleichsweise leistungsstarke Unternehmen der IuK-Industrie mit Ursprüngen in den verschiedenen Teilbereichen Medien, Telekommunikation und dem Hard- und Softwarebereich der Informationstechnologie. Ihre Positionierung entlang der IuK-Wertschöpfungskette reflektiert diese unterschiedlichen ressourcenspezifischen Ausgangspunkte. Die Medienunternehmen Bertelsmann und Disney zeigen strategische Schwerpunkte auf den Wertschöpfungsstufen der Erstellung und Aggregation von Inhalten bei gleichzeitiger Vorwärtsexpansion in die Bereiche Übertragung und Manipulation mit Hilfe von Kooperationen. Das Unternehmen AOL mit seinen Ursprüngen in den so genannten neuen Medien hat daneben noch einen weiteren Schwerpunkt auf der Stufe der Manipulation und Plattformdienste (s. Abbildung 92).

Die Kernaktivitäten der Telekommunikationsanbieter NTT, Deutsche Telekom und Telefonica hingegen zentrieren sich auf die Wertschöpfungsstufe der Übertragung, d.h. die Transmission und Distribution von Daten und Inhalten. Unter dem Einfluss konvergenter Entwicklungen expandieren alle untersuchten Unternehmen rückwärtsgerichtet auf die Stufe der Aggregation und Paketierung von Inhalten und vorwärtsgerichtet in Richtung Manipulation und Plattformdienste. Auch hier erfolgen die Kooperationen größtenteils parallel zu anderen Wachstumsaktivitäten in Form organischen Wachstums und Akquisitionen. Eine Abweichung unter den Telekommunikationsfirmen stellt Telefonica hinsichtlich der Integration der Wertschöpfungsstufe Inhalte dar. Während NTT und die Deutsche Telekom diese Wertschöpfungsstufe mittels Kooperationen ihrer Geschäftsbereiche für Online- und Mobilfunkaktivitäten abdeckten, betrieb Telefonica eine eher akquisitionsbasierte Expansionsstrategie.

Abbildung 92: IuK-Unternehmen und Positionierung entlang der Wertschöpfungskette

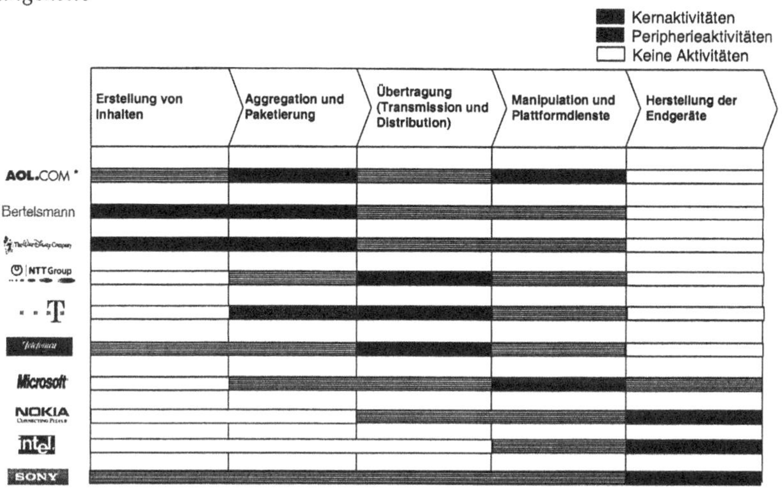

* Die Fusion von AOL und Time Warner transformiert das Unternehmen zum integrierten Anbieter und verstärkt die Positionierung auf den Wertschöpfungsstufen Inhalte und Übertragung. Die hier abgebildeten Geschäftsaktivitäten von AOL stellen die Struktur des Unternehmens in den 90er Jahren dar und exkludieren die spätere Fusion.
** Sony akquirierte erst im Verlauf der 90er Jahre Vermögenswerte auf den Stufen der Inhalte und Paketierung.
Quelle: eigene Darstellung

Unternehmen der Informationstechnologie lassen sich grundsätzlich in Software- und Hardwarefirmen unterscheiden. Erstere betätigen sich schwerpunktmäßig auf der Stufe Manipulation und Plattformdienste, Letztere stärker im Bereich der Endgeräte. Die **Bedeutung der Branchenaffinität** zeigt sich auch für die **Expansionsrichtungen und Kooperationen mit Partnern der jeweils angrenzenden Wertschöpfungsstufe**: Hardwarefirmen kooperieren mit Firmen der Wertschöpfungsstufe der Manipulation und Plattformdienste, Softwarefirmen häufig mit Partnern der Stufe der Endgeräte. Darüber hinaus lassen sich unterschiedliche Grade der rückwärtigen Kooperationsintensität feststellen: während Intel lediglich die beiden letzten Wertschöpfungsstufen abdeckt, initiiert Nokia zahlreiche Aktivitäten mit Unternehmen der Stufe Übertragung. Microsoft kooperiert darüber hinaus noch mit Inhalteanbietern und Aggregatoren. Sony stellt in diesem Zusammenhang einen Sonderfall dar, da das Unternehmen im Verlauf der 90er Jahre zahlreiche Vermögenswerte auf den Stufen der Erzeugung und Paketierung von Inhalten akquirierte und mittlerweile zusammen mit den bestehenden Geschäftsaktivitäten im Hardwarebereich einen hohen Integrationsgrad aufweist. Die Kooperationsstrategie der Unternehmen reflektiert in diesem Fall die im gleichen Zeitraum vorgenommenen Akquisitionen nur eingeschränkt. Andererseits zeigt das Unternehmen nicht zuletzt wegen seiner Interessen auf den vorderen Stufen der Wertschöpfungskette einen höheren Abdeckungsgrad als die anderen Hardwareanbieter.

3.2. Kooperationsanzahl

Alle betrachteten Unternehmen, mit Einschränkungen bei Disney und Telefonica, engagierten sich im Untersuchungszeitraum stark in Kooperationen und Netzwerken mit anderen Unternehmen. Die meisten Kooperationen gingen mit Microsoft und AOL die Unternehmen mit dem größten Internetfokus ein. Insbesondere Microsoft war mit mehr als 500 Kooperationen mit Abstand das aktivste Unternehmen (s. Abbildung 93). Ebenfalls eine relativ hohe Anzahl von Kooperationen initiierten NTT, Nokia, Sony und Intel mit je mehr als 200 Kooperationen im Zeitraum von 1990 bis 2000. Auch die Deutsche Telekom und Bertelsmann waren vergleichsweise aktiv, während Disney und Telefonica mit je ca. 50 Kooperationen im Vergleich zu anderen Unternehmen der IuK-Industrie ein relativ begrenztes Kooperationsportfolio aufbauten. Insgesamt indiziert die starke Zunahme der Kooperationen im Verlauf der 90er Jahre neben dem Einfluss konvergenter Industrieentwicklungen auch die Bedeutungszunahme von Kooperationen als Strategieinstrument innerhalb der IuK-Industrie und für die betrachteten Unternehmen.

Abbildung 93: Anzahl und Ausprägung der untersuchten Kooperationen

	Anzahl Kooperationen
AOL.COM	314
Bertelsmann	113
The Walt Disney Company	53
NTT Group	243
T	171
Telefonica	55
Microsoft	538
NOKIA Connecting People	229
intel	204
SONY	218

Kooperationsprofile

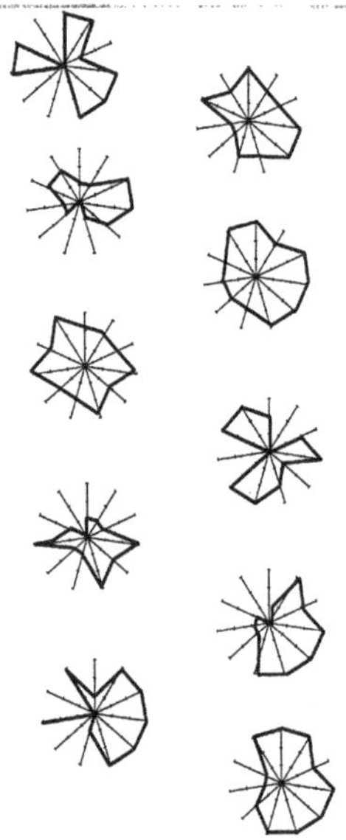

Quelle: eigene Darstellung

3.3. Kooperationsprofile

Ein Vergleich der unternehmensspezifischen Kooperationsportfolios ergibt weitere Erkenntnisse hinsichtlich (a) branchenspezifischer Unterschiede und (b) geographischer Unterschiede bei der Ausprägung der Kooperationsprofile und der Konfiguration der Kooperationen.[51]

3.3.1. Branchenspezifische Unterschiede

Die empirische Analyse offenbart einen Zusammenhang zwischen der Affinität zu den Teilbranchen Telekommunikation, Medien und Informationstechnologie und den unternehmensspezifischen Strukturen der Kooperationsportfolios.

- **Telekommunikationsfirmen** präferieren im Rahmen ihrer Kooperationsstrategien im Allgemeinen einen relativ langfristigen Zeithorizont, einen durchschnittlichen Abdeckungsgrad der Wertschöpfungskette, eine relativ globale Ausrichtung mit einer hohen Bedeutung multilateraler und multifunktionaler Kooperationen und einen hohen Formalisierungsgrad. Dies spiegelt auch die Bedeutung transnationaler Allianzen in den 90er Jahren[52] zum Aufbau eines globalen Servicenetzes und zur Kostensenkung durch globale Beschaffung, Ressourcenteilung und gemeinsame Vertriebsaktivitäten wider.[53] Die Deutsche Telekom und Telefonica waren einer derartigen Kooperation angeschlossen, was auch den Rahmen für weitere Kooperationen mit einzelnen Partnern derselben Allianz darstellte.
- Bei den **Medienfirmen** lassen sich aus den Kooperationsportfolios aufgrund der Heterogenität der betrachteten Unternehmen wie Bertelsmann, Disney und AOL bzw. AOL Time Warner[54] und der Existenz teilweise gegenläufiger Einflussfaktoren wie z.B. der Herkunftsregion und der jeweiligen Konvergenzstrategie, nur schwer allgemeine Aussagen ableiten. Ähnlich wie in den anderen Teilbranchen steigt die Anzahl der eingegangenen Kooperationen jedoch in den 90er Jahren stark an. Tendenziell weisen auch die Medienunternehmen einen relativ hohen Abdeckungsgrad der

---

[51] Zu einer, wenn auch vereinfachten, Typisierung von einzelnen Fusionen und Unternehmenszusammenschlüssen vgl. Bower (2001), S. 94ff., der insgesamt fünf Typen unterscheidet, unter anderem den Typ der 'Industriekonvergenz'.

[52] Die drei großen transnationalen Allianzen waren Global One (Deutsche Telekom, France Telecom, Sprint), AT&T/World Partners (AT&T, KDD, Telstra und Unitel) sowie Unisource (Teslia, Swiss Telecom, KPN, Telefonica). Alle drei Allianzen bestehen in dieser Form nicht mehr bzw. haben sich aufgrund von Interessendivergenzen der Teilnehmer mittlerweile aufgelöst.

[53] Vgl. auch Borrmann (2001), S. 25.

[54] AOL ist eher dem Bereich der Neuen Medien zuzuordnen. Mit Abstrichen ließe sich auch Sony aufgrund seiner Vermögenswerte im Bereich der Inhalteerstellung als Medienfirma mit einbeziehen.

Wertschöpfungskette auf und präferieren bilaterale Kooperationen mit mehreren involvierten Funktionsbereichen.

- **IT-Unternehmen** erreichen mit ihren Kooperationsportfolios einen relativ hohen Abdeckungsgrad der Wertschöpfungskette. Insbesondere mit Partnern auf den benachbarten Wertschöpfungsstufen existieren zahlreiche Kooperationen. Der Hauptgrund dafür ist die hohe Verzahnung von Hardware und Software hinsichtlich der Integration von Funktionalitäten und damit verbundenen Kooperationen im Bereich FuE, Produktion und Vermarktung. Dies zeigt auch die relativ geringe Konvergenzintensität hinsichtlich der Branchenaffinität der Kooperationspartner, mit Ausnahme von Sony (wohlgemerkt ein integrierter Anbieter mit signifikanten Geschäftsaktivitäten auf der Wertschöpfungsstufe der Inhalte und in der Medienbranche) kooperieren die IT-Unternehmen meist mit anderen Hardware- und Softwareanbietern. Des Weiteren präferieren sie im Allgemeinen bilaterale Kooperationen mit einer eher monofunktionalen Schwerpunktsetzung. Bezüglich des geographischen Fokus bestehen große Unterschiede zwischen den amerikanischen (regionaler Fokus) und den nicht-amerikanischen Unternehmen (globaler Fokus), und auch hinsichtlich des Formalisierungsgrads ergibt sich ein heterogenes Bild. Während Microsoft und Nokia vertragliche Kooperationen bevorzugen, weisen Intel und Sony einen weit höheren Anteil von Kapitalbeteiligungen und Joint Ventures auf.

3.3.2. Geographische Unterschiede

Ein Strukturvergleich der unternehmensspezifischen Kooperationsportfolios ergibt neben dem Einfluss der Branchenaffinität auch gewisse Unterschiede zwischen Unternehmen in Abhängigkeit ihrer geographischen Herkunft und ihres Geschäftsmittelpunkts.

- **Unternehmen des nordamerikanischen Wirtschaftsraums** gehen überdurchschnittlich viele Kooperationen ein (mit Ausnahme von Disney) und verfolgen mit ihren Kooperationsstrategien im Allgemeinen relativ kurzfristige Zielsetzungen (mit Ausnahme von Intel). Sie kooperieren schwerpunktmäßig mit Unternehmen des eigenen Wirtschaftsraums und präferieren bilaterale Kooperationen. Gründe für die relativ regionalen Kooperationsstrategien sind zum einen die Bedeutung der USA als wichtigster Markt der IuK-Industrie und zum anderen eine gewisse Insularität der strategischen Perspektive. Die Kurzfristigkeit und die bilaterale Vorgehensweise reflektieren in gewisser Hinsicht verbreitete amerikanische Geschäftsprinzipien.
- **Unternehmen aus anderen Wirtschaftsregionen** verfolgen dagegen eine deutlich globalere Kooperationsstrategie mit einem höheren Anteil multi-

lateraler Kooperationen und einer langfristigeren Schwerpunktsetzung. Gründe sind hier die hohe Bedeutung des nordamerikanischen Wirtschaftsraums und die damit verbundenen Kooperationen mit amerikanischen Unternehmen sowie eher europäische und japanische Gepflogenheiten der Langfristigkeit und der Multilateralität.[55]

3.4. Konvergenzintensität der Kooperationsstrategien

Die untersuchten Unternehmen zeigen eine deutliche Zunahme der Kooperationsaktivitäten im Verlauf der 90er Jahre, bevor sich parallel zur Abschwächung der Konjunktur und der Kapitalmärkte ein deutlicher Rückgang ereignet. Dies legt nicht zuletzt den Schluss nahe, dass sich Branchen bei entsprechenden Umwelteinflüssen von einem eher kooperationsarmen zu einem kooperationsintensiven Kontext verändern können.[56]

Die untersuchten Unternehmen der IuK-Industrie reflektieren in ihren Kooperationsstrategien die konvergenten Industrieentwicklungen. Sowohl der Marktfokus der eingegangenen Kooperationen als auch die Branchenaffinität der Kooperationspartner indizieren eine **hohe und zunehmende Überschneidung der Teilbranchen Medien, Telekommunikation und Informationstechnologie**. Dennoch ergeben sich hinsichtlich des Grads der Konvergenzintensität gewisse Unterschiede zwischen den einzelnen Unternehmen (vgl. Abbildung 94). Allgemein lassen sich **Gruppen von Unternehmen mit einem (a) sehr hohen, (b) hohen und (c) mittleren Grad der Konvergenzintensität** unterscheiden. Eine sehr hohe Konvergenzintensität der Kooperationsstrategien ist bei AOL und Sony zu beobachten. Ähnliches gilt auch für die Unternehmen Bertelsmann und NTT, die sich insbesondere auf neue Teilmärkte innerhalb der IuK-Industrie konzentrieren. Eine zweite Gruppe zeigt eine hohe Konvergenzintensität. Dazu gehören die Deutsche Telekom, Nokia und Intel. Auffällig für die Hardwarefirmen Intel und Nokia ist eine hohe Konvergenzintensität bzgl. der Branchenaffinität der Kooperationspartner (meist Softwarefirmen) bei nur mittlerer Konvergenzintensität des Marktfokus. Eine dritte Gruppe mit einer eher mittleren Ausprägung konvergenzrelevanter Merkmale umfasst Telefonica, Microsoft und Disney. Das spanische Unternehmen Telefonica zeigt hinsichtlich der Branchenaffinität der Kooperationspartner kaum Einflüsse der konvergenten Industrieveränderungen.

---

[55] Hinsichtlich der Multilateralität ist zwischen den japanischen Unternehmen und der japanischen Gesellschaft zu unterscheiden. Zumindest die japanischen Unternehmen besitzen seit Jahrzehnten eine sehr globale Perspektive und langjährige Erfahrung mit multilateralen Kooperationen.

[56] Die Existenz von unterschiedlichen Kooperationsintensitäten in Abhängigkeit von der ausgesuchten Industrie ist in der Literatur relativ ausführlich behandelt worden; vgl. z.B. stellvertretend Ghemawat/ Porter/Rawlinson (1986), S. 353. Zu einem ähnlichen Schluss zunehmender Kooperationsintensität innerhalb einer einzelnen Branche kommen auch Faßbender/Leichtfuß (1990), S. 247ff. am Beispiel der Bankenbranche.

Abbildung 94: Konvergenzintensität der untersuchten Kooperationsstrategien

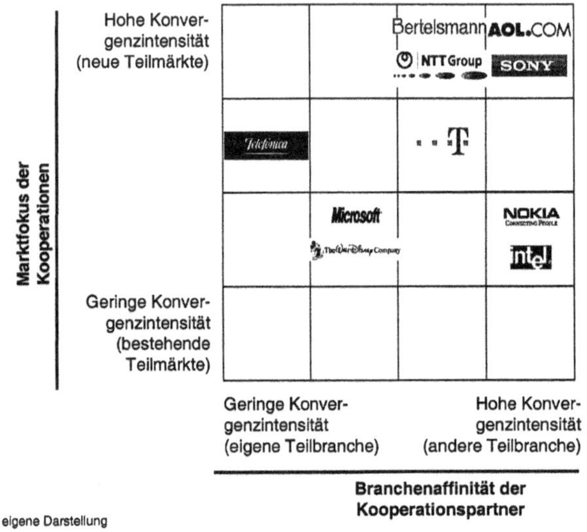

Quelle: eigene Darstellung

Für Unternehmen der IuK-Industrie ergibt sich die Herausforderung einer kohärenten Strategie im Spannungsfeld von Konvergenz und Fragmentierung der Wertschöpfungsketten.[57] Dies erfordert eine Koordination der Kooperationen mit anderen Optionen der Portfolioerweiterung im Rahmen einer umfassenden Konvergenzstrategie. Im Umfeld konvergenter Industrieentwicklungen können Unternehmen ihre Positionierung entlang der Wertschöpfungskette verstärken und Kooperationen zielorientiert zur Erreichung spezifischer Ziele einsetzen. Insgesamt ergeben sich **drei Hauptstoßrichtungen von Kooperationsstrategien** angesichts konvergenter Industrieentwicklungen (s. Abbildung 95).

1. **Kooperationen zur Koordination der Wertschöpfungskette**: Unternehmen nutzen Kooperationen, um ihre Wettbewerbsposition in der IuK-Industrie durch selektive Kooperationen entlang der Wertschöpfungskette zu verstärken. Ein Schwerpunkt liegt dabei auf Kooperationen mit Partnern der angrenzenden Wertschöpfungsstufen. Die empirische Untersuchung belegt eine derartige Instrumentalisierung von Kooperationen zur Koordination und Kontrolle der Wertschöpfungskette in der IuK-Industrie.
2. **Kooperationen zur Migration in breitbandige Übertragungsplattformen**: Unternehmen kooperieren, um bestehende Wettbewerbspositionen und -vorteile in breitbandige Übertragungsplattformen und Erlebniswelten

---

57 Vgl. Choi/Valikangas (2001), S. 424ff.

zu transferieren.[58] Dies bedeutet eine Migration von Technologien, Produkten und Kunden entlang von PC-basierten, TV-basierten und mobilen Plattformen. Neben der Übertragung sind auch die anderen Wertschöpfungsstufen relevant. Kooperationen müssen hinsichtlich der Erstellung und Paketierung von Inhalten, der Manipulation und Plattformdienste sowie der entsprechenden Endgeräte koordiniert werden, um auch zukünftig eine erfolgreiche Positionierung sicherzustellen.

Abbildung 95: Kooperationsstrategien in der IuK-Industrie

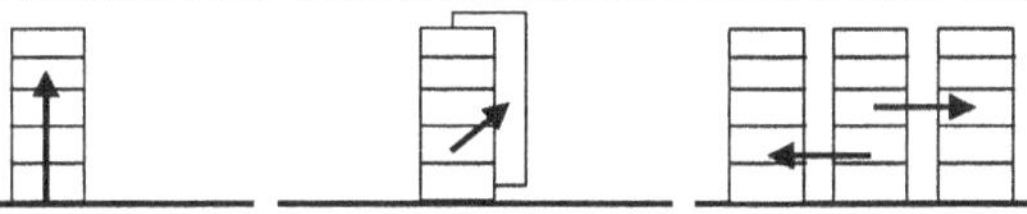

	Koordination der IuK-Wertschöpfungskette	Migration in breitbandige Plattformen	Expansion in alternative Plattformen
Charakteristika	• Kooperationen zur besseren Koordination und Integration der Wertschöpfungskette • Ausgangspunkt ist die unternehmensspezifische Positionierung auf einzelnen Wertschöpfungsstufen, Expansion erfolgt primär in angrenzenden Stufen, z.B. ein Aggregator, der mit Inhalteproduzenten kooperiert	• Kooperationen zur Verbesserung der Wettbewerbsposition auf breitbandigen Plattformen PC, TV und mobil • Migration erfolgt meist von der gegenwärtigen Positionierung aus, z.B. ein Inhalteanbieter, der mit Breitband-Portalen oder Technologieanbietern kooperiert	• Kooperationen zur Verbesserung der Wettbewerbsposition entlang alternativer Plattformen • Expansion erfolgt meist durch Ausweitung der gegenwärtigen Positionierung auf andere Plattoformen, z.B. Inhalteproduzenten, die neben der PC-Plattform auch mobile und iTV-Kanäle abdecken
Beispiele	• Microsofts Kooperationen mit Inhalteanbietern und Endgeräteherstellern	• AOLs Kooperationen mit Kabelbetreibern	• Microsofts Kooperationen zur Expansion in mobile und iTV-Plattformen

Quelle: eigene Darstellung

3. **Kooperationen zur Expansion in alternative Übertragungsplattformen und Erlebniswelten**: Unternehmen nutzen Kooperationen zur Expansion in alternative Plattformen. Ausgehend von der gegenwärtigen Positionierung entlang der Wertschöpfungskette versuchen Unternehmen mittels Kooperationen, dieselbe Wertschöpfungsstufe in einer alternativen Plattform zu erschließen. Beispiele sind Microsofts Kooperationsaktivitäten zur Standardsetzung auf mobilen Plattformen und zur Einflussnahme auf die Software von Set-Top Boxen für interaktive Fernsehgeräte.

[58] Zu Migrationsentwicklungen von Telekommunikations-, Software- und Medienunternehmen vgl. Wirtz (2000a), S. 248.

Die dargestellte Verbindung von Kooperations- und Konvergenzstrategie ist eine wichtige Voraussetzung zur erfolgreichen Positionierung innerhalb der IuK-Industrie. Unternehmen müssen ihre Kooperationsportfolios hinsichtlich dieser drei Zielsetzungen ausrichten und bestehende Defizite auf einzelnen Ebenen durch spezifische Kooperationen zu kompensieren versuchen. Insgesamt lässt sich zwischen diesen drei Kooperationszielen und den Wachstumshorizonten des Kooperationsportfolios bezüglich der zeitlichen Perspektive ein Zusammenhang identifizieren.

3.5. Nebeneinander von Kooperation und Konkurrenz

Die Analyse der Kooperationsaktivitäten im vorangegangen Kapitel belegt auch die Hypothese des **dualistischen Charakters von interorganisationalen Beziehungen** und dem **Nebeneinander von Kooperation und Konkurrenz**. Einerseits stehen die untersuchten Unternehmen in einem intensiven Konkurrenzverhältnis um Marktanteile und Wettbewerbsvorteile in der IuK-Industrie. Die geschilderten Konvergenzentwicklungen und das Zusammenwachsen der Teilindustrien Medien, Telekommunikation und Informationstechnologie führen zu neuen Wettbewerbsbedingungen mit gravierenden Implikationen für Dynamik, Komplexität und Unsicherheit. Dennoch existieren im Untersuchungszeitraum eine Vielzahl von kooperativen Verknüpfungen zwischen den verschiedenen untersuchten Unternehmen. So entstehen auch bestimmte Wettbewerbsgruppen von Unternehmen, die mehrfach kooperative Vereinbarungen eingehen und eine gemeinsame Wettbewerbsposition aufbauen. Dies erfolgt teils zwecks Risikoteilung in neuen Märkten, teils aus Gründen komplementären Ressourcenzugangs. Beispiele für derartige Konstellationen mit zahlreichen bilateralen Kooperationen sind Microsoft und Intel oder auch AOL und Bertelsmann sowie in den letzten Jahren vermehrt auch AOL Time Warner und Sony.[59] Gleichzeitig sind diese Kooperationen jedoch auch ein Beweis für hybride Wettbewerbsverhältnisse und das Nebeneinander von Kooperation und Konkurrenz. Dualistische Konstellationen mit sowohl kompetitiven als auch kooperativen Elementen zwischen zwei Unternehmen bestehen sowohl entlang verschiedener Funktions- und Geschäftsbereiche als auch entlang verschiedener Regionen:

- **Geschäftsbereiche bzw. funktionale Bereiche**: Teilweise kooperieren Unternehmen in einigen Geschäftsbereichen bzw. funktionalen Bereichen eines Geschäftsbereichs, während sie sich in anderen Bereichen als Konkurrenten gegenüber stehen. Beispiele dafür sind die Kooperationen zur Teilung von Kostenbelastungen und Infrastrukturinvestitionen von Telekommunikationsfirmen wie der Deutschen Telekom und Telefonica bei

---

[59] Dieses Nebeneinander von Kooperation und Konkurrenz ist keinesfalls ein Phänomen des IuK-Bereichs, sondern besteht im Zusammenhang mit Kooperationen allgemein. Vgl. z.B. für Allianzen im Luftverkehr Netzer (1999), S. 15f.

nachfolgender Konkurrenz bzgl. der Vermarktung und Bereitstellung von Leistungen. Ähnliche Beispiele existieren mit Viacom und Time Warner im Kabelbereich und Sony und Disney in der Medienindustrie, die trotz intensiven Wettbewerbs bei einzelnen Filmen selektiv kooperieren.[60]

- **Regionale Wirtschaftsräume und geographische Märkte**: Häufig gibt es auch innerhalb eines Geschäftsfelds gleichzeitig Wettbewerb und Zusammenarbeit, beispielsweise in Form von kooperativen Arrangements auf Auslandsmärkten bei weiterhin herrschender Konkurrenz auf dem Heimatmarkt. So kooperiert Yahoo in Europa im Bereich Auktionen mit Ebay, während in den USA weiterhin Konkurrenz in diesem Bereich besteht. Ein weiteres Beispiel ist der Wettbewerb zwischen den Musiksparten von Warner und Sony, die weltweit konkurrieren, in Großbritannien jedoch im Rahmen des sog. Entertainment Networks kooperieren, das die Distribution für beide Firmen übernimmt.[61]

4. Zwischenfazit

Im vorangegangenen Kapitel wurden die Kooperationsaktivitäten von zehn Unternehmen der IuK-Industrie im Zeitraum von 1990-2000 empirisch untersucht und entlang der erarbeiteten konvergenzrelevanten und gestaltungsspezifischen Modellparameter eingeordnet und evaluiert. Grundlage der empirischen Untersuchung waren die Recherchen in der Zeitungsdatenbank Factiva und einer Kooperationsdatenbank, die in Kombination detaillierte Informationen zu jeder einzelnen eingegangenen Kooperation enthielten. So konnte sichergestellt werden, **alle Kooperationen eines Unternehmens im gesamten Untersuchungszeitraum zu einem vollständigen Kooperationsportfolio zusammenzufügen** und zu analysieren.

Die Vorgehensweise erfolgte unternehmensspezifisch und im Rahmen von Kurzfallstudien. Nach einer Charakterisierung jedes einzelnen ausgewählten Unternehmens und der Einordnung der Geschäftsaktivitäten entlang der Wertschöpfungskette der IuK-Industrie wurden die Kooperationen gemäß den Untersuchungsparametern analysiert und Implikationen für die Kooperationsstrategie angesichts konvergenter Indus-trieentwicklungen abgeleitet. Dabei ergaben sich einerseits **unternehmensspezifische Ergebnisse** unterschiedlicher Kooperationsportfolios und Konvergenzstrategien und andererseits **unternehmensübergreifende Ergebnisse** und unterschiedliche Kooperationsmuster im Zusammenhang mit (a) der Branchenaffinität zu Medien, Telekommunikation und IT, (b) der Herkunftsregion, d.h. amerikanischen und nicht-amerikanischen Unternehmen und (c) der Konvergenzintensität von Kooperationsstrategien.

---

[60] Vgl. Wolf (1999), S. 146f.

[61] Vgl. Wolf (1999), S. 146f.

Trotz der dargestellten Gemeinsamkeiten von Unternehmen mit gleicher Branchenaffinität, d.h. Unternehmen der jeweiligen Teilbranchen Medien, Telekommunikation und Informationstechnologie, offenbart ein Vergleich der Kooperationsportfolios unterschiedliche strategische Prioritäten. Auch die Einbeziehung der Geschäftsfelder der einzelnen Unternehmen unterstützt die Hypothese differenzierter Konvergenzstrategien.

Abbildung 96: Zusammenhang von Branchenkonvergenz, Unternehmensstrategien und Kooperationen

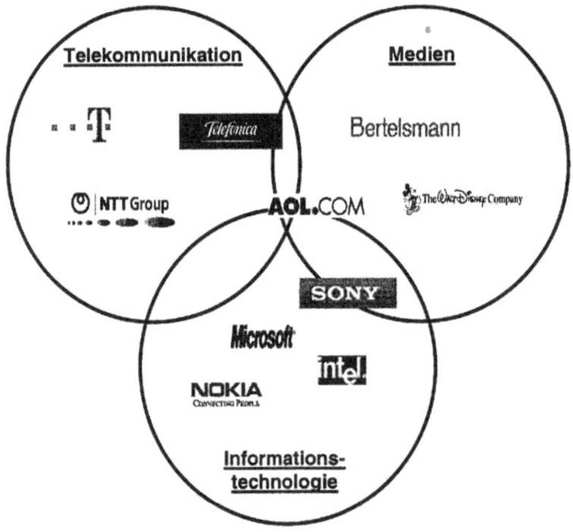

- Die IuK-Industrie mit den Teilbranchen Medien, Telekommunikation und Informationstechnologie ist gekennzeichnet durch Dynamik, Wachstum und Unsicherheit
- Kooperationen sind ein wichtiges Instrument der Unternehmensstrategien angesichts konvergenter Industrieentwicklungen
- Unternehmen der IuK-Industrie expandieren entlang der Wertschöpfungskette und in verwandte Teilbranchen
- Unternehmensspezifische Strategien und konvergente Branchenentwicklungen beeinflussen sich gegenseitig

Quelle: eigene Darstellung

Insgesamt bestätigt sich die Hypothese eines wechselseitigen Einflussverhältnisses zwischen unternehmensspezifischen Kooperations- und Konvergenzstrategien und industriellen Konvergenzentwicklungen. Die Analyse der eingegangenen Kooperationen lässt Rückschlüsse auf das Stadium der Branchenkonvergenz und der Evolution der IuK-Industrie zu. Während der 90er Jahre lässt sich in diesem Zusammenhang eine fortschreitende Integration der Teilbranchen zu einer übergreifenden IuK-Industrie belegen. Dabei handelt es sich weitgehend um eine additive Verknüpfung der Einzelbranchen bei weiter existierenden Einzelbranchen in den Bereichen Medien, Telekommunikation und Informationstechnologie (s. Abbildung 96). Auch wenn die Einflüsse der IuK-Technologien Rückwirkungen auf alle Teilbranchen bedeuten und eine nachhaltige Veränderung der Rahmenbedingungen und Wettbewerbssituationen induzieren, bedeutet dies keinen rein substitutiven Prozess, sondern vielmehr eine nachhaltige Dynamisierung des Wettbewerbskontexts und einen kontinuierlichen Evolutionsprozess. Gleichzeitig beeinflussen wirtschaftliche Rahmenbedingungen, konvergente Industrieentwicklungen und makroökonomische Faktoren unternehmerische Strategien und Kooperationsaktivitäten. Dieser Einfluss wirkt mal unterstützend und kooperationsfördernd wie im Zeitraum der 90er Jahre, teilweise jedoch auch negativ und kooperationshemmend wie in Folge der Börsenverluste im Jahr 2000.

G. Schlussbetrachtung

1. Zusammenfassung und Ausblick

Die vorliegende Arbeit widmete sich der Untersuchung der strategischen Phänomene Konvergenz und Kooperationen. Interdependenzen zwischen den konvergenten Branchenentwicklungen und den Kooperationsaktivitäten der Unternehmen wurden analysiert, bestätigt und unternehmensspezifische Kooperationsstrategien und Konvergenzmuster am Beispiel der Informations- und Kommunikationsindustrie erarbeitet. Im Zusammenhang mit dem Forschungsanspruch zu Konvergenz und Kooperationen konnten aus der theoretischen, konzeptionellen und empirischen Arbeit einige weiterführende Erkenntnisse gezogen werden. Im Folgenden sollen die Ergebnisse der vorliegenden Untersuchung noch einmal an den anfänglich formulierten, zentralen Forschungsfragen gespiegelt werden:

Das **erste Forschungsziel,** die Erarbeitung eines adäquaten konzeptionellen Modells auf Basis theoretischer Ansätze zur Analyse von Kooperationsportfolios und Kooperationsstrategien angesichts dynamischer und konvergenter Industrieentwicklungen wurde umgesetzt. Aufgrund der im Rahmen der vorliegenden Arbeit verfolgten Schwerpunktsetzung auf den strategischen Kooperationsentscheid, die Partnerselektion und die Konfiguration der Kooperationen erwiesen sich die Transaktionskostentheorie, die verschiedenen Ansätze der Strategischen Managementforschung und Elemente der Wettbewerbstheorie und des Netzwerkansatzes als besonders geeignet. Zur Untersuchung von Kooperationsstrategien in dynamischen und konvergenten Märkten waren jedoch konzeptionelle Erweiterungen hinsichtlich Determinanten von Konvergenz- und Kooperationsstrategien und relevanter Parameter von Kooperationsportfolios erforderlich. Insbesondere der Zusammenhang zwischen Konvergenzentwicklungen und Kooperationsstrategien konnte konzeptionell erarbeitet und anschließend empirisch bestätigt werden. Das entwickelte Modell zur Analyse von Kooperationen und die Betrachtung aller eingegangenen Kooperationen über einen langen Zeitraum in einem vollständigen Kooperationsportfolio bedeutet einerseits einen neuartigen Untersuchungsansatz und ermöglicht außerdem die langfristige, tiefgehende und integrierte Analyse von Kooperationsstrategien und Kooperationsportfolios angesichts von konvergenten Industrieentwicklungen.

Das **zweite Forschungsziel** bestand in der Darstellung und Erklärung von Konvergenzentwicklungen in den einzelnen Teilindustrien Medien, Telekommunikation und Informationstechnologie und darauf aufbauend in der Analyse der konvergenten IuK-Industrie. Die Charakterisierung der einzelnen Wertschöpfungsstufen, die Interdependenz zwischen Konvergenz und Fragmentierung und die Implikationen für Kooperationen brachten Erkenntnisse für die Modellkonzeption und die spätere empirische Untersuchung. Konvergenz in der IuK-Industrie ist kein vollständiges Zusammenwachsen bestehender Industrien, sondern die Entstehung eines neuen Marktes zusätzlich zu den etablierten Industrien.[1] Dabei treten einerseits **intrasektorale Konvergenzentwicklungen innerhalb einer Teilbranche** und andererseits **intersektorale Konvergenzentwicklungen zwischen mehreren Teilbranchen der IuK-Industrie** auf. Im Kontext dieser dynamischen Entwicklungen wirken konvergente Einflüsse auf verschiedenen Ebenen und Wertschöpfungsstufen.

Neben der Konvergenz der Technologien und Infrastrukturen ereignen sich konvergente Entwicklungen auch auf der Ebene einzelner Dienste und Inhalte und letztlich auf der Stufe der Endgeräte.[2] Konvergenz kann in Form von zahlreichen, zunehmend multifunktionalen Geräten bestehen oder aber mittels der steigenden Konnektivität und Vernetzung auf Basis gemeinsamer Standards. Eine Betrachtung der ökonomischen Effekte gibt dabei Anhaltspunkte für die Formulierung von Konvergenz- und Kooperationsstrategien konkurrierender Unternehmen. Skalenvorteile auf einer einzelnen Wertschöpfungsstufe führen zu horizontalen Allianzen oder Akquisitionen, Verbundvorteile zu Kooperationen mit Unternehmen vor- und nachgelagerter Wertschöpfungsstufen. Insbesondere bei komplementären Fähigkeiten und einem hohen Risikograd sind Kooperationen ein wirksames strategisches Instrument zur Verbesserung der Wettbewerbsposition in der IuK-Industrie.

Das **dritte Forschungsziel** bestand in der empirischen Analyse von unternehmensspezifischen Kooperationsstrategien und Kooperationsportfolios. Die Strukturen von Kooperationsprofilen und ihre Merkmale konnten dargestellt, verglichen und bewertet werden. Neben unternehmensübergreifenden Erkenntnissen konnte eine Korrelation von Konvergenzentwicklungen und Kooperationsstrategien nachgewiesen werden. Insofern sind Konvergenzentwicklungen nicht einfach extrapolierbar. Sie unterliegen außerdem zyklischen Einflüssen und Temposchwankungen. Der Rückgang der Kooperationen und die Verlangsamung von Konvergenzentwicklungen seit Ende der 90er Jahre belegen dies. Eine integrative Betrachtung von Konvergenzentwicklungen und Kooperationsstrategien berücksichtigt Interdependenzen und lässt Rückschlüsse auf die Gestaltung von unternehmensspezifischen Kooperationsportfolios zu. Die Ausprägungsform der Konvergenzentwicklungen auf einzelnen Wertschöpfungsstufen beeinflusst kooperative Strategien. Im Falle **komplementärer Konvergenz** ergeben sich insbesondere Möglichkeiten für Kooperationen, **substitutive Konvergenz** auf einer Wertschöpfungsstufe führt dagegen tendenziell zu einer höheren Wettbewerbsintensität. Kooperationen sind aufgrund häufig gegenläufiger Interessen der beteiligten Unternehmen seltener, es bilden sich Wettbewerbsblöcke in Form von Netzwerken einzelner Parteien und Unternehmensgruppen. Im Allgemeinen sind vertragsbasierte Kooperationen meist eine relativ lockere Form der interorganisationalen Koordination mit einem dualistischen Charakter und gleichzeitig kooperativen und kom-

1 Vgl. auch Gomes-Casseres/Leonard-Barton (1997), S. 363.
2 Vgl. auch Konert (1999a), S. 5ff.

petitiven Elementen. Bei einem höheren Formalisierungsgrad und dem Eingehen von Kapitalbeteiligungen und Joint Ventures entsteht häufig eine intensivere und längerfristige Zusammenarbeit.

Unternehmen setzen Kooperationen häufig nicht optimal ein. Anstelle von einer Koordination der Einzelaktivitäten und einer strategiekonformen Selektion neuer Kooperationen entwickeln sich unternehmensspezifische Kooperationsportfolios meist als zufälliger Mix zahlreicher Einzelaktivitäten, die von verschiedenen Geschäftsbereichen im Laufe der Jahre eingegangen werden.[3] Die vorliegende Arbeit entwickelt eine Systematik für Kooperationsaktivitäten und Kooperationsportfolios von Unternehmen in der konvergierenden IuK-Industrie. Dies ermöglicht die Analyse bestehender Schwächen innerhalb eines Kooperationsportfolios und die zielorientierte Komplementierung mittels adäquater kooperativer Arrangements.

Die vorliegende Arbeit verfolgte sowohl theoretisch-konzeptionelle und empirische als auch deskriptive und normative Zielsetzungen im Zusammenhang von Kooperationen angesichts konvergenter Industrieentwicklungen. Im Folgenden sollen in der Reihenfolge der einzelnen Kapitel die relevanten Erkenntnisse zusammenfassend dargelegt werden. Nach der thematischen Einführung und der Formulierung der Forschungsfragen wurden in **Kapitel B** die theoretischen Grundlagen für die Untersuchung von Konvergenz und Kooperationen erarbeitet. Insbesondere die **Transaktionskostentheorie** und die konzeptionelle Grundlage der **strategischen Managementforschung**, die markt- und die ressourcenorientierte Sichtweise, liefern nützliche Ansätze zur Beschreibung und Bewertung von industriellen Konvergenzprozessen und unternehmensspezifischen Kooperationsstrategien. Basis für das weitere Vorgehen waren die begrifflichen Grundlagen und die Definitionen von Konvergenz, Kooperationen und der IuK-Industrie. Konvergenzentwicklungen können sowohl in substitutiver als auch in komplementärer Form auftreten, Ersteres bedeutet eine erhöhte Wettbewerbsintensität im Sinne eines Verdrängungsprozesses, Letzteres die Entstehung eines neuen Marktes auf Basis zweier Ursprungsindustrien und die Förderung von Kooperationen zwischen Unternehmen benachbarter Branchen. Des weiteren lässt sich Konvergenz einerseits technologisch und andererseits ökonomisch aus den Perspektiven angebots- und nachfrageseitiger Veränderungen definieren.

Kooperationen stellen eine längerfristige Zusammenarbeit von rechtlich und wirtschaftlich selbständigen Unternehmen zur Erreichung gemeinsamer Interessen und Ziele und zur Verbesserung der Wettbewerbsposition dar. Ein unternehmensspezifisches Kooperationsportfolio bezeichnet die Aggregation aller eingegangenen Kooperationen eines Unternehmens zu einem definierten Zeitpunkt bzw. in einem bestimmten Betrachtungszeitraum. Dabei kann auf zahlreiche Systematisierungsansätze und Typologien zurückgegriffen werden, die jedoch um

[3] Vgl. Bamford/Ernst (2002), S. 37f.

konvergenzrelevante Untersuchungskriterien und eine Portfoliodimension der Kooperationsanalyse erweitert werden müssen. Der Untersuchungsgegenstand der **Interdependenz unternehmensspezifischer Kooperationsstrategien und branchenspezifischer Konvergenzentwicklungen** wurde am Beispiel der IuK-Industrie analysiert, die die verschiedenen Teilindustrien Medien, Telekommunikation und Informationstechnologie umfasst. Sie ist gekennzeichnet durch die Existenz von Skaleneffekten aufgrund von Digitalisierung, ein hohes Maß an Netzeffekten und die Relevanz von Kritische-Masse-Effekten.

In **Kapitel C** wurden die branchenspezifischen Konvergenzentwicklungen und die Entstehung der IuK-Industrie untersucht. In der Medien-, Telekommunikations- und IT-Industrie lassen sich Veränderungsprozesse aufgrund technischen Fortschritts, Globalisierung und Liberalisierung identifizieren und insgesamt eine Dynamisierung des Wettbewerbskontexts feststellen. Konvergenz ist dabei kein vorhersehbares und plötzlich eintretendes Phänomen, sondern vielmehr ein komplexer und turbulenter Veränderungsprozess mit zahlreichen Einflussfaktoren wie der Fragmentierung von Teilmärkten und Wertschöpfungsketten sowie der Intensivierung der Wettbewerbsbedingungen aufgrund von Marktzutritten von Unternehmen benachbarter Branchen und neu entstehender Teilbranchen. Auf Basis der branchenspezifischen Wertschöpfungsketten und Konvergenzentwicklungen lässt sich die IuK-Industrie charakterisieren und analysieren. Auffällig ist eine fortschreitende Überschneidung der Einzelbranchen in Form intersektoraler Konvergenz: Telekommunikation und Informationstechnologie, zunehmend auch Medien mit Telekommunikation und IT. Entlang der Wertschöpfungskette lassen sich **verschiedene Formen der Konvergenz** feststellen: auf Basis von (a) Inhalten und Diensten, (b) Infrastruktur und (c) Endgeräten. Die einzelnen Wertschöpfungsstufen der IuK-Industrie sind die Erstellung von Inhalten, die Paketierung und Aggregation von Inhalten, die Übertragung einschließlich der Transmission und Distribution von Inhalten, die Manipulation und Plattformdienste und letztlich die Herstellung der Endgeräte. Sie wurden charakterisiert und hinsichtlich der notwendigen Fähigkeiten und relevanten Wettbewerber, der Erfolgsfaktoren und der Kooperationspotentiale dargestellt.

Kapitel D behandelte relevante Einflussfaktoren zur Formulierung von Unternehmensstrategien angesichts von Konvergenz und Dynamisierung des Umweltkontexts, um einerseits Erkenntnisse über unternehmensspezifische Konvergenzstrategien zu gewinnen und andererseits Implikationen für Kooperationsstrategien von Unternehmen im Kontext der IuK-Industrie abzuleiten. Neben der Affinität zur jeweiligen Ursprungsindustrie bzw. IuK-Teilbranche und des Unternehmenstyps prägen Entscheidungen hinsichtlich des vertikalen Integrationsgrads in Form integrativer bzw. fokussierter Strategien und einer Führer- bzw. Folgerstrategie das Wettbewerbsverhalten. Mit jeder strategischen Präferenz und Schwerpunktsetzung gehen gewisse Vor- und Nachteile einher, die Unternehmen angesichts des relevanten Umweltkontexts und den eigenen Unternehmensressourcen und -fähigkeiten abwägen müssen.

In **Kapitel E** der vorliegenden Arbeit konnte ein Untersuchungsmodell für Kooperationsaktivitäten in konvergenten Industrien konstruiert werden. Dabei wurde auf die in den vorangegangen Kapiteln erarbeiteten theoretischen Grundlagen, die Erkenntnisse der branchenspezifischen Analyse konvergenter Entwicklungen in der IuK-Industrie und die relevanten Strategieoptionen für Unternehmen in dynamischen Märkten rekurriert. Dabei wurden **elf Parameter** entwickelt, die sich in **konvergenzrelevante und in gestaltungsspezifische Kriterien** unterscheiden lassen und in ihrer Gesamtheit die Systematisierung von unternehmensspezifischen Kooperationsportfolios ermöglichen. Zu den konvergenzrelevanten Untersuchungskriterien gehören die Kon-vergenzintensität hinsichtlich des Marktfokus der Kooperation und der Branchenaffinität des Kooperationspartners, die Zielsetzung und Wachstumsperspektive der Kooperation, Veränderungen der Kooperationsentwicklungen im Zeitablauf und der Abdeckungsgrad der Wertschöpfungskette. Zu den gestaltungsspezifischen Kriterien zählen der Initiativgrad, die geographischen Schwerpunkte, die Anzahl der Partner, die Machtverhältnisse, die funktionalen Schwerpunkte und letztlich der Formalisierungsgrad der Kooperationen.

In **Kapitel F** wurden die Kooperationsaktivitäten von Unternehmen der IuK-Industrie entlang des Untersuchungsmodells analysiert und evaluiert. Im Rahmen von zehn Kurzfallstudien wurden Bertelsmann, Disney und AOL Time Warner als Medienunternehmen, NTT, Deutsche Telekom und Telefonica als Vertreter der Telekommunikationsindustrie und Microsoft, Intel, Nokia und Sony als IT-Unternehmen der Software- und Hardwarebranche analysiert. Für den Untersuchungszeitraum von 1990-2000 wurden alle Kooperationen der ausgewählten Unternehmen mit Hilfe von zwei Datenbanken recherchiert, klassifiziert und konsolidiert. Dabei ergaben sich sowohl unternehmensspezifische Erkenntnisse hinsichtlich verschiedener Kooperations- und Konvergenzstrategien als auch unternehmensübergreifende Einsichten zu evidenten Kooperations- und Konvergenzmustern.

2. Implikationen für die Forschung

In der vorliegenden Arbeit wurde ein Modell zur Strukturierung und Analyse von unternehmensspezifischen Kooperationsportfolios angesichts konvergenter Industrieentwicklungen erarbeitet und im Rahmen einer empirischen Untersuchung auf Basis von Fallstudien angewandt. Der Erkenntnisgewinn in diesem Zusammenhang lässt sich in dreifacher Hinsicht ausmachen. **Erstens** wurden die Konvergenzentwicklungen in der IuK-Industrie systematisch auf Basis der Veränderungen in den Teilbranchen Medien, Telekommunikation und Informationstechnologie dargestellt. Neben der detaillierten Erarbeitung und Interpretation der industriellen Wertschöpfungsketten wurde das dynamische Umfeld einschließlich der Einflüsse von Konvergenz und Fragmentierung analysiert. Insbesondere die entstehende IuK-Industrie wurde entlang der einzelnen Phasen, Varianten und Wertschöpfungsstufen untersucht. **Zweitens** konnte ein systematisches Modell zur Strukturierung und Analyse von Kooperationen bzw. Kooperationsportfolios einzelner Unternehmen entwickelt werden, das aus konvergenzrelevanten und gestaltungsspezifischen Kriterien besteht. Das Modell rekurriert auf theoretische Grundlagen der Arbeit, die dargestellten konvergenten Entwicklungen im Umweltkontext am Beispiel der IuK-Industrie und relevante Determinanten von Strategieformulierung in dynamischen Märkten. **Drittens** wurde in einer empirischen Untersuchung anhand von zehn führenden Unternehmen der IuK-Industrie ein Portfolio aller eingegangenen Kooperationen im Betrachtungszeitraum von 1990 bis 2000 zusammengetragen und gemäß den definierten Modellparametern eingeordnet und bewertet. Dies ergab sowohl unternehmensspezifische Kooperationsmuster und Konvergenzstrategien als auch übergeordnete Erkenntnisse hinsichtlich von Strukturmerkmalen und Einflussfaktoren von Kooperationsportfolios sowie Normstrategien angesichts konvergenter Industrieentwicklungen.

Für zukünftige und weiterführende wissenschaftliche Untersuchungen ergeben sich aus der vorliegenden Arbeit Implikationen im Zusammenhang mit der Generalisierbarkeit der Aussagen bzw. der Übertragung auf andere Industrien sowie einer weiterführenden und modifizierten Untersuchungssystematik der unternehmensspezifischen Kooperationsportfolios. Der Einfluss von IuK-Technologie hat nicht nur zu den dargestellten Veränderungen in den Medien-, Telekommunikations- und IT-Industrien geführt und die Entstehung einer umfassenden Informations- und Kommunikationsindustrie bewirkt, sondern induziert darüber hinaus auch Entwicklungsprozesse in anderen, womöglich allen Industrien. Dies führt zu höherer Innovations- und Wettbewerbsintensität, zu Veränderungen der einzelnen industriellen Wertschöpfungsketten und damit verbunden auch zu Auswirkungen auf unternehmerische Strategieentscheidungen. Inwiefern jedoch Kooperationen mit Unternehmen aus verwandten oder benachbarten Industrien oder eine Koordination der Wertschöpfungskette in Form horizontaler und vertikaler Kooperationen in gleichem Maße andere Industrien charakterisiert, ist unklar. Möglicherweise verstärken sich Einflüsse durch Digitalisierung und IuK-Technologie; wie an den Beispielen der Musikindustrie[4] und der Computerindustrie[5] illustriert, ohne dass sich tiefgreifende Konvergenzprozesse verschiedener und bisher weitgehend unabhängiger Industrien ergeben. Es gibt Anhaltspunkte für ähnliche konvergente Phänomene in anderen Branchen wie die Entstehung der Mechatronik, der Bioinformatik oder des Leasingbereichs. Inwieweit die Rahmenbedingen in anderen konvergierenden Industrien mit einer hohen Innovations- und Wettbewerbsintensi-

---

4 Vgl. für das Beispiel der Musikindustrie den Abschnitt: Veränderungen durch Konvergenz und Fragmentierung in der Medienindustrie, C.1.1.3.

5 Vgl. analog für das Beispiel der Computerindustrie Abschnitt C.1.2.3.

tät zu vergleichbaren Kooperationsportfolios und Konvergenzmustern führen, ließe sich im Vergleich zu empirisch fundierten Studien anderer Industrien über einen hinreichend langen Betrachtungszeitraum untersuchen.

Weiterer Forschungsbedarf ergibt sich auch hinsichtlich der Veränderung von Kooperationen und Kooperationsportfolios im Zeitablauf. Die vorliegende Arbeit konzentriert sich primär auf den strategischen Entscheid der Kooperation, die Selektion des Kooperationspartners und die Konfiguration des kooperativen Arrangements. Hinsichtlich der Evolution der einzelnen Kooperationen, des Kooperationserfolgs im Sinne der Zielerreichung gegenüber den ursprünglich formulierten Ansprüchen sowie der Beendigung kooperativer Verbindungen zwischen zwei oder mehreren Unternehmen werden keine weitergehenden Untersuchungen angestellt. Damit einhergehend können auch nur die neu eingegangenen Kooperationen hinsichtlich einer strukturellen Veränderung im Zusammenhang mit industriellen Konvergenzentwicklungen und unternehmensspezifischen Kooperationsstrategien bewertet werden, nicht jedoch das gesamte Kooperationsportfolio eines Unternehmens zu verschiedenen definierten Zeitpunkten.

3. Implikationen für die Praxis

Die Ergebnisse der vorliegenden Untersuchung lassen sich in dreierlei Hinsicht für die Praxis nutzbar machen. **Zum einen** stellen (a) die konzeptionellen Erweiterungen der gegenwärtigen Analysemodelle hinsichtlich neuer Grundlagen für Wettbewerbsvorteile und die Nutzung eines breiten Spektrums interorganisationaler Koordinationsformen und (b) die Determinanten von Strategien in konvergenten und dynamischen Märkten hilfreiche Möglichkeiten zur Analyse der eigenen Unternehmenssituation und -position dar. Aufbauend auf der externen Sicht des marktorientierten Ansatzes und der internen Perspektive des ressourcenorientierten Ansatzes wurden weiterführende Konzepte entwickelt, empirisch bearbeitet und erklärt, die zu einer Orientierung und Strategieformulierung von Unternehmen in konvergenten Industrien, insbesondere der IuK-Industrie, beitragen. Die Erkenntnisse bedeuten für Unternehmen außerdem die Konzentration auf Wettbewerbsvorteile und Koordinationsmechanismen jenseits der "typischen" Schwerpunkte der Strukturvorteile und der marktlich koordinierten Transaktionen.

Zweitens bedeuten die Darstellung und Erklärung der Branchenentwicklungen Erkenntnisse für Unternehmen der Medien-, Telekommunikations- und IT-Industrie. Sie sehen sich Einflüssen neuer Technologien, Liberalisierung und Globalisierung sowie den damit verbundenen Herausforderungen von Konvergenz und Fragmentierung ausgesetzt. Die Darstellung der Wertschöpfungskette der IuK-Industrie und die Analyse der einzelnen Wertschöpfungsstufen erlaubt Unternehmen die Identifizierung eigener Fähigkeiten und Ressourcen und darauf aufbauend eine adäquate Positionierung auf einzelnen Wertschöpfungsstufen, kooperative Strategien zur Koordination angrenzender Wertschöpfungsstufen und die

Abgrenzung von anderen Unternehmen aus der eigenen Teilbranche und benachbarten Teilindustrien.

Letztlich ergeben sich Implikationen hinsichtlich der Kooperationsaktivitäten von Unternehmen, insbesondere in dynamischem und turbulentem Umweltkontext. Erstens verdeutlicht die vorliegende Arbeit die Notwendigkeit der kohärenten Betrachtung kooperativer Verbindungen und die Einbettung in eine wirkungsvolle unternehmerische Gesamtstrategie. Kooperationen dürfen nicht isoliert initiiert und als "ad-hoc"-Maßnahmen angesehen werden, sondern müssen Teil einer **integrierten und koordinierten Konvergenz- und Kooperationsstrategie** sein. Zweitens lässt die Analyse unternehmensspezifischer Kooperationsportfolios Rückschlüsse sowohl auf die Gesamtstruktur auf aggregierter Portfolioebene als auch auf einzelne Kooperationen und damit verbundene Implikationen und notwendigen Handlungsbedarf zu. Insbesondere hinsichtlich der konvergenzrelevanten Kooperationskriterien des Markt- und des Partnerfokus, der Koordination der Wertschöpfungskette, der adäquaten Schwerpunktsetzung hinsichtlich geographischer Ausrichtung und des Wachstumshorizontes sowie der zielorientierten Gestaltung der unternehmensspezifischen Kooperationskriterien ist eine effektive Gestaltung von Kooperationsaktivitäten im Sinne der Gesamtstrategie erforderlich. Schließlich lassen sich bei Gegenüberstellung des eigenen Kooperationsportfolios mit den Durchschnittsprofilen der IuK-Industrie oder den Portfolios ausgesuchter Wettbewerber gewisse Rückschlüsse formulieren: sowohl hinsichtlich der Zielsetzung und der Konfiguration der Kooperationen als auch bezüglich der Selektion von Kooperationspartnern. Die vorliegende Arbeit leistet somit einen Beitrag zur verbesserten Gestaltung von kooperativen Arrangements und unternehmensspezifischen Kooperationsportfolios angesichts konvergenter Industrieentwicklungen. Unternehmen können bestehende Defizite entlang der einzelnen Parameter identifizieren und das Portfolio der Kooperationsaktivitäten effektiver gestalten.

Literaturverzeichnis

Ahlert, D. / Becker, J. / Schütte, R. / Kenning, P. (2000): Internet & Co. im Handel: Strategien, Geschäftsmodelle, Erfahrungen, Berlin.

Albarran, A. / Chan-Olmsted, S. M. (1998): Global Media Economics, Ames.

Alderton, D. / Krim, K. / Schmitt, J. / Sheehy, F. (2000): Digital what? The coming revolution in radio, in: McKinsey Quarterly, Media and Entertainment: Perfoming on the Digital Stage, 2000, S. 49-54.

Aldrich, D. F. (1999): Mastering the Digital Marketplace, New York et al.

Alexander, A. / Owers, J. / Carveth, R. (1998): Media Economics - Theory and Practice, 2nd Edition, New Jersey, London.

Altmeppen, K. D. (1996): Medien und Ökonomie - Medienökonomie, in: Altmeppen, K. D. (Hrsg.), Ökonomie der Medien und des Mediensystems, Opladen, S. 9-24.

Altmeppen, K. D. (1996): Märkte der Medienkommunikation: Publizistische und ökonomische Aspekte von Medienmärkten und Markthandeln, in: Altmeppen, K. D. (Hrsg.), Ökonomie der Medien und des Mediensystems, Opladen, S. 251-272.

Altmeppen, K. D. (2001): Ökonomisierung aus organisationssoziologischer Perspektive: Der Beitrag der Medienunternehmen zur Ökonomisierung, in: M&K, 49. Jahrgang, S. 195-205.

Amelingmeyer, J. / Specht, G. (2000): Wissensorientierte Kooperationskompetenz, in: Hammann, P./Freiling, J. (Hrsg), Die Ressourcen- und Kompetenzperspektive des Strategischen Managements, Wiesbaden, S. 313-336.

Amit, R. / Shoemaker, P. (1993): Strategic assets and organizational rent, in: Strategic Management Journal, Jg. 14, S. 33-46.

Anderson, P. / Anderson, E. (2002): The new e-commerce intermediaries, in: MIT Sloan Management Review, Summer 2002, S. 53-62.

Andrews, K.R. (1971): The concept of corporate strategy, Homewood, Ill.

Ansoff, I. H. (1965): Corporate strategy: an analytical approach to business policy for growth and expansion, New York.

Ansoff, I. H. (1966): Management Strategies, München.

Antecol, M. (2001): Selliing Tech to Higher-Tech Kids, Forrester Technographics Report, May 2001.

AOL Time Warner (2002a): AOL Time Warner 2002 Fact Book, Internetabruf auf der Unternehmens-Website (www.aoltimewarner.com).

AOL Time Warner (2002b): AOL Time Warner 2001 Annual Report, Internetabruf auf der Unternehmens-Website (www.aoltimewarner.com).

AOL Time Warner (2001a): AOL Time Warner 2001 Fact Book, Internetabruf auf der Unternehmens-Website (www.aoltimewarner.com).

AOL Time Warner (2001b): AOL Time Warner 2000 Annual Report, Internetabruf auf der Unternehmens-Website (www.aoltimewarner.com).

Arnold, U. (1998): Einkaufskooperationen als strategisch ausgerichtete Kooperationsform, in: Arnold, U., Erfolg durch Einkaufskooperationen, Wiesbaden.

Arino, A. / Doz, Y. (2000): Rescuing Troubled Alliances. Before It's Too Late, in: European Management Journal, Vol. 18, No. 2, S. 173-182.

Axelrod, R. (1984): The evolution of cooperation., New York.

ARD/ZDF-Arbeitsgruppe Multimedia (1999): ARD/ZDF-Onlinestudie 1999: Wird Online Alltagsmedium?, in: Media Perspektiven, Heft 8, S. 401-414.

ARD/ZDF-Projektgruppe Digital (2001): Digitales Fernsehen in Deutschland - Markt, Nutzerprofile, Bewertungen, in: Media Perspektiven, Heft 4/2001, S. 202-219.

Backhaus, K. (1990): Strategische Allianzen, Düsseldorf.

Backhaus, K. / Pinke, W. (1990): Strategische Allianzen als Antwort auf veränderte Wettbewerbsstrukturen in: Backhaus, K./Pinke, W. (Hrsg.), Strategische Allianzen, zfbf Sonderheft 27, S. 1-10.

Baden-Fuller, C. / Stopford, J. (2001): The firm matters, not the industry, in: de Wit, B./Meyer, R. (Hrsg.), Strategy: Process, Content, Context, Ron, St. Paul, S. 405-410.

Bär, O. (1996): Online -Zeitungen und elektronisches Publizieren, in: Wilke, J. / Imhof, C. (Hrsg.), Multimedia. Voraussetzungen - Anwendungen - Probleme, Berlin, S. 225-234.

Bailer, B. (1997): Geschäftsmodelle: Methoden und Qualität, Zürich.

Bain, J. S. (1956): Barriers to Competition, Cambridge, Mass.

Bain, J. S. (1968): Industrial organization, New York.

Baker, W. E. / Faulkner, R. R. (2002): Interorganizational networks, in: Baum, J. A. C. (Hrsg.), The Blackwell Companion to Organizations, Oxford, S. 520-540.

Bakos, Y. / Brynjolfsson, E. (1996): Bundling Information Goods: Pricing, Profits, and Efficiency, SIMS Working Paper, Boston, Ma.

Bamberger, I. / Wrona, T. (1996): Der Ressourcenansatz und seine Bedeutung für das strategische Unternehmensführung, in: ZfbF, Nr. 48, S. 130-153.

Bamford, J. / Ernst, D. (2002): Managing an alliance portfolio, in: McKinsey Quarterly, No. 3, 2002, S. 28-39.

Barnett, W. P. / Burgelmann, R. A. (1996): Evolutionary perspectives on strategy, in: Strategic Management Journal, Vol. 17, S. 5-19.

Barney, J. B. (1991): Firm Resources and Sustained Competitive Advantage, in: Journal of Management, Vol. 17, No. 1, S. 99-120.

Barney, J. B. (1997): Looking inside for competitive advantage, in: Campbell, A. / Luchs, K.S. (Hrsg.), Core-competency-based strategy, London, S. 13-29.

Barsh, J. (2000): Coffee Talk: Magazines and Their Wab Ambitions (Speech at the American Magazine Conference, Oct. 23, 2000): Abschrift der Rede.

Barsh, J. / Kramer, E. E. / Maude, D. / Zuckerman, N. (2001): Magazine's Home Companion, in: McK Quartely, No. 2, 2001, S. 82-91.

Barsh, J. / Lee, G. S.-C. / Miles, A. (2000): Beyong print: A future for magazines, in: McKinsey Quarterly, Media and Entertainment: Perfoming on the Digital Stage, 2000, S. 79-87.

Barth, C. / Münch, T. (2001): Webradios in der Phase der Etablierung, in: Media Perspektiven, Heft 1, 2001, S. 43-50.

Bartölke, I.-U. (2000): Strategische Gruppen und Strategieforschung: Ansatz für eine dynamische Wettbewerbsbetrachtung, Wiesbaden.

Bauer, H. H. (1989): Marktabgrenzung : Konzeption und Problematik von Ansätzen und Methoden zur Abgrenzung und Strukturierung von Märkten unter besonderer Berücksichtigung von marketingtheoretischen Verfahren, Berlin.

Bauer, H. H. (1991): Unternehmensstrategie und strategische Gruppen, in: Kistner, K. P./Bauer, H. H. (Hrsg.), Unternehmensdynamik, Wiesbaden, S. 389-416.

Bauer, H. H. / Hermann, A. (1992): Eine Methode zur Abgrenzung von Märkten, in: Zeitschrift für Betriebswirtschaft, Nr. 12, S. 1341-1360.

Beardsley, S. C. / R, R. / Wilshire, M. J. (2000): The emergence of broadband in Europe, in: McKinsey Quarterly, No. 2, 2000, S. 39-42.

Beardsley, S. C. / Berchtold, J. / Biglari, H. / Miles, A. (2000): A broad attack on the value chain, in: McKinsey Quarterly, Media and Entertainment: Perfoming on the Digital Stage, 2000, S. 7-12.

Bellmann, K. (2001): Heterarchische Produktionsnetzwerke - ein konstruktivistischer Ansatz, in: Bellmann, K., Kooperations- und Netzwerkmanagement, Festgabe für Gert v. Kortzfleisch zum 80. Geburtstag Berlin, S. 31-54.

Benisch, W. (1981): Kooperationserleichterungen und Wettbewerb, in: Cox, H./Jens, U./Markert, K. (Hrsg.), Handbuch des Wettbewerbs: Wettbewerbstheorie, Wettbewerbspolitik, Wettbewerbsrecht, München, S. 399-419.

Beck, M. (1998): Wettbewerb und Deregulierung im europäischen Telekommunikationsmarkt: Das Beispiel der Kabelfernsehnetze, Sindelfingen.

Becker, J. (1999): Marktorientierte Unternehmensführung: Messung - Determinanten - Erfolgsauswirkungen. Gabler.

Becker, J. (1998): Marketing-Konzeption: Grundlagen des strategischen und operativen Marketing-Managements, 6. Auflage, München.

Becker, J. (2000): Marketing-Strategien: Systematische Kurbestimmung in schwierigen Märkten , München.

Becker, W. M. / Enriquez, L. / Snyder. L. J. (2002): Reprogramming European cable, in: McKinsey Quarterly, Technology after the bubble, Special Edition 2002, S. 68-77.

Beerkens, B. / Lemmens, C. (2001): Tech alliances: Managing your alliance portfolio, in: de Man, A.-P./Duysters, G./Vasudevan, A. (Hrsg.), The allianced enterprise: Global strategies for corporate collaboration, London, S. 93-107.

Bell, J. (2001): E-alliances: What's new about them, in: de Man, A.-P./Duysters, G./Vasudevan, A. (Hrsg.), The allianced enterprise: Global strategies for corporate collaboration, London, S. 25-30.

Bender, G. (1999): Cross-Media ownership: multimediale Konzentration und ihre Kontrolle, Heidelberg.

Berg, K. / Kiefer, M.-L. (1996): Massenkommunikation: Eine Langzeitstudie zur Mediennutzung und Medienbewertung 1964-1995, Baden-Baden.

Bernoff, J. (2001): Cable's On-Demand Salvation, Forrester Report, April 2001.

Bertelsmann (2001): Bertelsmann Annual Report 2000/01, Internetabruf auf der Unternehmens-Website.

Bertrang, B. (2000): Die Zukunftsstrategie der Deutschen Telekom, in: Zahn, E./Foschiani, S. (Hrsg.), Erfolgsstrategien für den Wandel, Stuttgart, S. 85-98.

Bettis, R.A./Hitt, M.A. (1995): The new competitive landscape, in: Strategic Management Journal, Vol. 16, S. 7-19.

Bettis, R.A. (1999): Commentary on 'Redefining Industry Structures for the Information Age', in: Strategic Management Journal, Vol. 19, S. 357-361.

Bhandari, A. / Biglari, H. / Burstein, M. / Dua, A. / Rose, J. (2000): The end of broadcast, in: Unbundling the corporation, in: McKinsey Quarterly, No. 3, 2000, S. 138-147.

Bidault, F. / Salgado, M. (2001): Stability and complexity of inter-firm cooperation: the case of multi-point alliances, in: European Management Journal, Vol. 19, No. 6, S. 619-628. .

Bleeke, J. / Ernst, D. (1991): The Way to win in cross-border alliances, in: Harvard Business Review, November-December 1991, S. 127-135.

Bleeke, J. / Bull-Larsen, T. / Ernst, D. (1992): Wertsteigerung durch Allianzen, in: Bronder, C./Pritzl, R. (Hrsg.), Wegweiser für strategische Allianzen, Wiesbaden, S.103-126.

Bleeke, J. / Ernst, D. (1993): Collaborating to compete: using strategic alliances and acquisitions in the global marketplace, New York.

Bleicher, K. (1989): Kritische Aspekte des Managements zwischenbetrieblicher Kooperation, in: Thexis, 6. Jg., Nr. 3, S. 4-8.

Bleicher, K. (1992): Der Strategie-, Struktur- und Kulturfit strategischer Allianzen als Erfolgsfaktor, in: Bronder, C./Pritzl, R. (Hrsg.), Wegweiser für strategische Allianzen, Wiesbaden, S.265-322.

Bliemel, F. / Fassot, G. / Theobald, A. (2000): Electronic Commerce: Herausforderungen - Anwendungen - Perspektiven, Wiesbaden.

Blödorn, S. / Gerhards, M. / Klingler, W. (2000): Fernsehen im neuen Jahrtausend - ein Informationsmedium? In: Media Perspektiven, Heft 4, S. 171-180.

Bogaschewsky, R. (1995): Vertikale Kooperation - Erklärungsansätze der Transaktionskostentheorie und des Beziehungsmarketing, in: Kaas, K.P. (Hrsg.), Kontrakte, Geschäftsbeziehungen, Netzwerke - Marketing und Neue Institutionenökonomik, Schmalenbachs Zeitschrift für betriebswirtshaftliche Forschung, Sonderheft Nr. 35, Düsseldorf, S. 159-177.

Bolten, R. (2000): Zwischenbetriebliche Kooperationen im Marketing: Methodik zur Identifikation von Kooperationschancen und -potentialen, Herdecke.

Booz, Allen & Hamilton (Hrsg.) (1997): Zukunft Multimedia, Grundlagen, Märkte und Perspektiven in Deutschland, Frankfurt a.M.

Borchert, M. / Grosskettler, H. (1985): Preis- und Wettbewerbstheorie: Marktprozesse als analytisches Problem und ordnungspolitische Gestaltungsaufgabe, Stuttgart.

Borowicz, F. / Scherm, E. (1999): Standardisierungsstrategien: Eine erweiterte Betrachtung des Wettbewerbs auf Netzeffektmärkten, Diskussionsbeiträge Fachbereich Wirtschaftswissenschaft der Gesamthochschule Hagen, Nr. 277.

Borrmann, C. (2001): Corporate strategies in the telecommunications sector in an environment of continuing liberalization, HWWA Discussion Paper 122, HWWA-Institut für Wirtschaftsforschung Hamburg.

Böll, K. (1999): Merchandising und Licensing: Grundlagen, Beispiele, Management, München.

Böning-Spohr, P. / Hess, T. (2000): Geschäftsmodelle inhalteorientierter Anbieter, Nr. 1/2000.

Böttcher, R. (1996): Global network management: context, decision-making, coordination, Wiesbaden.

Bower, J. L. (2001): Not all M&As are alike - and that matters, in: Harvard Business Review, March 2001, S. 93-101.

Bowling, L. H. / Chan-Olmsted, S. (2001): Enhanced TV as brand extension: TV viewers' perception of enhanced TV features and TV commerce on broadcast networks' web sites, in: Journal of Media Management, Vol. 3, No. IV, S. 202-212.

Brenner, W. / Zarnekow, R. (1999): Innovative Ansätze zur digitalen Bereitstellung multimedialer Inhalte, in: Schumann, M./Hess, T. (Hrsg.), Medienunternehmen im digitalen Zeitalter. Neue Technologien, neue Märkte, neue Geschäftsansätze, Wiesbaden, S. 33-50.

Bresnahan, T. F. / Saloner, G. (1997): Large firms' demand for computer products and services: competing market models, inertia, and enabling strategic change, in: Yoffie, D.B. (Hrsg.), Competing in the age of digital convergence, Boston, S. 265-300.

Bresser, Rudi K. F. / Hitt, M. / Nixon, R. D. / Heuskel, D. (Hrsg.) (2000): Winning Strategies in a Deconstructing World, New York.

Bresser, R. K. F. / Heuskel, D. / Nixon, R. D. (2000): The deconstruction of integrated value chains: practical and conceptual challenges, in: Bresser, R. K. F./Hitt, M. / Nixon, R. D./Heuskel, D. (Hrsg.), Winning Strategies in a Deconstructing World, New York, S. 1-21.

Breyer-Mayländer, T. / Fuhrmann, H.-J. (2001): Erfolg im neuen Markt. Online-Strategien für Zeitungsverlage, Berlin.

Breyer-Mayländer, T. (2001): Zukunftsstrategien der Zeitungsverlage, in: Breyer-Mayländer, T./Fuhrmann, H.-J. (Hrsg.), Erfolg im neuen Markt. Online-Strategien für Zeitungsverlage, Berlin, S. 23-34.

Bronder, C. / Pritzl, R. (1992): Ein konzeptioneller Ansatz zur Gestaltung und Entwicklung strategischer Allianzen, in: Bronder, C./Pritzl, R. (Hrsg.), Wegweise für strategische Allianzen: Meilen- und Stolpersteine bei Kooperationen, Wiesbaden, S. 17-46.

Bronder, C. / Pritzl, R. (1992): Wegweise für strategische Allianzen: Meilen- und Stolpersteine bei Kooperationen, Wiesbaden.

Brouthers, K. D. / Brouthers, L. E. / Wilkinson, T. J. (1997): Strategic Alliances: Choose Your Partners, in: Lloyd, B., Creating Value through Acquisitions, Demergers, Buyouts, and Alliances, (bestehend aus Artikeln aus der Zeitschrift 'Long Range Planning') Oxford, S. 267-279.

Brown, J. S. / Durchslag, S. / Hagel, J. (2002): Loosening up: How process networks unlock the power of specialization, in: McKinsey Quarterly, Risk and resilience, Special Edition 2002, S. 59-69.

Brown-Kenyon, P. I. / Miles, A. / Rose, J. S. (2000): Unscrambling digital TV, in: McK Quartely, No. 2, 2000, S. 71-81.

Bruhn, M. (1997a): Multimedia-Kommunikation: systematische Planung eines interaktiven Marketinginstruments, München.

Bruhn, M. (1997b): Hyperwettbewerb - Merkmale, treibende Kräfte und Management einer neuen Wettbewerbsdimension, in: Die Unternehmung, Nr. 5, S. 339-357.

Bryan, L. L. (2002): Just-in-time strategy for a turbulent world, in: McKinsey Quarterly, Risk and resilience, Special Edition 2002, S. 16-27.

Bughin, J. R. / Foster, R. C. / Miles, A. / Ubinas, L. A. (2001): Thome is where the network is, in: McKinsey Quarterly, No. 2, 2001, S. 109-117.

Bughin, J. R. / Lind, F. / Stenius, P. / Wilshire, M. J. (2001): Mobile portals mobilize for scale, in: McKinsey Quarterly, No. 2, 2001, S. 118-127.

Bughin, J. R. / Hasker, S. J. / Segel, E. S. H. / Zeisser, M. P. (2001): Reversing the digital slide, in: McKinsey Quarterly, No. 4, 2001, S. 58-69.

Butt, J. L. (1998): Atomized Production, Forrester Report, August 1998.

Butt, J. L. (2001): Turning Data into Dollars, Forrester Report, May 2001.

Büllingen, F. / Stamm, P. (2001): Entwicklungstrends im Telekommunikationssektor bis 2010, Studie im Auftrag des Bundesministeriums für Wirtschaft und Technologie, Wissenschaftliches Institut für Kommunikationsdienste, Bad Honnef.

Burmann, C. (2001): Strategische Flexibilität und Strategiewechsel in turbulenten Märkten - Neue theoretische Ansätze zur Unternehmensflexibilität, in: Die Betriebswirtschaft, 61. Jg., Nr. 2, S. 169-189.

Büschken, J. (1999): Virtuelle Unternehmen - die Zukunft?, in: Die Betriebswirtschaft, 59. Jg. (1999): S. 778-791.

Carrol, S. L. / Henzler, H. H. (1998): The Economics of the Cable Industry, in: Alexander, A./Owers, J./Carveth, R. (Hrsg.), Media Economics - Theory and Practice, 2nd Edition, Mahwah, New Jersey, London, S. 151-174.

Carveth, R. / Owers, J. / Alexander, A. (1998): The Economics of Online Media, in: Alexander, A./Owers, J./Carveth, R. (Hrsg.), Media Economics - Theory and Practice, 2nd Edition, Mahwah, New Jersey, London, S. 247-273.

Carveth, R. / Owers, J. / Alexander, A. / Fletcher, J. (1998): The Economics of International Media, in: Alexander, A./Owers, J./Carveth, R. (Hrsg.), Media Economics - Theory and Practice, 2nd Edition, Mahwah, New Jersey, London, S. 223-245.

Chan-Olmsted, S. / Jamison, M. (2001): Rivalry Through Alliances: Competitive Strategy in the Global Telecommunications Market, European Management Journal, Vol. 19, No. 3, S. 317-331.

Chandler, A. (1962): Strategy and structure, Cambridge.

Chandler, A. D., Jr. (1997): The Computer Industry: The First Half-Century, in: Yoffie, D.B. (Hrsg.), Competing in the age of digital convergence, Boston, S. 37-122.

Choi, D. / Valikangas, L. (2001): Patterns of Strategy Innovation, in: European Management Journal, Vol. 19, No. 4, S. 424-429.

Christensen, C. M. (2001): The Past and Future of Competitive Advantage, in: MIT Sloan Management Review, Winter 2001, S. 105-109.

Christensen, C. M. / Raynor, M. / Verlinden, M. (2001): Skate to where the money will be, in: Harvard Business Review, November S. 72-81.

Christensen, C. M. / Johnson, M. W. / Rigby, D. K. (2002): Foundations for growth: How to identify and build disruptive new businesses, in: MIT Sloan Management Review, Spring 2002, S. 22-31.

Choi, J. (1994): Network externality, compatibility choice , and planned obsolescence, in: Journal of Industrial Economics, XLII, S. 167-182.

Christofferson, S. A. / Gatzke, M. A. (2001): Broadband media: Look before you leap, in: McKinsey Quarterly, No. 4, 2001, S. 49-57.

Chyi, I. H. / Sylvie, G. (2000): Online Newspaper in the U.S. - Perceptions of Markets, Products, Revenue, and Competition, in: Journal of Media Management, Vol. 2, No. II, S. 69-77.

Clement, M. (2000): Interaktives Fernsehen: Analyse und Prognose seiner Nutzung, Wiesbaden.

Coase, R.H. (1937): The nature of the firm, in: Economica, Vol. 4., S. 386-405.

Coffey, S. / Stipp, H. (1997): The interactions between computer and television, in: Journal of Advertising Research, March/April, S. 61-67.

Collis, D. J. / Bane, P. W. / Bradley, S. P. (1997): Winners and Losers: Industry structure in the converging world of telecommunications, computing, and entertainment, in: Yoffie, D.B. (Hrsg.), Competing in the age of digital convergence, Boston, S. 159-200.

Collis, D. J. / Montgomery, C.A. (1995): Competing on resources: strategy in the 1990s, in: Harvard Business Review, July-August 1995, S. 118-128.

Collis, David J. / Montgomery, C.A. (1998): So können Konzerne Ressourcen optimal ausschöpfen, in: Harvard Business Manager, Nr. 6, S. 26-37.

Conner, K (1991): A historical comparison of resource-based theory and five schools of thought within industrial organization economics: do we have a new theory of the firm?, in: Journal of Management, Vol. 17, No. 1, S. 154-171.

Contractor, F. / Lorange, P. (2001): Why should firms cooperate?, in: de Wit, B./Meyer, R. (Hrsg.), Strategy: Process, Content, Context, St. Paul, S. 321-331.

Corsten, H. / Gössinger, R. (1999): Unternehmungsnetzwerke: Grundlagen, Ausgestaltungsformen, Instrumente, Schriften zum Produktionsmanagement, in: Corsten, H. (Hrsg.), Lehrstuhl für Produktionswirtschaft, Universität Kaiserslautern.

Corsten, H. / Gössinger, R. (2001): Unternehmungsnetzwerke. Grundlagen - Ausgestaltungsformen - Instrumente. Nr. 38 der Schriften zum Produktionsmanagement, Kaiserslautern.

Courtney, H. / Kirkland, J. / Viguerie, S. P. (2000): Strategy under uncertainty, in: McKinsey Quarterly, Anthologies on Strategy, Special Edition 2000, S. 81-90.

Courtney, H. (2001): Making the most of uncertainty, in: McKinsey Quarterly, No. 4, 2001, S. 38-47.

Cravens, K. / Piercy, N. / Cravens, D. (2000): Assessing the Performance of Strategic Alliances: Matching Metrics and Strategy, in: European Management Journal, Vol. 18, No. 5, S. 529-541.

Culpan, R. (2002): Global business alliances: theory and practice, Connecticut, London.

Cummings, T. J. (1992): Konfiguration strategischer F&E-Allianzen: Innovation durch Partnerschaft, in: Bronder, C./Pritzl, R. (Hrsg.), Wegweiser für strategische Allianzen, Wiesbaden, S.211-220.

Cunningham, M. J. (2001): B2B: How to build a profitable E-commerce strategy, Perseus Publishing.

Curwen, P. (2001): Rivalry Through Alliances: Competitive Strategy in the Global Telecommunications Market - A rejoinder to Chan-Olmsted and Jamison, in: European Management Journal, Vol. 19, No. 6, S. 678-681.

Cusumano, M. A. / Smith, S. A. (1997): Beyond the waterfall: software development at Microsoft, in: Yoffie, D.B. (Hrsg.), Competing in the age of digital convergence, Boston, S. 371-411.

Dang-Nguyen, G. / Penard, T. (2001): Internet economics: a new form of cooperation?, in: Plunket, A./Voisin, C./Bellon, B. (Hrsg.), The dynamics of industrial collaboration, Cheltenham, UK, S. 55-69.

Dans, E. (2000): Internet Newspapers: Are Some More Equal than Others? in: Journal of Media Management, Vol. 2, No. 1, S. 4-13.

Darschin, W. / Kayser, S. (2000): Tendenzen im Zuschauerverhalten: Fernsehgewohnheiten und Programmbewertungen 1999, in, Media Perspektiven, 4/2000, S. 146-159.

Darschin, W. / Kayser, S. (2001): Tendenzen im Zuschauerverhalten: Fernsehgewohnheiten und Programmbewertungen 2000, in, Media Perspektiven, 4/2001, S. 162-175.

D'Aveni, R.A. (1994): Competitive Hypercompetition - Managing the Dynamics of Strategic Maneuvering, Frankfurt, New York.

D'Aveni, R.A. (1995): Hyperwettbewerb: Strategien für die neue Dynamik der Märkte, Frankfurt, New York.

D'Aveni, R.A. (1999): Strategic Supremacy Through Disruption and Dominance, in: Sloan Management Review, Vol. 40, S. 127-135.

Dathe, J. (1999): Coopetition - mehr als eine Mode, in: Harvard Business Manager 6/1999, S. 22-29. .

Devlin, G. / Bleackley, M. (1997): Strategic Alliances - Guidelines for Success, in: Lloyd, B., Creating Value through Acquisitions, Demergers, Buyouts, and Alliances (bestehend aus Artikeln aus der Zeitschrift 'Long Range Planning'): Oxford, S. 179-188.

Delbrück, J. / Tietje, C. (2000): Grundzüge und rechtliche Probleme einer Internationalen Informationsordnung, in: Hans-Bredow-Institut (Hrsg.), Internationales Handbuch für Hörfunk und Fernsehen 2000/2001, S. 15-30.

Delfmann, W. (1989): Das Netzwerkprinzip als Grundlage integrierter Unternehmensführung, in: Delfmann, W. (Hrsg.), Der Integrationsgedanke in der Betriebswirtschaftslehre, Wiesbaden, S. 87-114.

Deprez, F. / Isern, J. (1999): Harnessing the power of disaggregation, in: McKinsey Telecommunications, Autumn 1999, S. 48-59.

Deprez, F. / Rosengren, J. / Soman, V. (2002): Portals for all platforms, in: McKinsey Quarterly, No. 1, 2002, S. 92-101.

Deutsche Telekom (2002a): Deutsche Telekom Group Report: January 1 to June 30, 2002; Internetabruf auf der Unternehmens-Website.

Deutsche Telekom (2002b): Modern Teams. The 2001 Financial Year. Deutsche Telekom Annual Report, Internetabruf auf der Unternehmens-Website.

Deutsche Telekom (2001): The 2000 Financial Year. Modern Teams. Deutsche Telekom Annual Report, Internetabruf auf der Unternehmens-Website.

Dieckmann, D.-S. (1999): Internationale Unternehmensnetzwerke und regionale Wirtschaftspolitik : Kompetenzzentren in der Multimedia-Industrie, Wiesbaden.

Dietl, H. M. / Royer, S. (2000): Management virtueller Netzwerkeffekte in der Informationsökonomie, in: zfo, 69. Jg., Heft 6, S. 324-331.

Dietl, H. (1995): Institutionelle Koordination spezialisierungsbedingter wirtschaftlicher Abhängigkeit, in: Zeitschrift für Betriebswirtschaft, Nr. 6, S. 569-585.

Dicken, P. (1998): Global Shift, 3rd edition, London.

Douma, M. U. / Bilderbeek, J. / Idenburg, P. J. / Looise, J. K. (2000): Strategic alliances: Managing the dynamics of fit, in: Long Range Planning, Vol. 33, No. 4 / August 2000, S. 579-598.

Dowling, M. / Lechner, C. / Thielmann, B. (1998): Convergence - Innovation and Change of Market Structures between Television and Online Services, in: Electronic Markets Journal, Vol. 8, No. 4, S. 31.35.

Doz, Y. (1992): Empirische Relevanz von strategischen Allianzen in Europa, in: Bronder, C./Pritzl, R. (Hrsg.), Wegweiser für strategische Allianzen, Wiesbaden, S.47-62.

Doz, Y. L. / Hamel, G. (1998): Alliance Advantage: The Art of Creating Value through Partnering, Boston.

Dörr, D. (2000): Europäische Medienordnung und -politik, Hans-Bredow-Institut (Hrsg.), Internationales Handbuch für Hörfunk und Fernsehen 2000/2001, S. 65-88.

Duschek, S. / Ortmann, G. / Sydow, J. (2001): Grenzmanagement in Unternehmungsnetzwerken: Theoretische Zugänge und der Fall eines strategischen Dienstleistungsnetzwerks, in: Ortmann, G./Sydow, J (Hrsg.), Strategie und Strukturation. Strategisches Management von Unternehmen, Netzwerken und Konzernen. Wiesbaden, S. 191-233.

Dussauge, P. / Garette, B. (1999): Cooperative Strategy: Competing Successfully Through Strategic Alliances, New York.

Duysters, G. / Hagedoorn, J. (1997): Technological convergence in the IT industry: the role of strategic technology alliances and technological competencies (draft): in: MERIT, August 1997.

Duysters, G.. / Guidace, R. / Sadowski, B. M. / Vasudevan, A. (2001): Inter-alliance rivalry: Theory and an application to the global telecommunications industry, in: Hughes, M. /Taggart, J. H. (Hrsg.), International Business - European Dimensions, NY, S. 151-167.

Dyer, J. H. / Kale, P. / Singh, H. (2001): How to make Strategic Alliances work, in: MIT Sloan Management Review, Summer 2001, S. 37-43.

Economides, Nicholas (1996): The economics of networks, in: International Journal of Industrial Organization, No. 14, S. 673-699.

Ehrensberger, S. / Opelt, F. / Rubiner, H. / Schmiedeberg, A. (2000): Dealing with deconstruction, in: Bresser, R. K. F./Hitt, M./Nixon, R. D./Heuskel, D. (Hrsg.), Winning Strategies in a Deconstructing World, New York, S. 191-200.

Ehrhardt, M. (2001): Netzwerkeffekte, Standardisierung und Wettbewerbsstrategie , Wiesbaden.

ECC (European Communication Council) (Hrsg.) (2001): Die Internet Ökonomie: Strategien für die digitale Wirtschaft, Berlin.

Eifert, M. / Hoffmann-Riem, W. 1999): Die Entstehung und Ausgestaltung des dualen Rundfunksystems, in: Schwarzkopf, D. (Hrsg.), Rundfunkpolitik in Deutschland: Wettbewerb und Öffentlichkeit, Bd. 1, München, S. 50-117.

Eimeren, B. van / Gerhard, H. (2000): ARD/ZDF-Online-Studie 2000: Gebrauchswert entscheidet über Internetnutzung, in: Media Perspektiven, Heft 8, S. 338-349.

Eimeren, B. van (1999): Online oder "On Air": Rundfunnk und Internet - konkurrierend oder komplementär, in: Neuberger, C./Tonnebacher, J. (Hrsg.), Online - Die Zukunft der Zeitung?, Wiesbaden, S. 219-239. .

Eimeren, B. van / Gerhard, H. / Frees, B. (2001): ARD/ZDF-Online-Studie 2001: Internetnutzung stark zweckgebunden, in: Media Perspektiven, Heft 8, S. 382-397.

Eimeren, B. van / Ridder, C. -M. (2001): Trends in der Nutzung und der Bewertung der Medien 1970 bis 2000, Ergebnisse der ARD/ZDF-Langzeitstudie Massenkommunikation, in: Media Perspektiven, Heft 11, 2001 S. 538-553.

Eisenhardt, K. M. / Sull, D. N. (2001): Strategy as simple rules, in: Harvard Business Review, January 2001, S. 107-116.

EITO (European Information Technology Observatory) (2002): European Information Technology Observatory 2002, European Information Technology Observatory (EITO), Frankfurt am Main.

Elixmann, D. / Kulenkampff, G. / Schimmel, U. / Schwab, R. (2001): Internationaler Vergleich der TK-Märkte in ausgewählten Ländern - ein Liberalisierungs-, Wettbewerbs- und Wachstumsindex, Diskussionsbeiträge des Wissenschaftlichen Instituts für Kommunikationsdienste, Nr. 216.

Elixmann, D. / Metzler, A. (2001): Marktstruktur und Wettbewerb auf dem Markt für Internet-Zugangsdienste, Diskussionsbeiträge des Wissenschaftlichen Instituts für Kommunikationsdienste, Nr. 221.

Enders, A. / Jelassi, T. (2000): The Converging Business Models of Internet and Bricks-and-Mortar Retailers, in: European Management Journal, Vol. 18, No. 5, S. 542-550.

Eneroth, K. / Malm, A. (2001): Knowledge Webs and Generative Relations: A Network Approach to Developing Competencies, in: European Management Journal, Vol. 19, No. 2, S. 174-182.

Engelhard , J. / Sinz, E. (1999): Kooperation im Wettbewerb, Wiesbaden.

Ernst, M (1990): Neue Informations- und Kommunikationstechnologien und marktwirtschaftliche Allokation - Eine informations- und transaktionskostentheoretische Analyse, München.

Ernst, D. /Halevy, T. / Monier, J.-H. J. / Sarrazin, H. (2001): A future for e-alliances, in: McK Quartely, No. 2, 2001, S. 92-102.

Evans, P. B. / Wurster, T. S. (1999): Strategy and the New Economics of Information, in: Tapscott, Don (Hrsg.), Creating Value in the Network Economy, S. 13-34.

Evans, P. B. / Wurster, T. S. (2000): Blown to bits: how the new economics of information transforms strategy, Boston.

Ewald, K. / Gscheidle, C. / Schröter, C. (1998): Professionalisierung und Spezialisierung im Online-Medium - Internetangebote öffentlich-rechtlicher Rundfunkveranstalter in Deutschland 1998, in: Media Perspektiven, Heft 10, S. 508-516.

Fantapié Altobelli, C. (2000): Electronic Commerce im interarktiven Fernsehen, in: Bliemel, F./Fassot, G./Theobald, A. (Hrsg.), Electronic Commerce: Herausforderungen - Anwendungen - Perspektiven, Wiesbaden, S. 171-188.

Farchy, J. / Rochelandet, F. (2001): Copyright management in the digital age: evolving forms of cooperation, in: Plunket, A./Voisin, C./Bellon, B. (Hrsg.), The dynamics of industrial collaboration, Cheltenham, UK, S. 70-87.

Farell, J. / Saloner, G. (1985): Standardization, compatibility, and innovation, in: RAND Journal of Economics, No. 16 (1/1985), S. 70-83.

Faßbender, H. / Leichtfuß, R. (1990): Banking im neuen Europa: Eine Zwischenbilanz, in: Die Bank, 5/1990, S. 244ff.

Faulkner, D. (2000): Cooperative strategies: economic, business, and organizational issues, Oxford.

Faulstich, W. (Hrsg.) (1988): Das Fernsehen im Produktverbund mit anderen Medien, Heidelberg .

Feldmann, V. (2002): Competitive strategy for media companies in the mobile internet, in: Schmalenbach Business Review, Vol. 54 (4/2002), S. 351-371.

Fey, A. (1999): Diversifikation und Unternehmensstrategie: Zur Insuffizienz der Analyse des Diversifikationserfolges der empirischen Diversifikationsforschung, Frankfurt.

Finlay, P. (2000): Strategic Management, Harlow.

Fink, M. (1996): Inside the music industry: creativity, process, and business, 2. Auflage, New York.

Forit (2000): Breitband-Internet vs. Smart-TV: Wer gewinnt die Massen? - Marktanalyse - Marktprognosen - Strategische Empfehlungen, Forit.

Foros, Ø. / Hansen, B. (2001): Competition and compatibility among internet service providers, Telenor Research and Development, Abruf unter: http://cosmic.rrz.uni-hamburg.de/webcat/hwwa/edok01/nhh/dp01.04.pdf.

Fox, M. / Wrenn, B. (2001): A broadcasting model for the music industry, in: Journal of Media Management, Vol. 3, No. II, S. 112.

Föckler, K. (1999): Telekommunikation im Zeichen der TIME-Märkte - Perspektiven der Deutschen Telekom, in: Schumann, M./Hess, T. (Hrsg.), Medienunternehmen im digitalen Zeitalter. Neue Technologien, neue Märkte, neue Geschäftsansätze, Wiesbaden, S. 279-291.

Franzmann, E. (2001): Zeitungen und Internet - Die richtige Content-Strategie, in: Breyer-Mayländer, T./Fuhrmann, H. -J., Erfolg im neuen Markt. Online-Strategien für Zeitungsverlage, Berlin, S. 61-78.

Freiling, J. (2000): Entwicklungslinien und Perspektiven des Strategischen Kompetenz-Managements, in: Hammann, P./Freiling, J. (Hrsg), Die Ressourcen- und Kompetenzperspektive des Strategischen Managements, Wiesbaden, S. 13-46.

Friedrich, S. A. / Hinterhuber, H.H. (2000): Mehrwert durch Diversifikation? in: Hinterhuber, H. H./Friedrich, S. A./Matzler, K./Pechlaner, H. (Hrsg.), Die Zukunft der diversifizierten Unternehmung, München, S. 3-30.

Friedrich, S. A. (2000b): Konzentration der Kräfte: A Resource-Based View, in: Hammann, P./Freiling, J. (Hrsg), Die Ressourcen- und Kompetenzperspektive des Strategischen Managements, Wiesbaden, S. 225-248.

Fritz, W. (2000): Markteintrittsstrategien in der Internet-Ökonomie, in: Dietrich von der Oelsnitz (Hrsg.), Markteintritts-Management, Stuttgart, S. 223-238.

Fuhrmann, H.-J. (2001): Bilanz nach fünf Jahren Online-Engagement, in: Breyer-Mayländer, T./Fuhrmann, H.-J. (Hrsg.), Erfolg im neuen Markt. Online-Strategien für Zeitungsverlage, Berlin, S. 9-21.

Furrer, O. / Thomas, H. (2000): The Rivalry Matrix: Understanding Rivalry and Competitive Dynamics, European Management Journal, Vol. 18, No. 6, S. 619-637.

Gahl, A. (1991): Die Konzeption strategischer Allianzen, Berlin.

Garbe, M. (1999): Der Einfluß neuer Informations- und Kommunikationstechnik auf die Grenzen der Unternehmung, ifo studien zur innovationsforschung 8, ifo, München.

Garcia, J. C. / Wilkins, J. (2001): Cable is too much better to lose, in: McKinsey Quarterly, No. 1, 2001, S. 185-193.

Garette, B. / Dussauge, P. (2000): Alliance Versus Acquisitions: Choosing the Right Option, in: European Management Journal, Vol. 18, No. 1, S. 63-69.

Geffken, M. (2001): US-Zeitungsmarkt im Wandel, in: Breyer-Mayländer, T./Fuhrmann, H. -J. (Hrsg.), Erfolg im neuen Markt. Online-Strategien für Zeitungsverlage, Berlin, S. 195-209.

Gerpott, T. J. (1996): Multimedia: Geschäftssegmente und betriebswirtschaftliche Implikationen, in: WiSt., Nr. 1, S. 15-20.

Gerth, N. (1998): Online-Absatz: strategische Bedeutung, strukturelle Implikationen, Erfolgswirkungen: eine Analyse des Einsatzes von Online-Medien als Absatzkanal, Baden-Baden.

Ghemawat, P. (1999): Strategy and the business landscape, Reading.

Ghemawat, P. / Porter, M. E. / Rawlinson, R. A (1986): Patterns of international coalition activity, in: Porter, M. E. (Hrsg.), Competition in global industries, Boston, S. 345ff.

Giger, H. (2000): Strategische Allianzen und kooperative Strategien, in: Welge, M. K./Al-Laham, A./Kajüter, P. (Hrsg.), Praxis des strategischen Managements: Konzepte, Erfahrungen, Perspektiven, Wiesbaden, S. 191-204.

Gleich, U. (1998): Funktionen von Soap operas für die Zuschauer, in: Media Perspektiven, Heft 1/98, S. 46-50.

Gleich, U. (2000a): Entwicklung und Nutzung neuer Medien, in: Media Perspektiven, Heft 7, S. 326-333.

Gleich, U. (2000b): Informations- und Wissensvermittlung durch das Fernsehen, in: Media Perspektiven, Heft 12/2000, S. 581-586.

Glotz, P. (2000): Die Zukunft der Zeitung in der "Neuen Ökonomie", in: Thexis, Heft 3, S. 2-5.

Gomery, D. (1998): The Economics of Hollywood: Money and Media, in: Alexander, A./Owers, J./Carveth, R. (Hrsg.), Media Economics - Theory and Practice, 2nd Edition, Mahwah, New Jersey, London, S. 175-183.

Gomes-Casseres, B. / Leonard-Barton, D. (1997): Alliance clusters in multimedia: Safety net or entanglement, in: Yoffie, D.B. (Hrsg.), Competing in the age of digital convergence, Boston, S. 325-370.

Goold, M. / Campbell, A. / Alexander, M. (1994): Corporate-Level Strategy: Creating Value in the Multibusiness Company, New York.

Göttsch, C. (2000): Business strategy in the online industry. Markt and network strategy in multi-layered industries, Wiesbaden.

Grajczyk, A. / Mende, A. (2000): Nichtnutzer von Onlne: Zugangsbarrieren bleiben bestehen, in, Media Perspektiven, Heft 8/2000, S. 350-358.

Grant, R.M. (1991): The Resource-Based Theory of Competitive Advantage: Implications for Strategy Formulation, in: California Management Review, 33. Jg., Nr. 3, S. 114-135.

Grauer, M. / Merten, U. (1996): Multimedia, Berlin, Heidelberg.

Greenstein, S. / Khanna, T. (1997): What does industry convergence mean?, in: Yoffie, D.B. (Hrsg.), Competing in the age of digital convergence, Boston, S. 201-226.

Gregg, S. (2001): Die Konvergenz: Telekommunikationsanbieter und Medienunternehmen - Wettbewerber oder Partner, in: Vizjak, A./Ringlstetter, M. (Hrsg.), Medienmanagement: Content gewinnbringend nutzen. Trends, Business-Modelle, Erfolgfaktoren, Wiesbaden, S. 37-44.

Gren, F. / Maor, D. / Ubinas, L. (2001): Late edition: Another chance for newspapers on the web, in: McK Quartely, No. 2, 2001, S. 74-81.

Gretzinger, S. / Matiaske, W. / Weber, W. (2002): Kooperation und Konflikt in strategischen Netzwerken - Am Beispiel eines Entwicklungsverbunds von klein- und mittelständischen Unternehmen, in: Zeitschrift Führung + Organisation (zfo), Heft 1/2002, S. 22-25.

Grimsditch, T. (2001a): Unleashing Interactive TV, Forrester Report January 2001.

Grimsditch, T. (2001b): Changing Channels For Enhanced TV, Forrester Report May 2001.

Grisold, A. (2001): Ökonomisierung der Medienindustrie aus wirtschaftspolitischer Perspektive, in: M&K, 49. Jahrgang, S. 237-248.

Gröhn, A. (1999): Netzwerkeffekte und Wettbewerbspolitik: eine ökonomische Analyse des Softwaremarktes, Tübingen.

Grüne, H. / Urlings, S. (1996): Motive der Onlinenutzung, in: Media Perspektiven, Heft 9/96, S. 491-498.

Habann, F. (1998): Kernressourcenmanagement in Medienunternehmen, Köln.

Habann, F. (2000): Management of Core Resources: The Case of Media Enterprises, in: Journal of Media Management, Vol. 2, No. 1, S. 14-24.

Habann, F. (2002): "Fit" zwischen Strategie und Kernressourcen - Zentraler Erfolgsfaktor der Unternehmung?, in: Bellmann, K. /Freiling, J./Hammann, P./Mildenberger, U. (Hrsg.), Aktionsfelder des Kompetenzmanagements: Ergebnisse des Symposiums Kompetenz-Management, Wiesbaden, S. 145-167.

Hacker, T. (1999): Vernetzung und Modularisierung - (Re-) Organisation von Medienunternehmen, in: Schumann, M./Hess, T. (Hrsg.), Medienunternehmen im digitalen Zeitalter: Neue Technologien - Neue Märkte - Neue Geschäftsansätze, Wiesbaden, S. 155-173.

Hacker, T. (2002): Unternehmensnetzwerke in der Multimediabranche. Relevanz und Gestaltung., Wiesbaden.

Häcki, R. / Lighton, J. (2001): The future of the networked company, in: McKinsey Quarterly, No. 3, 2001, S. 26-39.

Haertsch, P. (2000): Wettbewerbsstrategien für die Digital Economy: Eine kritische Überprüfung klassischer Strategiekonzepte, Köln.

Hagedorn, J. / Lundan, S. (2001): Strategic technology alliances: trends and patterns since the early eighties, in: Plunket, A./Voisin, C./Bellon, B. (Hrsg.), The dynamics of industrial collaboration, Cheltenham, UK, S. 88-101.

Hagel, J. (2000): Spider versus spider, in: McKinsey Quarterly, Anthologies on Strategy, Special Edition 2000, S. 71-80.

Hagel, J. / Singer, M. (1999): Net Worth: Shaping markets when customers make the rules, Boston.

Hagel, J. / Singer, M. (2000): Unbundling the corporation, in: McKinsey Quarterly, No. 3, 2000, S. 148-161.

Hamel, G. / Prahalad, C. K. (1994): Competing for the future, Boston.

Hamel, G. / Prahalad, C. K. (1995): Wettlauf um die Zukunft: Wie Sie mit bahnbrechenden Strategien die Kontrolle über Ihre Branche gewinnen und die Märkte von morgen schaffen, Wien.

Hammann, P. / Freiling, J. (2000): Einführender Überblick zum Strategischen Kompetenz-Management, in: Hammann, P./Freiling, J. (Hrsg.): Die Ressourcen- und Kompetenzperspektive des Strategischen Managements, Wiesbaden, S. 3-12.

Hammes, W. (1994): Strategische Allianzen als Instrument der strategischen Unternehmensführung, Wiesbaden.

Hardie, M. E. / Butt Jr., J. L. / Aber, A. / Schmitt, E. (1998): Webcasting's New Model, Forrester Report, November 1998.

Harper, N. W. C. / Viguerie, S. P. (2002): Are you too focused, in: McKinsey Quarterly, Risk and resilience, Special Edition 2002, S. 16-27.

Harrigan, K. R. (1985): Vertical integration and corporate strategy, in: Academy of Management Journal, Vol. 28, No. 2, S. 395-425.

Harrison, J. S. (1997): Alternative to Merger - Joint Ventures and Other Strategies, in: Lloyd, B., Creating Value through Acquisitions, Demergers, Buyouts, and Alliances, (bestehend aus Artikeln aus der Zeitschrift 'Long Range Planning') Oxford, S. 167-177.

van der Harst, E. (2001): Sports and Technology United, Forrester Technographics Report, April 2001.

Hax, A. / Wilde II, D. (2001): The Delta Model - Discovering New Sources of Profitability in a Networked Economy, in: European Management Journal, Vol. 19, No. 4, S. 379-391.

Hazewindus, N. / Burgelman, J.C. / Bogdanowicz, M. (2000): Folgen der Konvergenz für die Wettbewerbsfähigkeit der europäischen Unterhaltungselektronik-Industrie, in: The ITPS Report, Nr. 49, November 2000, S. 20-27.

Heinrich, J. (1994): Medienökonomie, Bd. 1.Opladen.

Heinrich, J. (2001): Ökonomisierung aus wirtschaftspolitischer Perspektive, in: M&K, 49. Jahrgang, S. 159-169.

Heil, B. (1999): Online-Dienste, Portal Sites und elektronische Einkaufszentren: Wettbewerbsstrategien auf elektronischen Massenmärkten, Wiesbaden.

Heitzer, E. (2002): Vision Breitbandkabel. Welche Erwartungen werden damit verbunden? in: Media Perspektiven, Heft 3, 2002 S. 140-143.

Henry, D. (2002): Mergers: Why most big deals don't pay off, in: Business Week, October 14, 2002, S. 72-78.

Henselek, H. (2000): Konfigurationseigenschaften als strategische Ressource - Konfigurationsmanagement als Metakompetenz, in: Hammann, P./Freiling, J. (Hrsg.): Die Ressourcen- und Kompetenzperspektive des Strategischen Managements, Wiesbaden, S. 439-464.

Hensmann, J. / Meffert, H. / Wagner, P.-O. (1996): Marketing mit multimedialen Kommunikationstechnologien - Einsatzfelder und Enwicklungsperspektiven, Arbeitspapier Nr. 101 der Wissenschaftlichen Gesellschaft für Marketing und U'nternehmensführung e.V., Münster.

Herron, S. (2000): Online Entertainment: Incubating Obsessions with the (User Name Here) Show, Jupiter Vision Report.

Herzig, N. / Watrin, Chr. / Ruppert, H. (1997): Unternehmenskontrolle in internationalen Joint Ventures - Eine agencytheoretische Betrachtung, in: Die Betriebswirtschaft, 57. Jg., Nr. 6, S.764-776.

Hess, T. / Schumann, M. (1999): Medienunternehmen im digitalen Zeitalter - eine erste Bestandsaufnahme, in: Schumann, M./Hess, T. (Hrsg.), Medienunternehmen im digitalen Zeitalter: Neue Technologien - Neue Märkte - Neue Geschäftsansätze, Wiesbaden, S. 1-18.

Heuskel, D. (1999a): Strategische Dimensionen der Diversifikaktion, in: Hinterhuber, H. (Hrsg.), Die Zukunft der diversifizierten Unternehmen, München, S. 345-358.

Heuskel, D. (1999b): Wettbewerb jenseits von Industriegrenzen. Aufbruch zu neuen Wachstumsstrategien, Frankfurt.

Hinterhuber, H. H. / Levin, B. M. (1994): Strategic networks - The organizations of the future, in: Long Range Planning, Vol. 27, No. 3, S. 43-53.

Hinterhuber, H. H. / Friedrich, S. A. (1997): Markt- und ressourcenorientierte Sichtweise zur Steigerung des Unternehmenswertes, in: Hahn, D./Taylor, B. (Hrsg.), Strategische Unternehmensplanung - Strategische Unternehmensführung: Stand und Entwicklungstendenzen, 7. Aufl., S. 988-1016.

Hinterhuber, H. H. / Friedrich, S. A. / Matzler, K. / Pechlaner, H. (2000): Die Zukunft der diversifizierten Unternehmung, München.

Hinterhuber, H. H. / Friedrich, S. A. / Al-Ani, A. / Handlbauer, G. (2000): Das neue strategische Management: Perspektiven und Elemente einer zeitgemäßen Unternehmensführung, 2. Ausgabe, Wiesbaden.

Hitt, **M.A. / Keats, B.W. / DeMarie, S. M. (1998):** Navigating in the new competitive landscape: building strategic flexibility and competitive advantage in the 21st century, in: Academy of Management Executive, Vol. 12, No. 4, S. 22-42.

Hoffmann-Riem, W. / Eifert, M. (2000): Regelungskonzepte des Telekommunikationsrechts und der Telekommunikationspolitik: Innovativ und innovationsgeeignet? in: Hoffmann-Riem, W. (Hrsg.), Innovation und Telekommunikation - Rechtliche Steuerung von Innovationsprozessen in der Telekommunikation., Baden-Baden, S. 10-56.

Homp, C. (2000): Aufbau von Kernkompetenzen: Ablauf und Vorgehen, in: Hammann, P./Freiling, J. (Hrsg), Die Ressourcen- und Kompetenzperspektive des Strategischen Managements, Wiesbaden, S. 167-190.

Horowitz, E. / Wigder, Z. D. (2001): Broadband and Wireless ISP Subscriber Acquisition, The Jupiter Concept Report.

Howe, C. D. (2001): The X Internet, Forrester Report, May 2001.

Hungenberg, H. (1998): Strategische Allianzen in der Telekommunikation, in: Zeitschrift für betriebswirtschaftliche Forschung, Nr. 5/1998, S. 479-503.

Hungenberg, H. (1999): Bildung und Entwicklung von strategischen Allianzen - theoretische Erklärungen, illustriert am Beispiel der Telekommunikationsbranche, in: Engelhard, J./Sinz, E. (Hrsg.), Kooperation im Wettbewerb, Wiesbaden.

Hungenberg, H. (2000): Strategisches Management in Unternehmen: Ziele - Prozesse- Verfahren, Wiesbaden.

Iansiti, M. (1997): Managing chaos: system-focused product development in the computer and multimedia environment, in: Yoffie, D.B. (Hrsg.), Competing in the age of digital convergence, Boston, S. 413-444.

IDSA (Interactive Digital Software Association) (2001): Economic impact of the demand for playing interactive entertainment software, Abruf unter: www.idsa.com.

IDSA (Interactive Digital Software Association) (Hrsg.) (2002): State of the Industry: Report 2000-2001, Abruf unter: www.idsa.com.

Intel (2002): Intel 2001 Annual Report; Internetabruf auf der Unternehmens-Website.

Intel (2001): Intel 2000 Annual Report; Internetabruf auf der Unternehmens-Website.

Intel (2000): Intel 1999 Annual Report; Internetabruf auf der Unternehmens-Website.

Ilinitch, L./D'Aveni, R.A. (Hrsg) (1998): Managing in Times of Disorder - Hypercompetitive Organizational Responses, Thousand Oaks, London.

Ireland, D. R. / Hitt, M. A. / Vaidyanath, D. (2002): Alliance management as a source of competitive advantage, in: Journal of Management, Vol 28, No. 3, S. 413-446.

Jansen, S. A. (2000): Mergers & Acquisitions: Unternehmensakquisitionen und -kooperationen, 3. Auflage, Wiesbaden.

Jarillo, J. C. (1988): On strategic networks, in: Strategic Management Journal, Vol. 9, No. 1, S. 31-41.

Jarillo, J. C. (1993): Strategic Networks: Creating the Borderless Organization, Oxford.

Johanson, J. / Mattson, L. -G. (1987): Interorganizational relations in industrial systems: A network approach compared with the transaction-cost approach, in: International Studies of Management and Organization, Vol. 17, No. 1, S. 34-48.

Johanson, J. / Mattson, L. -G. (2001): Network positions and strategic action, in: de Wit, B./Meyer, R. (Hrsg.), Strategy: Process, Content, Context, Ron, St. Paul, S. 350-359.

Jupiter Research (Hrsg.) (2001): Access, activities, and transactions of the online user, The Jupiter Online Consumer Survey, Volume 6.

Kale, P. / Dyer, J. H. / Singh, H. (2001): Value creation and success in strategic alliances: alliancing skills and the role of alliance structure and systems, in: European Management Journal, Vol. 19, No. 5, S. 463-471.

Kaluza, B. / Blecker, T. / Bischof, C. (1998): Strategic Management in Converging Industries, Diskussionsbeiträge des Institutes für Wirtschaftswissenschaften der Universität Klagenfurt, Klagenfurt.

Kaluza, B. / Blecker, T. (2001): Produktionsplanung und -steuerung in der Unternehmung ohne Grenzen, in: Bellmann, K., Kooperations- und Netzwerkmanagement, Festgabe für Gert v. Kortzfleisch zum 80. Geburtstag, Berlin, S. 83-110.

Kantzenbach, E. (1967): Die Funktionsfähigkeit des Wettbewerbs, Göttingen.

Kartte, W. (1992): Wettbewerbspolitische und wettbewerbsrechtliche Probleme strategischer Allianzen, in: Bronder, C./Pritzl, R. (Hrsg.), Wegweiser für strategische Allianzen, Wiesbaden, S.401-422.

Kasrel, B. (1999): The Home Entertainment UI, Forrester Report November 1999.

Kasrel, B. (2000): Broadband Content Splits, Forrester Report October 2000.

Katz, M. L. / Shapiro, C. (1985): Network externalities, competition, and compatibility, in: American Economic Review, Vol. 75, S. 424-440.

Katz, M. L. / Shapiro, C. (1986): Technology adoption in the presence of network externalities, in: Journal of Political Economy, Vol. 94, S. 822-841.

Katz, M. L. / Shapiro, C. (1994): Systems competition and network effects, in: Journal of Economic Perspectives, 8(2), S. 93-115.

Katz, M. L. / Shapiro, C. (2001): Product introduction with network externalities, in: The Journal of Industrial Economics, XL, S. 55-83.

Kelley, C. M. (2001): Retail & Media Data Overview, Forrester Technographics Report, First Quarter 2001.

Kiel, A. (2000): Strategisches Management im Spannungsfeld von Dezentralität und Globalisierung - Praxisportrait Bertelsmann, in: Welge, M. K./Al-Laham, A./ Kajüter, P. (Hrsg.), Praxis des strategischen Managements: Konzepte, Erfahrungen, Perspektiven, Wiesbaden, S. 363-374.

Kieser, A. (1996): Moden und Mythen des Organisierens, in: Die Betriebswirtschaft, 56. Jg. (1996): S. 21-39.

Kilius, N. / Mueller-Oerlinghausen, J. (1999): Innovative Geschäftsmodelle in digitalen Medien, in: Schumann, M./Hess, T. (Hrsg.), Medienunternehmen im digitalen Zeitalter: Neue Technologien - Neue Märkte - Neue Geschäftsansätze, Wiesbaden, S. 139-153.

Kistner, K. P./Bauer, H. H. (1991), Unternehmensdynamik, Wiesbaden.

Klanke, B. (1995): Kooperationen als Instrument der strategischen Unternehmensführung: Analyse und Gestaltung - dargestellt am Beispiel von Kooperationen zwischen Wettbewerbern, Uni Münster.

Kleebach, S. (1994): Strategische Allianzen zur Technologieentwicklung, St. Gallen.

Klein Woolthuis, R. / Hillebrand, B. / Nooteboom, B. (2002): Trust and formal control in interorganizational relationships, ERIM Erasmus Research Institute of Management Report Series of Research in Management, January 2002.

Klein, S. (1996): Interorganisationssysteme und Unternehmensnetzwerke, Wiesbaden.

Klein, S. (2000): Elektronischer Handel ohne Intermediäre? - Ein Vergleich von Geschäftsmodellen für den elektronischen Vertrieb von Flugscheinen, in: Ahlert, D./Becker, J./Kenning, R./Schütte, P. (Hrsg.), Internet & Co. im Handel: Strategien, Geschäftsmodelle, Erfahrungen, Berlin, S. 95-107.

Klingler, W. / Zoche, P. / Harnischfeger, M. / Kolo, C. (1998): Mediennutzung der Zukunft, in: Media Perspektiven, Heft 10, S. 490-497.

Knoche, M. (2001): Kapitalisierung der Medienindustrie aus politökonomischer Perspektive, in: M&K, 49. Jahrgang 2/2001, S. 177-193.

Knorr, A. (2002): Liberalization in telcommunications, HWWA Discussion Paper 162, HWWA-Institut für Wirtschaftsforschung Hamburg.

zu Knyphausen-Aufseß, D. (1995): Theorie der strategischen Unternehmensführung: state of the art und neue Perspektiven, Wiesbaden.

zu Knyphausen-Aufseß, D. (2000): Theoretische Perspektiven des strategischen Managements, in: Welge, M. K./Al-Laham, A./Kajüter, P. (Hrsg.), Praxis des strategischen Managements: Konzepte, Erfahrungen, Perspektiven, Wiesbaden, S. 39-65.

Koch, T. / Wagner, M. (1997): Inter-Mediavergleich: Grundlage für eine wirksame und wirtschaftliche Zielgruppenansprache im Media-Mix, in: Planung und Analyse, Heft 2, S. 22-25.

Koch, M. (1999): Verleger drängen ins TV, in: W&V, Heft 3, S. 96-97.

Köster, D. (1999): Wettbewerb in Netzproduktmärkten, Beiträge zur betriebswirtschaftlichen Forschung 89, Wiesbaden.

Konert, B. (1999a): Expertise zur ARD-Doman www.ard.de: Strategische Optionen zur Realisierung von nachhaltigen Qualitätsmerkmalen im Online-Bereich, The European Institute for the Media, Düsseldorf, Paris, Abruf unter: www.eim.org.

Konert, B. (1999b): New challenges for a comparative analysis of multimedia strategies of IT and media companies and broadcasters., The European Institute for the Media, Düsseldorf, Paris, Abruf unter www.eim.org.

Kolko, J. (2001): Broadband Opens The Door For Bundles, Forrester Technographics Brief, March 30, 2001.

Kops, M. (2000a): Alternative Verfahren zur Bereitstellung von Informationsgütern, , Arbeitspapier des Instituts für Rundfunkökonomie an der Universität zu Köln, Köln.

Kops, M. (2000b): Diversifizierte Verfahren zur Bereitstellung von Informationsgütern, , Arbeitspapier des Instituts für Rundfunkökonomie an der Universität zu Köln, Heft 123, Köln.

Kops, M. (2000c): Eine ökonomische Herleitung der Aufgaben des öffentllchrechtlichen Rundfunks: Arbeitspapier des Instituts für Rundfunkökonomie an der Universität zu Köln, Köln.

Korbmann, R. (1996): Multimedia - eine Herausforderung für Journalisten und Verleger, in: Mast, C. (Hrsg.), Markt - Macht - Medien. Publizistik zwischen gesellschaftlicher Verantwortung und ökonomischen Zielen, Konstanz. S. 145-152.

Koza, M. / Lewin, A. (2000): Managing Partnerships and Strategic Alliances: Raising the Odds of Success, in: European Management Journal, Vol. 16, No. 2, S. 146-151.

Kramer, C. (1996): Chancen und Risiken der vertikalen Integration in der Medienbranche, in: Meyer, P. W./Meyer, A. (Hrsg.), Arbeitspapier zur Schriftenreihe Schwerpunkt Marketing, Nr. 73, München.

Kristensen, P. S. / Vinding, A. L. (2001): Important collaboration partners in product development, in: Plunket, A./Voisin, C./Bellon, B. (Hrsg.), The dynamics of industrial collaboration, Cheltenham, UK, S. 105-121.

Krubasik, E. / Lautenschläger, H. (1993): Forming successful strategic alliances in high-tech businesses, in: Bleeke, J./Ernst, D (Hrsg.), Collaborating to Compete: Using Strategic Alliances and Acquisitions in the Global Marketplace, S. 55-65.

Krystek, U. / Redel, W. / Reppegather, S. (1997): Grundzüge virtueller Organisationen: Elemente und Erfolgsfaktoren, Chancen und Risiken, Wiesbaden.

Kuhner, C. (2000): Zum Sinn und Zweck von Unternehmenszusammenschlüssen aus gesamtwirtschaftlicher Sicht, in: Betriebswirtschaftliche Forschung und Praxis, 4/2000, S. 333-344.

Küng, L. (2001): The Internet's impact on incumbent media firms: a management perspective, in: M&K, 49. Jahrgang, S. 218-225.

Laffont, J.-J. / Tirole, J. (2001): Competition in telecommunications, Cambridge, Massachusetts.

Lange, Andre (2000): Die Entwicklung des digitalen Fernsehens in der Europäischen Union, in: Hans-Bredow-Institut (Hrsg.), Internationales Handbuch für Hörfunk und Fernsehen 2000/2001, S. 89-110.

Langenohl, T. (1994): Systemarchitekturen elektronischer Märkte, St. Gallen.

Lavine, J. M. / Wackman, D. B. (1988): Managing Media Companies: Effective Leadership of the Media.

Leathern, R. (2001): Content and Commerce: Building Commerce Relevance Through Context Creation, Jupiter Vision Report, Volume 7, 2001.

Lechner, C. (2001): The Competitiveness of firm networks, Regensburger Beiträge zur betriebswissenschaftlichen Forschung, Band 28, Frankfurt, Berlin, Brüssel, New York, Oxford, Wien.

Lehr, T. (1999): Tageszeitungen und Online-Medien: Elektronische Publizieren als produktpolitisches Instrument der Verlage, Wiesbaden.

Lei, D. (1997): Offensive and Defensive Use of Alliances, in: Lloyd, B., Creating Value through Acquisitions, Demergers, Buyouts, and Alliances (bestehend aus Artikeln aus der Zeitschrift 'Long Range Planning'), Oxford, S. 189-208.

Leinhardt, S. (1977): Social networks. A developing paradigm, New York.

Lele, M. (2001): Selecting strategies that exploit leverage, in: de Wit, B./Meyer, R. (Hrsg.), Strategy: Process, Content, Context, Ron, St. Paul, S. 381-390.

Lewis, W. W. / Palmade, V. / Regout, B. / Webb, A. P. (2002): Whats's right with the US economy?, in: McKinsey Quarterly, No. 1, 2002, S. 30-40.

Li, F. / Whalley, J. (2002): Deconstruction of the telecommunications industry: from value chain to value networks, in: Strathclyde Business School Management Science, Theory, Method & Practice, Research Paper No. 2002/2.

Liedl, R. (1999): Strategien und Aktivitäten von Bertelsmann im Multimedia-Bereich, in: Schumann, M./Hess, T. (Hrsg.), Medienunternehmen im digitalen Zeitalter: Neue Technologien - Neue Märkte - Neue Geschäftsansätze, Wiesbaden, S. 203-218.

Lindström, M. / Anderson, T. F. (2000): Brand Building on the Internet, London.

Lipski, C. (2001): eLogistics Conquers Consumers, Forrester Report, May 2001.

Lippmann, S. / Rumelt, R. (1982): Uncertain imitability: an analyisis of interfirm differences in efficiency under competition, in: The Bell Journal of Economics, Vol. 12, No. 2, S. 418-438.

Litman, B. R. (1998): The Economics of Television Networks: New Dimensions and New Alliances, in: Alexander, A./Owers, J./Carveth, R. (Hrsg.), Media Economics - Theory and Practice, 2nd Edition, Mahwah, New Jersey, London, S. 131-149.

Llaneza, A. / Garcia-Canal, E. (1998): Distinctive features of domestic and international joint ventures, in: Management International Review, Vol. 38, No. 1, S. 49-66.

Littler, D. / Leverick, F. (1997): Joint Ventures for Product Development: Learning from Expericence, in: Lloyd, B., Creating Value through Acquisitions, Demergers, Buyouts, and Alliances, (bestehend aus Artikeln aus der Zeitschrift 'Long Range Planning') Oxford, S. 281-299.

Lloyd, B. (1997): Creating Value through Acquisitions, Demergers, Buyouts, and Alliances, (bestehend aus Artikeln aus der Zeitschrift 'Long Range Planning') Oxford, S. 281-299.

Loewe, P. / Williamson, P. / Wood, R. C. (2001): Five Styles of Strategy Innovation and how to use them, in: European Management Journal, Vol. 19, No. 2, S. 115-125.

Loizides, L. (2001): Tapping into Leisure Time: Games on the iTV Platform, Jupiter Concept Report, March 7, 2001.

Lorange, R. / Roos, J. (1992): Strategic Alliances: Formation, Implementation, Evolution, Cambridge, Mass., Oxford.

Lorange, P. / Roos, J. / Simcic Bronn, P. (1997): Building Successful Strategic Alliances, in: Lloyd, B., Creating Value through Acquisitions, Demergers, Buyouts, and Alliances, (bestehend aus Artikeln aus der Zeitschrift 'Long Range Planning') Oxford, S. 251-265.

Lorenzoni, G. / Baden-Fuller, C. (1995): Creating a strategic center to manage a web of partners, in: California Management Review, Vol. 3, No.3, S. 146-163.

Ludwig, J. (1998): Zur Ökonomie der Medien: Zwischen Marktversagen und Querfinanzierung, Opladen, Wiesbaden.

Luhmann, N. (1985): Soziale Systeme: Grundriß einer allgemeinen Theorie, 2. Auflage, Frankfurt.

Lynskey, M. / Yonekura, S. (2001): Softbank: An Internet Keiretsu and ist Leveraging of Information Asymmetries, in: European Management Journal, Vol. 19, No. 1-15, S. 424-429.

Macharzina, K./Oesterle, M.-J. (1997): Handbuch Internationales Management: Grundlagen - Instrumente - Perspektiven, Wiesbaden.

Mahoney, J. / Pandian, R. (1992): The resource-based view within the conversation of strategic management, in: Strategic Management Journal, Vol. 13, S. 363-380.

Maltz, E. / Chiappetta, V. (2002): Maximizing value in the digital world, in: MIT Sloan Management Review, Spring 2002, S. 77-84.

de Man, A. -P. / Duysters, G. / Vasudevan, A. (2001): The allianced enterprise: Global strategies for corporate collaboration, London.

Mayika, J. M. / Nevens, T. M. (2002): Technology after the bubble, in: McKinsey Quarterly, Technology after the bubble, Special Edition 2002, S. 16-27.

Markus, D. E. (1999): Strategische Kooperationen in der Multimediaindustrie: Entstehung, Evolution und Management, Frankfurt.

Marshall, A. (1962): Principles of economics, 8. Auflage, London.

Mason, E. S. (1957) Economic concentration and the monopoly problem, Cambridge.

Mast, C. (1996): Markt - Macht - Medien. Publizistik zwischen gesellschaftlicher Verantwortung und ökonomischen Zielen, Konstanz.

Matutes, C. / Regibeau, P. (1996): A selective review of the economics of standardization. Entry deterrence, technological progress and international competition, in: European Journal of Political Economy, No. 12, S. 183-209.

May. B. / Singer, M. (2001): Unchained melody, in: McK Quartely, No. 1, 2001, S. 128-137.

Mayer, M. D. / Mohn, W. A. / Zabbal, C. (2001): PCs vs. TVs, in: McK Quartely, No. 3, 2001, S. 131-141.

McAfee, A. / Oliveau, F.-X. (2002): Confronting the limit of networks, in: MIT Sloan Management Review, Summer 2002, S. 85-87.

McGrath, B. / McGrath, R. G. (2000): Competitive advantage from knowledge spillovers: implications of the network economy, in: Bresser, R. K. F./Hitt, M. / Nixon, R. D./Heuskel, D. (Hrsg.), Winning Strategies in a Deconstructing World, NY, S. 267-288.

McGahan, A. M. / Vadasz, L. L / Yoffie, D. B. (1997): Creating value and setting standards: The lessons fo consumer electronics for personal digital assistants, in: Yoffie, D.B. (Hrsg.), Competing in the age of digital convergence, Boston, S. 227-264.

McNaughton, Rod B. (2001): Strategic alliances in the software industry, in:Intenational Journal of Entrepreneurship and Innovation Management, Vol. 1, Nos. 3/4, 2001, S. 444-462.

Meffert, H. (2000): Neue Herausforderungen für das Marketing durch interaktive elektronische Medien - auf dem Weg zur Internet-Ökonomie, in: Ahlert, D./Becker, J./Kenning, R./Schütte, P. (Hrsg.), Internet & Co. im Handel: Strategien, Geschäftsmodelle, Erfahrungen, S. 125-142, Berlin.

Mehlen, M. (1999): Die Online-Redaktionen deutscher Zeitungen, in: Neuberger, C./Tonnebach, J. (Hrsg.), Online - Die Zukunft der Zeitung?, Wiesbaden, S. 88-124.

Meier, W. A. / Jarren Otfried (2001): Ökonomisierung und Kommerzialisierung von Medien und Mediensystemen, in: M&K, 49. Jahrgang 2/2001, S. 145-157.

Merten, K. (1999): Grundlagen der Kommunikationswissenschaft, Münster,

Metzenthin, R. (2000): Kompetenzorientierte Mergers & Acquisitions, in: Hammann, P./Freiling, J. (Hrsg), Die Ressourcen- und Kompetenzperspektive des Strategischen Managements, Wiesbaden, S. 277-310.

Microsoft (2002): Microsoft 2002 Annual Report and Form 10-K; Internetabruf auf der Unternehmens-Website.

Microsoft (2001): Microsoft 2001 Online Annual Report; Internetabruf auf der Unternehmens-Website.

Microsoft (2000): Microsoft 2000 Annual Report; Internetabruf auf der Unternehmens-Website.

Mildenberger, U. (2000): Kompetenzentwicklung in Produktionsnetzwerken - Möglichkeiten und Grenzen, in: Hammann, P./Freiling, J. (Hrsg), Die Ressourcen- und Kompetenzperspektive des Strategischen Managements, Wiesbaden, S. 383-408.

Miles, R.E. / Snow, Ch. C. (1978): Organizational Strategy, Structure and Process, New York.

Miles, R.E. / Snow, Ch. C. (1984): Fit, Failure, and the Hall of Fame, in: California Management Review, No. 3, Spring 1984, S. 10-28.

Miles, R.E. / Snow, Ch. C. (1986): Organizations: New Concepts for New Forms, in: California Management Review, Vol. 28, No. 3, S. 62-73.

Miller, D. (1986): Configurations of strategy and structure: towards a synthesis, in: Strategic Management Journal, Vol. 7, S. 233-249.

Milling, P. / Größler, A. (2001): Simulationsbasierte Analysen von Wertschöpfungsnetzwerken: Erfahrungen aus der virtuellen Realität, in: Bellmann, Klaus, Kooperations- und Netzwerkmanagement, Festgabe für Gert v. Kortzfleisch zum 80. Geburtstag Berlin, S. 55-81.

Mills, R. W. / Chen, G. (1997): Evaluating International Joint Ventures Using Strategic Value Analysis, in: Lloyd, B. (Hrsg.), Creating Value through

Acquisitions, Demergers, Buyouts, and Alliances, (bestehend aus Artikeln aus der Zeitschrift 'Long Range Planning') Oxford, S. 339-357.

Mintzberg, H. (1978): Patterns in strategy formation, in: Management Science, 9/1978, S. 934-940.

Mirow, M. (1994): Shareholder Value als Instrument zur Bewertung von strategischen Allianzen, in: Schulte, C. (Hrsg.), Beteiligungscontrolling: Grundlagen, Strategische Allianzen und Akquisitionen, Erfahrungsberichte, Wiesbaden, S. 43-59.

Mitchell, J. C. (1976): The concept and use of social networks, in: Evan, W. M. (Hrsg.), Interorganizational Relations, London, S. 293-306.

Mizruchi, M. S. / Yoo, M. (2002): Interorganizational power and dependence, in: Baum, J. A. C. (Hrsg.), The Blackwell Companion to Organizations, Oxford, S. 599-620.

Montgomery, C. A. (1995): Resource-based and evolutionary theories of the firm: towards a synthesis, Boston.

Moore, J. F. (1999): Predators and Prey: A New Ecology of Competition, in: Tapscott, D. (Hrsg.), Creating Value in the Network Economy, S. 121-141.

Mulligan, M. (2001): European Online Trends: Attitudes and Behavior of the Internet User, The Jupiter Online Consumer Survey, Volume 7.

Müller-Stewens, G. / Hillig, A. (1992): Motive zur Bildung strategischer Allianzen: Die aktivsten Branchen im Vergleich, in: Bronder, C./Pritzl, R. (Hrsg.), Wegweiser für strategische Allianzen, Wiesbaden, S.63-102.

Müller-Stewens, G. / Lechner, C. (2001): Strategisches Management: wie strategische Initiativen zum Wandel führen: der St.-Galler-General-Management-Navigator, Stuttgart.

Nalebuff, A.M. / Brandenburger, B.J. / (1996): Co-opetition - kooperativ konkurrieren: Mit der Spieltheorie zum Unternehmenserfolg, Frankfurt/New York.

Napoli, J. / Ewing, M. (1998): The Media Habits and Internet Practices of the Net Generation, Working Paper Series, University of Markting Curtin University of Technology.

Napoli, P. M. (2001): The Audience Product and the New Media Environment: Implications for the Economics of Media Industries, in: Journal of Media Management, Vol. 3, No. II, S. 66-73.

Netzer, F. (1999): Strategische Allianzen im Luftverkehr: nachfrageorientierte Problemfelder ihrer Gestaltung, (Schriften zu Marketing und Management, Bd. 37), Berlin.

Nelson, R. R. / Winter, S. (1982): An evolutionary theory of economic change, Boston.

Neuberger, C. / Tonnemacher, J. / Biel, M. / Duck, A. (1997): Die deutschen Tageszeitungen im World Wide Web, in: Media Perspektiven, Heft 12, S. 652-662.

Neuberger, C. (1999): Nachrichten-Recycling oder Online-Journalismus? Print- und Onlineversion von Tageszeitungen im Vergleich, in: Neuberger, C./Tonnebach, J. (Hrsg.), Online - die Zukunft der Zeitung?, Wiesbaden, S. 242-263.

Neuberger, C. / Dötterl, F. / Pawlofsky, J. (1999): Statistik der Webangebote von Tageszeitungen, in: Neuberger, C./Tonnebach, J. (Hrsg.), Online - die Zukunft der Zeitung?, Wiesbaden, S. 266-281.

Neupert, K. E. / Beamish, P. W. (2001): Implementing product development alliances, in: Intenational Journal of Entrepreneurship and Innovation Management, Vol. 1, Nos. 3/4, 2001, S. 425-443.

Newman / Victor / Chaharbaghi / Kazem (1997): Strategic Alliances in Fast-moving Markets, in: Lloyd, B., Creating Value through Acquisitions, Demergers, Buyouts, and Alliances, (bestehend aus Artikeln aus der Zeitschrift 'Long Range Planning') Oxford, S. 209-218.

Nicholas, D. / Huntington, P. (2000): Evaluating the use of newspaper web sites logs, in: Journal of Media Mangement, Vol. 2, No. II, S. 78-88.

Niedereichholz, J. (2001): Netzwerkexternalitäten als Schranken der Unternehmensvirtualisierung, in: Bellmann, Klaus, Kooperations- und Netzwerkmanagement, Festgabe für Gert v. Kortzfleisch zum 80. Geburtstag Berlin, S. 129-145.

Niewjik, R. / Songhurst, C. / Todd, P. (2003): Why European ISPs need partners, in: McKinsey Quarterly, No. 1/2003, S. 99-107.

Nokia (2002): Nokia Annual Accounts 2001; Internetabruf auf der Unternehmens-Website.

Nokia (2001): Nokia Annual Accounts 2000; Internetabruf auf der Unternehmens-Website.

Nooteboom, B. (2002): A balanced theory of sourcing, collaboration and networks, ERIM Erasmus Research Institute of Management Report Series of Research in Management, February 2002.

Nolte, H. / Bergmann, R. (1998): Ein Grundmodell des ressourcentierten Ansatzes der Unternehmensführung, in: Nolte, H. (Hrsg.), Aspekte ressourcenorientierter Unternehmensführung, München, S. 1-27.

NTT (Nippon Telegraph and Telephone Corporation) (2001): Nippon Telegraph and Telephone Corporation. Annual Report 2001; Internetabruf auf der Unternehmens-Website.

NTT (Nippon Telegraph and Telephone Corporation) (2000): Nippon Telegraph and Telephone Corporation. Annual Report 2000; Internetabruf auf der Unternehmens-Website.

O'Brien, D. P. (2001): Local Media's Lifeline, Forrester Report, April 2001.

OECD (2002a): OECD Information Technology Outlook, Abruf unter: www.oecd.org.

OECD (2002b): Broadband infrastructure deployment: The role of government assitance, Abruf unter: www.oecd.org.

O.V. (2000a); The failure of new media, in, The Economist, 21.8.2000 Abruf unter: www.economist.com/editorial/freeforall/current/wb3968.html.

O.V. (2001a): Sector Profile: Broadband Gambling. Online betting and interactive TV raise stakes for future revenues, in: Broadband Media, April 9, 2001, S. 5-8.

O.V. (2001b): Country Profile: Germany. Platform competition looks well-set, but strong content remains elusive, in: Broadband Media, October 8, 2001, S. 5-7.

O.V. (2001c): Sector Analysis: Business Models. Manhattan tests internet's limits as broadband seeks way forward, in: Broadband Media, September 24, 2001, S. 5-7.

O.V. (2001d): Sector Profile: Content Revenues: Will narrowband success of porn and gambling repeat itself in b'band?, in: Broadband Media, August 13, 2001, S. 5-8.

O.V. (2001e): Sector Profile: DRM. The dream within the DRM, waking up to threats of piracy, in: Broadband Media, July 30, 2001, S. 5-7.

O.V. (2002a): Nettwaaku AV kiki: Sonii ga honkaku sanyu (Netzwerkfähige Audio-Video-Geräte: Sony beginnt mit grundlegendem Markteintritt), in: Nihon Keizai Shinbun, 5.9.2002, S. 13.

O.V. (2002b): Aegon: Sonii seirei ni 50 % shusshi (Aegon: Kapitalbeteiligung von 50 % an der Versicherungssparte von Sony), in: Nihon Keizai Shinbun, 6.9.2002, S. 1.

O.V. (2002c): Imoodo ajia tenkai (Die Ausbreitung von i-mode in Asien), in: Nihon Keizai Shinbun, 6.6.2002, S. 13.

Ochsenbauer, C. (1989): Organisatorische Alternativen zur Hierarchie: Überlegungen zur Überwindung der Hierarchie in Theorie und Praxis der betriebswirtschaftlichen Organisation, München.

Oehmichen, E. / Schröter, C. (2000): Schlussfolgerungen aus der ARD/ZDF-Online Studie 2000: Fernsehen, Hörfunk, Internet: Konkurrenz, Konvergenz, Komplement?, in: Media Perspektiven, Heft 8, S. 359-368.

Oehmichen, E. (2002): Offliner 2001 - Internetverweigerer und potenzielle Nutzer. Ein Abschätzungsversuch der mittelfristigen Onlineverbreitung, in: Media Perspektiven, Heft 1, 2002, S. 22-33.

Ohmae, K. (1990): Strategic alliances in a borderless world, in: Backhaus, K./Pinke, W. (Hrsg.), Strategische Allianzen, zfbf Sonderheft 27, S. 11-20.

Ohmae, K. (1993): The Global Logic of Strategic Alliances, in: Bleeke, J./Ernst, D. (Hrsg.), Collaborating to Compete: Using Strategic Alliances and Acquisitions in the Global Marketplace, S.35-53.

Opaschowski, H. (1995): Medienkonsum: Analysen und Prognosen - Aktuelle Ergebnisse aus der qualitativen Freizeitforschung, Hamburg.

Ordanini, A. / Pol, A. (2001): Infomediation and Competitive Advantage in B2B Digital Marketplaces, in: European Management Journal, Vol. 19, No. 3, S. 276-285.

Ordelheide, D. (1993): Institutionelle Theorie und Organisation, in: Wittmann, W./Kern, W/Köhler, R./Kupper, H.-U./Wysocki, K. von (Hrsg.), Handwörterbuch der Betriebswirtschaft, Band 3, Stuttgart, Sp. 1838-1855.

Owers, J. / Carveth, R. / Alexander, A. (1998): An Introduction to Media Economics Theory and Practice, in: Alexander, A./Owers, J./Carveth, R. (Hrsg.), Media Economics - Theory and Practice, 2nd Edition, Mahwah, New Jersey, London, S. 1-43.

Ozanich, G. W. / Wirth, M. O. (1998): Mergers and Acquisitions: A Communications Industry Overview, in: Alexander, A./Owers, J./Carveth, R. (Hrsg.), Media Economics - Theory and Practice, 2nd Edition, Mahwah, New Jersey, London, S. 95-109.

Padberg, A. (2000): Strategische Unternehmensnetzwerke versus Cross-border-Unternehmensakquisitionen: Analyse alternativer Markteintrittsformen, Wiesbaden.

Pagani, M. (2000): Interactive Television: A Model of Analysis of Business Economic Dynamics, in: Journal of Media Management, Vol. 2, No. 1, S. 25-37.

Palmer, J. W. / Eriksen, L. (1999): Digital News - Paper, Broadcast and More Converge on the Internet, in: Journal of Media Management, Vol. 1, No. 31-34.

Pangarkar, N. / Choo, A. (2001): Do firms seek symmetric alliance partners, in: Journal of Asia Pacific Business, Vol. 3, No. 1, S. 83-100.

Parsons, T. (1951): The social system, Glencoe, Ill.

Paukens, H. / Schümchen, A. (2000): Digitales Fernsehen in Deutschland, München.

Pauls, S. (1998): Business Migration - eine strategische Option, Wiesbaden.

Pausenberger, E. / Nöcker, R. (2000): Kooperative Formen der Auslandsbearbeitung, in: zfbf 52 (Juni 2000), S. 393-412.

Pekar, P. Jr. / Allio, R. (1997): Making Alliances Work - Guidelines for Success, in: Lloyd, B., Creating Value through Acquisitions, Demergers, Buyouts, and Alliances, (bestehend aus Artikeln aus der Zeitschrift 'Long Range Planning') Oxford, S. 301-320.

Penrose, E (1959): The theory of the growth of the firm, Wiley: New York.

Peteraf, M. (1993): The cornerstone of competitive advantage. A resource-based view, in: Strategic Management Journal, Vol. 14. S. 179-191.

Pfaffmann, E. / Scheuble, S. (2000): Eine wissensbasierte Erklärung der vertikalen Grenzen einheitlicher Entscheidungshoheit, in: Hammann, P./Freiling, J. (Hrsg), Die Ressourcen- und Kompetenzperspektive des Strategischen Managements, Wiesbaden, S. 193-224.

Pfaffmann, E. / Stephan, M. (2000): Competence-Based Diversification in the World of Automotive Supplier Industry: Some Evidence from Inward Investment-Activities in Germany, in: Hammann, P./Freiling, J. (Hrsg), Die Ressourcen- und Kompetenzperspektive des Strategischen Managements, Wiesbaden, S. 240-276.

Pfeffer, J. / Salancik, G. (1978): The External Control of Organizations, New York.

Picard, R., G. (1998): The Economics of the Daily Newspaper Industry, in: Alexander, A./Owers, J./ Carveth, R. (Hrsg.), Media Economics - Theory and Practice, 2nd Edition, Mahwah, New Jersey, London, S. 111-129.

Picard, R., G. (2000): Changing Business Models of Online Content Services: Their Implications for Multimedia and Other Content Producers, in: Journal of Media Management, Vol. 2, No. II, S. 60-68.

Picard, R. G. (2001): Strategic responses to free distribution daily newspapers, in: Journal of Media Management, Vol. 3, No. IV, S. 167-172.

Picot, A. (1982): Transaktionskostenansatz in der Organisationstheorie: Stand der Diskussion und Aussagewert, in: Die Betriebswirtschaft, 42. Jg., S. 267-284.

Picot, A. (1991a): Ein neuer Ansatz zur Gestaltung der Leistungstiefe, in: Schmalenbachs Zeitschrift für betriebswirtschaftliche Forschung, No. 43, S. 336-357.

Picot, A. (1991b): Ökonomische Theorien der Organisation - Ein Überblick über neuere Ansätze und deren betriebswirtschaftliches Anwendungspotential, in: Ordelheide, D/Rudolph, B./Büsselmann, E. (Hrsg.), Betriebswirtschaftslehrer und ökonomische Theorie, Stuttgart, S. 143-170.

Picot, A. / Franck, E. (1993a): Marktorientierte Gestaltung der Leistungstiefe, in: Steger, U. (Hrsg.), Der Niedergang des US-Management Paradigmas, Stuttgart, S. 167-201.

Picot, A. / Reichwald, R. (1994): Auflösung der Unternehmung - Vom Einfluß der IuK-Technik auf Organisationsstrukturen und Kooperationsformen, in: Zeitschrift für Betriebswirtschaft, Nr. 64, S. 547-570.

Picot, A. / Reichwald, R. / Wigand, R. T. (2001): Die grenzenlose Unternehmung : Information, Organisation und Management, Lehrbuch zur Unternehmensführung im Informationszeitalter, Wiesbaden.

Picot, A. / Scheuble, S. (2000): Hybride Wettbewerbsstrategien in der Informations- und Netzökonomie, in: Welge, M. K./Al-Laham, A./Kajüter, P.

(Hrsg.), Praxis des strategischen Managements: Konzepte, Erfahrungen, Perspektiven, Wiesbaden, S. 239-257.

Picot, A. (2000): Gestaltung von Mergers & Acquisitions, in: Betriebswirtschaftliche Forschung und Praxis, 4/2000, S. 345-357.

Pidgeon, B. (2000): Streaming Video: Effective Deployment Necessitates Contextual Integration, Jupiter Vision Report, Volume 5, 2001.

Pieper, J. (2000): Vertrauen in Wertschöpfungspartnerschaften. Eine Analyse aus Sicht der neuen Institutionenökonomie, Wiesbaden.

Porter, M. (1980): Competitive Strategy - Techniques for analyzing industries and competitors, New York.

Porter, M. (1981): The contribution of industrial organization to strategic management, in: Academy of Management Review, Nr. 4, S. 609ff..

Porter, M. (1992a): Wettbewerbsstrategie - Methoden zur Analyse von Branchen und Konkurrenten, 7. Auflage, Frankfurt, New York.

Porter, M. (1992b): Wettbewerbsvorteile - Spitzenleistungen erreichen und behaupten, 3. Auflage, Frankfurt, New York.

Porter, M. (1997): Wettbewerbsstrategie. Spitzenleistungen erreichen und behaupten, 4. Auflage.

Porter, M. (2001a): Strategy and the internet, in, Harvard Business Review, March-December 2001, S. 63-78.

Porter, M. (2001b): Industry evolution, in: de Wit, B./Meyer, R. (Hrsg.), Strategy: Process, Content, Context, Ron, St. Paul, S. 373-380.

Pörtner, A. (1996): Ökonomische Perspektiven von Multimedia, in: Wilke, J. / Imhof, C. (Hrsg.), Multimedia: Voraussetzungen / Anwendungen / Probleme, Berlin, S. 345-360.

Powell, W. W. (1987): Hybrid organizational arrangements: new form or transitional development, in: California Management Review, Vol. 30, No. 1, S. 67-87.

Prahalad, C.K. / Hamel, G. (1990): The Core Competence of the Corporation, in: Harvard Business Review, Vol. 68, May/June, S. 79-91.

Prange, C. (1999): Managing business networks: an inquiry into managerial knowledge in the multimedia industry, Frankfurt am Main.

Proff, H. (2000): Ableitung ressourcenbedingter Wettbewerbsvorteile und -strategien aus einem "Modell der Ressourcenveredelung", in: Hammann,

P./Freiling, J. (Hrsg), Die Ressourcen- und Kompetenzperspektive des Strategischen Managements, Wiesbaden, S. 137-166.

Quinn, J / Doorley, T. / Paquette, P. (2001): The intellectual holding company, in: de Wit, B./Meyer, R. (Hrsg.), Strategy: Process, Content, Context, Ron, St. Paul, S. 331-336.

Rangan, S. / Adner, R. (2001): Profits and the Internet: Seven Misconceptions, in: MIT Sloan Management Review, Summer 2001, S. 44-53.

Rank, G. J. (1996): Entwicklung und Vermarktung multimedialer Zeitschriften - eine Herausforderung an das Verlagsmarketing der Zukunft, in: Jahrbuch der Absatz- und Verbrauchsforschung, Heft 3, S. 239-265.

Rao, B. (2001): Broadband Innovation and the Customer Experience Imperative, in: Journal of Media Management, Vol. 3, No. II, S. 56-65.

Rasche, C. (1994): Wettbewerbsvorteile durch Kernkompetenzen, Wiesbaden.

Rasche, C. (2000a): Der Resource based View im Lichte des hybriden Wettbewerbs, in: Hammann, P./Freiling, J. (Hrsg), Die Ressourcen- und Kompetenzperspektive des Strategischen Managements, Wiesbaden, S. 69-126.

Rasche, C. (2000b): Von der multiplen Positionierung zum multifokalen Management, in: Hinterhuber, H. H./Friedrich, S. A./Al-Ani, A./Handlbauer, G. (Hrsg.), Das neue strategische Management: Perspektiven und Elemente einer zeitgemäßen Unternehmensführung, 2. Ausgabe, Wiesbaden, S. 383-422.

Rasche, C. / Wolfrum, B. (1994): Ressourcenorientierte Unternehmensführung, in: Die Betriebswirtschaft, Jg. 54, Nr. 4, S. 501-517.

Rawolle, J. / Hess, T. (2000): New Digital Media and Devices, in: Journal of Media Management, Vol. 2, No. II, S. 89-99.

Rayport, J. F. / Sviokla, J. J. (1999): Exploiting the Virtual Value Chain, in: Tapscott, D. (Hrsg.), Creating Value in the Network Economy, S. 35-51.

Rengelshausen, O. (2000): Online-Marketing in deutschen Unternehmen: Einsatz - Akzeptanz - Wirkung, Wiesbaden.

Rese, M. (2002): Zur Existenz strategischer Kompetenzgruppen - Eine ökonomische Betrachtung, in: Bellmann, K./Freiling, J./Hammann, P./Mildenberger, U. (Hrsg.), Aktionsfelder des Kompetenzmanagements: Ergebnisse des Symposiums Kompetenz-Management, Wiesbaden, S. 258-274.

Reuer, Jeffrey / Zollo, Maurizio (2000): Post-fomation dynamics in strategic alliances, in: Strategic Management Journal, Vol. 23, S. 135-151.

Reve, T. (1990): The firm as a nexus of internal and external contracts, in: Aoki, M./Gustafsson, B. / Williamson, O.E. (Hrsg.), The firm as a nexus of treaties, London, New Delhi, S. 133-161.

Reve, T. (2001): The firm as a nexus of treaties, in: de Wit, B./Meyer, R. (Hrsg.), Strategy: Process, Content, Context, Ron, St. Paul, S. 343-350.

Richardson, G. B. (1972): The organization of industry, in: Economic Journal, Vol. 82, S. 883-896.

Riefler, Katja (2001): Content-Cooperation - Der Weg zu neuen Inhalten, in: Breyer-Mayländer, T./Fuhrmann, H. -J. (Hrsg.), Erfolg im neuen Markt. Online-Strategien für Zeitungsverlage, Berlin, S. 79-91.

Ridder, C. -M. / Engel, B. (2001): Massenkommunikation 2000:Images und Funktionen der Massenmedien im Vergleich. Ergebnisse der 8. Welle der ARD/ZDF-Langzeitstudie zur Mediennutzung und -bewertung, in: Media Perspektiven, Heft 3, S. 102-125.

Ritter, T. / Gemünden, H. G. (2000): Technologie, Unternehmen, Netzwerk: Die Wirkung von Technologie- und Netzwerk-Kompetenz auf den Innovationserfolg und seine Voraussetzungen, in: Hammann, P./Freiling, J. (Hrsg), Die Ressourcen- und Kompetenzperspektive des Strategischen Managements, Wiesbaden, S. 337-358.

Roche, P. J. (2001): DSL will win where it matters, in: McKinsey Quarterly, No. 1, 2001, S. 180-185.

Röper, H. (2001): Formationen deutscher Medienmulties 1999/2000, in: Media Perspektiven, Heft 1, S. 2-30.

Rose, P. M. (2000): Szenariogestützte Kompetenzplanung unter dynamischen Wettbewerbsbedingungen, in: Hammann, P./Freiling, J. (Hrsg), Die Ressourcen- und Kompetenzperspektive des Strategischen Managements, Wiesbaden, S. 127-136.

Rothenbuhler, E. W. / Streck, J. M. (1998): The Economics of the Music Industry, in: Alexander, A./Owers, J./ Carveth, R. (Hrsg.), Media Economics - Theory and Practice, 2nd Edition, Mahwah, New Jersey, London, S. 199-221.

Rumelt, R. P. (1991): How much does industry matter?, in: Strategic Management Journal, Jg. 12, S. 167-185.

Rühli, E. (1997a): Der Resource-based View of Strategy - Ein Impuls für einen Wandel im unternehmungspolitischen Denken und Handeln?, in: Gomez, P. (Hrsg.), Unternehmerischer Wandel - Konzepte zur organisatorischen Erneuerung, Wiesbaden, S. 31-57.

Rühli, E. (2000): Strategie ist tot: Es lebe das Neue Strategische Management, in: Hinterhuber, H. H./Friedrich, S. A./Al-Ani, A./Handlbauer, G. (Hrsg.), Das neue strategische Management: Perspektiven und Elemente einer zeitgemäßen Unternehmensführung, 2. Ausgabe, Wiesbaden, S. 73-90.

Sasaki, T. (1997): What the Japanese haven't learned from strategic alliances, in: Lloyd, B. (Hrsg.), Creating Value through Acquisitions, Demergers, Buyouts, and Alliances, (bestehend aus Artikeln aus der Zeitschrift 'Long Range Planning') Oxford, S. 229-250.

Sawhney, M. / Parikh, D. (2001): Where Value lives in the Networked World, in: Harvard Business Review, January 2001, S. 79-86.

Scheirer, E. (2000): How media companies should structure online, Forrester Brief, February 2, 2000.

Scheirer, E. (2001a): Movie Distribution's New Era, Forrester Report, March 2001.

Scheirer, E. (2001b): E3 Proves It: Games Are Just Entertainment, Forrester Report, May 2001.

Schenk, M. / Stark, B. / Döbler, T. / Mühlenfeld, H. -U. (2001): Nutzung und Akzeptanz des digitalen Pay-TV in Deutschland, in: Media Perspektiven, Heft 4/2001, S. 220-234.

Scher, M. J. (1999): Japanese interfirm networks: 'high trust' or relational access, in: Grandori, A. (Hrsg.), Interfirm Networks. Organization and industrial competitiveness. Routledge Studies in Business Organizations and Networks, London and New York, S. 303-318.

Schilling, M. (1999): Winning the standards race: building installed base and the availability of complementary goods, in: European Management Journal, Vol. 17, No. 3, S. 265-274.

Schilling, M. / Vasco, C. E. (2000): Product and process technological change and the adoption of modular organizational forms, in: Bresser, R. K. F./Hitt, M./Nixon, R. D./Heuskel, D. (Hrsg.), Winning Strategies in a Deconstructing World, New York, S. 25-50.

Schmid, B. (1995); Elektronische Märkte, in: Stoetzer, M.-W. / Mahler, A. (Hrsg.), Die Diffusion von Innovationen in der Telekommunikation, Berlin, S. 219-236.

Schmidt, C. (2001): Driving Mobile Site Traffic, Forrester Report, Februar 2001.

Schneider, K. (2000): Geschäftsmodelle in der Internet-Ökonomie, in: Ahlert, D./Becker, J./Kenning, R./Schütte, P. (Hrsg.), Internet & Co. im Handel: Strategien, Geschäftsmodelle, Erfahrungen, Berlin, S. 109-124 ,.

Schnetkamp, G. (2000): Aktuelle und zukünftige Erfolgsfaktoren des Electronic Shopping, in: Ahlert, D./Becker, J./Kenning, R./Schütte, P. (Hrsg.), Internet & Co. im Handel: Strategien, Geschäftsmodelle, Erfahrungen, Berlin, S. 20-50.

Schöbel, W. (1996): Organisatorische Veränderungen in den Medien durch neue Informations- und Kommunikationstechniken, in: Mast, C. (Hrsg.), Markt - Macht - Medien. Publizistik zwischen gesellschaftlicher Verantwortung und ökonomischen Zielen, Konstanz, S. 89-103. .

Schubert, P. / Selz, D. / Haertsch, P. (1997): Digital erfolgreich: Fallstudien zu strategischen E-Business-Konzepten, Berlin.

Schumann, M. / Hess, T. (1999): Medienunternehmen im digitalen Zeitalter. Neue Technologien, neue Märkte, neue Geschäftsansätze, Wiesbaden.

Schumann, M. / Hess, T. (2000): Grundlagen der Medienwirtschaft, Berlin.

Schwamborn, S. (1994): Strategische Allianzen im internationalen Marketing: Planung und portfolioanalytische Beurteilung, Wiesbaden.

Schwartz, J. (2000): Pervasive Gaming Goes Mainstream, Forrester Report August 2000.

Schwerk, A. (2000): Dynamik von Unternehmenskooperationen, Berlin.

Sebenius, J. K. (2002): Negotiating lessons from the browser wars, in: MIT Sloan Management Review, Summer 2002, S. 43-50.

Senge, P. M. / Carstedt, G. (2001): Innovating our way to the Next Industrial Revolution, in: MIT Sloan Management Review, Winter 2001, S. 24-38.

Sennewald, N. (1998): Massenmedien und Internet - Zur Marktentwicklung in der Pressebranche, Wiesbaden.

Seufert, W. (1996): Rundfunkunternehmen - Gewinner beim Strukturwandel der Medienwirtschaft, in: Altmeppen, K.-D. (Hrsg.), Ökonomie der Medien und des Mediensystems, Opladen, S. 165-178.

Shapiro C. / Varian H. R. (1999): Information Rules: A strategic Guide to the Network Economy, Boston, Mass.

Sharrad, J. (2001): The Digital Copyright Standoff, Forrester Report May 2001.

Siebert, H. (1999): Ökonomische Analyse von Unternehmensnetzwerken, in: Sydow, J. (Hrsg.), Management von Netzwerkorganisationen: Beiträge aus der "Managementforschung", S. 7-27.

Siegert, G. (2001): Ökonomisierung der Medien aus systemtheoretischer Perspektive, in: M&K, 49. Jahrgang 2/2001, S. 167-175.

Sjörts, C. / Backlund, A. (2000): Technologievorausschau: Visionen der zukünftigen Entwicklung der Informations- und Kommunikationssysteme, in: The ITPS Report, Nr. 49, November 2000, S. 45-51.

Sjurts, I. (1996a): Die deutsche Medienbranche: Eine unternehmensstrategische Analyse Wiesbaden, Wiesbaden.

Sjurts, I. (1996b): Wettbewerb und Unternehmensstrategie in der Medienbranche: Eine industrieökonomische Skizze, in: Altmeppen, K.-D. (Hrsg.), Ökonomie der Medien und des Mediensystems, Opladen, S. 53-80.

Sjurts, I. (2000a): Chancen und Risiken im globalen Medienmarkt: Die Strategien der größten Medien-, Telekommunikations- und Informationstechnologiekonzerne, in: Hans-Bredow-Institut (Hrsg.), Internationales Handbuch für Hörfunk und Fernsehen 2000/2001, S. 31-45.

Sjurts, I. (2000b): Die Fusion AOL-Time Warner: Eine strategietheoretische Erklärung, in: zfo 69. Jg. Heft 3, S. 128-138.

Snow, C. S. / Miles, R. E. / Coleman, H. J. (1992): Managing 21st Century Network Organizations, in: Organizational Dynamics, Vol. 20, No. 3, S. 5-19.

Snow, C. / Thomas, J.B. (1993): Building networks: broker roles and behaviours, in: Lorange, P./Chakravarthy, B./Roos, J./van de Ven, A. (Hrsg.), Implementing strategic processes: change, learning, and co-operation, Blackwell, Cambridge.

Smith Ring, P. (2000): The Three T's of Alliance Creation: Task, Team and Time, in: European Management Journal, Vol. 18, No. 2, S. 152-163.

Smith Ring, Peter (1999): The costs of networked organization, in: Grandori, A. (Hrsg.), Interfirm Networks. Organization and industrial competitiveness. Routledge Studies in Business Organizations and Networks, London and New York, S. 237-262.

Sony (2001): Sony Annual Report 2001; Internetabruf auf der Unternehmens-Website.

Sony (2000): Sony Annual Report 2000; Internetabruf auf der Unternehmens-Website.

Spekman, R. E. / Isabella, L. A. / MacAvoy, T. C. / Forbes III, T. (1997): Creating Strategic Alliances which Endure, in: Lloyd, B. (Hrsg.), Creating Value through Acquisitions, Demergers, Buyouts, and Alliances, (bestehend aus Artikeln aus der Zeitschrift 'Long Range Planning') Oxford, S. 359-379.

Spickers, J. / Lechner, C. (2000): Der Beitrag der Methodik des vernetztenn Denkens zum strategischen Kompetenz-Management, in: Hammann, P./Freiling, J. (Hrsg), Die Ressourcen- und Kompetenzperspektive des Strategischen Managements, Wiesbaden, S. 359-382.

Staber, U. (2000): Steuerung von Unternehmensnetzwerken: Organisationstheoretische Perspektiven und soziale Mechanismen, in: Sydow, J./Windeler, A. (Hrsg.), Steuerung von Netzwerken, Wiesbaden, S. 58-87.

Stahl, H. K. (2000): Die Bedeutung des mittleren Managements für den Aufbau organisationaler Kompetenzen, in: Hammann, P./Freiling, J. (Hrsg), Die Ressourcen- und Kompetenzperspektive des Strategischen Managements, Wiesbaden, S. 411-438.

Stamm, P. / Büllingen, F. (1999): Das Internet als Treiber konvergenter Entwicklungen - Relevanz und Perspektiven für die strategische Positionierung der TIME-Player, Diskussionsbeiträge des Wissenschaftlichen Instituts für Kommunikationsdienste, Nr. 198.

Staudenmayer, N. S. / Tripsas, M. / Tucci, C. (2000): Development webs: a new paradigm for product development, in: Bresser, R. K. F./Hitt, M./Nixon, R. D./Heuskel, D. (Hrsg.), Winning Strategies in a Deconstructing World, New York, S. 135-161.

Steidl, B. (1999): Synergiemanagement im Konzern: Organisatorische Grundlagen und Gestaltungsoptionen, Wiesbaden.

Steven, M. / Behrens, S. (2000): Kernkompetenzen aus produktionstheoretischer Sicht, in: Hammann, P./Freiling, J. (Hrsg), Die Ressourcen- und Kompetenzperspektive des Strategischen Managements, Wiesbaden, S. 439-464.

Stipp, H. (1998): Wird der Computer die traditionellen Medien ersetzen? In: Media Perspektiven, Heft 2, S. 76-81.

Stipp, H. (1999): Convergence Now ?, Journal of Media Management, Vol. 1, No. 10-22.

Stipp, H. (2000): Nutzung alter und neuer Medien in den USA. Neue Erkenntnisse über die Wechselwirkung zwischen Online- und Fernsehkonsum, in: Media Perspektiven, Heft 3, S. 127-134.

Stipp, Horst (2001): Der Konsument und die Zukunft des interaktiven Fernsehens: Neue Daten und Erfahrungen aus den USA, Media Perspektiven, Heft 7, 2001, S. 169-177.

Stölzle, W. (1999): Industrial relationships, München.

Strang, D. / Sine, W. D. (2002): Interorganizational institutions, in: Baum, Joel A.C., The Blackwell Companion to Organizations, Blackwell, Oxford, S. 497-519.

Strebel, P. (2001): Breakpoints, in: de Wit, B./Meyer, R. (Hrsg.), Strategy: Process, Content, Context, Ron, St. Paul, S. 390-404.

Stuckey, J. / White D. (1993): When and when not to vertically integrate, in: The McKinsey Quarterly, 1993, No. 3, S. 1-27, Abruf unter: www.mckinsey.com/quarterly.

Sydow, J. (1991); Strategische Netzwerke in Japan - Ein Leitbild für die Gestaltung interorganisationaler Beziehungen für europäische Unternehmen?, in: ZfbF, Jg. 43, Nr. 3, S. 238-254.

Sydow, J. (1992); Strategische Netzwerke: Evolution und Organisation, Wiesbaden.

Sydow, J. (1999a); Über Netzwerke, Allianzsysteme, Verbünde, Kooperationen und Konstellationen, in: Sydow, J. (Hrsg.), Management von Netzwerkorganisationen: Beiträge aus der "Managementforschung", S. 1-5.

Sydow, J. (1999b); Management von Netzwerkorganisationen - Zum Stand der Forschung, in: Sydow, J. (Hrsg.), Management von Netzwerkorganisationen: Beiträge aus der "Managementforschung", S. 279-314.

Sydow, J. (2001): Zum Verhältnis von Netzwerken und Konzernen: Implikationen für das strategische Management, in: Ortmann, G./Sydow, J (Hrsg.), Strategie und Strukturation. Strategisches Management von Unternehmen, Netzwerken und Konzernen. Wiesbaden, S. 271-298.

Sydow, J. / Windeler, A. (2001): Strategisches Management von Unternehmungsnetzwerken - Komplexität und Refelxivität, in: Ortmann, G./Sydow,

J. (Hrsg.), Strategie und Strukturation. Strategisches Management von Unternehmen, Netzwerken und Konzernen. Wiesbaden, S. 129-142.

Tankel, J. D. / Williams, W. Jr. (1998): The Economics of Contemporary Radio, in: Alexander, A./Owers, J./Carveth, R. (Hrsg.), Media Economics - Theory and Practice, 2nd Edition, New Jersey, London, S. 185-197.

Tapscott, D. (1999): Creating Value in the Network Economy, Boston.

Tapscott, D. (2001): Rethinking strategy in a networked world (or why Michael Porter is wrong about the internet), in: Strategy and Business, Issue 24, Abruf unter www.strategyandbusiness.com, S. 1-8.

Teece, D.J. / Pisano, G. / Shuen, A. (1997): Dynamic Capabilities and Strategic Management, in: Strategic Management Review, 18. Jg., Nr. 7, S. 509-533.

Telefonica (2001): Telefonica Annual Report 2000; Internetabruf auf der Unternehmens-Website.

Telefonica (2000): Telefonica Annual Report 1999; Internetabruf auf der Unternehmens-Website.

Thielmann, B. (2000): Strategisches Innovationsmanagement in konvergierenden Märkten: Medien- und Telekommunikationsunternehmungen in Online-Diensten und im digitalen Fernsehen, Wiesbaden.

Thielmann, B. / Dowling, M. (1999): Convergence and Innovation Strategy for Service Provision in Emerging Web-TV Markets, in: Journal of Media Management, Vol. 1, S. 4-9.

Thielmann, B. / Sieprath, S. / Kaiser, S. (2001): Bertelsmann Content Network - Synergien und Neugeschäfte für ein "Content Powerhouse", in: Vizjak, Andrej / Ringlstetter, Max, Medienmanagement: Content gewinnbringend nutzen. Trends, Business-Modelle, Erfolgfaktoren, Wiesbaden, S. 145-150.

Tichy, C. / Fombrun, C. (1979): Network analysis in organizational settings, in: Human Relations, Vol. 32, No. 11, S. 923-965.

Thorelli, H.B. (1986): Networks: Between markets and hierarchies, in: Strategic Management Journal, Vol. 7, No. 1, S. 37-51.

Thum, M. (1994): Network externality, technological progress, and the competition of market contracts, in: International Journal of Industrial Organization, Vol. 12, S. 269-289.

Torris, T. (2001): iDTV needs new content, not web content, Forrester Brief, February 2001.

Töpfer, A. (1992): Strategische Marketing- und Vertriebsallianzen, in: Bronder, C./Pritzl, R. (Hrsg.), Wegweiser für strategische Allianzen, Wiesbaden, S.171-208.

Trepte, S. / Baumann, E. / Borges, K. (2000): "Big Brother": Unterschiedliche Nutzungsmotive des Fernseh- und Webangebotes?, in: Media Perspektiven, Heft 12, S. 550-561.

Turecek, O. / Grajiczyk, A. / Roters, G. (2001): Videobranche im Umbruch: Video- und DVD-Markt im Jahr 2000, in: Media Perspektiven, Heft 5, 2001, S. 264-271.

Turpin, D. (1997): Strategic Alliances With Japanese Firms: Myths and Realities, in: Lloyd, B., Creating Value through Acquisitions, Demergers, Buyouts, and Alliances, (bestehend aus Artikeln aus der Zeitschrift 'Long Range Planning') Oxford, S. 219-228.

Türk, J. (2001): Access-Providing - Wettbewerbsvorteil für regionale Zeitungsverlage, in: Breyer-Mayländer, Thomas / Fuhrmann, Hans-Joachim, Erfolg im neuen Markt. Online-Strategien für Zeitungsverlage, Berlin, S. 241-254.

Trappel, J. (2001): Onlinestrategien von ORF und SRG/SSR, in: Media Perspektiven, Heft 8, 2001, S. 422-429.

Ullph, R. (2001a): The Online Sports Survival Guide, Forrester Report, April 2001.

Ullph, R. (2001b): AOL Time Warner and NTL: Just a Start, Forrester Brief, April 30, 2001.

van Well, B. (2001): Ressourcenmanagement in strategischen Netzwerken, in: Ortmann, G./Sydow, J. (Hrsg.), Strategie und Strukturation. Strategisches Management von Unternehmen, Netzwerken und Konzernen. Wiesbaden, S. 145-172.

Van Gils (1984): Interorganizational relations and networks, in: Drenth, P. J. D./Thierry, H./Willems, P. J./de Wolff, C. J. (Hrsg.), Handbook of work and organizational psychology, Chichester, S. 1073-1100.

Varadarajan, P. Rajan / Cunningham, Margaret H. (2000): Strategic alliances. A synthesis of conceptual foundations, in: Sheth, J. N./Parvatiyar, A. (Hrsg.), Handbook of Relationship Marketing, Thousand Oaks, S. 271-302.

Vasudevan, A. / Duysters, G. / van den Oord, A. / Bakkes, S. (2001): The changing face of alliance management: Managerial imperatives for the network economy, in: de Man, A.-P./Duysters, G./Vasudevan, A. (Hrsg.), The allianced enterprise: Global strategies for corporate collaboration, London, S. 9-24.

Verdin, P.J. / Williamson, P.J. (1994): Core competencies, competitive advantage and market analysis - forging the links, in: Hamel, G./Heene A. (Hrsg.), Competence-based competition, S. 77-111.

Virtel, M. / Höninghaus, R. (2003): Kommunikation all inclusive, in: Financial Times Deutschland, 6.10.2003, S. 25.

Vogel, A. (2001): Onlinestrategien der Pressewirtschaft, Bestandsaufnahme des Onlineengagements der großen Zeitungs- und Zeitschriftenverlage, in: Media Perspektiven, Heft 12, 2001 S. 590-601.

Volberda, H.W. (1996): Toward the Flexible Form: How to Remain Vital in Hypercompetitive Environments, in: Organization Science, Vol. 7, 1996, S. 359-374.

Wagner, F. (1998): Sind Printmedien im Internet Online-Medien?, in: Pfammatter, E. (Hrsg.), Multi Media Mania. Reflexionen zu Aspekten Neuer Medien, Konstanz, S. 191-211.

Walker, O. C / Boyd, H. W. Jr. / Larreche, J. -C. (1995): Marketing strategy: Planning and implementation, Boston.

Walsh, E. (2000a): Entertaining Young Net Surfers, Forrester Technographics Report, March 2000.

Walsh, E. (2000b): The Millionaire Online, Forrester Technographics Report, May 2000.

The Walt Disney Company (2002): The Walt Disney Company. Annual Report 2001; Internetabruf auf der Unternehmens-Website.

The Walt Disney Company (2001): The Walt Disney Company. Annual Report 2000; Internetabruf auf der Unternehmens-Website.

The Walt Disney Company (2001): The Walt Disney Company 1999 Fact Book; Internetabruf auf der Unternehmens-Website.

Welge, M. K. (2000): Transnationale Strategien, in: Welge, M. K./Al-Laham, A./Kajüter, P. (Hrsg.), Praxis des strategischen Managements: Konzepte, Erfahrungen, Perspektiven, Wiesbaden, S. 167-189.

Welge, M. K. / Al-Laham, A. (2001): Strategisches Management: Grundlagen - Prozess - Implementierung, 3. aktualisierte Auflage, Wiesbaden.

Welge, M. K. / Al-Laham, A. (2000): Strategisches Management, in: Busse von Colbe, W/Coenenberg, A. G./Kajüter, P./Linnhoff, U. (Hrsg.), Betriebswirtschaft für Führungskräfte: Eine Einführung in wirtschaftliches Denken und Handeln für Ingenieure, Naturwissenschaftler, Juristen und Geisteswissenschaftler, USW-Schriften für Führungskräfte, Stuttgart, S. 333-357.

Welge, M. K. / Al-Laham, A. (2002): Erscheinungsformen und betriebswirtschaftliche Relevanz von Strategischen Allianzen, in: Macharzina, K./Oesterle, M.-J. (Hrsg.), Handbuch Internationales Management: Grundlagen - Instrumente - Perspektiven, Wiesbaden 2002, S. 625-650.

Welge, M. K. / Al-Laham, A. / Kajüter, P. (Hrsg.) (2000a): Der Prozeß des strategischen Managements - Ein Überblick über die empirische Strategieprozeßforschung, in: Welge, M. K./Al-Laham, A./Kajüter, P. (Hrsg.), Praxis des strategischen Managements: Konzepte, Erfahrungen, Perspektiven, Wiesbaden, S. 3-16.

Welge, M. K. / Al-Laham, A. / Kajüter, P. (Hrsg.) (2000b): Praxis des strategischen Managements: Konzepte, Erfahrungen, Perspektiven, Wiesbaden.

Welge, M. K. / Holtbrügge, D. (2001): Internationales Management, Landsberg/Lech.

Werner, A. (2001): Online-Nutzer und ihre Bedürfnisse, in: Breyer-Mayländer, Thomas / Fuhrmann, Hans-Joachim, Erfolg im neuen Markt. Online-Strategien für Zeitungsverlage, Berlin, S. 51-60.

Wernerfelt, B. (1984): A Resource-Based View of the Firm, in: Strategic Management Journal, Vol. 5, S. 171-180.

Wernerfelt, B. (1995): The Resource-Based View of the Firm: Ten Years After, in: Strategic Management Journal, Vol. 16, S. 171-174.

Westland, C. / Clark, T. (2000): Global Electronic Commerce: Theory and Case Studies, Cambridge.

Wickmann, R. (2000): Werbung in "alten" und "neuen" Medien - Herausforderungen für die Zeitungsverlage, in: Markenartikel, Heft 6/2000, S. 16-17.

Wildemann, H. (1995): Kooperationen über die Wertschöpfungskette, in: Corsten, H./Reiß (Hrsg): Handbuch Unternehmensführung: Konzepte - Instrumente - Schnittstellen, Wiesbaden, S. 743-751.

Williams, S. / Bernoff, J. / Butt Jr., J. L. (1998): TV/Web Content Connection, Forrester Report, July 1998.

Williamson, O.E. (1975): Markets and hierarchies: analysis and antitrust implications, New York.

Williamson, O.E. (1985): The economic institutions of capitalism: firms, markets, relational contracting, New York.

Williamson, O.E. (1989): Transaction cost economics, in: Schmalensee, R./Willig, R. D. (Hrsg.), Handbook of industrial organization, Vol. 1, North Holland, S. 135-182.

Williamson, O.E. (1991): Comparative economic organization - Vergleichende Analyse diskreter Strukturalternativen, in: Ordelheide, D./Rudolph, B./Büsselmann, E. R./Willig, R. D. (Hrsg.), Betriebswirtschaftslehre und Ökonomische Theorie, Stuttgart, S. 13-49.

Willis, J. / Willis, D. B. (1993): New Directions in Media Management, Needham Heights.

Winter, C. / Karmasin, M. (2001): Ökonomisierung aus unternehmensstrategischer Perspektive, in: M&K, 49. Jahrgang 2/2001, S. 206-217.

Wirth, S. (2000): Von hierarchischen Unternehmensnetzen zu hierarchielosen (-armen) kompetenzzellenbasierten Produktionsnetzen, in: Wojda, F. (Hrsg), Innovative Organisationsformen - Neue Entwicklungen in der Unternehmensorganisation, Stuttgart, S. 167-210.

Wirtz, B. W. (1994): Neue Medien, Unternehmensstrategien und Wettbewerb im Medienmarkt: eine wettbewerbstheoretische und politische Analyse, Frankfurt am Main.

Wirtz, B. W. (1999): Convergence Processes, Value Constellations and Integration Strategies in the Multimedia Business, in: Journal of Media Management, Vol. 1, S. 14-22.

Wirtz, B. W. (2000a): Markteintritts- und Migrationsstrategien bei neuen Medien: theoretische und empirische Aspekte zu neuen strategischen Verhaltensweisen, in: von der Oelsnitz, D. (Hrsg.), Markteintritts-Management, Stuttgart, S. 239-254.

Wirtz, B. W. (2000b): Rekonfigurationsstrategien und multiple Kundenbindung in multimedialen Informations- und Kommunikationsmärkten, in: Zeitschrift für betriebswirtschaftliche Forschung, 52. Jg., Nr. 5/2000, (Internetabruf).

Wirtz, B. W. / Schwarz, J. (2001): Strategic implications of the segment of one TV. The evolution of the personalized television structure, in: Journal of Media Management, Vol. 3, No. 1, S. 15-25.

de Wit, B. / Meyer, R. (2001): Strategy: Process, Content, Context, St. Paul.

Witte, E. (1984): Zeitungen im Medienmarkt der Zukunft, Stuttgart.

Wittenhagen, K. (1996): Multimedia aus Sicht von Nutzern und Publikum, in: Wilke, J./Imhof, C. (Hrsg.), Multimedia: Voraussetzungen / Anwendungen / Probleme, Berlin, S. 373-382.

Wojda, F. / Waldner, B. (2000): Neue Formen der Arbeit und Arbeitsorganisation, in: Wojda, F. (Hrsg.), Innovative Organisationsformen - Neue Entwicklungen in der Unternehmensorganisation, Stuttgart, S.13-58.

Woldt, R. (2002): Konturen des digitalen Kabelmarkts. Sind Vielfalt und offener Zugang gewährleistet?, in: Media Perspektiven, Heft 1, 2002 S. 34-49.

Wolf, M. J. / Sands, G. (1999): Fearless Predictions: The Content World, 2005, in: Brill´s Content, July/August 1999, Abruf unter: www.brillscontent. com/1999aug/features/predictions_index_shtml.

Wolf, M. J. (1999): The Entertainment Economy: How Mega-Media Forces are Transforming Our Lives, London.

Wolf, T. (2001): Unternehmenstransformation und strategische Allianzen, Aachen.

Wolff, B. (1995): Organisation durch Verträge, Wiesbaden.

Womack, J.P. / Jones, D.T. (1994): From lean production to the lean enterprise, in: Harvard Business Review, Vol. 72, No. 2, S. 93-103.

Wössner, M. (2001): Die Medien: Eine traditionsreiche Branche am Scheideweg, in: Vizjak, A./Ringlstetter, M. (Hrsg.), Medienmanagement: Content gewinnbringend nutzen. Trends, Business-Modelle, Erfolgsfaktoren, Wiesbaden, S. 19-25.

Wurster, A. (1996): Das Internet, in: Wilke, J./Imhof, C. (Hrsg.), Multimedia: Voraussetzungen / Anwendungen / Probleme, Berlin, S. 59-74.

Yoffie, D. B. (1997a): Indtroduction: CHESS and Competing in the age of digital convergence, in: Yoffie, D.B. (Hrsg.), Competing in the age of digital convergence, Boston, S. 1-35.

Yoffie, D. B. (1997b): Competing in the age of digital convergence, Boston.

Zacharias, C. (1998): Dynamische Unternehmensarchitektur, Köln.

Zacharias, C. / Bieck, M. (2000): Gründungs- und Wachstumschancen in der HiFi/ High-End Branche: Vor und Nachteile strategischer Allianzen in einem Nischenmarkt (Reihe Medienwirtschaft, Band 1: Der Handel), Köln.

Zahn, E. (1997): Wettbewerbsfähigkeit durch strategische Erneuerung, in: Becker, M./Kloock, J./Schmidt, R./Wäscher G. (Hrsg.), Unternehmen im Wandel und Umbruch, 383-410.

Zahn, E. / Tibelein, M. (1998): Führung wandlungsfähiger Unternehmen - eine Herausforderung in neuen Dimensionen, in: Industrie Management, 14. Jg. 1998, Nr. 6, S.49-52.

Zahn, E. (2000): Innovative Strategien für die "New Economy", in: Zahn, E./Foschiani, S. (Hrsg.), Erfolgsstrategien für den Wandel, Stuttgart, S. 1-20.

Zahn, E. / Froschiani, S. (2000): Strategien und Strukturen für den Hyperwettbewerb, in: Wojda, F. (Hrsg.), Innovative Organisationsformen - Neue Entwicklungen in der Unternehmensorganisation, Stuttgart, S. 89-114.

Zahn, E. / Foschiani, S. / Tilebein, M. (2000): Wissen und Strategiekompetenz als Basis für die Wettbewerbsfähigkeit der Unternehmen, in: Hammann, P./Freiling, J. (Hrsg), Die Ressourcen- und Kompetenzperspektive des Strategischen Managements, Wiesbaden, S. 47-68.

Zahn, E. (2001): Lernen in Allianzen, in: Bellmann, Klaus, Kooperations- und Netzwerkmanagement, Festgabe für Gert v. Kortzfleisch zum 80. Geburtstag Berlin, S. 11-29.

Zbornik, S. (1996): Elektronische Märkte, elektronische Hierarchien und elektronische Netzwerke, Konstanz.

Zimmer, J. (1997): Mit Wirtschaftsinformationen zum Erfolg? Nachrichtenkanäle für Fernsehen und das World Wide Web, in: Media Perspektiven, Heft 5, S. 286-294.

Zimmer, J. (2000): Die Entwicklung von Internet und Onlinediensten in globaler Perspektive, in: Hans-Bredow-Institut (Hrsg.), Internationales Handbuch für Hörfunk und Fernsehen 2000/2001, S. 46-59.

Zrike, S. K. (2001): Channel Cooperation Pays Off, Forrester Report May 2001.

Zohar, A / Morgan, G. (1998): Redefining our Understanding of Hypercompetition and Hyperturbulence, in: Ilinitch, L./D'Aveni, R.A. (Hrsg): Managing in Times of Disorder - Hypercompetitive Organizational Responses, Thousand Oaks, London, S. 519-525.

Zott, C. / Amit, R. / Donlevy, J. (2000): Strategies for Value Creation in E-Commerce: Best Practice in Europe, European Management Journal, Vol. 18, No. 5, S. 463-475.

Zürn, M. (2000): Print- und Onlinezeitungen im Vergleich, in: Media Perspektiven, Heft 7, S. 319-325.

SCHRIFTEN ZUM CONTROLLING

Herausgegeben von Prof. Dr. Thomas Reichmann

Band 1 Wilfried Geiß: Betriebswirtschaftliche Kennzahlen: Theoretische Grundlagen einer problemorientierten Kennzahlenanwendung. 1986.

Band 2 Roland Rick-Lenze: Controllingsystem in der Elektroindustrie. Struktur und Aufbau eines DV-gestützten Informationssystems. 1987.

Band 3 Hugo Fiege: Informationssysteme in Gütertransportketten. System-, Kosten- und Leistungsanalyse auf der Grundlage eines unternehmensübergreifenden Informationssystems. 1987.

Band 4 Hermann J. Richter: Theoretische Grundlagen des Controlling. Strukturkriterien für die Entwicklung von Controlling-Konzeptionen. 1987.

Band 5 Detlef Hesse: Vertriebs-Controlling in Versicherungsunternehmen. 1988. 2., unveränderte Auflage 1991.

Band 6 Helmut Ammann: PC-gestützte Systeme der Erfolgslenkung. Anwendungsmöglichkeiten und Ausgestaltung in Klein- und Mittelbetrieben. 1989.

Band 7 Roland Keller: Deckungsbeitragsrechnung in der mittelständischen Bauindustrie. Integrierte Grundrechnungen als Ausgangsbasis für ein effizientes Controlling. 1989.

Band 8 Michael Kohler: Mehrjährig schwebende Geschäfte des Industrieanlagenbaus. Bilanzielle Behandlung in Deutschland, Frankreich, Großbritannien, Japan und den USA unter Berücksichtigung steuerlicher Auswirkungen. 1989.

Band 9 Ulrike Hesse: Technologie-Controlling. Eine Konzeption zur Steuerung technologischer Innovationen. 1990.

Band 10 Rainer Lochthowe: Logistik-Controlling. Entwicklung flexibilitätsorientierter Strukturen und Methoden zur ganzheitlichen Planung, Steuerung und Kontrolle der Unternehmenslogistik. 1990.

Band 11 Monika Palloks: Marketing-Controlling. Konzeption zur entscheidungsbezogenen Informationsversorgung des operativen und strategischen Marketing-Management. 1991.

Band 12 Bernhard Becker: Ausgestaltung einer integrierten Erfolgs- und Finanzlenkung mit Hilfe von Expertensystem-Komponenten. 1993.

Band 13 Herbert Krause: Konzeptionelle Grundlagen eines Logistikinformationssystems. Logistikverfahrens- und -kapazitätsoptimierung, dargestellt am Beispiel Flüssiggas und artverwandte Güter. 1994.

Band 14 Martin Georg Nonnenmacher: Informationsmodellierung unter Nutzung von Referenzmodellen. Die Nutzung von Referenzmodellen zur Implementierung industriebetrieblicher Informationssysteme. 1994.

Band 15 Lutz Krüger: Fixkostenmanagement als Controllingaufgabe. Betriebswirtschaftliche Grundlagen und DV-orientiertes Informationsmodell. 1996.

Band 16 Anette von Ahsen: Total Quality Management. Komponenten und organisatorische Umsetzung einer unternehmensweiten Qualitätskonzeption. 1996.

Band 17 Achim Schröder: Investition und Finanzierung bei Umweltschutzprojekten. Entwicklung eines fünfstufigen erweiterten Wirtschaftlichkeitsanalysemodells (FEWA) zur Bewertung von Umweltschutzinvestitionen. 1996.

Band 18 Thomas Reichmann / Monika Palloks (Hrsg.): Kostenmanagement und Controlling. 1998.

Band 19 Kai Spieker: Operatives Produktions-Controlling. Unter besonderer Berücksichtigung des Mittelstandes. 1998.

Band 20 Burkhard Fritz: DV-gestützte Führungsinformationssysteme. Konzeptionelle Anforderungen und Gestaltungsmöglichkeiten. 1999.

CONTROLLING SCHRIFTEN

Herausgegeben von Prof. Dr. Thomas Reichmann

Band 21 Ralph Neukirchen: Controlling-Konzeption zur wertorientierten Ressourcenallokation innerhalb strategischer Geschäftseinheiten. Am Beispiel der Industriegüterbranche. 2000.

Band 22 Dietmar Schön: Neue Entwicklungen in der DV-gestützten Kosten- und Leistungsplanung. Methoden, Instrumente und branchenbezogene Weiterentwicklungen. 1999.

Band 23 Uwe Stremme: Internationales Strategisches Produktionsmanagement. 2000.

Band 24 Dirk Nölken: Controlling mit Intranet- und Business Intelligence Lösungen. 2002.

Band 25 Herbert Daldrup: Externes Umweltschutz-Reporting im Rahmen eines stakeholderorientierten Controlling. 2002.

CONTROLLING UND MANAGEMENT

Herausgegeben von Prof. Dr. Thomas Reichmann und
Prof. Dr. Martin K. Welge

Die Reihe "Controlling und Management" ist auf das Spannungsfeld zwischen Theorie und Praxis gerichtet. Es sollen Entwicklungen aus den Bereichen Rechnungswesen und Controlling aufgegriffen und kritisch diskutiert werden.

Band 26 Mathias Baer: Kooperationen und Konvergenz. 2004.

Band 27 Klaus Wienhold: Prozess- und Controllingorientiertes Projektmanagement für komplexe Projektfertigung. 2004.

Kolibri 360 GmbH
Ferdinand-Jühlke-Straße 7
99095 Erfurt, Deutschland
produktsicherheit@kolibri360.de

Druck:
CPI Druckdienstleistungen GmbH
im Auftrag der
Kolibri 360 GmbH
Ferdinand-Jühlke-Str. 7
99095 Erfurt